CAD 二次开发理论与技术

ERCI KAIFA LILUN YU JISHU

董玉德 赵 韩 主编

合肥工业大学出版社

内容简介

本书以 AutoCAD 为开发平台,以 Visual C++(VC 2005)为编程工具,运用大量的实例,详细而又系统地介绍了用 ObjectARX 3.0(包括 ADS)进行二次开发的方法和技巧。

本书具有较大的实用价值,它既是高等院校有关专业的本科生、研究生、博士生学习 AutoCAD 二次开发的教材,也是机械、电子、计算机、建筑、服装、广告等行业中从事 CAD 二次开发的技术人员不可多得的参考资料。

图书在版编目(CIP)数据

CAD 二次开发理论与技术/董玉德,赵韩主编. —合肥:合肥工业大学出版社,2009.10
ISBN 978-7-5650-0100-0

Ⅰ.C… Ⅱ.①董…②赵… Ⅲ.计算机辅助设计 Ⅳ.TP391.72

中国版本图书馆 CIP 数据核字(2009)第 189811 号

CAD 二次开发理论与技术

董玉德 赵 韩 主编　　　　　　　责任编辑 汤礼广

出　版　合肥工业大学出版社	版　次　2009 年 11 月第 1 版
地　址　合肥市屯溪路 193 号	印　次　2009 年 11 月第 1 次印刷
邮　编　230009	开　本　787 毫米×1092 毫米　1/16
电　话　总编室:0551—2903038	印　张　24
发行部:0551—2903198	字　数　584 千字
网　址　www.hfutpress.com.cn	印　刷　合肥现代印务有限公司
E-mail　press@hfutpress.com.cn	发　行　全国新华书店

ISBN 978-7-5650-0100-0　　　　　　　　　　　定价:39.00 元

如果有影响阅读的印装质量问题,请与出版社发行部联系调换。

前 言

目前，不仅各类高等院校都重视CAD教学，企业、研究机构也引进了一大批CAD应用与研究人才。同上个世纪末相比，CAD的应用水平有了较大的提高，这一方面得益于高水平商用CAD软件功能的不断完善，另一方面也是企业提高产品设计效率、降低劳动成本的必然要求。但作者根据这几年到企业观察和实践的过程来看，发现企业应用CAD工具绝大部分仍停留在几何建模阶段(2D或3D)，设计与校核分析很难体现在CAD工具中，CAD的工具作用并没有得到多大的发挥。其原因一方面是产品的整个设计过程太复杂，单一CAD工具很难应付各个过程；另一个重要原因是对CAD工具进行深层次开发的能力不足，这在企业表现得特别明显。为了从根本上改变这种局面，从2003年开始，我们就为本科生开设了CAD二次开发课程，目的是加强学生对CAD软件设计与开发能力的培养。

AutoCAD是使用最为广泛的CAD系统，二次开发是AutoCAD对外开放特性中最具魅力的一面旗帜。ObjectARX是继AutoLISP、ADS、ADSARX后的第三代开发工具，它采用全新的面向对象编程技术和Visual C++集成化开发环境，在开发的内容和形式上都发生了重大变化，因此受到了AutoCAD使用者和广大程序开发人员的欢迎。ObjectARX 3.0版针对AutoCAD中的多文档界面、事务处理、COM等最新特性提供了相应的开发手段。可以认为，ObjectARX将会成为AutoCAD的主力开发工具。

编写本书背景

我们从中国期刊全文数据中库检索1994年～2009年有关AutoCAD的论文有12270篇，其中关于ObjectARX开发的有1061篇；从中国学位论文全文数据库中检索1994年～2009年有关AutoCAD的学位论文有1455篇，其中关于ObjectARX开发的有339篇；从Engineering Village数据库中检索1969年～2009年的论文有1103篇，其中有关ObjectARX开发的有38篇；从Science Direct检索到有关ObjectARX开发的论文有22篇；从ISI Web of Knowledge中检索到有关AutoCAD及其开发的论文有1195篇。以上数据表明学术界和工程界对CAD二次开发非常重视。

目前，出版的有关ObjectARX开发的参考书为数不少，已让人们了解了ObjectARX的主要内容和应用程序开发方法。但如何用ObjectARX(包括ADS)开发实用CAD系统，这方面的书籍却还比较少见。由于使用ObjectARX编程不仅要求开发者对AutoCAD系统本身有深刻的认识，而且要能把面向对象的C++编程和ObjectArx有机的结合起来，因此要开发一套实用的CAD系统，这对初学者，甚至是对有一定编程经验的程序开发者来说，还是相当困难的。为了尽量帮助读者克服这方面的困难，我们特编写本书。

本书内容概要

本书以多个 CAD 开发项目为研究背景,以 AutoCAD 系统开发技术为基础。全书以一定的篇幅介绍了 VC++ 与 ObjectARX 的基础知识,用较多篇幅介绍了工程中的开发实例,每个程序都具有极高的实用价值。全书共分 14 章,内容安排如下:

第 1 章　CAD 技术的概念、CAD 二次开发、AutoCAD 二次开发语言 ObjectARX 概述。

第 2 章　VC 开发环境、类、对象、继承与多态。

第 3 章　MFC 对话框的创建、非模态对话框与消息对话框、Visual C++ 中的消息机制及和常用控件的使用。

第 4 章　ObjectARX 开发包、开发包应用程序可以完成的功能、ObjectARX 程序的创建、应用程序的框架、执行与卸载过程和访问 AutoCAD 的全局函数。

第 5 章　ObjectARX 类库、ObjectARX 全局实用函数和选择集、实体与符号表函数。

第 6 章　AutoCAD 数据库概念、操作 AutoCAD 数据库的主要过程和数据库对象的管理。

第 7 章　实体、实体之间的隶属关系、AutoCAD 坐标系统和对实体进行处理的公共函数。

第 8 章　容器对象,介绍符号表、词典、组和扩展记录。

第 9 章　基本绘图环境的设置、工程设计标注、装配图基本要素、图元变换和实用程序文件清单。

第 10 章　图形编程尺寸驱动、关系数据库式的变量驱动和图形结构单元的参数化。

第 11 章　AutoCAD 三维建模的基本概况、三维实体图元类、三维实体图元生成实例、引入边界表示类、遍历三维实体图元的拓扑结构。

第 12 章　标准件库的开发方案、标准件库的实现技术和标准件库的建立。

第 13 章　DWGdirectX 编程接口技术、DWG 文件表格信息单元分析和表格信息的识别提取过程。

第 14 章　压力机单立柱与四立柱的设计。

本书由董玉德、赵韩主编和统稿。参与编写的老师及其分工:赵韩(第 1 章、第 8 章),刘孙(第 2 章、第 13 章),何亮(第 4 章、第 5 章、第 6 章),董玉德(第 9 章、第 10 章),杜立(第 12 章),曹文钢(第 3 章、第 7 章、第 11 章),任俊龙(第 14 章)。

本书的特点

在本书编写过程中,我们重点注意了以下几个问题:(1)内容体系的完备,即尽量保证各章节内容的完整性,使本书不仅可作为教材参考书,还可作为工具书。(2)应用实例教学,即主要章节都有大量的应用实例,不仅有函数介绍,而且有详细的应用过程以及如何使用这些方法等。书中列举了关键代码,其中部分代码来自作者实际开发的项目,每个工程的完整源代码可以在合肥工业大学出版社网站 www.hfutpress.com.cn 下载,同时教学资源网站 http://www.hfmiasp.com/networkcourse 还将随时追加的学习材料与实例程序。(3)本书的前 8 章是全书的基础,其余部分按专题来介绍,读者可根据需要选择学习。

教学程序与实用程序

在编写本书过程中,我们参考了大量的文献资料,其中第1章~第8章基本知识内容中引用的部分程序源代码,有的已在书中标注或在参考文献中列举出来,还有的是分别从期刊、网络上收集的资料和源程序,由于无法一一列举,在此我们谨向作者表示感谢;在第9章~第14章中出现的实用商用CAD程序是我们项目组这几年在开展企业信息化项目时完成的,如电动滚筒的参数化、标准件的参数化、专用车图纸信息提取与PDM、压力机设计计算、燃气具图纸管理等项目,我们将这些源代码奉献给大家,目的是为更多的青年学子和CAD从业人员提高CAD设计与开发水平尽一份微薄之力。

本书定位

我们认为CAD教学应分三个层次:(1)一般CAD软件的使用,即学生通过该工具可以从事一般的绘图作业,实质上这与辅助设计还有一定的距离,只能说是将手工绘图变成电子绘图。(2)计算机辅助设计原理与方法,即通过该课程的学习,学生可了解CAD的基本原理与应用领域,知道CAD能解决的问题及其局限性,同时有助于理解CAD的设计过程。(3)CAD的二次开发,即要求学生在会使用CAD工具以及对CAD原理认识的基础上,运用面向对象的设计方法、面向对象的程序设计、数据库、机械设计(或建筑设计、纺织服装设计、电气设计等)、软件工程、人工智能等知识,去解决实践过程中所遇到的具体问题。可以这样说二次开发是以往所学各门课程知识的综合运用,是一次学习能力检验与提高的过程,课程网络体系结构如下图。

我们认为CAD二次开发是从简单的设计计算与二维绘图、三维建模与运动分析、力学分析,再到与CAM、PDM、ERP等系统的集成。本书主要定位于二次开发的第一部分。

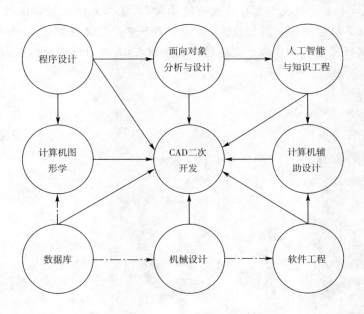

如何阅读本书

本书读者对象为工科各专业的本科生、研究生、博士生和从事 CAD 软件开发的各类人员。要求读者具有 C 和 C++（或 C#、Delphi）程序开发的基本知识，另外要熟悉 Object-ARX 开发包。

CAD 是一门实践性很强的技术，仅仅依靠阅读是不够的，需要你经常动手去实践，当遇到难以理解的代码一定要在开发环境下调试一下，这是最好的学习方法。

下载与使用本书源码

本书中的核心代码与完成工程项目代码可从网上直接下载。网址是：Http://www.hfmiasp.com/networkcourse 或 www.hfutpress.com.cn

使用 Visual C++6.0 或 Visual Studio .NET 2005 编译所有工程，并链接成可执行文件，可在 AutoCAD 2002 以上版本运行。安装与使用说明详见说明文档或屏幕录制文件。

联系我们

由于作者水平有限，书中内容难免存在一些错误与不足，一些示例程序和实用程序也可能需要改进，恳请读者与同行专家批评指正，并提出一些建设性意见，以便在以后的版本中进一步改进与充实。我们提供的源程序希望能起到抛砖引玉的作用，也非常欢迎上传高质量的程序代码，以使更多的读者能共享。我们的联系方式：dydjiaoshou@126.com。

致谢

在本书出版之际，特别要感谢浙江大学谭建荣院士对我多年来在学术上给予的指导与关心；还要感谢为本书提供技术支持的我的同学：山东理工大学机械学院魏修庭教授、辽宁石油化工大学计算机学院张燕教授、清华大学 CIMS 中心范文慧博士。同时要感谢多年来对我们软件工程研究室的工作给予支持的企业界朋友，正因为他们的信任，我们才找到了自己的定位。

董玉德

2009 年 10 月

目 录

第1章　绪论 ·· (1)

　1.1　CAD技术概述 ·· (1)

　　1.1.1　CAD技术简介 ··· (1)

　　1.1.2　主流CAD工具 ·· (2)

　　1.1.3　CAD发展趋势 ··· (6)

　1.2　CAD二次开发 ·· (7)

　　1.2.1　CAD二次开发简述 ·· (7)

　　1.2.2　主流CAD软件的二次开发 ··· (8)

　　1.2.3　CAD二次开发方法 ·· (9)

　1.3　AutoCAD二次开发 ·· (11)

　　1.3.1　二次开发的意义 ··· (11)

　　1.3.2　开发工具 ·· (11)

　1.4　ObjectARX概述 ·· (13)

　　1.4.1　ObjectARX功能简介 ·· (14)

　　1.4.2　ObjectARX类库介绍 ·· (15)

　　1.4.3　ObjectARX的优势特点 ··· (16)

第2章　Visual C++开发平台与面向对象程序设计 ·································· (17)

　2.1　Visual C++开发环境 ··· (17)

　　2.1.1　环境介绍 ·· (17)

　　2.1.2　菜单 ··· (17)

　　2.1.3　工具栏 ·· (18)

　　2.1.4　输出窗口 ·· (18)

　　2.1.5　联机帮助 ·· (19)

　　2.1.6　项目工作区和客户区 ·· (19)

　2.2　面向对象的程序设计 ··· (19)

　　2.2.1　数据抽象 ·· (20)

　　2.2.2　类 ··· (20)

　　2.2.3　对象 ··· (23)

　　2.2.4　构造函数和析构函数 ·· (24)

2.2.5　继承 …………………………………………………………………………(27)
　　2.2.6　多态性 ………………………………………………………………………(32)
　　2.2.7　ObjectARX 类的设计 ………………………………………………………(34)

第3章　MFC 与控件 …………………………………………………………………(36)

3.1　MFC 对话框的创建 …………………………………………………………………(36)
　　3.1.1　对话框的创建流程 ……………………………………………………………(36)
　　3.1.2　利用 VC 向导生成 ARX 的一般步骤 ………………………………………(36)
　　3.1.3　创建添加对话框资源 …………………………………………………………(38)
　　3.1.4　创建对话框类 …………………………………………………………………(39)
3.2　非模态对话框与消息对话框 …………………………………………………………(43)
　　3.2.1　非模态对话框 …………………………………………………………………(43)
　　3.2.2　非模态对话框的特点 …………………………………………………………(43)
　　3.2.2　消息模态对话框 ………………………………………………………………(43)
3.3　Visual C++中的消息机制 ……………………………………………………………(45)
　　3.3.1　消息概念与结构 ………………………………………………………………(45)
　　3.3.2　消息种类 ………………………………………………………………………(46)
　　3.3.3　控件通知消息 …………………………………………………………………(46)
　　3.3.4　控件通知格式 …………………………………………………………………(47)
3.4　常用控件的使用 ………………………………………………………………………(48)
　　3.4.1　控件的共有特征 ………………………………………………………………(48)
　　3.4.2　控件的创建 ……………………………………………………………………(49)
　　3.4.3　访问控件与销毁控件 …………………………………………………………(50)
　　3.4.4　静态控件 ………………………………………………………………………(50)
　　3.4.5　按钮控件 ………………………………………………………………………(53)
　　3.4.6　编辑框(Edit Box)控件 ………………………………………………………(56)
　　3.4.7　列表框(List Box)控件 ………………………………………………………(59)
　　3.4.8　组合框(Combo Box)控件 ……………………………………………………(63)

第4章　ObjectARX 基础 ……………………………………………………………(67)

4.1　为什么要用 ObjectARX ………………………………………………………………(67)
4.2　ObjectARX 程序设计环境 ……………………………………………………………(68)
　　4.2.1　ObjectARX 开发包 ……………………………………………………………(69)
　　4.2.2　ObjectARX 功能 ………………………………………………………………(69)
4.3　ObjectARX 应用程序 …………………………………………………………………(70)
　　4.3.1　ObjectARX 应用程序框架 ……………………………………………………(70)
　　4.3.2　ObjectARX 应用程序的创建 …………………………………………………(70)
　　4.3.3　一个完整的 ObjectARX 程序 …………………………………………………(72)
　　4.3.4　ARX 应用程序的执行过程 ……………………………………………………(76)

4.3.5 ARX 应用程序的调用 …………………………………………………… (76)
4.3.6 卸载应用程序 …………………………………………………………… (78)
4.4 访问 AutoCAD 的全局函数 ……………………………………………………… (78)
4.4.1 查询及命令 ……………………………………………………………… (78)
4.4.2 用户输入 ………………………………………………………………… (81)
4.4.3 类型转换 ………………………………………………………………… (83)

第5章 ObjectARX 类库 …………………………………………………………… (86)

5.1 AcRx 库 ……………………………………………………………………………… (86)
　　5.1.1 概述 ……………………………………………………………………… (86)
　　5.1.2 AcRxObject 类 …………………………………………………………… (87)
　　5.1.3 AcRxDictionary 类 ……………………………………………………… (88)
　　5.1.4 AcadAppInfo 类 ………………………………………………………… (89)
　　5.1.5 AcRxDynamicLinker …………………………………………………… (89)
5.2 AcEd 库 ……………………………………………………………………………… (91)
　　5.2.1 概述 ……………………………………………………………………… (91)
　　5.2.2 AcEdCommand …………………………………………………………… (91)
　　5.2.3 AcEdCommandStack ……………………………………………………… (92)
　　5.2.4 AcEdUiContext …………………………………………………………… (92)
　　5.2.5 AcEdJig …………………………………………………………………… (93)
　　5.2.6 AcEdInputPointFilter …………………………………………………… (93)
　　5.2.7 AcEdInputPointMonitor ………………………………………………… (93)
5.3 AcDb 库 ……………………………………………………………………………… (94)
5.4 AcGi 库 ……………………………………………………………………………… (95)
　　5.4.1 概述 ……………………………………………………………………… (95)
　　5.4.2 AcGiEdgeData …………………………………………………………… (95)
　　5.4.3 AcGiFaceData …………………………………………………………… (95)
　　5.4.4 AcGiTextStyle …………………………………………………………… (99)
　　5.4.5 其他类 …………………………………………………………………… (102)
　　5.4.6 应用 ……………………………………………………………………… (102)
5.5 AcGe 库 ……………………………………………………………………………… (103)
　　5.5.1 概述 ……………………………………………………………………… (103)
　　5.5.2 直线和平面类 …………………………………………………………… (103)
　　5.5.3 曲线类 …………………………………………………………………… (104)
　　5.5.4 曲面类 …………………………………………………………………… (104)
　　5.5.5 专用求值类 ……………………………………………………………… (107)
5.6 ObjectARX 全局实用函数 ………………………………………………………… (108)
　　5.6.1 变量、类型和值 ………………………………………………………… (108)
　　5.6.2 结果缓冲区结构与类型代码 …………………………………………… (110)

5.6.3 函数结果码 …………………………………………………………………… (111)
　　5.6.4 位控码 ………………………………………………………………………… (111)
　　5.6.5 结果缓冲区内存管理 …………………………………………………………… (112)
5.7 选择集、实体和符号表函数 ……………………………………………………………… (114)
　　5.7.1 选择集函数 ……………………………………………………………………… (114)
　　5.7.2 实体函数 ………………………………………………………………………… (118)
　　5.7.3 符号表函数 ……………………………………………………………………… (123)
5.8 COM 接口 ………………………………………………………………………………… (124)
　　5.8.1 COM 的概念 …………………………………………………………………… (124)
　　5.8.2 AutoCAD COM 包 ……………………………………………………………… (124)
　　5.8.3 使用 ObjectARX 访问 COM 接口 ……………………………………………… (128)
5.9 Actives 自动控件的实现 ………………………………………………………………… (130)
　　5.9.1 AcDbObjects 和自动对象关系 ………………………………………………… (130)
　　5.9.2 创建 COM 对象 ………………………………………………………………… (132)

第 6 章 AutoCAD 数据库 ……………………………………………………………………… (135)

6.1 数据库入门 ………………………………………………………………………………… (135)
　　6.1.1 AutoCAD 数据库 ………………………………………………………………… (135)
　　6.1.2 基本的数据库对象 ……………………………………………………………… (136)
　　6.1.3 在 AutoCAD 中创建对象 ……………………………………………………… (137)
　　6.1.4 ObjectARX 代码示例 …………………………………………………………… (138)
6.2 数据库操作 ………………………………………………………………………………… (140)
　　6.2.1 创建图形数据库 ………………………………………………………………… (140)
　　6.2.2 图块操作 ………………………………………………………………………… (141)
　　6.2.3 插入数据库 ……………………………………………………………………… (147)
　　6.2.4 设置图形数据库的当前特性值 ………………………………………………… (149)
　　6.2.5 事务操作 ………………………………………………………………………… (152)
　　6.2.6 图形摘要信息处理 ……………………………………………………………… (160)
　　6.2.7 数据库操作示例 ………………………………………………………………… (161)
6.3 数据库对象 ………………………………………………………………………………… (162)
　　6.3.1 打开和关闭对象 ………………………………………………………………… (162)
　　6.3.2 删除对象 ………………………………………………………………………… (163)
　　6.3.3 对象的隶属关系 ………………………………………………………………… (164)
　　6.3.4 数据库对象应用实例 …………………………………………………………… (164)

第 7 章 实体 ……………………………………………………………………………………… (165)

7.1 实体的定义 ………………………………………………………………………………… (165)
7.2 实体的隶属关系 …………………………………………………………………………… (165)
7.3 实体对象的公共属性 ……………………………………………………………………… (165)

    7.3.1 实体颜色 ……………………………………………………… (166)
    7.3.2 实体线型 ……………………………………………………… (167)
    7.3.3 实体线型比例 ………………………………………………… (167)
    7.3.4 实体可见性 …………………………………………………… (168)
    7.3.5 实体图层 ……………………………………………………… (168)
  7.4 坐标系统 ……………………………………………………………… (169)
  7.5 实体的公共函数 ……………………………………………………… (170)
    7.5.1 对象捕捉点 …………………………………………………… (171)
    7.5.2 几何变换函数 ………………………………………………… (172)
    7.5.3 交点 …………………………………………………………… (172)
    7.5.4 创建简单实体 ………………………………………………… (173)
    7.5.5 创建复杂实体 ………………………………………………… (173)

第8章 容器对象 …………………………………………………………… (176)

  8.1 符号表 ………………………………………………………………… (176)
    8.1.1 块表(AcDbBlockTable) ……………………………………… (176)
    8.1.2 尺寸标注样式表(AcDbDimStyleTable) …………………… (177)
    8.1.3 层表(AcDbLayerTable) ……………………………………… (178)
    8.1.4 线型表(AcDbLinetypeTable) ………………………………… (180)
    8.1.5 应用程序注册表(AcDbRegAppTable) ……………………… (181)
    8.1.6 文字样式表(AcDbTextStyleTable) ………………………… (182)
    8.1.7 用户坐标系表(AcDbUCSTable) …………………………… (182)
    8.1.8 视口表(AcDbViewPortTable) ……………………………… (186)
    8.1.9 视窗表(AcDbViewTable) …………………………………… (187)
  8.2 布局 …………………………………………………………………… (188)
  8.3 扩展数据(XData) …………………………………………………… (188)
    8.3.1 结果缓冲区 …………………………………………………… (188)
    8.3.2 相关函数 ……………………………………………………… (189)
    8.3.3 应用过程 ……………………………………………………… (189)
  8.4 字典 …………………………………………………………………… (191)
    8.4.1 扩展字典 ……………………………………………………… (191)
    8.4.2 有名对象字典 ………………………………………………… (194)
    8.4.3 组字典 ………………………………………………………… (197)

第9章 绘图与设计环境 …………………………………………………… (200)

  9.1 基本绘图环境设置 …………………………………………………… (200)
    9.1.1 绘图环境程序设计思路 ……………………………………… (200)
    9.1.2 比例设置 ……………………………………………………… (200)
    9.1.3 线型设置 ……………………………………………………… (202)

9.1.4　字型与标注变量 ………………………………………………………………（106）
9.2　工程设计标注 ………………………………………………………………………（211）
9.2.1　常用标注 ………………………………………………………………………（211）
9.2.2　尺寸公差标注 …………………………………………………………………（215）
9.2.3　形位公差标注 …………………………………………………………………（224）
9.2.4　表面粗糙度标注 ………………………………………………………………（229）
9.3　装配图基本要素 ……………………………………………………………………（234）
9.3.1　图纸幅面自动生成 ……………………………………………………………（234）
9.3.2　零件号标注 ……………………………………………………………………（235）
9.4　图元变换 ……………………………………………………………………………（242）
9.5　实用程序文件清单 …………………………………………………………………（244）
9.5.1　一般标注程序 …………………………………………………………………（244）
9.5.2　表面粗糙度标注程序 …………………………………………………………（245）
9.5.3　零件号标注程序 ………………………………………………………………（245）
9.5.4　图纸幅面生成程序 ……………………………………………………………（246）

第10章　2D参数化绘图与设计 ………………………………………………………（247）

10.1　图形编程的尺寸驱动 ……………………………………………………………（247）
10.1.1　数据库和参数化变量的传递 ………………………………………………（248）
10.1.2　求关键点及绘制实体图形 …………………………………………………（248）
10.1.3　标注剖面线 …………………………………………………………………（249）
10.1.4　尺寸标注 ……………………………………………………………………（249）
10.2　关系数据库式的变量驱动 ………………………………………………………（250）
10.2.1　零件实例的生成 ……………………………………………………………（250）
10.2.2　零件实例尺寸驱动修改 ……………………………………………………（251）
10.2.3　参数化零件的目录式查询 …………………………………………………（252）
10.3　面向图形结构单元的参数化 ……………………………………………………（252）
10.3.1　图形结构单元的分类 ………………………………………………………（252）
10.3.2　图形结构单元的参数化原理 ………………………………………………（254）
10.4　实用程序文件清单 ………………………………………………………………（254）
10.4.1　图形编程尺寸驱动 …………………………………………………………（254）
10.4.2　关系数据库式变量驱动 ……………………………………………………（258）
10.4.3　图形结构单元参数化 ………………………………………………………（259）

第11章　3D参数化绘图与设计 ………………………………………………………（260）

11.1　三维建模 …………………………………………………………………………（260）
11.2　三维实体图元类 …………………………………………………………………（260）
11.2.1　三维实体类 AcDb3dSolid …………………………………………………（260）
11.2.2　面域表示类 AcDbRegion ……………………………………………………（263）

11.3 三维实体图元生成实例 ……………………………………………………（264）
　11.3.1 公共派生类 ……………………………………………………………（264）
　11.3.2 部分功能的实现 ………………………………………………………（266）
11.4 遍历三维实体图元的拓扑结构 ……………………………………………（269）
　11.4.1 边界表示类 ……………………………………………………………（269）
　11.4.2 应用实例 ………………………………………………………………（270）
11.5 复杂零件三维实体造型 ……………………………………………………（277）
　11.5.1 程序演示功能 …………………………………………………………（277）
　11.5.2 零件模型的生成过程 …………………………………………………（277）

第12章 标准件库参数化 ……………………………………………………（282）

12.1 标准件库开发方案 …………………………………………………………（282）
　12.1.1 设计目标 ………………………………………………………………（282）
　12.1.2 设计思想 ………………………………………………………………（282）
　12.1.3 设计过程 ………………………………………………………………（283）
12.2 标准件库实现技术 …………………………………………………………（284）
　12.2.1 事物特性表 ……………………………………………………………（284）
　12.2.2 用户界面技术 …………………………………………………………（284）
　12.2.3 数据库管理 ……………………………………………………………（286）
　12.2.4 滚动轴承的选型与校核 ………………………………………………（288）
　12.2.5 参数化技术 ……………………………………………………………（290）
12.3 标准件库的建立 ……………………………………………………………（291）
　12.3.1 菜单的定制 ……………………………………………………………（291）
　12.3.2 对话框设计 ……………………………………………………………（292）
　12.3.3 轴承程序演示 …………………………………………………………（293）
　12.3.4 带设计计算程序演示 …………………………………………………（294）
12.4 实用程序文件清单 …………………………………………………………（296）
　12.4.1 轴承 ……………………………………………………………………（296）
　12.4.2 挡圈 ……………………………………………………………………（298）
　12.4.3 键 ………………………………………………………………………（299）
　12.4.3 螺钉 ……………………………………………………………………（299）
　12.4.4 螺母 ……………………………………………………………………（300）
　12.4.5 螺栓 ……………………………………………………………………（301）
　12.4.6 螺柱 ……………………………………………………………………（301）
　12.4.7 铆钉 ……………………………………………………………………（302）
　12.4.8 密封圈 …………………………………………………………………（302）
　12.4.9 垫圈 ……………………………………………………………………（303）
　12.4.10 销 ………………………………………………………………………（303）
　12.4.11 齿轮与带 ………………………………………………………………（304）

第 13 章　离线式图纸表格信息提取应用 (307)

13.1　开发工具 (307)
13.1.1　Open Design Alliance 的产生 (307)
13.1.2　DWGdirectX 技术提供的编程接口 (308)

13.2　提取表格信息 Activex 控件开发技术 (309)
13.2.1　总体开发方案 (309)
13.2.2　开发思路 (310)
13.2.3　软件总体设计 (310)

13.3　对 DWGdirectX 进行面向对象化封装 (310)
13.3.1　引入 DWGdirectX 接口 (310)
13.3.2　封装 DWGdirectX 接口 (311)

13.4　DWG 文件表格信息单元分析 (313)
13.4.1　基本概念定义 (313)
13.4.2　表格信息单元之间存在的语义关系与位置关系 (314)
13.4.3　标题栏分析 (314)
13.4.4　明细栏分析 (316)

13.5　表格信息的识别提取过程 (317)
13.5.1　提取所有实体过程 (317)
13.5.2　表格线分组分析 (317)
13.5.3　交点计算 (319)
13.5.4　交点计算单元格的形成与表格组成 (320)
13.5.5　接口的使用 (321)

13.6　DWG 文件表格信息提取实现过程 (322)
13.6.1　测试演示过程 (322)
13.6.2　PDM（产品数据管理系统）中使用情况 (323)

13.7　主要类文件 (325)

第 14 章　在液压机设计计算中的应用 (333)

14.1　开发环境配置 (333)
14.2　液压机设计基本知识 (334)
14.3　程序设计总体实现 (335)
14.4　单柱式液压机设计计算程序化实现 (339)
14.5　其他主要实用程序 (352)
14.6　实用程序文件清单 (355)

附录一　ADS 和 ARX 函数对照表 (359)

附录二　网络中的工程案例文件 (364)

附录三　ObjectARX 2010 自带学习案例文件 (366)

参考文献 (369)

第1章 绪 论

1.1 CAD 技术概述

1.1.1 CAD 技术简介

计算机辅助设计(Computer Aided Design,简称 CAD)技术产生于 20 世纪 50 年代后期。CAD 是以人为主导,利用计算机软硬件对一项工程的建立、修改、分析和优化进行辅助设计的一种现代设计方法。1972 年 10 月,国际信息处理联合会(International Federation of Information-processing, IFIP)在荷兰召开的"关于 CAD 原理的工作会议"上给出以下定义:CAD 是一种技术,其中人与计算机结合为一个问题求解组,并紧密配合,发挥各自所长,从而使其工作优于每一方,并为应用多学科方法的综合性协作提供了可能。CAD 是工程技术人员以计算机为工具,对产品和工程进行设计、绘图、分析和编写技术文档等设计活动的总称。

CAD 是图形技术、数值分析、计算机软件、机械工程设计方法学、人工智能、优化设计等多学科的综合应用技术。美国国家工程院曾对人类 1964 年至 1989 年 25 年间的工程成就进行了评选,其中 CAD 技术的开发应用被选为十大成就之一。

CAD 是一个范围很广的概念,概括来说,CAD 技术已被广泛应用于机械、造船、电气、电子、轻工、纺织、建筑等行业。现今,CAD 技术的应用现已经延伸到艺术、电影、动画、广告和娱乐等领域,并产生了巨大的经济及社会效益,有着广泛的应用前景。应用 CAD 技术可以:①降低 13%～30%工程设计成本;②减少 30%～60%从产品设计到投产的时间;③使产品质量的量级提高 2～5 倍;④减少 30%～60%加工过程;⑤降低 5%～20%人力成本;⑥增加 40%～70%产品作业生产率;⑦增加 2～3 倍设备的生产率;⑧增加 3～35 倍工程师分析问题的广度和深度的能力。

近十年来,在 CIMS 工程和 CAD 应用工程的推动下,我国计算机辅助设计技术应用越来越普遍,越来越多的设计单位和企业采用这一技术来提高设计效率、产品质量和改善劳动条件。目前,我国从国外引进的 CAD 软件有好几十种,一些科研机构、高校和软件公司也都立足于国内,开发出了自己的 CAD 软件,并投放市场,我国的 CAD 技术应用呈现出一片欣欣向荣的景象。

国内外专家通常把 CAD 的发展划分为 4 个阶段:第一阶段是只用于二维平面绘图、标注尺寸和文字的简单系统;第二阶段是将绘图系统与几何数据管理结合起来,包括三维图形设计及优化计算等其他功能接口;第三阶段是以工程数据库为核心,包括曲面和实体造型技术的集成化系统;而第四阶段是基于产品信息共享和分布计算,并辅以专家系统及人工神经网络的智能化、网络协同 CAD 系统。

CAD技术是综合性的，集计算机图形学、数据库、网络通讯等计算机及其他领域于一体的高新技术，是先进制造技术的重要组成部分，也是提高设计水平、缩短产品开发周期、增强行业竞争能力的一项关键技术，国家科技部、省市科技部门已将CAD技术列为国家科技支撑计划与信息化专项。CAD能够提高产品的设计质量，缩短科研和新产品开发周期，降低消耗，提高新产品的可信度，大幅度提高劳动生产率，实现脑力劳动自动化。总体来讲，CAD具有以下优点：

(1) 使传统的设计计算程序化，减轻工程设计人员的计算强度和重复性工作，提高设计的正确率，提高工作效率，缩短设计周期，加速产品的更新换代。

(2) 用计算机来表示产品的模型，使物理模型可视化、数字化、参数化和变量化，设计人员可以在设计过程中观察到设计的对象，并做必要的修改；特别使对系列化的产品设计，只需在原有的设计基础上作少量的修改，就可成为新的产品设计方案。

(3) 利于产品的标准化、通用化、系列化，且有利于与计算机辅助制造、计算机辅助管理技术相结合。

采用CAD技术进行产品设计不但可以使设计人员"甩掉图板"，更新传统的设计思想，实现设计自动化，降低产品的成本，提高企业及其产品在市场上的竞争能力，还可以使企业由原来的串行作业转变为并行作业，建立一种全新的设计和生产技术管理体制，缩短产品的开发周期，提高劳动生产率。如今世界各大航空、航天及汽车等制造业巨头不但广泛采用CAD/CAM技术进行产品设计，而且投入大量的人力物力及资金进行CAD/CAM软件的开发，以保持自己技术上的领先地位和国际市场上的优势。

1.1.2 主流CAD工具

1. 国外主要CAD软件

(1) Auto CAD 和 MDT

AutoCAD系统是美国Autodesk公司为微机开发的一个交互式绘图软件。Autodesk公司是拥有全球用户最多的软件供应商，也是全球规模最大的基于PC平台的CAD和动画及可视化软件企业。AutoCAD是当今最流行的二维绘图软件，有强大的二维功能，如绘图、编辑、剖面线和图案绘制、尺寸标注以及方便用户的二次开发功能，也具有部分的三维作图造型功能。AutoCAD 2008把三维设计的概念吸入到二维设计的理念里面来，实现了设计思想与表达形式的分离。

MDT(Mechanical Desktop)是Autodesk公司在机械行业推出的基于参数化特征实体造型和曲面造型的微机CAD/CAM软件。它以三维设计为基础，集设计、分析、制造以及文档管理等多种功能为一体。MDT基于特征的参数化实体造型、基于NURBS的曲面造型、可以比较方便地完成几百甚至上千个零件的大型装配、提供相关联的绘图和草图功能、提供完整的模型和绘图的双向联结。该软件与AutoCAD完全融为一体，用户可以方便地实现三维向二维的转换。MDT为AutoCAD用户向三维升级提供了一个较好的选择。MDT的用户主要有中国一汽集团、荷兰飞利浦公司、德国西门子公司、日本东芝公司、美国休斯公司等。

(2) Pro/Engineer

Pro/Engineer系统是美国参数技术公司(Parametric Technology Corporation, PTC)的产品，它刚一面世(1988年)，就以其先进的参数化设计、基于特征设计的实体造型而深受用户的欢迎，随后各大 CAD/CAM 公司也纷纷推出了基于约束的参数化造型模块。此外，Pro/Engineer 一开始就建立在工作站上，使系统独立于硬件，便于移植；该系统用户界面简洁，概念清晰，符合工程人员的设计思想与习惯。Pro/Engineer 整个系统建立在统一的数据库上，具有完整而统一的模型，能将整个设计至生产过程集成在一起，它一共有 20 多个模块供用户选择。基于以上原因，Pro/Engineer 在最近几年已成为三维机械设计领域里最富有魅力的系统，其销售额和用户群仍以最快的速度向前发展。

PTC 公司提出的单一数据库、参数化、基于特征、全相关的概念，由此开发出来的第三代机械 CAD/CAE/CAM 产品 Pro/Engineer 软件能将设计至生产全过程集成到一起，让所有的用户能够同时进行同一产品的设计制造工作，即实现所谓的并行工程。Pro/Engineer 采用技术指标化设计、基于特征的实体模型化系统，工程设计人员采用具有智能特性的基于特征的功能去生成模型，如腔、壳、倒角及圆角，可以随意勾画草图，轻易改变模型。Pro/Engineer 系统用户界面简洁，概念清晰，符合工程人员的设计思想与习惯。整个系统建立在统一的数据库上，具有完整而统一的模型。

（3）Unigraphics(UG)

UG 起源于美国麦道(Mcdonnel Douglas,MD)公司，MD 于 1991 年并入美国通用汽车公司 EDS 分部。如今 EDS 是全世界最大的信息技术(IT)服务公司，UG 由其独立子公司 Unigraphics Solutions 开发。UG 是一个集 CAD、CAE 和 CAM 于一体的机械工程辅助系统，适用于航空航天器、汽车、通用机械以及模具等的设计、分析及制造工程。UG 具有尺寸驱动编辑功能和统一的数据库，实现了 CAD、CAE、CAM 之间无数据交换的自由切换。它具有很强的数控加工能力，可以进行 2 轴～2.5 轴、3 轴～5 轴联动的复杂曲面加工和镗铣。UG 针对于整个产品开发的全过程，从产品的概念设计直到产品建模、分析和制造过程，它提供给用户一个灵活的复合建模模块。

作为一流产品，UG 提供了全系列的工具，包括针对计算机辅助工业设计(CAID)艺术级工具，并与功能强大的 CAD/CAM/CAE 解决方案紧密集成。UG 具有独特的知识驱动自动化(KDA)的功能，使产品和过程的知识能够集成在一个系统里。

（4）I-DEAS

I-DEAS 是美国 SDRC 公司开发的 CAD/CAM 软件。I-DEAS 的新能力针对各产品领域的增强。包括核心实体造型及设计、数字化验证(CAE)、数字化制造(CAM)、二维绘图及三维产品标注。I-DEAS 在 CAD/CAE 一体化技术方面一直雄居世界榜首，软件内含诸如结构分析、热力分析、优化设计、耐久性分析等真正提高产品性能的高级分析功能。

SDRC 也是全球最大的专业 CAM 软件生产厂商。I-DEASCAMAND 是 CAM 行业的顶级产品，可以方便地仿真刀具及机床的运动，可以从简单的 2 轴、2.5 轴到以 7 轴 5 联动方式来加工极为复杂的工件表面，并可以对数控加工过程进行自动控制和优化。

（5）SolidWorks

由美国 SolidWorks 公司于 1995 年研制开发的 SolidWorks 是一套基于 Windows 平台的全参数化特征造型软件，它可以十分方便地实现复杂的三维零件实体造型、复杂装配和生成工程图。图形界面友好，上手快。该软件可以应用于以规则几何形体为主的机械产品设计及生产准备工作中，其价位适中。

该软件采用 Parasolid 作为几何平台和 DCM 作为约束管理模块,自顶向下基于特征的实体建模设计方法,可动态模拟装配过程,自动生成装配明细表、装配爆炸图,动态装配仿真、干涉检查、装配形态控制,同时具有中英文两种界面可供选择,其先进的特征树结构使操作更加简便和直观。

(6) SolidEdge

UGS 公司的 Solid Edge (www.solidedge.com)是一款功能强大的三维计算机辅助设计软件,为制造业公司提供基于管理的设计工具,在设计阶段就融入管理,达到缩短产品上市周期,提高产品品质,降低费用,提高收益率的目的。Solid Edge Insight 技术是目前唯一的直接嵌入 CAD 系统的设计管理工具,提供设计管理、增加设计协同能力。

SolidEdge 是真正 Windows 软件,采用最新的 STREAM 技术,完全与 Microsoft 产品相兼容的真正技术指标化的三维实体造型系统。它利用逻辑推理和决策概念来动态捕捉工程师的设计意图,STREAM 技术易学、易用,通过改善用户交互速度和效率,所以能比其他中档 CAD 设计软件产生更多的效益。Solid Edge 采用 Unigraphics Solutions 的 Parasolid V10 造型内核作为强大的软件核心。

SolidEdge 利用相邻零件的几何信息,使新零件的设计可在装配造型内完成;模塑加强模块直接支持复杂塑料零件造型设计;钣金模块使用户可以快速简捷地完成各种钣金零件的设计;利用二维几何图形作为实体造型的特征草图,实现三维实体造型,为从 CAD 绘图升至三维实体造型的设计提供了简单、快速的方法。

(7) CATIA

CATIA 系统是法国达索(Dassault)飞机公司 Dassault Systems 工程部开发的产品。该系统是在 CADAM 系统(原由美国洛克希德公司开发,后并入美国 IBM 公司)的基础上扩充开发的,在 CAD 方面购买原 CADAM 系统的源程序,在加工方面则购买了有名的 APT 系统的源程序,形成了商品化的 CAD 系统。

CATIA 采用先进的混合建模技术、具有在整个产品生命周期内方便的修改能力、所有模块具有全相关性、具有并行工程的设计环境、支持从概念设计直到产品实现的全过程。它也是世界上第一个实现产品数字化样机开发(DMU)的软件。

CATIA 系统如今已经发展为集成化的 CAD/CAE/CAM 系统,它具有统一的用户界面、数据管理以及兼容的数据库和应用程序接口,并拥有 20 多个独立设计的模块。该系统的工作环境是 IBM 主机以及 RISC/6000 工作站。如今 CATIA 系统在全世界 30 多个国家拥有近 2000 家用户,美国波音飞机公司的波音 777 飞机便是其杰作之一。

2. 国产主要 CAD 软件

(1) CAXA

CAXA 是北京北航海尔软件有限公司(原北京华正软件工程研究所)面向我国工业界自主开发的、具有中文界面和三维复杂形面 CAD/CAM 软件。CAXA 包括 CAXA 电子图板 V2(CAXA-EBV2)、CAXA 三维电子图板 V2(CAXA-EB3DV2)等绘图软件,CAXA 实体设计 V2、CAXA 注塑模设计师 V2(CAXA-IMD)等设计类软件和 CAXA 制造工程师 2000(CAXA-ME2000)等 CAM 软件(见官方网 www.caxa.com,有最新的产品介绍)。

(2) 高华 CAD

高华 CAD 系列产品包括计算机辅助绘图支撑系统 GHDrafting、机械设计及绘图系统

GHMDS、工艺设计系统 GHCAPP、三维几何造型系统 GHGEMS、产品数据管理系统 GH-PDMS 及自动数控编程系统 GHCAM。其中 GHMDS 是基于参数化设计的 CAD/CAE/CAM 集成系统,它具有全程导航、图形绘制、明细表的处理、全约束参数化设计、参数化图素拼装、尺寸标注、标准件库、图像编辑等功能模块。高华 CAD 是全国 CAD 应用工程的主推产品之一,其中 GHGEMS5.0 曾获第二届全国自主版权 CAD 支撑软件评测第一名。

(3) 开目 CAD

开目 CAD 是华中科技大学开发的具有自主版权的基于微机平台的 CAD 和图纸管理软件。它面向工程实际,模拟人的设计思路,操作简便,绘图效率比 AutoCAD 高得多。开目 CAD 支持多种几何约束种类及多视图同时驱动,具有局部参数化的功能,能够处理设计中的过约束和欠约束的情况。开目 CAD 实现了 CAD、CAPP、CAM 的集成,适合我国设计人员的习惯,是全国 CAD 应用工程主推产品之一。产品包括开目 CAD、电气 CAD、机械零件、CAPP、PDM、BOM、MIS(ERP)、OA、进销存、CRM 等软件(见官方网 www.kmsoft.com.cn,有最新的产品介绍)。

(4) InteCAD

InteCAD Tool 是由武汉天喻信息公司开发的具有完全独立自主版权的二维机械 CAD 系统,它符合 Windows 操作系统标准,采用 Windows 界面风格,易学易用。基于特征的设计思想使画图和改图都无比快捷。是国内最优秀的多文档、多窗口操作的机械 CAD 系统。

InteSolid 是天喻公司生产的产品造型与设计系统。它采用面向对象技术和先进的几何造型器 ACIS 作为底层造型平台,采用面向用户的设计意图,通过零件造型、装配设计和工程图的生成来满足产品设计与造型的需要,在国内处于领先地位。天喻信息公司产品包括 InteCADTool、InteSolid、InteCAPP、InteCAST、IntePDM、InteAMS 等软件。

(5) PICAD

PICAD 系统是北京凯思博宏计算机应用工程有限公司开发的具有自主版权的 CAD 软件。该软件具有智能化、参数化和较强的开放性,特征点和特征坐标可自动捕捉及动态导航;系统提供局部图形参数化、参数化图素拼装及可扩充的参数图符库;提供交互环境下的开放的二次开发工具;智能标注系统可自动选择标注方式;首先推出全新的"所绘即所得"自动参数化技术;可回溯的、安全的历史记录管理器;是真正的面向对象和面向特征设计的 CAD 系统。凯思博宏公司还在企业现代化信息管理系统和 CAD、PDM、OA、CAPP 等领域开发完成了一系列产品、专用系统及综合应用系统(最新产品介绍见 www.picad.com.cn)。

(6) XTMCAD

XTMCAD 是由北京艾克斯特科技股份有限公司与清华大学机械 CAD 开发中心开发出来的以 AutoCAD 为平台的新一代二维特征化参数化集成机械 CAD 系统。它具有动态导航、参数化设计及图库建立与管理功能,还具有常用零件优化设计、工艺模块及工程图纸管理等模块。当 Autodesk 推出 Mechanical Desktop(MDT)后,作为 Autodesk 全球 ADN 成员的艾克斯特公司,推出了基于 MDT 的三维机械设计增强系统即 XTMCAD 3D。其他产品有 XTPDM、XTCAPP、TeamDesigner(集成化柔性设计 CAD 系统)、XTEDS(电气设计及仿真软件)、XTERP、XTGDES(齿轮设计专家系统)、DFMA(面向制造与装配的设计分析系统)等。

(7) 金银花系统

金银花(Lonicera)系统来源于北京航空航天大学国家 863/CIMS 设计自动化工程实验室,经过该实验室和广州红地技术有限公司联手进行了商品化、产业化的开发而成。

该软件主要应用于机械产品设计和制造,它可以实现设计/制造一体化和自动化。该软件采用面向对象的技术,使用先进的实体建模、参数化特征造型、二维和三维一体化、SDAI 标准数据存取接口的技术;具备机械产品设计、工艺规划设计和数控加工程序自动生成等功能;同时还具有多种标准数据接口。目前金银花系统的系列产品包括机械设计平台 MDA、数控编程系统 NCP、产品数据管理 PDS、工艺设计工具 MPP。

1.1.3 CAD 发展趋势

CAD 技术涉及面广而复杂、技术更新快,对新的理论、技术和方法的研究从未停止过。从总体上讲,目前 CAD 技术的发展趋势是变量化、虚拟化、集成化、智能化、协同化和网络化,CAD 二次开发可以说是实现这种技术发展的一种手段。

1. 变量化设计

先进的超变量几何(Variational Geometry eXtended,VGX)技术是一种现代 CAD 的核心技术。VGX 提供了三维变量化控制技术,贯穿二维草图设计、三维零件造型直到装配体设计全过程。提供变量化草绘、建立变量方程、设计变量特征的能力。VGX 技术扩展了变量化产品结构,允许用户对一个完整的三维数字产品从几何造型、设计过程、特征,到设计约束,都可以进行实时直接操作。而且随着设计的深化,VGX 可以保留每一个中间设计过程的产品信息。VGX 技术极大地改进了交互操作的直观性及可靠性,从而使 CAD 软件更加易于使用,效率更高。

2. 虚拟产品建模技术

虚拟现实(Virtual Reality,VR)技术在 CAD 中的应用也已经开始,其可以进行各类具有现实感的可视化模拟,用以验证设计的正确性和可行性。还可以在设计阶段模拟零部件的装配过程,检查所用零部件是否合适和正确。在概念设计阶段,支持人机工程学,检验操作是否舒适、方便,可用于方案对比。基于虚拟样机的试验仿真分析,可以在真实制造之前发现问题,并加以解决。虚拟样机是集产品几何信息(变量特征、设计历程、工程约束方程)、工艺信息(尺寸、坐标系、公差配合、形位公差、材料及物理属性)和加工工艺信息等为一体的完整的信息主模型。

3. CAX/PDM 集成技术

许多企业已经建立了 CAD、CAM、CAE、CAPP 等软件平台,并应用于产品开发的各个环节。在产品的全生命周期中,CAD 系统用于产品的设计,CAE 系统用于产品分析,CAPP/CAM 系统用于产品的加工生产,PDM 系统用于管理与产品有关的数据和过程,ERP 系统管理企业的人、财、物、信息等企业资源。目前 PC 级 CAD 软件大都提出了 CAD/CAE/PDM/CAM 软件集成的解决方案,如基于 UG、SolidWorks、AutoCAD 等解决方案。

4. 智能 CAD 技术

设计是具有高度智能的人类创造性活动领域,CAD 系统将引入知识工程,从而产生智能 CAD 系统。智能 CAD 是 CAD 发展的必然方向。智能设计(Intelligent Design)和基于知识库系统(Knowledge based system)的工程是出现在产品处理发展过程中的新趋势。在运用知识化、信息化的基础上,建立基于知识的设计仓库(Design Repository),它能及时准确地向设计人员提供产品开发所需的信息与帮助,利用 Web 机制,可以实现信息共享与交换,解决了产品设计中对知识的需求的问题。

5. 协同技术

计算机支持协同工作(Computer Supported Cooperative Work,CSCW)作为一项支持并行工程的使能技术,在现代 CAD 环境中得以实现,协同机制构造一种"虚拟工作空间",开发成员围绕一个共同任务协同地进行工作。这要求 CAD 软件可以很好地解决协同设计中的各种冲突,包括基于规则的冲突消解、基于实例的冲突消解、基于约束的冲突消解及冲突协商;Internet/Intranet 上进行群体成员间多媒体信息传输;异构环境中的数据传输与工具集成;设计群体中人人交互技术,包括利用白板、语音、视频等工具进行电子会议等。

6. 互联网时代 CAD 技术

进入 2000 年以后,互联网和电子商务的发展极其迅猛,电子商务赋予 CAD 技术新的内涵。对于产品设计而言,通过网络化的手段可以帮助设计师及其企业改进传统的设计流程,创造一种顺应人性而又充满魅力的设计环境,以便于设计师能在其中形象化地表现、高效率地研究发展和交流设计思想;更多的设计人员可以在同一平台下,通过网络针对一项设计任务进行实时的双向交互通信与合作。同时,在基于网络协同完成设计任务的同时,与制造、商务等的全面融合更带来了技术和应用两个领域革命性的进步。随着 Web 技术的不断渗透,支持 Web 协同设计方案的 CAD 软件已经出现并趋于成熟。借助于互联网的跨地域、跨时空的沟通特性和近乎无限的接入能力,CAD 软件的团队协作能力可以直接利用互联网进行。

1.2 CAD 二次开发

1.2.1 CAD 二次开发简述

国际知名的 CAD 软件如 CATIA、Pro/Engineer、UG、SolidWorks、AutoCAD 等,都是商业化的通用平台,基本上覆盖了整个制造行业,但是针对性差,不能满足各种各样具体产品的设计需要,在实际的工程设计中难以达到理想效果,几乎不能真正实现灵活高效的特点。因此 CAD 软件的二次开发问题就成为 CAD 技术推广应用过程中所必须面对和要解决的课题之一。二次开发就是把商品化、通用化的 CAD 系统进行用户化、本地化的过程,即以优秀的 CAD 系统为基础平台,研制开发符合国家标准、适合企业实际应用的用户化、专业化、集成化软件。

CAD 二次开发具有以下特点:

(1) 继承性　二次开发是在已有软件的基础上进行的开发,因此开发后的软件性能在很大程度上取决于支撑软件的性能和开放程度,以及开发者对支撑软件的理解。

(2) 专业性　二次开发是针对特定用户进行的,因此开发人员要既懂专业知识,又要具备软件开发的能力。

(3) 实用性　二次开发是为了满足特定用户的特殊需要,因此成功的二次开发可以大幅度提高工作效率。

(4) 紧迫性　二次开发要解决的是实际工作中遇到的问题,直接影响工作的进度,因此在时间上有紧迫性。

（5）复杂性　二次开发不仅涉及具体的应用，而且要求对支撑软件有深入的了解，因此工作量大，任务复杂。

应用软件是直接被用户使用的软件，因此应具有良好的用户界面，通过用户界面，用户不必去了解许多关于计算机硬件和软件方面的知识，只需要根据屏幕提示便能方便地完成产品设计。根据软件工程的指导思想，一个良好的 CAD 应用软件的用户界面应满足以下几方面的要求：

（1）使用方便　提供的用户界面以方便用户使用为原则，无需对用户做过多的专门训练工作就可以自如地使用该软件。

（2）记忆最少原则　一个好的应用软件应使用户尽量少记忆各种操作规则、专门名词和特殊符号。

（3）灵活的提示信息　应用软件运行时，应能给出简单易懂的提示信息，使用户的工作能顺利地进行，尽量做到在线帮助，实时帮助。

（4）良好的交互方式　用户使用计算机设计时，应使其感到与计算机所进行的信息交换是十分自然的，与人们的日常工作习惯相符合。

（5）良好的出错处理　能及时给出出错信息并提出纠正建议。

1.2.2　主流 CAD 软件的二次开发

1. Pro/Engineer 的二次开发

Pro/Engineer 是一种采用了特征建模技术，基于统一数据库的参数化的通用 CAD 系统。利用它提供的二次开发工具在 Pro/Engineer 的基础上进行二次开发，可以比较方便地实现面向特定产品的程序自动建模功能。并且可以把较为丰富的非几何特征如材料特征、精度特征加入所产生的模型中，所有信息存入统一的数据库，是实现 CAD/CAE/CAM 集成的关键技术之一。Pro/Engineer 提供了丰富的二次开发工具，常用的有：族表（Family Table）、用户定义特征（UDF）、Pro/program、J-link 和 Pro/toolkit 等。

2. SolidWorks 的二次开发

SolidWorks 采用了 COM 技术标准，将复杂的应用程序设计成许多小的、功能相对简单的组件软件，各个组件软件完成某些特定的功能，同时按照 COM 标准对外提供接口，然后把这些独立的软件组件组合在一起组成功能强大、能满足企业产品设计的集成系统。同时 SolidWorks 为用户提供了强大的二次开发接口，任何支持 OLE（Object Linking and Embedding，对象的链接与嵌入）和 COM 的编程语言都可以作为 SolidWorks 的开发工具。如 Visual C++、Visual Basic、Delphi 等均可用于 SolidWorks 的二次开发。

3. UG 的二次开发

UG/Open 是一系列 UG 开发工具的总称，是 UG 软件为用户或第三方开发人员提供的最主要的开发工具。它主要由 UG/Open API、UG/Open GRIP、UG/Open MenuScript 和 UG/Open UIStyler 四个部分组成。UG/Open API 又称 User Function，是一个允许程序访问并改变 UG 对象模型的程序集。UG/Open API 封装了近 2000 个 UG 操作的函数。它可以对 UG 的图形终端、文件管理系统和数据库进行操作，几乎所有能在 UG 界面上的操作都可以用 UG/Open API 函数实现。UG/Open GRIP（Graphics Interactive Programming）是一种专用的图形交互编程语言。这种语言与 UG 系统集成，实现 UG 下的绝大多数的操作。UG/Open MenuScript 支持 UG 主菜单和快速弹出式菜单的设计和修改，通过它可以改变 UG 菜单的布局、添加新的菜单项以执行用户 GRIP、API 二次开发程序、User Tools 文件及操作系统命令等。UIStyler 是开发 UG 对话框的可视化工具，生成的对话框能与 UG 集成，让用户更方便、更高效地与 UG 进行交互操作。

4. CATIA 的二次开发

基于 CATIA 的应用开发可分为以下几类：①标准格式的输入输出。用于跨 CAD 平台、跨 PDM、标准格式的输入输出，以便进行数据格式的转化。②使用自动化应用接口（Automation API）的宏。用于自动化（Automation）组件，日志（Journaling），Visual Basic 和 JavaScript/Html 的开发，这是一种交互方式的定制。该定制方式允许用户获取 CATIA 的数据模型。Automation API 具备了与任何 OLE 所兼容的平台进行通讯的能力。③智能构件（Knowledgeware）。智能构件是一套预定义的易用服务，驱动的管理和重用是从函数、规范到组件和系统来一步一步实现的。它是一种反应式的、基于规则的、面向目标的客户化方式，允许定制和外部代码的集成。它用于三个方面：知识顾问、知识专家和产品工程优化。④交互式的用户定义特征，是一种编制式的定制开发。通过聚合现存的特征来交互地定义新的数据类型。收集现存规范，指定输入，从而创建一个 IUDF（用户定义特征）。IUDF 可以通过引用一个 Catalog 保存在.CATPart 文档中。它可以交互地被客户使用。⑤CAA V5 的 C++和 Java 应用接口。这是基于组件的定制开发。CAA 是组件应用架构（Component Application Architecture）的缩写，是 Dassault Systemes 产品扩展和客户进行定制开发的平台，它使全球诸多开发商可参与 Dassault Systemes 的研发。利用 CAA 可以进行从简单到复杂的二次开发工作，而且和原系统的结合非常紧密。

5. AutoCAD 的二次开发

二维 CAD 软件中应用最为广泛的是 AutoDesk 公司的 AutoCAD 系列软件。AutoCAD 是一种具有高度开发结构的 CAD 软件开发平台，它提供给编程者一个强有力的二次开发环境。因本书在后续篇章中会大量介绍 AutoCAD 的二次开发情况，故不做过多叙述。

1.2.3 CAD 二次开发方法

1. 参数化 CAD 二次开发

有些企业的产品绝大多数为定型产品，这些产品的系列化、通用化和标准化程度高。因此，进行这些产品设计所采用的数学模型及产品的结构都是固定不变的，所不同的只是产品的结构尺寸有所差异，而结构尺寸的差异是由于相同数目及类型的已知条件在不同规格的产品设计中取不同值而造成的。这种方法称为参数化 CAD，其工作原理如图 1-1 所示。

参数化 CAD 应用软件主要用于标准化、系列化和通用化程度比较高的定型产品，如模具、夹具、组合机床、阀门等。对于这些定型产品，通过变量选取不同的数值就可以方便地得到相应的设计图纸。经过二次开发的参数化 CAD 软件是一种最简单的 CAD 应用软件，同时具有效率高、可靠性好等优点，对于国内很多企业都是非常实用的。

2. 成组 CAD 二次开发

许多企业的产品结构尽管不一样，但比较相似，可以根据产品结构和工艺性的相似性，利用成组技术将零件划分成有限数目的零件族，根据同一零件族中各零件的结构特点编制相应的 CAD 应用软件，用于该族所有零件的设计，这就是所谓的"成组 CAD"。采用成组 CAD 可以进行检索型 CAD、相似零件的新设计和老产品图纸的检索，其工作原理如图 1-2 所示。

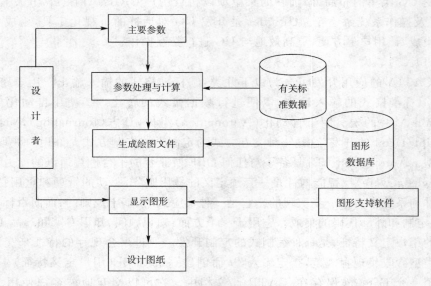

图 1-1 参数化 CAD 二次开发原理图

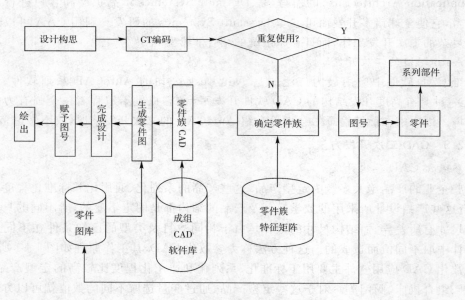

图 1-2 成组 CAD 软件结构框图

3. 交互式 CAD 二次开发

有些企业的生产特点属于单件、小批量生产,其产品结构千差万别,无法对产品进行分类,更无法建立标准化、通用化图库,因此无法应用参数化 CAD 原理进行产品的设计,对这样的产品可以采用交互式 CAD。交互式 CAD 就是设计人员利用交互图形显示系统的功能,在屏幕上利用图形处理系统的功能,以人机交互的方式进行设计。交互式 CAD 应用软件的开发通常包括数据库、图形库和程序库的建立以及人机交互主控程序等的开发。

4. 智能化 CAD 二次开发

在工程设计中处理的问题具有这样一些特点：多样性、近似性、经验性、模糊性及综合性等。可见，设计师在交互设计过程中对一个设计作出评价和决策，有相当一部分工作是计算机不能胜任的，需要推理和判断，其中包括设计过程内容的过程决策和具体设计的技术决策。

因此，设计效率和实际质量较大程度上取决于设计师丰富的实践经验、创造性思维和工作责任心。如果在人机交互工程中引入专家系统技术，告诉设计师下一步该做什么，当前设计存在的问题，建议解决问题的几种途径和推荐解决方案；或者模拟人的智慧，根据出现的问题提出合理的解决方案。采用专家系统后，可提高设计质量和速度，有可能使缺乏经验的设计师做出专家级水平的设计来。智能化 CAD 就是将专家系统与 CAD 技术融为一体而建立起来的系统。

CATIA 利用知识工程顾问（KWA）、知识工程专家（KWE）、产品知识模块（PKT）、产品工程优化（PEO）和产品功能优化（PFO）等工具，将"知识"以参数、公式、规则、检查、报告、设计表、反映和创成式脚本等多种形式表示出来，相关技术人员都可以高效利用 CATIA V5 自动捕捉建立在系统中的知识，把产品开发过程中涉及到的多学科知识有机地集成在一起，从而带动企业相应各部门间的紧密联系以及产品信息共享，更好地支持并行工程和系统设计能力。

智能化 CAD 近来主要用于原理方案的设计、产品建模、分析计算优化、结构设计等方面。总之，在工程设计中，那些基于符号的、推理的和经验判断的作业均可以采用智能化 CAD 完成。

1.3 AutoCAD 二次开发

1.3.1 二次开发的意义

AutoCAD 从最初的 R14，到 AutoCAD 2000、AutoCAD 2004，一直到近期出现的新版 AutoCAD 2010，经历 30 多年的发展，如今仍呈现勃勃生机。究其根本原因是目前在企业中、在生产线上，用于生产的图纸仍然是二维的，AutoCAD 在二维图绘制上的强大功能，是其他三维软件望尘莫及的。因此对 AutoCAD 进行二次开发不但具有科研意义，更具有很大的现实意义。归纳起来，其意义有：①有助于缩短机械类产品的设计和生产周期，降低产品成本，提高产品质量和产品生产率，大大增强产品和企业的竞争力。②有助于推进机械产品生产的标准化、参数化、智能化和协同化发展趋势，促进制造行业在各个地区、各个设计领域和整个产业的协调发展。③有助于增强高校与企业的合作，开发出具有自主知识产权且面向行业或特定产品的 CAD 系统，使得制造企业的产品设计信息化、知识化与网络化程度不断提高。

1.3.2 开发工具

AutoCAD 的第一代开发工具当属于 AutoLISP 语言，第二代开发工具就是基于 C 语言的开发工具 ADS。第三代当属 Visual AutoLISP、ObjectARX 和 VBA。第四代就是.NET API。下面我们来看它们各自的特点。

1. AutoLISP 语言

第一代开发工具 AutoLISP 是 1986 年随 AutoCAD v2.18 提供的二次开发工具。它是一种人工智能语言,是嵌入 AutoCAD 内部的 COMMONLISP 的一个子集。在 AutoCAD 二次开发工具中,它是唯一的一种解释性语言。AutoLISP 特点在于语言规则十分简单,易学易用;直接针对 AutoCAD,易于交互;解释执行,立竿见影。

AutoLISP 也存在以下缺点:①功能单一,综合处理能力差;②解释执行,程序运行速度慢;③缺乏很好的保护机制,源程序保密性差;④LISP 用表描述一切,不能很好的反映现实世界和过程,与人的思维方式不一致;⑤不能直接访问硬件设备和进行二进制文件的读写。AutoLISP 的这些特点,使其仅适合于有能力的终端用户完成一些自己的开发任务。

2. ADS 语言

第二代开发工具 ADS(AutoCAD Development System)是 AutoCAD R11 开始支持的一种基于 C 语言的灵活的开发环境。ADS 可直接利用用户熟悉的 C 编译器,将应用程序编译成可执行文件后在 AutoCAD 环境下运行,从而既利用了 AutoCAD 环境的强大功能,又利用了 C 语言的结构化编程、运行效率高的优势。与 AutoLISP 相比,ADS 优越之处在于具备强大的大规模处理能力;编译成机器代码后执行速度快;编译时可以检查程序设计语言的逻辑错误;程序源代码的可读性好于 AutoLISP。

ADS 不便之处在于:①C 语言比 LISP 语言难于掌握和熟练应用;②ADS 程序的隐藏错误会导致 AutoCAD,乃至操作系统的崩溃;③需要编译才能运行,不易见到代码的效果;④同样的功能,ADS 程序源代码比 AutoLISP 代码长很多。

3. Visual AutoLISP、ObjectARX 和 VBA

第三代开发工具包括 Visual AutoLISP、ObjectARX 以及 VBA。

(1) Visual AutoLISP

Visual AutoLISP 是 AutoLISP 的换代产品。它与 AutoLISP 完全兼容,并具备其所有的功能,是新一代的 AutoLISP 语言。Visual AutoLISP 对语言进行了扩展,可以通过 Microsoft ActiveX Automation 接口与对象交互。同时,通过实现反应器函数,还扩展了 AutoLISP 响应事件的能力。作为开发工具,Visual AutoLISP 提供了一个完整的集成开发环境,包括编译器、调试器和其他工具,可以提高二次开发的效率。另外还提供了用于发布独立应用程序的工具。

(2) ObjectARX(AutoCAD Runtime eXtension)

ObjectARX 是 AutoCAD R13 之后推出的一个以 C++ 语言为基础的面向对象的开发环境和应用程序接口。ObjectARX 程序本质上为 Windows 动态链接库(DLL)程序,它与 AutoCAD 共享地址空间,可直接调用 AutoCAD 的核心函数,还可以直接访问 AutoCAD 数据库的核心数据结构和代码,以便能够在运行期间扩展 AutoCAD 固有的类及其功能,创建能够全面享受 AutoCAD 固有命令特权的新命令。ObjectARX 程序与 AutoCAD、Windows 之间均采用 Windows 消息传递机制直接通信。

(3) VBA(Visual Basic for Application)

VBA 的语言基础是微软公司开发的 Visual Basic。Visual Basic 是以最终用户为目标而生产的编程工具。每一个用户都可以通过编程,将其作为独立的 Windows 应用程序运行。Visual Basic 程序可以自给自足，也可以与其他应用程序通信。Visual Basic 程序通过 AutoCAD 的 ActiveX Automation API 操纵 AutoCAD。

4．.NET API

从 AutoCAD 2006 后，Autodesk 为其开发增加了.NET API。.NET API 提供了一系列托管的外包类（Managed Wrapper Class），使开发人员可在.NET 框架下，使用任何支持.NET的语言，如 VB.NET、C♯和 Managed C++等都能对 AutoCAD 进行二次开发。其优点是完全面向对象，在拥有与 C++相匹配的强大功能的同时，具有方便易用的特点，是较理想的 AutoCAD 二次开发工具。

.NET API 与传统 ObjectARX 的区别主要是在.NET 环境下开发应用程序与在 VC 环境下开发应用程序的区别。首先，在 VC 环境下，程序员需要自己管理内存的申请和释放，而.NET 采用了垃圾回收机制，由.NET 框架自行判断内存回收的时机并实行回收。其次，ObjectARX 中的各种反应器（Reactor）在.NET API 中由外包类映射为各种事件（Event），可通过定义这些事件的响应函数来响应 AutoCAD 的各种操作。同时对于错误信息的处理也从函数返回值改变为通常异常来处理，使其更好地兼容.NET。

1.4 ObjectARX 概述

ObjectARX 并不是独立的开发平台，而是运行于 Visual C++平台之上。ObjectARX 是一个以 C++语言为基础的面向对象的开发环境和应用程序接口。ObjectARX 程序本质上是 Windows 动态链接库（DLL）。

动态链接库（DLL）是基于 Windows 程序设计的一个非常重要的组成部分。在建立应用程序的可执行文件时，不必将 DLL 链接到程序中，而是在运行时动态加载 DLL，装载时 DLL 被映射到进程的地址空间中。AppWizard 支持自动生成几种类型的 DLL，用户可以编写自己的 DLL。

DLL 是一种给予 Windows 的程序模块，不仅可以包含可执行代码，还能有效根据各种资源，扩大库文件的使用范围。其优点在于：

（1）扩展了应用程序的特性。

（2）可以用多种语言编写，开发者可以选择最合适的语言编写。

（3）简化软件项目的管理。

（4）有助于节省内存。

（5）有助于资源的共享。

（6）有助于应用程序的本地化。

（7）有助于解决平台差异。

ObjectARX 作为 Visual C++的动态链接库与其他的动态链接库有着很大的区别。Visual C++当中的其他动态链接库都是严格以 C++语言为基础，是作为 Visual C++的一个模块程序。而 ObjectARX 程序在 C++语言的基础上规定了自己的语法，它是专门用来对 AutoCAD 进行二次开发的工具了。因此可以说 ObjectARX 是 Visual C++的一个子集。表 1-1 列出了 Autodesk 公司部分产品及其支持的开发工具。

表 1-1 部分 Autodesk 产品与支持的开发工具

序号	产　品	开发工具
1	AutoCAD	ObjectARX(C++，C#，and VB.NET)、Visual Basic For Application、Visual Lisp
2	AutoCAD OEM	ObjectARX、Visual LISP、VBA and ActiveX、.NET Framework Programming Support
3	AutoCAD Architecture	Object Modeling Framework（包括 ObjectARX）、.NET(VB.NET and CS.NET)、ActiveX（Visual C++，VB，Delphi，and Java）
4	AutoCAD Civil 3D	COM API（VBA）、.NET API、Custom Draw API (in C++)
5	Autodesk Buzzsaw	Visual C++、Visual Basic、VBA
6	DWF Toolkit	Visual C++
7	Autodesk Inventor	Visual C++、VBA
8	AutoCAD Map 3D	ActiveX、AutoLISP、ObjectARX
9	MapGuide Enterprise	PHP、JSP and APS.NET(C#，VB.NET or Jscript)
10	Topobase	Visual Studio.NET 2005()
11	Revit Architecture，Au Revit Structure and Revit MEP	VB.NET，C#，and managed C++
12	3DS Max	3ds Max SDK for Visual Studio
13	Maya	MEL™、Python™ API、OpenMaya API (C++)
14	RealDWG	C++ and .NET

1.4.1 ObjectARX 功能简介

ObjectARX 作为 AutoCAD 的嵌入式开发工具，同时又是 Visual C++的一个子集，因此可以实现以下强大的开发功能。

1. 访问 AutoCAD 数据库

一个 AutoCAD 图形是保存在数据库中对象的集会。这些对象不但表示图形实体，而且也表示符号表和字典等的内在结构。ObjectARX 提供给用户应用程序访问这些数据库结构的方法，另外也可以为指定程序创建数据库。

2. 与 AutoCAD 编辑器交互作用

ObjectARX 提供了可以与 AutoCAD 编辑器交互作用的类和成员函数。用户可以注册 AutoCAD 命令，这些命令和 AutoCAD 内部命令一样。用户的应用程序可以接受相应发生在 AutoCAD 中的各种事件的通知。

3. 使用 MFC 创建用户界面

ObjectARX 应用程序可以使用与 AutoCAD 共享的动态链接 MFC 库来创建，用户可以使用库来创建标准 Microsoft 窗口图形用户界面(GUI)。

4．支持多文档界面(MDI)

使用 ObjectARX，用户可以创建支持 AutoCAD 多文档界面的应用程序，并且用户可以确保用户的应用程序将会正确的与 Microsoft 窗口环境的其他应用程序交互。

5．创建自定义类

用户可以在 ObjectARX 层次下用 ObjectARX 类为基础创建自定义类。另外，当创建自定义类事，用户也可以利用 ObjectARX 扩展的图形库。

6．建立复杂的应用程序

ObjectARX 支持复杂应用程序的开发，它提供了如下特征：

（1）通知；

（2）事物处理；

（3）深度克隆；

（4）引用编辑；

（5）协议扩展；

（6）协议对象支持。

7．与其他编程环境交互

ObjectARX 提供的管理封装类允许用户使用 Microsoft．NET 框架和 VB．NET 和 C♯语言编写程序。ObjectARX 应用程序可与其他程序接口交互(如 Visual AutoLISP，ActiveX 和 COM)。另外，ObjectARX 应用程序可以通过实体与 URL 关联，与 Internet 链接，并可以从网络上装载和保存图形文件。

1.4.2 ObjectARX 类库介绍

使用 ObjectARX 开发包和 VC++，完成以上所述的七大类功能，最重要的就是运用其自身提供的类库，包括：

1．AcRx 库

AcRx 库是为动态链接库的初始化、链接、运行时类的注册和识别提供系统级的类。也可以用来给应用程序进行加锁或解锁。该库的基类为 AcRxObject。对于 ActiveX 编程来讲，AcRxObject 可以提供多种 COM 接口函数。在库中另一个有用的类是 AcRxService，它可以编写实用程序，并能注册到由这些函数提供的服务程序。

2．AcEd 库

AcEd 库用于注册本地命令及系统事件通知的类，其中有很多重要的类。当在 AutoCAD 中定义命令时，他们被定义为本地命令并被添加到 AutoCAD 命令堆栈中，用于向命令堆栈中添加命令的函数是 addCommand()。该库还提供一个编辑反应器，可以向 AutoCAD 的编辑器中添加或从中删除反应器。还提供了一个事物管理器，它可以让应用程序响应 Undo 事件和 ESC 事件。

3．AcDb 库

AcDb 库的能容较多，用于存放所有实体及其他类。它包含了所有的符号表，如线型、层、文本样式、尺寸样式等。该库提供的主要类有：AcDbObject 类负责打开和关闭对象及向 AutoCAD 数据库中添加对象。AcDbDictionary 类允许向数据文件中添加数据，在数据字典中几个重要的条目是 AutoCAD 的"groups"和"mline"样式。AutoCAD 中每个实体都是从 AcDbEntity 中派生出的,用户也可以从 AcDbEntity 中派生自己的实体。

4. AcGi 库

AcGi 库是用于渲染 AutoCAD 实体的图形接口。该库提供服务程序,在定义实体时起作用。比如在 3D 实体或网格中有面和边的数据,在 AcGi 库中有对应类来操纵这些子实体。该库提供最重要的类是 AcGiWorldDraw 和 AcGiViewportDraw。

5. AcGe 库

AcGe 库用于普通线性代数和几何实体通用库,如矢量、点和矩阵的运算等。例如,若一条直线通过一个圆的附近,需要求出直线到圆的最近点,那么库中的几何函数可以求出所需点。

6. AdsRx 库

AdsRx 库用于创建 AutoCAD 应用程序的 C 语言库,主要用来实现实体选择、选择及操作和获取数据。AdsRx 的函数很好认,他们都是以 ads—开头的。

这六大类库基本上完成了所有 ObjectARX 的功能实现,后面在编程中我们会陆续用到很多种,表 1-2 给出了建立 ARX 应用程序所需要的库。

表 1-2 ARX 类库

类	需要的库
AcRx	acad.lib, rxapi.lib, acdb17.lib
AcEd	acad.lib, rxapi.lib, acedapi.lib, acdb17.lib
AcDb	acad.lib, rxapi.lib, acdb17.lib
AcGi	acad.lib, rxapi.lib, acdb17.lib
AcGe	acad.lib, rxapi.lib, acge17.lib, acdb17.lib

1.4.3 ObjectARX 的优势特点

通过以上叙述,我们可以发现,用 ARX 进行 AutoCAD 二次开发,具有无可比拟的优越性,主要表现在:

(1) 全面支持面向对象的 C++ 编程,能充分利用 C++ 编程方法的一切优点。

(2) ObjectARX 应用程序本身就是一个动态链接库,因其与 AutoCAD 共享地址空间,可直接调用 AutoCAD 的核心函数,还可以直接访问 AutoCAD 数据库的核心数据结构和代码,以便能够在运行期间扩展 AutoCAD 固有的类及其功能,创建能够全面享受 AutoCAD 固有命令特权的新命令。

(3) ObjectARX 应用程序可以直接访问 AutoCAD 的数据结构和图形系统,可以这样说,在 AutoCAD 编辑环境下的所有动作,在应用程序中都可实现,在 AutoCAD 编辑环境下不能实现的行为,也可以用应用程序实现。

(4) 利用 ObjectARX,可以充分利用 MFC 的网络编程功能,支持异地协作设计。

(5) 移植性好,VC 开发的 ARX 可以移植到其他软件上去。

(6) 由于共享 AutoCAD 内存地址空间,速度快,可以满足速度要求高的情况。

第 2 章 Visual C++开发平台与面向对象程序设计

2.1 Visual C++开发环境

2.1.1 环境介绍

Visual C++提供了一个集源程序编辑、代码编译与调试于一体的开发环境,这个环境称为集成开发环境,对于集成开发环境的熟悉程度直接影响程序设计的效率。开发环境是程序员同 Visual C++的交互界面,通过它程序员可以访问 C++源代码编辑器、资源编辑器,使用内部调试器,并且可以创建工程文件。Microsoft Visual C++是多个产品的集成。Visual C++从本质上讲是一个 Windows 应用程序。

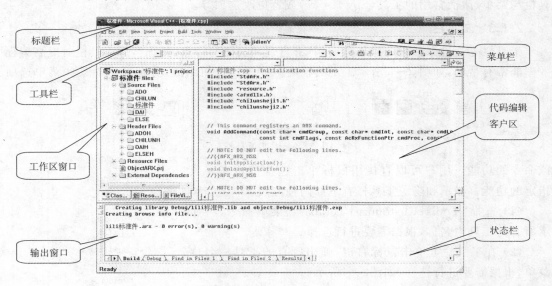

图 2-1 Visual C++ 6.0 开发环境的主窗口

用鼠标依次单击 Windows 上的"开始"、"程序"、"Microsoft Visual Studio 6.0"、"Microsoft Visual C++ 6.0",然后打开一个工程文件,就会显示如图 2-1 所示的窗口,图中标出了窗口中各组成部分的名称,而且显示了已装入标准件工程文件的 Visual C++ 6.0 的开发环境,这是在建立了工程文件之后的结果。

2.1.2 菜单

菜单栏是 Visual C++集成开发环境中的重要组成部分,几乎包含了常用的所有操作功能。菜单所涉及的操作主要包括文件控制、文本编辑、视图查看、工程设置、编译调试和工具选项等功能,如图 2-2 所示。

图 2-2 菜单栏

(1) File 菜单:File 菜单包括对文件、项目、工作区及文档进行文件操作的相关命令或子菜单。

(2) Edit 菜单:除了常用的剪切、复制、粘贴命令外,还有为调试程序设置的 Breakpoints 命令,完成设置、删除、查看断点;此外还有为方便程序员输入源代码的 List Members、Type Info 等命令。

(3) View 菜单:View 菜单中的命令主要用来改变窗口和工具栏的显示方式、检查源代码、激活调试时所用的各个窗口等。

(4) Insert 菜单:Insert 菜单包括创建新类、新表单、新资源及新的 ATL 对象等命令。

(5) Project 菜单:使用 Project 菜单可以创建、修改和存储正在编辑的工程文件。

(6) Build 菜单:Build 菜单用于编译、创建和执行应用程序。

(7) Tools 菜单:Tools 菜单允许用户简单快速的访问多个不同的开发工具,如定制工具栏与菜单、激活常用的工具(Spy++等)或者更改选项等。

2.1.3 工具栏

工具栏是一种图形化的操作界面,具有直观和快捷的特点,熟练掌握工具栏对提高编程效率非常有帮助,如图 2-3 所示。工具栏由某些操作按钮组成,分别对应着某些菜单选项

图 2-3 标准工具栏

或命令的功能。用户可以直接用鼠标单击这些按钮来完成指定的功能。显示和隐藏工具栏有下面两种方法。

(1) 选择"Tools|Customize|Toolbars"菜单命令,将显示所有的工具栏名称,根据需要进行选择。

(2) 在工具栏上单击鼠标右键,弹出所有的工具栏名称菜单,根据需要进行选择,如图2-4所示。

2.1.4 输出窗口

输出窗口位于整个主窗口的下方,如图 2-5 所示,主要用于显示代码调试和运行中的相关信息,包括下面几个方面。

(1) 编译(Compile)信息:列出代码和资源编译详细过程及编译过程中的警告(Warning)和错误(Error)信息。

(2) 连接(Link)信息:列出工程对目标模块(Obj)连接过程中的警告(Warning)和错误(Error)信息。

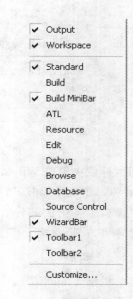

图 2-4 可供选择的工具栏

(3) 调试(Debug)信息：在调试(Debug)状态下输出相关的调试信息(如 TRACE 宏输出调试信息等)。

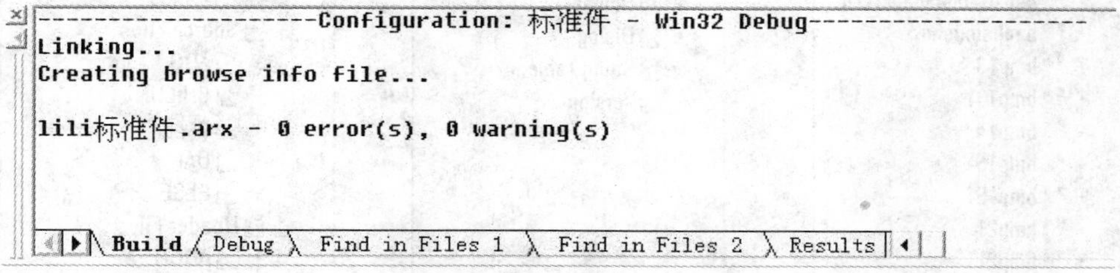

```
------------------Configuration: 标准件 - Win32 Debug------------------
Linking...
Creating browse info file...

lili标准件.arx - 0 error(s), 0 warning(s)


  ▶ \ Build ╱ Debug ╲ Find in Files 1 ╲ Find in Files 2 ╲ Results ╱ ◀
```

图 2-5　输出窗口信息

2.1.5　联机帮助

Visual C++6.0 提供了详细的帮助信息，用户通过选择集成开发环境中的"Help"菜单下的"Contents"命令就可以进入帮助系统。在源文件编辑器中把光标定位在一个需要查询的单词处，然后按〈F1〉键也可以进入 Visual C++6.0 的帮助系统。

用户要使用帮助必须安装 MSDN。用户通过 Visual C++6.0 的帮助系统可以获得几乎所有的 Visual C++6.0 的技术信息，这也是 Visual C++作为一个非常友好的开发环境所具有的一个特色。

2.1.6　项目工作区和客户区

项目工作是 Visual C++的一个最重要的组成部分。程序员的大部分工作都是在 IDE 中完成，IDE 使用项目工作区来组织项目、元素以及项目信息在屏幕上出现的方式。在一个项目工作区中，可以处理一个工程和它所包含的文件、一个工程的子工程、多个相互独立的工程和多个相互依赖的工程。

在桌面上，项目工作区以窗口方式组织项目、文件和项目设置。项目工作区窗口底部有一组标签，用于从不同的角度(视图)查看项目中包含的工程文件信息。

每个项目视图都有一个相应的文件夹，包含了关于该项目的各种元素。展开该文件夹可以显示该视图方式下工作区的详细信息。项目工作区包含下面3种视图。

(1) ClassView(类视图)：显示工程中使用的所有类的情况，双击其中的任何一个类，可以显示出此类中的函数成员和数据成员，如图 2-6 所示。

(2) ResourceView(资源视图)：显示工程中使用的所有资源的情况，用户可以双击其中的任何资源，然后进行编辑，如图 2-7 所示。

(3) FileView(文件视图)：显示工程中使用的所有文件的情况，文件是按类型管理的，用户可以双击其中的任何文件进行编辑，如图 2-8 所示。

2.2　面向对象的程序设计

面向对象的程序设计 OOP 是软件设计和开发的一个重大进展，面向对象技术不仅是一种程序设计技术，而且是一种设计和构造软件的思维方法。面向对象技术正逐渐被软件开发者和用户使用。实践证明，面向对象方法更有利于程序的复用、扩充和系统的维护。

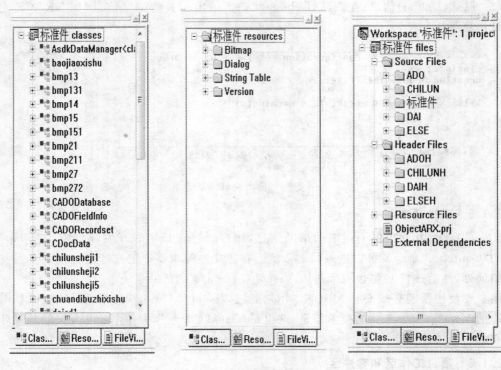

图 2-6　类视图　　　图 2-7　资源视图　　　图 2-8　文件视图

2.2.1　数据抽象

数据抽象为程序员提供了一种比较高级的对数据和操作数据需要的算法的抽象。在传统的高级语言中，算法是一种最重要的抽象机制，对算法的抽象是指撇开了过程的实现细节，而仅仅强调了过程完成什么以及过程应该如何被使用。对数据的抽象更为基本，所有程序员实际上都享受到数据抽象的巨大好处。例如在 C 语言中，int 就实现了对整型数的数据抽象。如果一种语言能够为用户提供数据抽象这种机制，那么我们就可以在程序中实现模块化和信息隐藏。

所谓模块化就是将一个复杂系统分解为几个自包含实体（既模块），与系统中一个特定的实体有关的信息保存在该模块内。一个模块是对整个系统结构的某一部分的完整的描述。模块化的优点是当需要进行修改或出现问题时，我们可以立即确定需要在哪些模块上进行处理。模块化强调了这样一种设计方法：程序员将问题分解为若干实体进行考虑。

信息隐藏通过将一个模块的细节对用户隐藏起来，实现抽象级别向前推进一步。使用信息隐藏，用户必须通过一个受保护的接口访问一个实体，而不能直接访问诸如数据结构或局部过程等内部细节，这个接口一般由一些操作组成。

通过模块化和信息隐藏，就可以很容易地实现对象的封装。信息（数据）隐藏并不是面向对象程序设计所特有的。在结构化程序设计中，数据隐藏是用于模块而不是类。

2.2.2　类

"类"和"对象"是面向对象编程中最基本的概念。从语言层来说，类是用户定义的数据类型,它包括内部数据变量与方法,而方法就是在类定义中声明的过程和函数。一个对象是一个数据类型,是类的一个实例。类与对象的关系就像整数类型与整形变量之间的关系一样。对象就像记录一样,是一种数据结构。类是创建对象的模板,它包含所创建的对象的状态描述和方法的定义。一旦定义了某一特定类,就可以通过一种机制来建立一个特定类的对象,这一机制称之为对象实例化。如在C++中,假定CMyClass是一已定义了的类,那么我们通过如下方式创建隶属该类的一个Object对象:

```
CMyClass Object;
```

在实际应用中,常常基于对象之间关系来建立类。结构化程序设计为人们提供了描述这种关系的机制,如基于某类构造复合类。复合类描述了对象之间的包含关系。例如在类B中嵌套类A,称B为一复合类,在进行对象的组装时,常常需要构造复合类。

类的说明是一个逻辑抽象的概念,它声明了一种新的"数据类型",描述了一类对象的共同特性,它把属性数据及其操作方法能够包容在一起。类本身具有自含性。类中成员按其使用或存取的方式分类,分别使用关键词 private、public 和 protected,为具体实现封装和继承机制提供条件。类的 public 部分定义的成员变量和成员函数可以被类外代码访问,是类对象的外部接口。对象是按类来定义的,对象的生成才真正创建了这种数据类型的物理实体,即是说,对象占用实际的内存空间,而类的说明不占用内存。

1. 类的定义

类的一般形式如下:

```
class class_name {
    private: //私有成员,缺省默认值
    private function and variables;
    protected: //保护成员
    protected function and variabls;
    public: //公有成员
    public function and variables;
} object_list;
```

在上述说明中,class_name 是类名,也是一种新的类型名;object_list 为可选项,用户可在说明类之后,根据需要说明类的对象;值得注意的是,类的成员既可包括变量,又可包括函数。

类说明体内的变量和函数统称为这个类的成员,通过访问权限制词(后面加冒号)说明其不同的使用方式。利用这些关键字与成员函数,可以达到数据封装、或提供对外接口的功能。下面是类 AcRxObject 的定义,它是 ObjectARX 类库的基类:

```
class AcRxObject    // 类名
{
public:
    virtual ~AcRxObject();        // 析构函数
    static AcRxClass *           desc();
    static AcRxObject *          cast(const AcRxObject * inPtr);
    inline bool                  isKindOf(const AcRxClass * aClass) const;
```

```
    AcRxObject *                x(AcRxClass * protocolClass) const;
    AcRxObject *                queryX(AcRxClass * protocolClass) const;
    virtual AcRxClass *         isA() const;
    virtual AcRxObject *        clone() const;
    virtual Acad::ErrorStatus copyFrom(const AcRxObject * other);
    virtual Adesk::Boolean      isEqualTo(const AcRxObject * other) const;
    virtual AcRx::Ordering      comparedTo(const AcRxObject * other) const;
protected:
    AcRxObject();          // 构造函数
};
```

2. 类的成员函数

定义类的函数成员的格式如下：

　　返回类型　类名::成员函数名(参数说明)
　　{
　　　　　　函数体
　　}

类的成员函数对类的数据成员进行操作，成员函数的定义体可以在类的定义体中。一个类的说明可分为定义性说明和引用性说明两种，引用性说明仅说明类名。例如：

class Location;

引用性说明不能用于说明类的变量，但可说明指针。例如：

```
class myClass
{
private:
int i;
myclass member;// 错
myclass * pointer;// 对
}
```

在类定义体外定义成员函数时，需在函数名前加上类域标记，因为类的成员变量和成员函数属于所在的类域，在域内使用时，可直接使用成员名字，而在域外使用时，需在成员名外加上类对象的名称。

3. 类成员访问原则

类成员访问的原则如下：

(1) 成员函数可直接访问同类中的成员变量和调用同类中的成员函数，不用在函数名前加上对象名。因为函数作用对象是已知的。这里，有类作用域的概念存在。通常，公用成员的类作用域是不但包括类说明体，还包括它所属的对象的可视范围(静态成员除外)；私有成员或受保护成员的作用域仅限于类的说明体和类的成员函数。

(2) 类外访问时，必须在成员名前加上对象名。因为每个对象都有自己成员的备份，成员只能存在于对象中，不能独立于对象给变量赋值。对于类中成员访问，使用成员选择算符(.)或指向符(—>)将对象名与成员名联系起来表示。

(3) 使用关键字说明的成员访问权限,见表 2-1 所示。

表 2-1 成员访问权限

所使用的关键字	访问权限
Public(公有成员)	可以为类的成员函数、友元函数和外部的所有函数访问
Protected(受保护成员)	只能为类的成员函数和友元函数访问
Private(私有成员)	只能为类的成员函数和友元函数访问

2.2.3 对象

在概念上,对象是正在开发的系统中任何被观察到的实体。在构造一个系统时,人们将分析问题域,对解决这个问题所需要的组件加以刻画。在一个基于对象的系统中,这些组件被直接以对象来表示。这些对象可以看作一个状态和一系列可被外部调用的操作方法的一个封装体。

对象对应于自然存在的实体,刻画了实体的结构特征和行为特征属性。对象的结构特征是由它的属性表示的,对象的每个操作称为方法,一个对象的方法构成了其他对象可见的接口。一个对象向另一个对象发送消息,以激活它的某个方法,对象的每个方法都对应且仅仅对应一条消息。对象常常隶属于某一特定的类,并通过对象实例化来创建。

首先,来看什么是对象。对象是从现实世界中抽象出来的物体。而类是对具有共同属性与行为对象的描述,是更高级别的抽象。可将 OOP 中的对象理解为:①是一组相关的代码和数据的组合,用属性表示对象的内容,用方法表示对象的操作;②对象是类的实例,它是"类"类型的变量;③对象之间可以通过发送消息请求而相互联系,共同完成任务;④通过继承、组合或封装等方式产生新的对象,以此构建复杂的对象体系,最大限度地实现代码的复用,并将系统的复杂性隐藏起来;⑤可以将对象分为系统逻辑对象与界面对象两类。

1. 对象的定义格式

定义类对象的格式如下:

<类名> <对象名表>;

其中,<类名>是待定的对象所属的类的名字,即所定义的对象是该类的对象。<对象名表>中可以有一个或多个对象名,多个对象名用逗号分隔。在<对象名>中,可以是一般的对象名,还可以是指向对象的指针名或引用名,也可以是对象数组名。例如:

```
class Stool // Stool 类
{
  public:
    int weight;
    int height;
    int width;
    int length;
};
Stool sa1,Sa2;// 定义 2 个对象
```

2. 对象成员的表示方法

一个对象的成员就是该对象的类所定义的成员。对象成员有数据成员和成员函数。一般对象的成员表示如下：

  <对象名>.<成员名>

或者

  <对象名>.<成员名>(<参数表>)

前者用于表示数据成员，后者用于表示成员函数。这里的"."是一个运算符，该运算符的功能是表示对象的成员。

指向对象的指针的成员表示如下：

    <对象指针名>-><成员名>

或者

    <对象指针名>-><成员名>(<参数表>)

同样，前者用于表示数据成员，后者用于表示成员函数。这里的"->"是一个表示成员的运算符，它与前面介绍过的"."运算符的区别是："->"用来表示指向对象的指针的成员，而"."用来表示一般对象的成员。

对于数据成员和成员函数，以下两种表示方式是等价的：

    <对象指针名>-><成员名>

与

    (*<对象指针名>).<成员名>

例如：

```
// 获得当前图形的 UCS 表
AcDbUCSTable * pUcsTbl;    // 定义一指针变量
acdbHostApplicationServices()->workingDatabase()->getUCSTable(pUcsTbl, AcDb::kForWrite);    // 调用对象成员
// 定义 UCS 的参数
AcGePoint3d ptOrigin(0, 0, 0);    // 定义一般对象成员
AcGeVector3d vecXAxis(1, 1, 0);
AcGeVector3d vecYAxis(-1, 1, 0);
// 创建新的 UCS 表记录
AcDbUCSTableRecord * pUcsTblRcd = new AcDbUCSTableRecord();    // 新建一对象
// 设置 UCS 的参数
Acad::ErrorStatus es = pUcsTblRcd->setName("NewUcs");    // 调用对象成员
```

2.2.4 构造函数和析构函数

在 OOP 中，凡是实用程序创建的对象都需要作某种形式的初始化。为此，在 C++ 的类说明中，引进了构造函数（constructor function），供创建类的实例对象时调用，并自动完成对象的初始化。析构函数（destructor function）则用于释放对象定义时通过构造函数向系统所申请的存储空间以及有关的系统资源。它是在对象离开其有效范围时自动调用的。

1. 构造函数

构造函数具有以下特性：

（1）构造函数的名称与它所属的类名相同，且是无返回值类型（任何返回类型，包括 void，都是非法的）。

（2）一个类可以有一个以上的构造函数，重载构造函数参数个数或类型不一样。如果编程时在类中没有显式定义构造函数，则编译器会为类自动生成一个缺省构造函数，缺省构造函数不带任何参数。

（3）构造函数是在以类去定义所属实例对象时，由编译器自动调用的。在C++中，执行某对象的说明语句时，调用了构造函数，创建了该对象，变量说明语句实际上产生了许多动作，而不同于一般简单类型（int，double，char 等）的说明语句——它们仅仅是创建了一个变量。

（4）构造函数与一般成员函数性质相同，同样要受到访问限制，一个定义于非 public 区的构造函数，则说明该类为私有类。

（5）控制成员变量内存分配，为定义对象向系统申请内存。

（6）构造函数不能用常规调用方法，不可取它们的地址，不能被继承。

如果一个类没有定义构造函数，编译器会自动生成一个不带参数的默认构造函数，其格式如下：

＜类名＞::＜默认构造函数名＞()
{
}

在程序中定义一个对象而没有指明初始化时，编译器便按默认构造函数来初始化该对象。AcGeLine3d 类定义了四个构造函数，以适应不同应用场合的需要。

```
Class GE_DLLEXPIMPORT AcGeLine3d : public AcGeLinearEnt3d{
public:
    AcGeLine3d();    // 构造函数 1
    AcGeLine3d(const AcGeLine3d& line);    // 构造函数 2
    AcGeLine3d(const AcGePoint3d& pnt, const AcGeVector3d& vec);    // 构造函数 3
    AcGeLine3d(const AcGePoint3d& pnt1, const AcGePoint3d& pnt2);    // 构造函数 4
    // The x-axis, y-axis, and z-axis lines.
    //
    static const AcGeLine3d kXAxis;
    static const AcGeLine3d kYAxis;
    static const AcGeLine3d kZAxis;
    // Set methods.
    //
    AcGeLine3d& set(const AcGePoint3d& pnt, const AcGeVector3d& vec);
    AcGeLine3d& set(const AcGePoint3d& pnt1, const AcGePoint3d& pnt2);
    // Assignment operator.
    //
    AcGeLine3d& operator = (const AcGeLine3d& line);
};
```

2. 析构函数

析构函数的特性和用法如下：

(1) 析构函数也是成员函数，与构造函数相对应，命名是在构造函数名前加~（波浪线）。

(2) 析构函数只能是无返回型。

(3) 析构函数不能有任何参数。

(4) 析构函数不能重载，一个类只允许有一个析构函数。

当对象离开其有效范围，或被取消时，析构函数都将起作用。即释放对象所占用的内存。析构函数的定义，一般是由一系列的 delete 组成。

如同默认构造函数一样，如果一个类没有定义析构函数，编译器会自动生成一个默认析构函数，其格式如下：

＜类名＞::~＜默认析构函数名＞()
{
}

默认析构函数是一个空函数。

下面的代码定义了一个析构函数：

```
class XYZ
{
    public:
    XYZ()
    {
        name=new char[20]; //分配堆空间
    }
    ~XYZ()
    {
        delete name; // 释放堆空间
    }
    protected:
    char * name;
};
```

XYZ 类的构造函数中分配了一段堆内存给作为指针的 name 数据成员。一旦对象创建，该对象就在对象空间之外拥有了一段堆内存资源。对应地，当对象在撤消的时候，首先必须归还这一堆内存资源。这个工作由析构函数处理。下面的类 AcBrBrep 由构造函数、析构函数和若干成员函数构成。

```
class AcBrBrep : public AcBrEntity      // 边界表示类
{
public:
    ACRX_DECLARE_MEMBERS(AcBrBrep);
    AcBrBrep();
    AcBrBrep(const AcBrBrep& src);
    ~AcBrBrep();           // 析构函数
```

```
    // Assignment operator
    AcBrBrep&           operator =       (const AcBrBrep& src);
    // Set-Membership Classification (Note: deprecated functions)
    AcBr::ErrorStatus   getPointRelationToBrep(const AcGePoint3d& point, AcBr::Relation& relation) const;
    AcBr::ErrorStatus   getCurveRelationToBrep(const AcGeCurve3d& curve, AcBr::Relation& relation) const;
    // Queries & Initialisers
    AcBr::ErrorStatus   set              (const AcDbEntity& entity);
};
```

2.2.5 继承

继承是面向对象程序设计的基本特征之一，是从已有的类基础上建立新类。继承是面向对象程序设计支持代码重用的重要机制。面向对象程序设计的继承机制提供了无限重复利用程序资源的一种新途径。通过C++语言中的继承机制，一个新类既可以共享另一个类的操作和数据，也可以在新类中定义已有类中没有的成员，这样就能大大的节省程序开发的时间和资源。

1. 基类和派生类

继承是类之间定义的一种重要关系。定义类B时，自动得到类A的操作和数据属性，使得程序员只需定义类A中所没有的新成分就可完成在类B的定义，这样称类B继承了类A，类A派生了类B，A是基类（父类），B是派生类（子类）。这种机制称为继承。

称已存在的用来派生新类的类为基类，又称为父类。由已存在的类派生出的新类称为派生类，又称为子类。派生类可以具有基类的特性，共享基类的成员函数，使用基类的数据成员，还可以定义自己的新特性，定义自己的数据成员和成员函数。

在C++语言中，一个派生类可以从一个基类派生，也可以从多个基类派生。从一个基类派生的继承称为单继承；从多个基类派生的继承称为多继承。图反映了类之间继承和派生关系。

（1）派生类的定义格式

单继承的定义格式如下：

```
class<派生类名>:<继承方式><基类名>
{
public:           //派生类新定义成员
members;
private:
members;
protected:
members;
};
```

其中，<派生类名>是新定义的一个类的名字，它是从<基类名>中派生的，并且按指定的<继承方式>派生的。<继承方式>常作用如下三种关键字给予表示：

public:表示公有继承;
private:表示私有继承,可默认声明;
protected:表示保护继承。

下面是一个派生类的例子:

```
class GE_DLLEXPIMPORT  AcGeLine2d : public AcGeLinearEnt2d
{
public:
    AcGeLine2d();
    AcGeLine2d(const AcGeLine2d& line);
    AcGeLine2d(const AcGePoint2d& pnt, const AcGeVector2d& vec);
    AcGeLine2d(const AcGePoint2d& pnt1, const AcGePoint2d& pnt2);
    // The x-axis and y-axis lines.
    //
    static const AcGeLine2d kXAxis;
    static const AcGeLine2d kYAxis;
    // Set methods.
    //
    AcGeLine2d& set (const AcGePoint2d& pnt, const AcGeVector2d& vec);
    AcGeLine2d& set (const AcGePoint2d& pnt1, const AcGePoint2d& pnt2);
    // Assignment operator.
    //
    AcGeLine2d& operator = (const AcGeLine2d& line);
};
```

(2)派生类的三种继承方式

有公有继承(public)、私有继承(private)和保护继承(protected)三种方式。如表 2-2 所示。

表 2-2 三种继承方式

继承方式	基类特性	派生类特性
公有继承	public	public
	protected	protected
	private	不可访问
私有继承	public	private
	protected	private
	private	不可访问
保护继承	public	protected
	protected	protected
	private	不可访问

公有继承的特点是基类的公有成员和保护成员作为派生类的成员时，它们都保持原有的状态，而基类的私有成员仍然是私有的。在公有继承时，派生类的对象可以访问基类中的公有成员；派生类的成员函数可以访问基类中的公有成员和保护成员。这里，一定要清楚派生类的对象和派生类中的成员函数对基类的访问是不同的。

私有继承的特点是基类的公有成员和保护成员作为派生类的私有成员，而且不能被这个派生类的子类访问。在私有继承时，基类的成员只能由直接派生类访问，而无法再往下继承。

保护继承的特点是基类的所有公有成员和保护成员都成为派生类的保护成员，而且只能被它的派生类成员函数或友元访问，基类的私有成员仍然是私有的。对于保护继承方式，这种继承方式与私有继承方式的情况相同。两者的区别仅在于对派生类的成员而言，对基类成员有不同的可访问性。

对于基类中的私有成员，只能被基类中的成员函数和友元函数所访问，不能被其他的函数访问。

（3）基类与派生类的关系

任何一个类都可以派生出一个新类，派生类也可以再派生出新类，因此，基类和派生类是相对而言的。一个基类可以是另一个基类的派生类，这样便形成了复杂的继承结构，出现了类的层次。一个基类派生出一个派生类，它又做另一个派生类的基类，则原来的基类为该派生类的间接基类。基类与派生类有如下关系：①派生类是基类的具体化；②派生类是基类定义的延续；③派生类是基类的组合。

派生类将其本身与基类区别开来的方法是添加数据成员和成员函数。因此，继承的机制将使得在创建新类时，只需说明新类与已有类的区别，从而大量原有的程序代码都可以复用。

2. 单继承

单继承是指派生类有且只有一个基类的情况，在单继承中，每个类可以有多个派生类，但是每个派生类只能有一个基类，从而形成树形结构。

（1）构造函数

构造函数不能够被继承，C++提供一种机制，使得在创建派生类对象时，能够调用基类的构造函数来初始化基类数据

也就是说，派生类的构造函数必须通过调用基类的构造函数来初始化基类子对象。所以，在定义派生类的构造函数时除了对自己的数据成员进行初始化外，还必须负责调用基类构造函数使基类的数据成员得以初始化。

派生类构造函数的一般格式如下：

＜派生类名＞（＜派生类构造函数总参数表＞）：＜基类构造函数＞（＜参数表1＞），＜子对象名＞（＜参数表2＞）

{

＜派生类中数据成员初始化＞

}；

派生类构造函数的调用顺序如下：①调用基类的构造函数，调用顺序按照它们继承时说明的顺序。②调用子对象类的构造函数，调用顺序按照它们在类中说明的顺序。③派生类

构造函数体中的内容。

(2) 析构函数

由于析构函数也不能被继承,因此在执行派生类的析构函数时,基类的析构函数也将被调用。执行顺序是先执行派生类的析构函数,再执行基类的析构函数,其顺序与执行构造函数时的顺序正好相反。

(3) 继承中构造函数的调用顺序

如果派生类和基类都有构造函数,在定义一派生类时,系统首先调用基类的构造函数,然后再调用派生类的构造函数。在继承关系下有多个基类时,基类构造函数的调用顺序取决于定义派生类时基类的定义顺序。

在实际应用中,使用派生类构造函数时应注意如下几个问题:①派生类构造函数的定义中可以省略对基类构造函数的调用,其条件是在基类中必须有默认的构造函数或者根本没有定义构造函数。当然,基类中没有定义构造函数,派生类根本不必负责调用基类构造函数。②当基类的构造函数使用一个或多个参数时,则派生类必须定义构造函数,提供将参数传递给基类构造函数途径。在有的情况下,派生类构造函数体可能为空,仅起到参数传递作用。

3. 多继承

(1) 概念

可以为一个派生类指定多个基类,这样的继承结构称为多继承。多继承可以看作是单继承的扩展。所谓多继承是指派生类具有多个基类,派生类与每个基类之间的关系仍可看作是一个继承。多继承下派生类的定义格式如下:

class＜派生类名＞:＜继承方式1＞＜基类名1＞,＜继承方式2＞＜基类名2＞,…
{
　　＜派生类类体＞
};

其中,＜继承方式1＞、＜继承方式2＞、…是三种继承方式:public,private 和 protected 之一。

(2) 多继承的构造函数

在多继承的情况下,多个基类构造函数的调用次序是按基类在被继承时所声明的次序从左到右依次调用,与它们在派生类的构造函数实现中的初始化列表出现的次序无关。

派生类的构造函数格式如下:

＜派生类名＞(＜总参数表＞):＜基类名1＞(＜参数表1＞),＜基类名2＞(＜参数表2＞),…＜子对象名＞(＜参数表n+1＞),…
{
＜派生类构造函数体＞
}

其中,＜总参数表＞中各个参数包含了其后的各个分参数表。

派生类构造函数执行顺序是先执行所有基类的构造函数,再执行派生类本身构造函数。处于同一层次的各基类构造函数的执行顺序取决于定义派生类时所指定的各基类顺序,与派生类构造函数中所定义的成员初始化列表的各项顺序无关。

多继承下派生类的构造函数与单继承下派生类构造函数相似,它必须同时负责该派生类所有基类构造函数的调用。同时,派生类的参数个数必须包含完成所有基类初始化所需的参数个数。

4. 虚基类

当某类的部分或全部直接基类是从另一个共同基类派生而来时,这些直接基类中从上一级基类继承来的成员就拥有相同的名称,也就是说,这些同名成员在内存中存在多个副本。而多数情况下,由于它们的上一级基类是完全一样的,在编程时,只需使用多个副本的任一个。

C++语言允许程序中只建立公共基类的一个副本,将直接基类的共同基类设置为虚基类,这时从不同路径继承过来的该类成员在内存中只拥有一个副本,这样有关公共基类成员访问的二义性问题就不存在了。

(1) 引入虚基类

如果一个派生类从多个基类派生,而这些基类又有一个共同的基类,则在对该基类中声明的名字进行访问时,可能产生二义性。

引进虚基类的真正目的是为了解决二义性问题。当基类被继承时,在基类的访问控制保留字的前面加上保留字 virtual 来定义。

如果基类被声明为虚基类,则重复继承的基类在派生类对象实例中只好存储一个副本,否则,将出现多个基类成员的副本。

虚基类说明格式如下:

    virtual<继承方式><基类名>

其中,virtual 是虚基类的关键字。虚基类的说明是用在定义派生类时,写在派生类名的后面。

引进虚基类后,派生类(即子类)的对象中只存在一个虚基类的子对象。当一个类有虚基类时,编译系统将为该类的对象定义一个指针成员,让它指向虚基类的子对象。该指针被称为虚基类指针。

(2) 虚基类的构造函数

为了初始化基类的子对象,派生类的构造函数要调用基类的构造函数。对于虚基类来讲,由于派生类的对象中只有一个虚基类子对象。为保证虚基类子对象只被初始化一次,这个虚基类构造函数必须只被调用一次。由于继承结构的层次可能很深,规定将在建立对象时所指定的类称为最直接派生类。虚基类子对象是由最直接派生类的构造函数通过调用虚基类的构造函数进行初始化的。如果一个派生类有一个直接或间接的虚基类,那么派生类的构造函数的成员初始列表中必须列出对虚基类构造函数的调用,如果未被列出,则表示使用该虚基类的默认构造函数来初始化派生类对象中的虚基类子对象。

C++规定,若在一个成员初始化列表中出现对虚基类和非虚基类构造函数的调用,则虚基类的构造函数先于非虚基类的构造函数执行。

从虚基类直接或间接继承的派生类中的构造函数的成员初始化列表中都要列出这个虚基类构造函数的调用。但是,只有用于建立对象的那个派生类的构造函数调用虚基类的构造函数,而该派生类的基类中所列出的对这个虚基类的构造函数调用在执行中被忽略,这样便保证了对虚基类的子对象只初始化一次。

2.2.6 多态性

多态性是面向对象方法的又一重要特性,它是指相同的名字的对象和方法在不同的场合下表现不同的行为,即一个接口,多种算法,或相同界面,多种实现。在一个面向对象的环境中,多态性实际上可以以两种方式引入:

(1) 子类化——在一个特定类上定义的一个方法被自动地定义在它的所有子类上。
(2) 重载——在一个类层次中不同对象或同一对象的不同方法使用相同的名字。

1. 多态的定义

多态性是在对象体系中把设想和实现分开的手段。如果说继承性是系统的布局手段,多态性就是其功能实现的方法。多态性意味着某种概括的动作可以由特定的方式来实现,这取决于执行该动作的对象。多态性允许以类似的方式处理类体系中类似的对象。多态性允许用户将派生类类型的指针赋值给基类类型的指针。

从语义上来讲,继承所表现的是"是一种"的关系,也就是说,每个派生类对象必定"是一种"基类对象。所以,任何向基类类型的请求,派生类对象都可以无条件地正常处理。

从语言上来讲,由于派生类通常比基类拥有更多的数据成员而绝对不会更少,派生类对象所占的内存空间必定大于或等于基类对象所占的内存空间。因此,将基类类型的指针指向派生类类型的对象时,在指针的可视范围中的内存必定是可用的,这一部分内存空间必定是属于对象的,所以这种赋值行为是合法的、安全的,并且得到编译器认可的。

2. 覆盖

通过覆盖一个方法可以实现 OOP 多态性的概念,从而实现一种方法在不同的派生类中表现不同的行为。能被覆盖的方法是在方法的声明时用 virtual 加以限定。下面的程序说明多态的使用。圆类和长方形类分别继承于形状 Shape 类,由一个函数专门负责求某圆或某长方形对象的面积。

```cpp
#include<iostream.h>
#include<math.h>
class Shape
{
    public:
        Shape(double x, double y) :xCoord(x),
            yCoord(y){}
        virtual double Area() const {return 0.0;}
    protected:
        double xCoord, yCoord;
};
class Circle :public Shape
{
    public:
        Circle(double x, double y, double r)
            :Shape(x, y), radius(r){}
        virtual double Area() const {
            return 3.14*radius*radius;}
```

```cpp
    protected:
        double radius;
};
class Rectangle :public Shape
{
    public:
        Rectangle(double x1, double y1, double x2, double y2)
            :Shape(x1,y1), x2Coord(x2), y2Coord(y2){}
        virtual double Area() const;
    protected:
        double x2Coord, y2Coord;
};
double Rectangle::Area() const
{
    return fabs((xCoord-x2Coord)*(yCoord-y2Coord));
}
void fun(const Shape& sp)
{
    cout<<sp.Area()<<endl;
}
void main()
{
    Circle c(2.0,5.0,4.0);
    fun(c);
    Rectangle t(2.0,4.0,1.0,2.0);
    fun(t);
}
```

fun()函数负责计算所有对象的面积,它只要调用求面积的Area()函数就行了,不需要管参数是什么类型的对象,C++的迟后联编会做好这一切。这样一来,fun()省了很多心,程序显得简单,以后还要求新的形状的面积,只要简单地增加一个类就行了,应用程序不用作修改。

3. 重载

重载(overload)是指允许存在多个同名函数,这些函数的参数表不同(或许是参数个数不同,或许是参数类型不同,或许两者都不同)。

在C++语言中,只有在声明函数原型时形式参数的个数或者对应位置的类型不同,两个或更多的函数就可以共用一个名字。这种在同一作用域中允许多个函数使用同一函数名的措施被称为重载(overload)。函数重载是C++程序获得多态性的途径之一。

```cpp
#include <iostream.h>
int square(int x)
{
    return x*x;
```

```
}
double square(double y)
{
return y * y;
}
main()
{
    cout<<"The square of integer 7 is"<<square(7) <<endl;
    cout<<" The square of double 7.5 is"<<square(7.5)<<endl;
    return 0;
}
```

2.2.7 ObjectARX 类的设计

采用面向对象的程序设计方法,首先必须建立面向对象的模型。模型是为了了解事物做出的一种抽象。抽象是针对目的的,针对不同的目的,同一事物也就可能存在多种不同的抽象。面向对象的模型建造和设计,是一种围绕真实世界的概念来组织模型的思维方式,其基本构造是对象。在系统设计中,对象将数据和行为合并在同一个类中。对象模型描述设计系统的静态结构,它包括对象属性、操作及与其他对象之间的关系描述。

ObjectARX 类库结构如图 2-9 所示。

(1) 提供图形数据库的操作类　包括初始化数据库、创建和移植数据库、存储数据库、插入数据库、设置数据库值、数据库事务管理等操作。

(2) 提供数据库对象的操作　包括打开与关闭数据库对象、删除数据库对象、建立对象的隶属关系、向对象添加专有数据。

(3) 提供图形接口类库　用来显示基本实体和自定义实体的图形接口。

(4) 2D/3D 几何类库　提供二维和三维几何运算类库。

(5) COM 与 ActiveX 控件　通过 COM 和 ActiveX 控件对外部程序环境进行访问。

(6) 界面类　利用界面类提供与宿主 CAD 软件风格一致的界面。

(7) 全局函数　提供与 CAD 进行交互通信所使用的函数。

面向对象的建模大致分为以下几步:

(1) 分析所要研究的对象,弄清其结构体系,根据功能对该对象加以合适的分解。如图形数据库操作类、数据库对象操作类、图形接口类、几何类库、界面类等。

(2) 对每个对象进行分析,找出共同的属性,为类的构造作准备。

(3) 找出各个对象的共同部分,构造基类。在 ARX 类库体系中,最重要的基类分别为 AcRxObject、AcDbObject、AcDbEntity、AcGeEntity2D、AcGeEntity3D 等。

(4) 由基类派生出所需要的类。ObjectARX 派生类由几百个组成。

如从 AcRxObject 派生出的类有应用管理类、图形编辑类、绘图议类、边界表示类、对象 ID 管理类、图形类、对象遍历迭代器类、显示图形实体类、事务管理类、颜色类、超链类等。

从 AcDbObject 派生出来的类包括数据库杂类、符号表类、符号表记录类等。

从 AcDbEntity 派生出来的类包括图形实体数据库基础类、曲线类、2D/3D 建模类、图形实体数据库相关类、尺寸类、点子实体类和块实体类。

(5) 编写各类与外部的接口,即公共成员函数。
(6) 最后将各部分组合起来,构成所需分析的类。

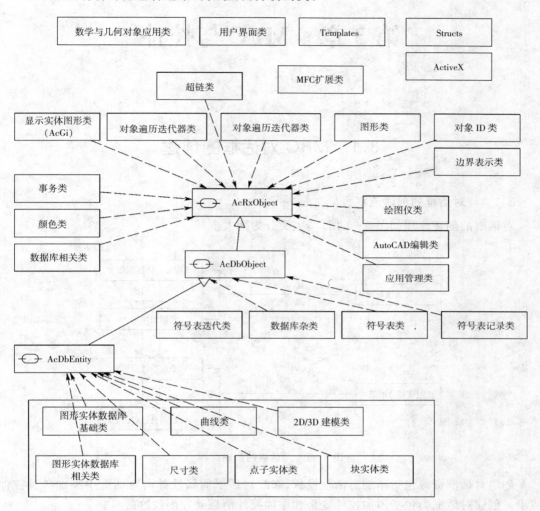

图 2-9 ObjectARX 类库结构

第 3 章 MFC 与控件

3.1 MFC 对话框的创建

3.1.1 对话框的创建流程

对话框的创建流程如图 3-1 所示,主要分为两大步骤。

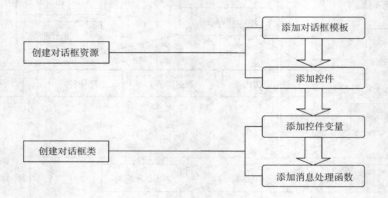

图 3-1 对话框的创建流程

创建对话框资源包括添加对话框模板、修改对话框的属性并向对话框中添加各种控件两步。创建对话框类包括添加控件变量和添加控件消息处理函数这两步。

3.1.2 利用 VC 向导生成 ARX 的一般步骤

(1) 启动 Visual C++ 6.0,单击【File】→【New】,选择【Projects】选项卡,选择【ObjectARX 2000 AppWizard】,输入工程的位置和名称,如图 3-2 所示。

(2) 单击【OK】后进入下一个对话框,在【ObjectARX 2000 AppWizard-Step 1 of 1】对话框内,工程类型中选择"ObjectARX(AutoCAD extension)"选项,在附加类库选项中选择"MFC Extension DLL(using shared MFC DLL)""Use MFC Extension for AutoCAD"两项。这样建立起来的工程就可以全面使用 MFC 的各种通用对话框和控件。如图 3-3 所示。

(3) 单击【Finish】。出现【New Project Information】,如图 3-4 所示。

单击 OK 按钮就建立了一个空的项目文件,这个空的项目文件什么功能也没有,只是一个模板。如果想添加什么功能,需要添加相应的资源。

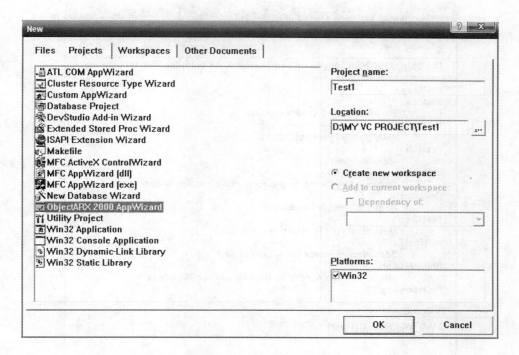

图 3-2 ObjectARX 2000 AppWizard 在 VC 中的位置

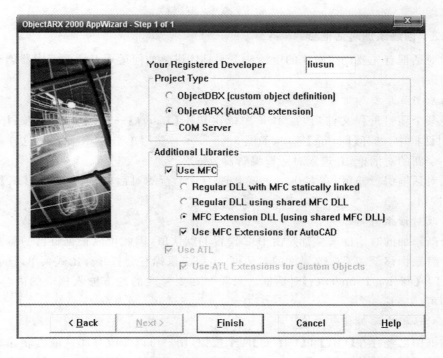

图 3-3 ObjectARX 2000 AppWizard-Step 1 of 1 中选项

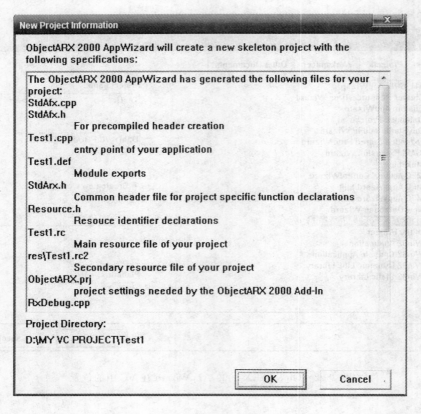

图 3-4 新建工程信息

3.1.3 创建添加对话框资源

创建对话框首先要创建对应的资源。下面具体讲解如何运用对话框编辑器创建对话框的方法。

1. 为应用程序添加对话框

打开某个项目工程文件后,在 IDE 中依次单击【Insert】→【Resource】,在【Insert Resource】对话框中,选择【Dialog】选项,如图 3-5 所示。然后单击【New】按钮,这样就为程序添加了一个新的对话框,并进入对话框编辑器。

进入对话框编辑器后,在客户区出就会现了一个新的对话框,上面只有【OK】和【Cancel】两个按钮。

2. 修改对话框的属性

这个新添加的对话框属性都是由 IDE 设置的默认值,因此可以根据自己的需要做相应的修改。将鼠标移至需要修改属性的对话框上,单击鼠标右键打开弹出式菜单,选择【Properties】,打开【Dialog Properties】对话框。只需要在要修改的地方输入相应的内容,填完直接关闭即可。

3. 在对话框中添加控件

对话框中已经存在【OK】和【Cancel】两个按钮,用户可以修改其属性或者删除。如果需要某个控件可以直接从右侧的【Controls】菜单直接拖至对话框中即可,关于控件的内容,后面还会详解,在此不做过多叙述。

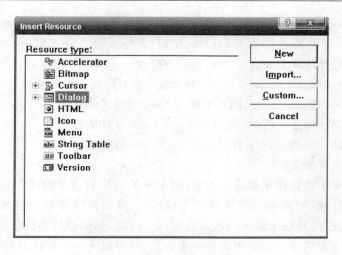

图 3-5 添加资源对话框

3.1.4 创建对话框类

每一个对话框必须要和一个对话框类或其派生类相连才能发生作用。创建对话框类，即创建一个 CDialog 类的派生类与新建对话框资源关联。对话框类 CDialog 提供了访问控件属性，以及响应控件和对话框自身消息的功能。

1. 创建对话框类

创建与关联的对话框类的派生类的过程如下：

在 IDE 主菜单栏中依次选择菜单【View】→【ClassWizard】，或者在开发环境的界面中直接使用快捷键"Ctrl+W"，打开【ClassWizard】对话框。同时系统会检测到添加了新的对话框资源，并自动打开创建对话框，提示用户是否为新建的对话框添加一个对话框类。默认单击 OK 则会弹出如图 3-6 所示的【New Class】对话框。

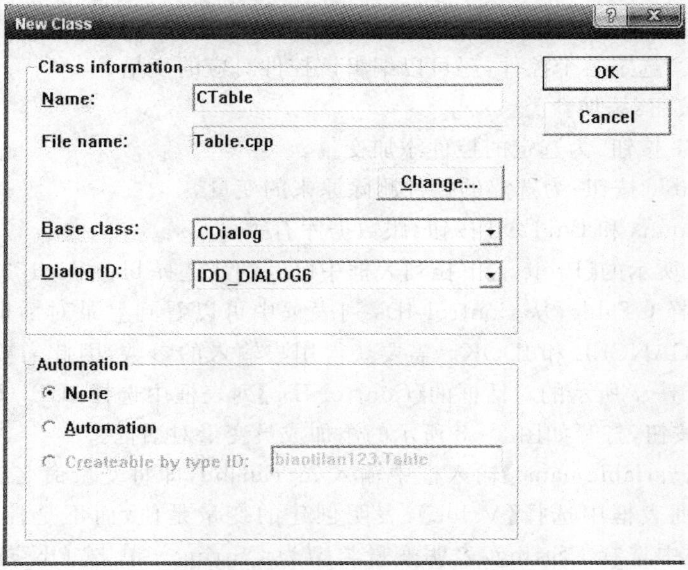

图 3-6 创建新类的对话框

在【New Class】对话框中为前面创建的对话框创建新的类。在"Name"输入框中输入"CTable",表明新建类的名称为 CTable。此时"File name"输入框中的内容自动设置为"Table.cpp",表明类的源文件为 Table.cpp。在"Base class"下拉列表框中选择"CDialog",表明 CTable 类的基类为 CDialog。单击"Dialog ID"下拉列表框中选择 IDD_DIALOG6,表明 CTable 关联的对话框资源为 IDD_DIALOG6。单击"OK"按钮后,关闭【New Class】对话框,返回【ClassWizard】对话框,同时 ClassWizard 为对话框创建了一个新的类 CTable。MFC 类向导自动使类 CTable 与 IDD_DIALOG6 模板联系起来。

2. 添加控件成员变量

对话框的主要功能是输出和输入数据,例子中的表格对话框的任务就是要在程序的开始要求用户输入参数,如果输入错误,则中断程序。对话框需要有一组成员变量来存储数据,而对话框中的控件是用来表示或输入数据的。因此,存储数据的成员变量应该与控件相对应。与控件对应的成员变量既可以是一个数据,也可以是一个控件对象,这将由具体需要来确定。

例如,可以为一个文本框控件指定一个数据变量,这样就可以很方便地取得或设置文本框控件所代表的数据。如果想对文本框控件进行控制,则应该为文本框指定一个 CEdit 对象,通过 CEdit 对象,程序员可以控制控件的行为。

利用 MFC 类向导可以很方便地为对话框类 CTable 加入成员变量。具体步骤如下:在返回的【ClassWizard】对话框中单击【Member Variables】选项卡进入如图 2-8 所示的编辑对话框控件成员变量的界面。这个界面用于设置为控件关联变量,通过这些变量可以访问控件的属性。

该界面中的主要内容如下:

Project 下拉列表框:选择需要编辑的工程名。

Class name 下拉列表框:选择需要编辑的类名。

Control IDs 列表框:列出对话框的控件及其对应的控件成员变量信息。其中有 3 列,"Control IDs"列给出了对话框的控件 ID,"Type"列给出控件变量的类型,"Member"列给出控件变量的名称。选定某个控件,还可以编辑该控件对应的变量。

Add Class 按钮:添加新类。

Add Variable 按钮:为选定的控件添加变量。

Delete Variable 按钮:为选定的控件删除原来的变量。

Update Columns 和 Bind All 按钮:跟数据库有关。

在如图 3-7 所示的【Project】下拉列表框中已经默认选择 biaotilan123,在【Class name】下拉列表框中选择 CTable,从 Control IDs 列表框中可以看到登录对话框中有 3 个控件,IDC_EDIT1、IDCANCEL 和 IDOK。需要获得用户输入的参数,因此需要为 IDC_EDIT1 添加变量。在图 3-7 所示的对话框的【Control IDs】列表框中选择 IDC_EDIT1,然后单击【Add Variable】按钮,打开如图 3-8 所示的添加成员变量对话框。

在【Member variable name】输入框中输入 m_canshu,即将变量命名为 m_canshu。在【Category】下拉列表框中选择【Value】,表明创建的变量是值,而不是控件。在【Variable type】下拉列表框中选择 CString,表明变量类型为 CString。单击"OK"按钮,确认并返回 ClassWizard 对话框。如图 3-9 所示。

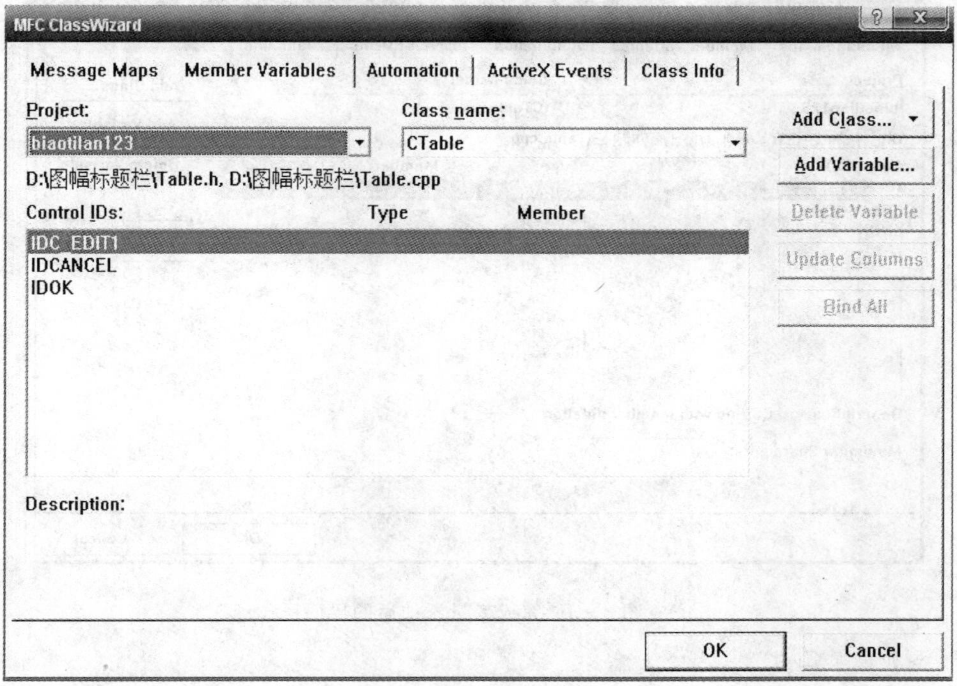

图 3-7 ClassWizard 编辑器对话框控件成员变量的界面

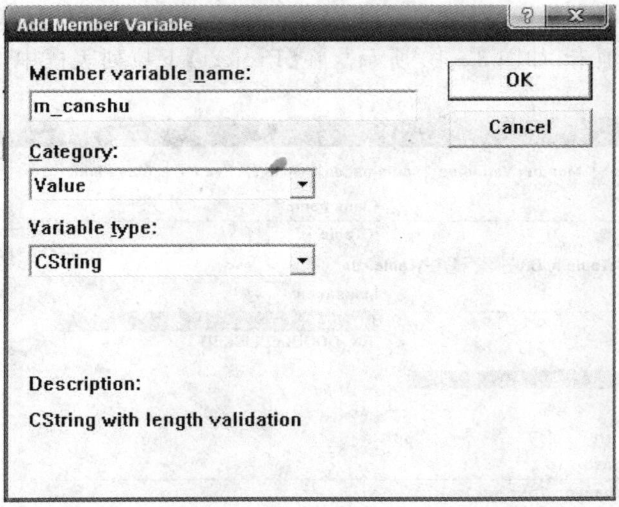

图 3-8 添加成员变量的对话框

此时可以看到,在【Control IDs】列表框中选择"IDC_EDIT1"项后,在对话框的下方将出现该变量的属性介绍和说明。CString 变量还有一个【Maximum Characters】输入框,是用于设置 IDC_EDIT1 输入框中的输入字符的个数。单击【ClassWizard】对话框中的"OK"按钮后,回到 IDE 主界面,完成变量的添加。

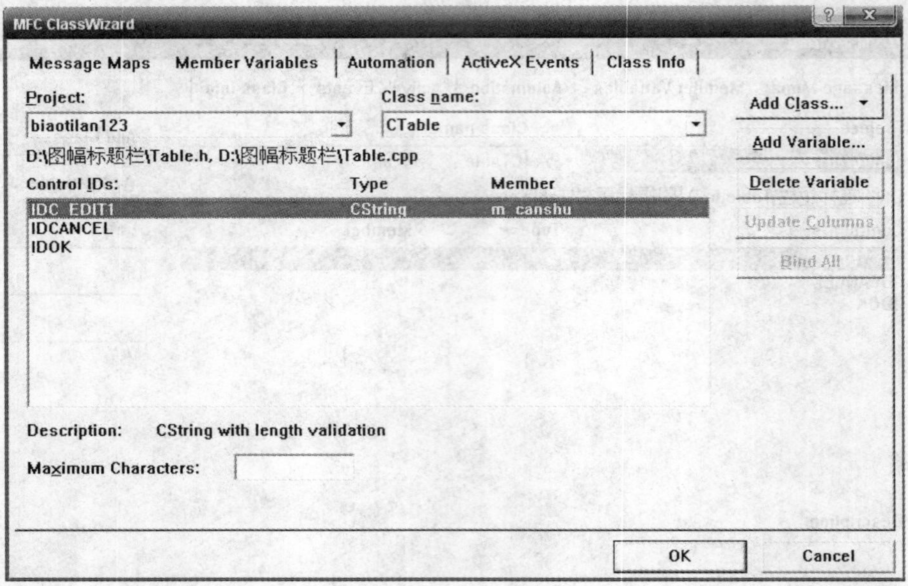

图 3-9 完成变量添加后的界面

3. 添加成员函数

MFC 为对话框和控件定义了许多消息,可以通过【ClassWizard】对话框来查看、新建和删除相应的消息响应函数。下面在实例的参数对话框中添加单击"OK"按钮的消息处理函数,步骤如下。

在 IDE 主菜单项中依次选择【View】→【ClassWizard】,打开 ClassWizard 对话框,选择【Member Maps】选项卡,如图 3-10 所示。在【Project】下拉列表框中选择 biaotilan123,在

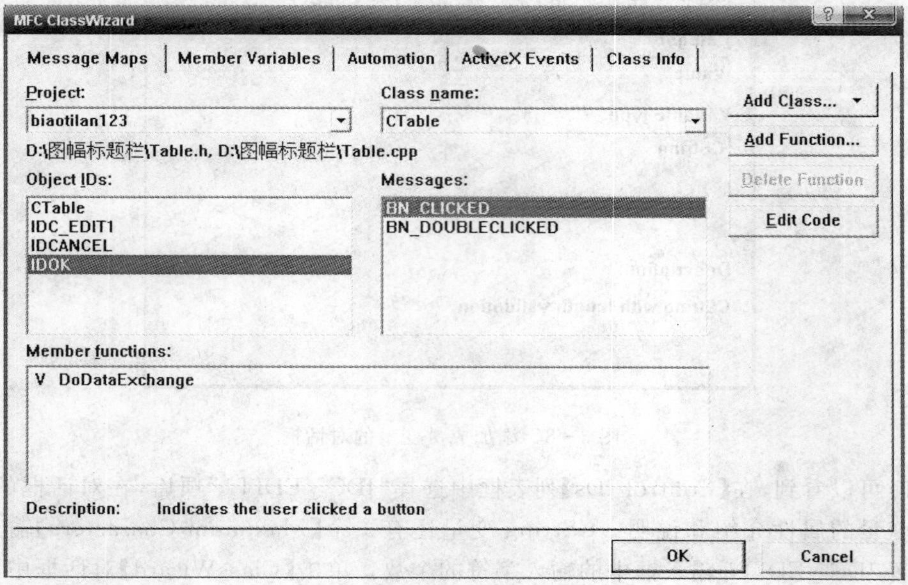

图 3-10 控件 OK 的通知消息

【Class name】下拉列表框中选择"CTable"。在【Object IDs】下拉列表框中选择 IDOK。对应的控件是 OK 按钮，按钮一般有两种通知消息，分别是 BN_CLICKED（按钮被单击）和 BN_DOUBLECLICKED（按钮被双击）。要为对话框添加用户单击 OK 按钮功能，需要添加一个处理 IDOK 的 BN_CLICKED 通知消息成员函数。在【Messages】列表框中选择 BN_CLICKED，单击【Add Function】按钮，弹出 Add member function 对话框，单击 OK 按钮就可以创建一个名称为 OnOK 的消息处理函数。单击【Edit Code】按钮，退出 ClassWizard，并自动打开 Table.cpp 文件，并且定位在 OnOK()函数上。为其添加某个功能的代码即可。

3.2 非模态对话框与消息对话框

3.2.1 非模态对话框

对话框大致可以分为以下两种。

（1）模态对话框：模态对话框弹出后，独占了系统资源，用户只有在关闭该对话框后才可以继续执行，不能够在关闭对话框之前执行应用程序其他部分的代码。模态对话框一般要求用户做出某种选择。

（2）非模态对话框：非模态对话框弹出后，程序可以在不关闭该对话框的情况下继续执行，在转入到应用程序其他部分的代码时可以不需要用户做出响应。非模态对话框一般用来显示信息，或者实时地进行一些设置。

3.2.2 非模态对话框的特点

在对话框的创建和删除过程中，非模态对话框与模态对话框相比有下列不同之处：

（1）非模态对话框的模板必须具有 Visible 风格，否则对话框将不可见，而模态对话框则无需设置该项风格。

（2）非模态对话框对象是用 new 操作符在堆中动态创建的，而不是以成员变量的形式嵌入到别的对象中或以局部变量的形式构建在堆栈上。

（3）通过调用 CDialog::Create 函数来启动对话框，而不是 CDialog::DoModal，这是非模态对话框的关键所在。由于 Create 函数不会启动新的消息循环，对话框与应用程序共用同一个消息循环，这样对话框就不会垄断用户的输入。

（4）必须调用 CWnd::DestroyWindow 而不是 CDialog::EndDialog 来关闭非模态对话框。

（5）因为是用 new 操作符构建非模态对话框对象，因此必须在对话框关闭后，用 delete 操作符删除对话框对象。

3.2.3 消息模态对话框

消息对话框 MessageBox 是 Windows 系统中自带的最简单的对话框，用于提示一些简单的信息，如图 3-11 所示。书中实例使用了许多消息对话框。

在 MFC 中，消息对话框通过 CWnd::MessageBox() 和 AfxMessageBox() 两个函数进行调用。前一个函数是 CWnd 的成员函数，而 AfxMessageBox() 则是全局函数。两个函数的原型分别为：

```
int MessageBox(
```

(a)

(b)

图 3-11 消息对话框

```
    LPCTSTR lpszText,
    LPCTSTR lpszCaption = NULL,
    UINT nType = MB_OK
);
int AfxMessageBox(
    LPCTSTR lpszText,
    UINT nType = MB_OK,
    UINT nIDHelp = 0
);
```

在 MFC 中,消息对话框通过 CWnd::MessageBox()和 AfxMessageBox()两个函数进行调用。前一个函数是 CWnd 的成员函数,而 AfxMessageBox()则是全局函数。两个函数的原型分别为:

——lpszText 参数:用于设置对话框的内容。

——lpszCaption 参数:用于设置对话框的标题。

——nType 参数:设置消息对话框的属性。

——nIDHelp 参数:用于设置帮助的上下文 ID。

其中 nType 参数取值可为下值的组合:

指定下列标志中的一个来显示消息框中的按钮,标志的含义如下:

MB_ABORTRETRYIGNORE:消息框含有三个按钮,即 Abort(终止),Retry(重试)和 Ignore(忽略)。

MB_OK:消息框含有一个按钮,即 OK(确定),这是缺省值。

MB_OKCANCEL:消息框含有两个按钮,即 OK(确定)和 Cancel(取消)。

MB_RETRYCANCEL:消息框含有两个按钮,即 Retry(重试)和 Cancel(取消)。

MB_YESNO:消息框含有两个按钮,即 Yes(是)和 No(否)。

MB_YESNOCANCEL:消息框含有三个按钮,即 Yes(是),No(否)和 Cancel(取消)。

指定下列标志中的一个来显示消息框中的图标,标志的含义如下:

MB_ICONEXCLAMATION 和 MB_ICONWARNING:一个惊叹号出现在消息框。

MB_ICONINFORMATION 和 MB_ICONASTERISK:一个圆圈中小写字母 i 组成的图标出现在消息框。

MB_ICONQUESTION:一个问题标记图标出现在消息框。

MB_ICONSTOP、MB_ICONERROR 和 MB_ICONHAND：一个停止消息图标出现在消息框。

如图 2-18(a)所示的消息对话框可以用如下的代码显示：

MessageBox("请选择绘制对象！","AutoCAD",MB_OK|MB_ICONWARNING)

3.3 Visual C++中的消息机制

3.3.1 消息概念与结构

消息系统对于一个 win32 程序来说十分重要，它是一个程序运行的动力源泉。一个消息，是系统定义的一个 32 位的值，它唯一的定义了一个事件，向 Windows 发出一个通知，告诉应用程序某件事情发生了。例如，单击鼠标、改变窗口尺寸、按下键盘上的一个键都会使 Windows 发送一个消息给应用程序。

消息本身是作为一个记录传递给应用程序的，这个记录中包含了消息的类型以及其他信息。例如，对于单击鼠标所产生的消息来说，这个记录中包含了单击鼠标时的坐标。这个记录类型叫做 MSG，MSG 含有来自 windows 应用程序消息队列的消息信息，它在 Windows 中声明如下：

```
typedef struct tagMsg
{
    HWND    hwnd;         // 接受该消息的窗口句柄
    UINT    message;      // 消息常量标识符,也就是我们通常所说的消息号
    WPARAM  wParam;       // 32 位消息的特定附加信息,确切含义依赖于消息值
    LPARAM  lParam;       // 32 位消息的特定附加信息,确切含义依赖于消息值
    DWORD   time;         // 消息创建时的时间
    POINT   pt;           // 消息创建时的鼠标/光标在屏幕坐标系中的位置
}MSG;
```

消息可以由系统或者应用程序产生。系统在发生输入事件时产生消息。举个例子，当用户敲键，移动鼠标或者单击控件。系统也产生消息以响应由应用程序带来的变化，比如应用程序改变系统字体改变窗体大小。应用程序可以产生消息使窗体执行任务，或者与其他应用程序中的窗口通讯。

（1）Hwnd 是 32 位的窗口句柄。窗口可以是任何类型的屏幕对象，因为 Win32 能够维护大多数可视对象的句柄（窗口、对话框、按钮、编辑框等）。

（2）message 用于区别其他消息的常量值，这些常量可以是 Windows 单元中预定义的常量，也可以是自定义的常量。消息标识符以常量命名的方式指出消息的含义。当窗口过程接收到消息之后，他就会使用消息标识符来决定如何处理消息。例如、WM_PAINT 告诉窗口过程窗体客户区被改变了需要重绘。符号常量指定系统消息属于的类别，其前缀指明了处理解释消息的窗体的类型。

（3）wParam 通常是一个与消息有关的常量值，也可能是窗口或控件的句柄。

（4）lParam 通常是一个指向内存中数据的指针。

由于 WParam、lParam 和 Pointer 都是 32 位的,因此,它们之间可以相互转换。

3.3.2 消息种类

windows 中的消息虽然很多,但是种类并不繁杂,大体上有 3 种:窗口消息、命令消息和控件通知消息。

窗口消息是系统中最为常见的,它是指由操作系统和控制其他窗口的窗口所使用的消息。例如创建窗口,绘制窗口,销毁窗口,通常,消息是从系统发到窗口,或从窗口发到系统。发送函数 SendMessage()或者 PostMessage()。包涵的三个变量解释如下:

  message——WM_XXX
  wParam——定义的命令
  LParam——定义的命令
WM_XXX 可以是许多窗口消息之一,如:
WM_CREAT:告诉窗口初始化自己。
WM_MOUSEMOVE:告诉窗口鼠标移经它。

命令消息通常与处理用户请求有关,当用户单击一个菜单或工具栏时,命令消息就产生了。并发送到能处理该消息的类或函数(如装载文本,保存选项等)。

当用 SendMessage(),PostMessage()发送命令消息时,变量 Message,wParam,lParam 的格式如下:

  message——WM_COMMAND
  wParam——0 或 CommandID
  lParam——0

CommandID 要么是选中的菜单项的 ID,要么是被单击的工具栏按钮 ID,注意 CommandID 不能大于一个字长,系统就只用零来填写高位。某些控件也发送 WM_COMMAND 消息,区别两种消息的唯一的方法是看 lParam 是否为 NULL。

由于控件通知消息很重要,人们用的也比较多,所以将在下一节详述。

3.3.3 控件通知消息

控件通知消息,是指这样一种消息,一个窗口内的子控件发生了一些事情,需要通知父窗口。通知消息只适用于标准的窗口控件如按钮、列表框、组合框、编辑框,以及 Windows 公共控件如树状视图、列表视图等。其中窗口消息及控件通知消息主要由窗口类即直接或间接由 CWND 类派生类处理。相对窗口消息及控件通知消息而言,命令消息的处理对象范围就广得多,它不仅可以由窗口类处理,还可以由文档类,文档模板类及应用类所处理。

常见的控件通知消息如下所述。

(1) 按扭控件
BN_CLICKED 用户单击了按钮。
BN_DOUBLECLICKED 用户双击了按钮。
BN_HILITE 用户加亮了按钮。
BN_UNHILITE 加亮应当去掉。
BN_PAINT 按钮应当重画。

(2) 组合框控件

CBN_SELCHANGE 在组合框中选择了一项。
CBN_SELENDOK 用户的选择是合法的。
CBN_SETFOCUS 组合框获得输入焦点。
CBN_DBLCLK 用户双击了一个字符串。
CBN_DROPDOWN 组合框的列表框被拉出。
CBN_EDITCHANGE 用户修改了编辑框中的文本。
CBN_EDITUPDATE 编辑框内的文本即将更新。
CBN_KILLFOCUS 组合框失去输入焦点。
CBN_SELENDCANCEL 用户的选择应当被取消。

(3) 编辑框控件

EN_CHANGE 编辑框中的文本已更新。
EN_UPDATE 编辑框中的文本将要更新。
EN_HSCROLL 用户点击了水平滚动条。
EN_VSCROLL 用户点击了垂直滚动条消息含义。
EN_KILLFOCUS 编辑框正在失去输入焦点。
EN_SETFOCUS 编辑框获得输入焦点。

(4) 列表框控件

LBN_SETFOCUS 列表框获得输入焦点。
LBN_KILLFOCUS 列表框正在失去输入焦点。
LBN_DBLCLK 用户双击了一项。
LBN_SELCHANGE 选择了另一项。
LBN_SELCANCEL 选择被取消。

3.3.4 控件通知格式

控件通知经历了一个演变过程,因而 SendMessage( )的变量 Message、wParam 和 lParam 有三种格式。

(1) 第一种控件通知消息格式

第一种控件通知消息格式只能是窗口消息的子集。

message——WM_XXX

wParam——定义的命令

lParam——定义的命令

它主要来自下面的 3 种消息类型:

① 表示一个控件窗口要么已经被创建或销毁,要么已经被鼠标单击的消息:WM_PARENTNOTIFY。

② 发送到父窗口,用来绘制自身窗口的消息,例如,WM_CTLCOLOR、WM_DRAWITEM、WM_MEASUREITEM、WM_DELETEITEM、WM_CHARTOITEM、WM_VKTOITEM、WM_COMMAND 和 WM_COMPAREITEM;

③ 有滚动调控件发送,通知父窗口滚动窗口的消息:WM_VSCROLL 和 WM_HSCROLL。

(2) 第二种控件通知消息格式

message——WM_COMMAND

wParam——XN_XXX 或控件 ID

lParam——窗口句柄

在 WM_COMMAND 中，lParam 用来区分是命令消息还是控件通知消息：如果 lParam 为 NULL，则这是个命令消息，否则 lParam 里面放的必然就是控件的句柄，是一个控件通知消息。对于 wParam 则是低位放的是控件 ID，高位放的是相应的消息事件。

XN_XXX 的值因发送通知的控件的不同而不同，例如当 XN_XXX 值为 EN_CHANGE 时，告诉父窗口显示在文本编辑框中的文本已发生了变化。

(3) 第三种控件通知消息格式

message——WM_NOTIFY

wParam——控件 ID

lParam——指向 NMHDR 的指针

lParam 指向一种结构，该结构包括有关该通知控件的任何内容，而不受空间和类型的限制，该架构就是 NMHDR。

```
typedef struct tagNMHDR{
    HWND    hwnd;
    UNIT    idFrom;
    UNIT    code;
} NMHDR;
```

NMHDR 代表通知消息头，为什么要这个头？因为某些控件用 NMHDR 作为头发送一个更大的结构消息，即使那些不知道更大结构内容的函数还是能处理通知头。

3.4 常用控件的使用

3.4.1 控件的共有特征

控件实际上是子窗口，在应用程序与用户进行交互的过程中，控件是主要角色。不管是什么类型的控件，一般都具有 WS_CHILD 和 WS_VISIBLE 窗口风格。WS_CHILD 指定窗口为子窗口，WS_VISIBLE 使窗口是可见的。

MFC 提供了大量的控件类，它们封装了控件的功能。通过这些控件类，程序可以方便地创建控件，对控件进行查询和控制。常用控件主要包括静态文本控件、文本编辑框控件、命令按钮控件、单选按钮控件、列表框控件、组框控件等等，如图 3-12 所示。

所有 MFC 的控件类都是基本窗口类 CWnd 的直接或间接派生类，这意味着可以调用 CWnd 类的某些成员函数来查询和设置控件。常用于控件的 CWnd 成员函数在表 3-1 列出，这些函数对所有的控件均适用。

例如，如果想把一个编辑框控件隐藏起来，可以用下面这行代码完成：

```
m_MyEditBox.ShowWindow(SW_HIDE);
```

第 3 章 | MFC 与控件

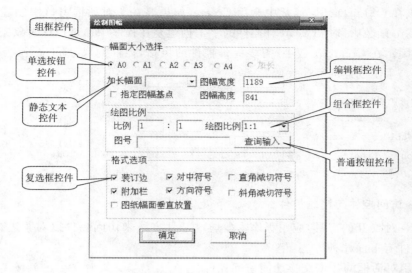

图 3-12 常用控件样式

表 3-1 常用于控件的 CWnd 成员函数

函数名	用 途
ShowWindow	调用 ShowWindow(SW_SHOW) 显示窗口, 调用 ShowWindow(SW_HIDE) 则隐藏窗口
EnableWindow	调用 EnableWindow(TRUE) 允许窗口, 调用 EnableWindow(FALSE) 则禁止窗口。一个禁止的窗口呈灰色显示且不能接受用户输入
DestroyWindow	删除窗口
MoveWindow	改变窗口的位置和尺寸
SetFocus	使窗口具有输入焦点

例如,如果想把一个编辑框控件隐藏起来,可以用下面这行代码完成:

m_MyEditBox.ShowWindow(SW_HIDE);

3.4.2 控件的创建

控件的创建有自动和手工两种常用方法。控件的自动创建是通过向对话框模板中添加控件实现的。当调用对话框类的 DoModal 和 Create 显示对话框时,框架会根据对话框模板资源提供的控件信息自动地创建控件。这种方法的优点是方便直观,用户可以在对话框模板编辑器的控件面板中选择控件,可以在对话框模板中调整控件的位置和大小,还可以通过属性对话框设置控件的风格。

手工创建控件是一种比较专业的方法,也称为动态创建,包括下面两步:

(1) 构建一个控件对象。以成员变量的形式定义一个控件对象,用 new 操作符创建控件对象,但要注意 MFC 的控件对象不具有自动清除的功能,因此需要在关闭父窗口时用 delete 操作符删除控件对象。

(2) 调用控件对象的 Create 成员函数创建控件。一般来说,如果要在对话框中创建控件,那么应该在 OnInitDialog 函数中调用 Create,如果要在非对话框窗口中创建控件,则应该在 OnCreate 函数中调用 Create。控件的手工创建是在程序中通过控件对象完成的,与对话框模板无关。在 Create 函数中,需要提供控件的风格,控件的尺寸和位置,控件的 ID 等信息。下面是手工创建的程序代码:

```
CButton * m_pButton;
m_pButton=new CButton;
ASSERT_VALID(m_pButton);
m_pButton->Create(_T("动态生成"),WS_CHILD|WS_VISIBLE|BS_PUSHBUTTON,
Crect(0,0,100,24),this,IDC_MYbutton);
```

3.4.3 访问控件与销毁控件

控件是一种交互的工具,应用程序需要通过某种方法来访问控件以对其进行查询和设置。访问控件有下面几种方法:

(1) 利用对话框的数据交换功能访问控件

先用 ClassWizard 为对话框类加入与控件对应的数据成员变量,然后在适当的时候调用 UpdateData,就可以实现对话框和控件的数据交换。这种方法只能交换数据,不能对控件进行全面的查询和设置,而且该方法不是针对某个控件,而是针对所有参与数据交换的控件。另外,对于新型的 Win32 控件,不能用 ClassWizard 创建数据成员变量。因此,该方法有较大的局限性。

(2) 通过控件对象来访问控件

控件对象对控件进行了封装,它拥有功能齐全的成员函数,用来查询和设置控件的各种属性。通过控件对象来访问控件无疑是最能发挥控件功能的一种方法,但这要求程序必需创建控件对象并使该对象与某一控件相连。对于自动创建的控件,可利用 ClassWizard 方便地创建与控件对应的控件对象。对于手工创建的控件,因为控件本身就是通过控件对象创建的,所以不存在这一问题。

(3) 利用 CWnd 类的一些用于管理控件的成员函数来访问控件

只要向这些函数提供控件的 ID,就可以对该控件进行访问。使用这些函数的好处是无需创建控件对象,就可以对控件的某些常用属性进行查询和设置。

用 CWnd::GetDlgItem 访问控件。该函数根据参数说明的控件 ID,返回指定控件的一个 CWnd 型指针,程序可以把该指针强制转换成相应的控件类指针,然后通过该指针来访问控件。该方法对自动和手工创建的控件均适用。

当关闭父窗口时,控件会被自动删除,因此在一般情况下不必操心删除问题。如果由于某种需要想手工删除控件,可以调用 CWnd::DestroyWindow 来完成。

对于控件对象的删除,有两种情况。若控件对象是以成员变量的形式创建的,那么该对象将会随着父窗口对象的删除而被删除,因此在程序中无需操心。若控件对象是用 new 操作符在堆中创建的,则必须在关闭父窗口时用 delete 操作符删除对象,这是因为所有 MFC 的控件类都是非自动清除的。

3.4.4 静态控件

静态控件包括静态文本控件(Static Text)和图片控件(Picture)。静态文本控件用来显示文本。图片控件可以显示位图、图标、方框和图元文件。

静态控件的主要起说明和装饰作用。MFC 的 CStatic 类封装了静态控件。CStatic 类的成员函数 Create 负责创建静态控件,该函数的声明为

BOOL Create(LPCTSTR lpszText, DWORD dwStyle, const RECT& rect, CWnd * pParentWnd, UINT nID = 0xffff);

参数 lpszText 指定了控件显示的文本。dwStyle 指定了静态控件的风格,表 3-2 显示了静态控件的各种风格,dwStyle 可将这些风格组合起来。rect 是一个对 RECT 或 CRect 结构的引用,用来说明控件的位置和尺寸。pParentWnd 指向父窗口,该参数不能为 NULL。nID 则说明了控件的 ID。如果创建成功,该函数返回 TRUE,否则返回 FALSE。

表 3-2 静态控件风格

控件风格	含 义
SS_BLACKFRAME	指定一个具有与窗口边界同色的框(缺省为黑色)
SS_BLACKRECT	指定一个具有与窗口边界同色的实矩形(缺省为黑色)
SS_CENTER	使显示的文本居中对齐,文本可以回绕
SS_GRAYFRAME	指定一个具有与屏幕背景同色的边框
SS_GRAYRECT	指定一个具有与屏幕背景同色的实矩形
SS_ICON	使控件显示一个在资源中定义的图标,图标的名字有 Create 函数的 lpszText 参数指定
SS_LEFT	左对齐文本,文本能回绕
SS_LEFTNOWORDWRAP	左对齐文本,文本不能回绕
SS_NOPREFIX	使静态文本串中的 & 不是一个热键提示符
SS_NOTIFY	使控件能向父窗口发送鼠标事件消息
SS_RIGHT	右对齐文本,可以回绕
SS_SIMPLE	使静态文本在运行时不能被改变并使文本显示在单行中
SS_USERITEM	指定一个用户定义项
SS_WHITEFRAME	指定一个具有与窗口背景同色的框(缺省为白色)
SS_WHITERECT	指定一个具有与窗口背景同色的实心矩形(缺省为白色)

除了上表中的风格外,一般还要为控件指定 WS_CHILD 和 WS_VISIBLE 窗口风格。一个典型的静态文本控件的风格为 WS_CHILD|WS_VISIBLE|SS_LEFT。对于用对话框模板编辑器创建的静态控件,可以在控件的属性对话框中指定表 3-2 中列出的控件风格。

CStatic 类主要的成员函数在表 3-3 中列出。可以利用 CWnd 类的成员函数 GetWindowText,SetWindowText 和 GetWindowTextLength 等函数来查询和设置静态控件中显示的文本。

图片控件的属性对话框中可以完成许多初始工作,如图 3-14 所示。例如:先将图片存放在资源中,并命名为 IDB_BITMAP2,然后在 Type 栏选择 Bitmap,在 Image 栏选择 IDB_BITMAP2 就可以把要显示的图片放入图片控件中。

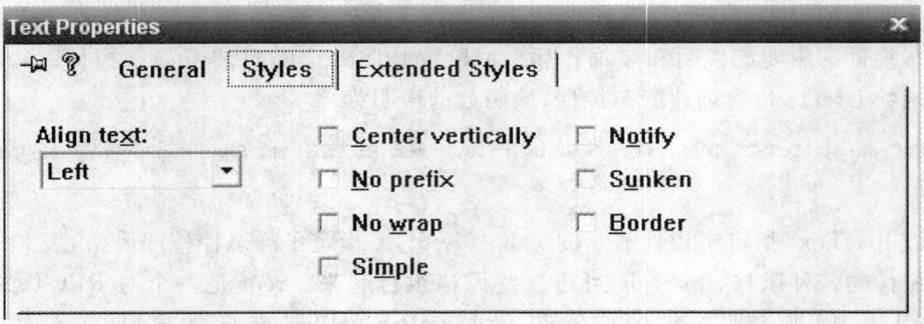

图 3-13 静态文本控件的属性对话框

表 3-3 CStatic 类的主要成员函数

成员函数声明	用　途
HBITMAP SetBitmap(HBITMAP hBitmap);	指定要显示的位图
HBITMAP GetBitmap() const;	获取由 SetBitmap 指定的位图
HICON SetIcon(HICON hIcon);	指定要显示的图标
HICON GetIcon() const;	获取由 SetIcon 指定的图标
HCURSOR SetCursor(HCURSOR hCursor);	指定要显示的光标图片
HCURSOR GetCursor();	获取由 SetCursor 指定的光标
HENHMETAFILE SetEnhMetaFile (HENHMETAFILE hMetaFile);	指定要显示的增强图元文件
DHENHMETAFILE GetEnhMetaFile() const;	获取由 SetEnhMetaFile 指定的图元文件

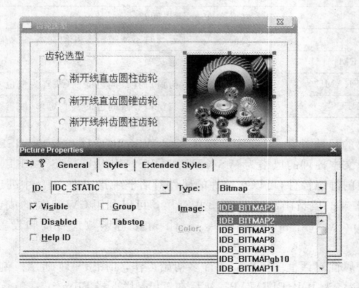

图 3-14 图片控件属性中添加图片

3.4.5 按钮控件

按钮控件包括普通按钮(Button)、复选框(Check Box)、单选按钮(Radio Button)、组框(Group Box)和自绘式按钮(Owner-draw Button)。普通按钮的作用是对用户的鼠标单击作出反应并触发相应的事件,在按钮中既可以显示文本,也可以显示位图。复选框控件可作为一种选择标记,可以有选中、不选中和不确定三种状态。单选按钮控件一般都是成组出现的,具有互斥的性质,即同组单选按钮中只能有一个是被选中的。组框用来将相关的一些控件聚成一组。自绘式按钮是指由程序而不是系统负责重绘的按钮。按钮主要是指普通按钮、复选框和单选按钮。后二者实际上是一种特殊的按钮,它们有选择和未选择状态。按钮控件会向父窗口发出如表 3-4 所示的控件通知消息。

表 3-4 按钮控件的通知消息

消 息	含 义
BN_CLICKED	用户在按钮上单击了鼠标
BN_DOUBLECLICKED	用户在按钮上双击了鼠标

MFC 的 CButton 类封装了按钮控件。CButton 类的成员函数 Create 负责创建按钮控件,该函数的声明如下:

BOOL Create(LPCTSTR lpszCaption, DWORD dwStyle, const RECT& rect, CWnd * pParentWnd, UINT nID);

参数 lpszCaption 指定了按钮显示的文本。dwStyle 指定了按钮的风格,如表 3-5 所示,dwStyle 可以是这些风格的组合。rect 说明了按钮的位置和尺寸。pParentWnd 指向父窗口,该参数不能为 NULL。nID 是按钮的 ID。如果创建成功,该函数返回 TRUE,否则返回 FALSE。

表 3-5 按钮的风格

控件风格	含 义
BS_AUTOCHECKBOX	同 BS_CHECKBOX,不过单击鼠标时按钮会自动反转
BS_AUTORADIOBUTTON	同 BS_RADIOBUTTON,不过单击鼠标时按钮会自动反转
BS_AUTO3STATE	同 BS_3STATE,不过单击按钮时会改变状态
BS_CHECKBOX	指定在矩形按钮右侧带有标题的选择框
BS_DEFPUSHBUTTON	指定缺省的普通按钮,这种按钮的周围有一个黑框,用户可以按回车键来快速选择该按钮
BS_GROUPBOX	指定一个组框
BS_LEFTTEXT	使控件的标题显示在按钮的左边
BS_OWNERDRAW	指定一个自绘式按钮
BS_PUSHBUTTON	指定一个普通按钮
BS_RADIOBUTTON	指定一个单选按钮,在圆按钮的右边显示文本
BS_3STATE	同 BS_CHECKBOX,不过控件有三种状态:选择、未选择和变灰

对于用对话框模板编辑器创建的按钮控件,可以在控件的属性对话框中指定表3-5中列出的控件风格。

例如:在单选按钮的属性对话框中,在Caption栏中填入文本就会显示在按钮的右侧。选择Group则表示在同组框中只能选择一个单选按钮,并且当前的这个按钮做为默认的按钮,如图3-15所示。

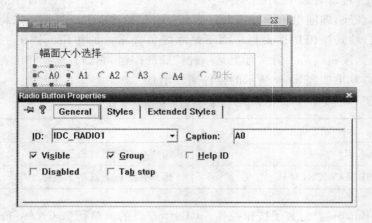

图3-15 单选按钮的属性对话框

CButton类的主要的成员函数有:

(1) UINT GetState( ) const;

该函数返回按钮控件的各种状态。可以用下列屏蔽值与函数的返回值相与,以获得各种信息。返回值的状态主要有下面3种。

① 0x0003:用来获取复选框或单选按钮的状态。0表示未选中,1表示被选中,2表示不确定状态(仅用于复选框)。

② 0x0004:用来判断按钮是否是高亮度显示的。非零值意味着按钮是高亮度显示的。当用户点击了按钮并按主鼠标左键时,按钮会呈高亮度显示。

③ 0x0008:非零值表示按钮拥有输入焦点。

(2) void SetState(BOOL bHighlight);

当参数bHeightlight值为TRUE时,该函数将按钮设置为高亮度状态,否则,去除按钮的高亮度状态。

(3) int GetCheck( ) const;

返回复选框或单选按钮的选择状态。返回值0表示按钮未被选择,1表示按钮被选择,2表示按钮处于不确定状态(仅用于复选框)。

(4) void SetCheck(int nCheck);

设置复选框或单选按钮的选择状态。参数nCheck值的含义与GetCheck返回值相同。

(5) UINT GetButtonStyle( ) const;

获得按钮控件的BS_XXXX风格。

(6) void SetButtonStyle(UINT nStyle, BOOL bRedraw = TRUE);

设置按钮的风格。参数nStyle指定了按钮的风格。bRedraw为TRUE则重绘按钮,否则就不重绘。

(7) HBITMAP SetBitmap(HBITMAP hBitmap);

设置按钮显示的位图。参数 hBitmap 指定了位图的句柄。该函数还会返回按钮原来的位图。

(8) HBITMAP GetBitmap( ) const;

返回以前用 SetBitmap 设置的按钮位图。

(9) HICON SetIcon(HICON hIcon);

设置按钮显示的图标。参数 hIcon 指定了图标的句柄。该函数还会返回按钮原来的图标。

(10) HICON GetIcon( ) const;

返回以前用 SetIcon 设置的按钮图标。

(11) HCURSOR SetCursor(HCURSOR hCursor);

设置按钮显示的光标图。参数 hCursor 指定了光标的句柄。该函数还会返回按钮原来的光标。

(12) HCURSOR GetCursor( );

返回以前用 GetCursor 设置的光标。

(13) 与按钮有关的 CWnd 成员函数

另外,可以使用下列的一些与按钮控件有关的 CWnd 成员函数来设置或查询按钮的状态。用这些函数的好处在于不必构建按钮控件对象,只要知道按钮的 ID,就可以直接设置或查询按钮。

void CheckDlgButton(int nIDButton, UINT nCheck);

用来设置按钮的选择状态。参数 nIDButton 指定了按钮的 ID。nCheck 的值 0 表示按钮未被选择,1 表示按钮被选择,2 表示按钮处于不确定状态。

void CheckRadioButton(int nIDFirstButton, int nIDLastButton, int nIDCheckButton);

用来选择组中的一个单选按钮。参数 nIDFirstButton 指定了组中第一个按钮的 ID,nIDLastButton 指定了组中最后一个按钮的 ID,nIDCheckButton 指定了要选择的按钮的 ID。

int GetCheckedRadioButton(int nIDFirstButton, int nIDLastButton);

该函数用来获得一组单选按钮中被选中按钮的 ID。参数 nIDFirstButton 说明了组中第一个按钮的 ID,nIDLastButton 说明了组中最后一个按钮的 ID。

UINT IsDlgButtonChecked(int nIDButton) const;

返回检查框或单选按钮的选择状态。返回值 0 表示按钮未被选择,1 表示按钮被选择,2 表示按钮处于不确定状态(仅用于检查框)。

同时可以调用 CWnd 成员函数 GetWindowText,GetWindowTextLength 和 SetWindowText 来查询或设置按钮中显示的文本。

下面的代码表示如果 IDC_CHECK_XIEJIAOJIANQIE 复选框被选中,则将 IDC_CHECK_ZHIJIAOJIANQIE 复选框置于失效状态。

```
CButton * bt;
bt = (CButton *)GetDlgItem(IDC_CHECK_XIEJIAOJIANQIE);
if(bt->GetCheck())
{
    bt = (CButton *)GetDlgItem(IDC_CHECK_ZHIJIAOJIANQIE);
    bt->SetCheck(FALSE);
}
```

3.4.6 编辑框(Edit Box)控件

编辑框(Edit Box)控件实际上是一个简易的文本编辑器,用户可以在编辑框中输入并编辑文本。文本编辑框控件会向父窗口发出如表 3-6 所示的控件通知消息。

表 3-6　文本编辑框控件的通知消息

通知消息	含　义
EN_CHANGE	编辑框的内容被用户改变了。与 EN_UPDATE 不同,该消息是在编辑框显示的文本被刷新后才发出的
EN_ERRSPACE	编辑框控件无法申请足够的动态内存来满足需要
EN_HSCROLL	用户在水平滚动条上单击鼠标
EN_KILLFOCUS	编辑框失去输入焦点
EN_MAXTEXT	输入的字符超过了规定的最大字符数。在没有 ES_AUTOHSCROLL 或 ES_AUTOVSCROLL 的编辑框中,当文本超出了编辑框的边框时也会发出该消息
EN_SETFOCUS	编辑框获得输入焦点
EN_UPDATE	在编辑框准备显示改变了的文本时发送该消息
EN_VSCROLL	用户在垂直滚动条上单击鼠标

MFC 的 CEdit 类封装了编辑框控件。CEdit 类的成员函数 Create 负责创建控件,该函数的声明为:

```
BOOL Create( DWORD dwStyle, const RECT& rect, CWnd * pParentWnd, UINT nID );
```

参数 dwStyle 指定了编辑框控件风格,如表 3-7 所示,dwStyle 可以是这些风格的组合。rect 指定了编辑框的位置和尺寸。pParentWnd 指定了父窗口,不能为 NULL。编辑框的 ID 由 nID 指定。如果创建成功,该函数返回 TRUE,否则返回 FALSE。

表 3-7　文本编辑框控件风格

控件风格	含　义
ES_AUTOHSCROLL	当用户在行尾键入一个字符时,文本将自动向右滚动 10 个字符,当用户按回车键时,文本总是滚向左边
ES_AUTOVSCROLL	当用户在最后一个可见行按回车键时,文本向上滚动一页

（续表）

控件风格	含 义
ES_CENTER	在多行编辑框中使文本居中
ES_LEFT	左对齐文本
ES_LOWERCASE	把用户输入的字母统统转换成小写字母
ES_MULTILINE	指定一个多行编辑器。若多行编辑器不指定 ES_AUTOHSCROLL 风格，则会自动换行，若不指定 ES_AUTOVSCROLL，则多行编辑器会在窗口中文本装满时发出警告声响
ES_NOHIDESEL	缺省时，当编辑框失去输入焦点后会隐藏所选的文本，当获得输入焦点时又显示出来。设置该风格可禁止这种缺省行为
ES_OEMCONVERT	使编辑框中的文本可以在 ANSI 字符集和 OEM 字符集之间相互转换。这在编辑框中包含文件名时是很有用的
ES_PASSWORD	使所有键入的字符都用"＊"来显示
ES_RIGHT	右对齐文本
ES_UPPERCASE	把用户输入的字母统统转换成大写字母
ES_READONLY	将编辑框设置成只读的
ES_WANTRETURN	使多行编辑器接收回车键输入并换行。如果不指定该风格，按回车键会选择缺省的命令按钮，这往往会导致对话框的关闭

除了上表中的风格外，一般还要为控件指定 WS_CHILD、WS_VISIBLE、WS_TABSTOP 和 WS_BORDER 窗口风格，WS_BORDER 使控件带边框。对于用对话框模板编辑器创建的编辑框控件，可以在控件的属性对话框中指定表 3-7 中列出的控件风格。例如，在图 3-16 属性对话框中选择 Multiline 项，相当与指定了 ES_MULTILINE 风格。

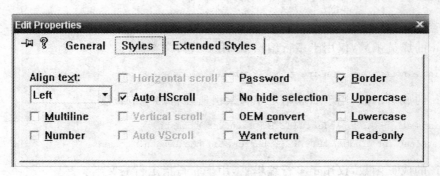

图 3-16 编辑框控件属性对话框

编辑框支持剪贴板操作。CEdit 类提供了一些与剪贴板有关的成员函数，如表 3-8 所示。

表 3-8 与剪贴板有关的 CEdit 成员函数

成员函数声明	用 途
void Clear( )	清除编辑框中被选择的文本
void Copy( )	把在编辑框中选择的文本拷贝到剪贴板中
void Cut( )	清除编辑框中被选择的文本并把这些文本拷贝到剪贴板中
void Paste( )	将剪贴板中的文本插入到编辑框的当前插入符处
BOOL Undo( )	撤消上一次键入。对于单行编辑框,该函数总返回 TRUE,对于多行编辑框,返回 TRUE 表明操作成功,否则返回 FALSE

可以用下列 CEdit 或 CWnd 类的成员函数来查询编辑框。

(1) int GetWindowText(LPTSTR lpszStringBuf, int nMaxCount) const;
void GetWindowText(CString& rString) const;

这两个函数均是 CWnd 类的成员函数,可用来获得窗口的标题或控件中的文本。

(2) int GetWindowTextLength( ) const;

CWnd 的成员函数,可用来获得窗口的标题或控件中的文本的长度。

(3) DWORD GetSel( ) const;
void GetSel(int& nStartChar, int& nEndChar) const;

两个函数都是 CEdit 的成员函数,用来获得所选文本的位置。

(4) int LineFromChar(int nIndex = -1) const;

CEdit 的成员函数,仅用于多行编辑框,用来返回指定字符索引所在行的行索引。

(5) int LineIndex(int nLine = -1) const;

CEdit 的成员函数,仅用于多行编辑框,用来获得指定行的开头字符的字符索引,如果指定行超过了编辑框中的最大行数,该函数将返回-1。

(6) int GetLineCount( ) const;

CEdit 的成员函数,仅用于多行编辑框,用来获得文本的行数。

(7) int LineLength(int nLine = -1) const;

CEdit 的成员函数,用于获取指定字符索引所在行的字节长度。

(8) int GetLine(int nIndex, LPTSTR lpszBuffer) const;
int GetLine(int nIndex, LPTSTR lpszBuffer, int nMaxLength) const;

CEdit 的成员函数,仅用于多行编辑框,用来获得指定行的文本。

(9) void SetWindowText(LPCTSTR lpszString);

CWnd 的成员函数,可用来设置窗口的标题或控件中的文本。

(10) void SetSel(DWORD dwSelection, BOOL bNoScroll = FALSE);

void SetSel(int nStartChar, int nEndChar, BOOL bNoScroll = FALSE);

CEdit 的成员函数,用来选择编辑框中的文本。

(11) void ReplaceSel(LPCTSTR lpszNewText, BOOL bCanUndo = FALSE);

CEdit 的成员函数,用来将所选文本替换成指定的文本。

3.4.7 列表框(List Box)控件

列表框(List Box)主要用于输入,它允许用户从所列出的表项中进行单项或多项选择,被选择的项呈高亮度显示。对于列表项的选择,微软公司有如下建议:

(1) 单击鼠标选择一个列表项,单击一个按钮来处理选择的项。
(2) 双击鼠标选择一个列表项是处理选择项的快捷方法。

列表框会向父窗口发送如表 3-9 所示的通知消息。

表 3-9 列表框控件的通知消息

通知消息	含 义
LBN_DBLCLK	鼠标双击了一列表项。只有具有 LBS_NOTIFY 的列表框才能发送该消息
LBN_ERRSPACE	列表框不能申请足够的动态内存来满足需要
LBN_KILLFOCUS	列表框失去输入焦点
LBN_SELCANCEL	当前的选择被取消。只有具有 LBS_NOTIFY 的列表框才能发送该消息
LBN_SELCHANGE	单击鼠标选择了一列表项。只有具有 LBS_NOTIFY 的列表框才能发送该消息
LBN_SETFOCUS	列表框获得输入焦点
WM_CHARTOITEM	当列表框收到 WM_CHAR 消息后,向父窗口发送该消息。只有具有 LBS_WANTKEYBOARDINPUT 风格的列表框才会发送该消息
WM_VKEYTOITEM	当列表框收到 WM_KEYDOWN 消息后,向父窗口发送该消息。只有具有 LBS_WANTKEYBOARDINPUT 风格的列表框才会发送该消息

MFC 的 CListBox 类封装了列表框。CListBox 类的 Create 成员函数负责列表框的创建,该函数的声明是

BOOL Create(DWORD dwStyle, const RECT& rect, CWnd * pParentWnd, UINT nID);

参数 dwStyle 指定了列表框控件的风格,如表 3-10 所示,dwStyle 可以是这些风格的组合。rect 说明了控件的位置和尺寸。pParentWnd 指向父窗口,该参数不能为 NULL。nID 则说明了控件的 ID。如果创建成功,该函数返回 TRUE,否则返回 FALSE。

表 3-10 列表框控件的风格

控件风格	含 义
LBS_EXTENDEDSEL	支持多重选择。在点击列表项时按住 Shift 键或 Ctrl 键即可选择多个项
LBS_HASSTRINGS	指定一个含有字符串的自绘式列表框
LBS_MULTICOLUMN	指定一个水平滚动的多列列表框,通过调用 CListBox::SetColumnWidth 来设置每列的宽度
LBS_MULTIPLESEL	支持多重选择。列表项的选择状态随着用户对该项单击或双击鼠标而翻转
LBS_NOINTEGRALHEIGHT	列表框的尺寸由应用程序而不是 Windows 指定。通常,Windows 指定尺寸会使列表项的某些部分隐藏起来
LBS_NOREDRAW	当选择发生变化时防止列表框被更新,可发送 WM_SETREDRAW 来改变该风格
LBS_NOTIFY	当用户单击或双击鼠标时通知父窗口
LBS_OWNERDRAWFIXED	指定自绘式列表框,即由父窗口负责绘制列表框的内容,并且列表项有相同的高度
LBS_OWNERDRAWVARIABLE	指定自绘式列表框,并且列表项有不同的高度
LBS_SORT	使插入列表框中的项按升序排列
LBS_STANDARD	相当于指定了 WS_BORDER|WS_VSCROLL|LBS_SORT|LBS_NOTIFY
LBS_USETABSTOPS	使列表框在显示列表项时识别并扩展制表符('\t'),缺省的制表宽度是 32 个对话框单位
LBS_WANTKEYBOARDINPUT	允许列表框的父窗口接收 WM_VKEYTOITEM 和 WM_CHARTOITEM 消息,以响应键盘输入
LBS_DISABLENOSCROLL	使列表框在不需要滚动时显示一个禁止的垂直滚动条

对于用对话框模板编辑器创建的列表框控件,可以在控件的属性对话框中指定表2-10中列出的控件风格。例如,在属性对话框中选择 Sort 项,相当与指定了 LBS_SORT 风格。

CListBox 类的成员函数有数十个之多。可以把一些常用的函数分为三类,在下面列出。需要说明的是,可以用索引来指定列表项,索引是从零开始的。

首先,CListBox 成员函数提供了下列函数用于插入和删除列表项。

(1) int AddString(LPCTSTR lpszItem);

该函数用来向列表框中加入字符串,其中参数 lpszItem 指定了要添加的字符串。

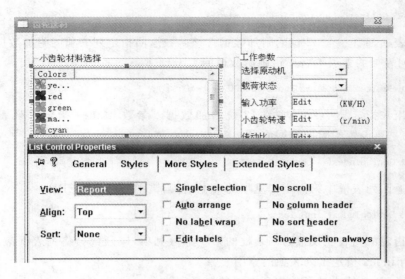

图 3-17 列表框控件属性对话框

（2）int InsertString(int nIndex, LPCTSTR lpszItem);

该函数用来在列表框中的指定位置插入字符串。参数 nIndex 给出了插入位置（索引）。

（3）int DeleteString(UINT nIndex);

该函数用于删除指定的列表项，其中参数 nIndex 指定了要删除项的索引。

（4）void ResetContent( );

该函数用于清除所有列表项。

（5）int Dir(UINT attr, LPCTSTR lpszWildCard);

该函数用来向列表项中加入所有与指定通配符相匹配的文件名或驱动器名。参数 attr 为文件类型的组合。

（6）int GetCount( ) const;

该函数返回列表项的总数，若出错则返回 LB_ERR。

（7）int FindString(int nStartAfter, LPCTSTR lpszItem) const;

该函数用于对列表项进行与大小写无关的搜索。参数 nStartAfter 指定了开始搜索的位置，合理指定 nStartAfter 可以加快搜索速度。

（8）int GetText(int nIndex, LPTSTR lpszBuffer) const;
　　void GetText(int nIndex, CString& rString) const;

用于获取指定列表项的字符串。参数 nIndex 指定了列表项的索引。

（9）int GetTextLen(int nIndex) const;

该函数返回指定列表项的字符串的字节长度。参数 nIndex 指定了列表项的索引。若出错则返回 LB_ERR。

(10) DWORD GetItemData(int nIndex) const;

每个列表项都有一个32位的附加数据。该函数返回指定列表项的附加数据,参数 nIndex 指定了列表项的索引。若出错则函数返回 LB_ERR。

(11) int SetItemData(int nIndex, DWORD dwItemData);

该函数用来指定某一列表项的32位附加数据。参数 nIndex 指定了列表项的索引。dwItemData 是要设置的附加数据值。

(12) int GetTopIndex( ) const;

该函数返回列表框中第一个可见项的索引,若出错则返回 LB_ERR。

(13) int SetTopIndex(int nIndex);

用来将指定的列表项设置为列表框的第一个可见项,该函数会将列表框滚动到合适的位置。参数 nIndex 指定了列表项的索引。

下列 CListBox 的成员函数与列表项的选择有关。

(14) int GetSel(int nIndex) const;

该函数返回指定列表项的状态。

(15) int GetCurSel( ) const;

该函数仅适用于单选择列表框,用来返回当前被选择项的索引。

(16) int SetCurSel(int nSelect);

该函数仅适用于单选择列表框,用来选择指定的列表项。

(17) int SelectString(int nStartAfter, LPCTSTR lpszItem);

该函数仅适用于单选择列表框,用来选择与指定字符串相匹配的列表项。该函数会滚动列表框以使选择项可见。

(18) int GetSelCount( ) const;

该函数仅用于多重选择列表框,它返回选择项的数目,若出错函数返回 LB_ERR。

(19) int SetSel(int nIndex, BOOL bSelect = TRUE);

该函数仅适用于多重选择列表框,它使指定的列表项选中或落选。

(20) int GetSelItems(int nMaxItems, LPINT rgIndex) const;

该函数仅用于多重选择列表框,用来获得选中的项的数目及位置。参数 nMaxItems 说明了参数 rgIndex 指向的数组的大小。参数 rgIndex 指向一个缓冲区,该数组是一个整型数组,用来存放选中的列表项的索引。

(21) int SelItemRange(BOOL bSelect, int nFirstItem, int nLastItem);

该函数仅用于多重选择列表框,用来使指定范围内的列表项选中或落选。参数 nFirstItem 和 nLastItem 指定了列表项索引的范围。如果参数 bSelect 为 TRUE,那么就选择这些列表项,否则就使它们落选。

3.4.8 组合框(Combo Box)控件

组合框(Combo Box)把一个编辑框和一个单选择列表框结合在一起。用户既可以在编辑框中输入,也可以从列表框中选择一个列表项来完成输入。组合框分为简易式(Simple)、下拉式(Dropdown)和下拉列表式(Drop List)三种。简易式组合框包含一个编辑框和一个总是显示的列表框。下拉式组合框同简易式组合框类似,二者的区别在于仅当单击下滚箭头后列表框才会弹出。下拉列表式组合框也有一个下拉的列表框,但它的编辑框是只读的,不能输入字符。

Windows 中比较常用的是下拉式和下拉列表式组合框,在集成开发环境(IDE)中就大量使用了这两种组合框。

组合框控件会向父窗口发送如表 3-11 所示的通知消息。

表 3-11 组合框控件的通知消息

通知消息	含 义
CBN_CLOSEUP	组合框的列表框组件被关闭。简易式组合框不会发出该消息
CBN_DBLCLK	用户在某列表项上双击鼠标。只有简易式组合框才会发出该消息
CBN_DROPDOWN	组合框的列表框组件下拉。简易式组合框不会发出该消息
CBN_EDITCHANGE	编辑框的内容被用户改变了。与 CBN_EDITUPDATE 不同,该消息是在编辑框显示的文本被刷新后才发出的。下拉列表式组合框不会发出该消息
CBN_EDITUPDATE	在编辑框准备显示改变了的文本时发送该消息。下拉列表式组合框不会发出该消息
CBN_ERRSPACE	组合框无法申请足够的内存来容纳列表项
CBN_SELENDCANCEL	表明用户的选择应该取消。当用户在列表框中选择了一项,然后又在组合框控件外单击鼠标时就会导致该消息的发送
CBN_SELENDOK	用户选择了一项,然后按了回车键或单击了下滚箭头。该消息表明用户确认了自己所作的选择
CBN_KILLFOCUS	组合框失去了输入焦点
CBN_SELCHANGE	用户通过点击或移动箭头键改变了列表的选择
CBN_SETFOCUS	组合框获得了输入焦点

MFC 的 CComboBox 类封装了组合框。CComboBox 的成员函数 Create 负责创建组合框,该函数的说明如下:

BOOL Create(DWORD dwStyle, const RECT& rect, CWnd * pParentWnd, UINT nID);

参数 dwStyle 指定了组合框控件的风格,如表 3-12 所示,dwStyle 可以是这些风格的组合。rect 说明的是列表框组件下拉后组合框的位置和尺寸。pParentWnd 指向父窗口,该参数不能为 NULL。nID 则说明了控件的 ID。如果创建成功,该函数返回 TRUE,否则返回 FALSE。

表 3-12 组合框的风格

控件风格	含义
CBS_AUTOHSCROLL	使编辑框组件具有水平滚动的风格
CBS_DROPDOWN	指定一个下拉式组合框
CBS_DROPDOWNLIST	指定一个下拉列表式组合框
CBS_HASSTRINGS	指定一个含有字符串的自绘式组合框
CBS_OEMCONVERT	使编辑框组件中的文本可以在 ANSI 字符集和 OEM 字符集之间相互转换。这在编辑框中包含文件名时是很有用
CBS_OWNERDRAWFIXED	指定自绘式组合框,即由父窗口负责绘制列表框的内容,并且列表项有相同的高度
CBS_OWNERDRAWVARIABLE	指定自绘式组合框,并且列表项有不同的高度
CBS_SIIMPLE	指定一个简易式组合框
CBS_SORT	自动对列表框组件中的项进行排序
CBS_DISABLENOSCROLL	使列表框在不需要滚动时显示一个禁止的垂直滚动条
CBS_NOINTEGRALHEIGHT	组合框的尺寸由应用程序而不是 Windows 指定。通常,由 Windows 指定尺寸会使列表项的某些部分隐藏起来

CBS_SIMPLE、CBS_DROPDOWN 和 CBS_DROPDOWNLIST 分别用来将组合框指定为简易式、下拉式和下拉列表式。

对于用对话框模板编辑器创建的组合框控件,可以在控件的属性对话框中指定上表中列出的控件风格。例如,在属性对话框中选择 Dropdown,相当于指定了 CBS_DROPDOWN。

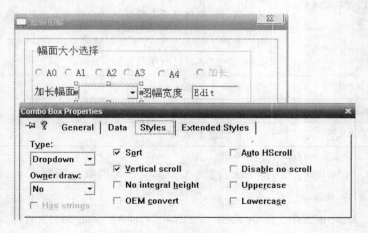

图 3-18 组合框属性对话框

CComboBox 类的成员函数较多。其中常用的函数可分为两类，分别针对编辑框组件和列表框组件。针对编辑框组件的主要成员函数如表 3-13 所示。该表的前三个函数实际上是 CWnd 类的成员函数，可用来查询和设置编辑框组件。

表 3-13 针对编辑框组件的 CComboBox 成员函数

成员函数名	对应的 CEdit 成员函数	与 CEdit 成员函数的不同之处
CWnd::GetWindowText	CWnd::GetWindowText	无
CWnd::SetWindowText	CWnd::SetWindowText	无
CWnd::GetWindowTextLength	CWnd::GetWindowTextLength	无
GetEditSel	GetSel 的第一个版本	仅函数名不同
SetEditSel	SetSel 的第二个版本	函数名不同，且无 bNoScroll 参数
Clear	Clear	无
Copy	Copy	无
Cut	Cut	无
Paste	Paste	无

与 CListBox 的成员函数类似，针对列表框组件的 CComboBox 成员函数也可以分为三类。表 3-14 列出了用于插入和删除列表项的成员函数，表 3-15 列出了用于搜索、查询和设置列表框的成员函数，与列表项的选择有关的成员函数在表 3-16 中列出。

表 3-14 用于插入和删除列表项的 CComboBox 成员函数

成员函数名	对应的 CListBox 成员函数	与 CListBox 成员函数的不同之处
AddString	AddString	无
InsertString	InsertString	无
DeleteString	DeleteString	无
ResetContent	ResetContent	无
Dir	Dir	无

表 3-15 用于搜索、查询和设置列表框的的 CComboBox 成员函数

成员函数名	对应的 CListBox 成员函数	与 CListBox 成员函数的不同之处
GetCount	GetCount	无
FindString	FindString	无
GetLBText	GetText	仅函数名不同
GetLBTextLen	GetTextLen	仅函数名不同

(续表)

成员函数名	对应的 CListBox 成员函数	与 CListBox 成员函数的不同之处
GetItemData	GetItemData	无
SetItemData	SetItemData	无
GetTopIndex	GetTopIndex	无
SetTopIndex	SetTopIndex	无

表 3-16 与列表项的选择有关的 CComboBox 成员函数

成员函数名	对应的 CListBox 成员函数	与 CListBox 成员函数的不同之处
GetCurSel	GetCurSel	无
SetCurSel	SetCurSel	新选的列表项的内容会被拷贝到编辑框组件中
SelectString	SelectString	新选的列表项的内容会被拷贝到编辑框组件中

例如在初始化中,需要在组合框中先存放要显示的一系列选项。可以使用下列代码:

```
// TODO: Add extra initialization here
m_huitubili.InsertString(0,"1:1");
m_huitubili.InsertString(1,"1:1.5");
m_huitubili.InsertString(2,"1:2");
m_huitubili.InsertString(3,"1:2.5");
m_huitubili.SetCurSel(0);
```

m_huitubili 为组合框的变量。m_huitubili.SetCurSel(0)则表示默认显示的第一项。效果如图 3-19 所示。

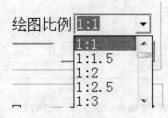

图 3-19 组合框中显示的效果

第 4 章 ObjectARX 基础

4.1 为什么要用 ObjectARX

AutoCAD 是由美国 AutoDesk 公司开发的通用计算机辅助绘图设计系统,是世界上最为流行的通用 CAD 平台。AutoCAD 的强大生命力在于它的通用性、多工业标准和开放的体系结构。但是不同的行业标准和参数化设计使得各领域在使用 AutoCAD 的过程中均需根据自身特点进行定制或开发。AutoCAD 为用户提供了一个强有力的二次开发环境。目前 AutoCAD 主要支持的二次开发工具有 AutoLISP/VisualLISP、ADS、VBA、ObjectARX 和 C♯,表 4-1 为前四种工具的性能特点比较。

表 4-1 AutoCAD 四种开发工具的性能特点比较

AutoCAD 二次开发方法	开发语言	对 AutoCAD 的控制能力	程序可读性	使用难易度	系统着重点
AutoLISP/VisualLISP	AutoLISP/VisualLISP	一般	较差	易	交互性
ADS	C 语言	较深入	较好	难	综合性
VB/VBA	Visual Basic	一般	好	较易	易用性
ObjectARX	C++	最深入	较好	较难	智能性

ARX(实时运行扩展)是美国 Autodesk 公司继 AutoLISP、ADS 之后的第三代开发工具,它是一个真正面向对象的,面向迅速普及的 32 位 Windows 操作系统的强有力的 AutoCAD 二次开发工具。ARX 环境下的开发技术代表了以 PC 为硬件平台的 CAD 应用软件最先进的开发技术。在 ObjectARX 环境下开发的程序称为 ARX 应用程序(ARX application)。ARX 应用程序不再是一个独立的进程,而是一个 DLL(动态连接库),它共享 AutoCAD 的地址空间,能够直接利用 AutoCAD 的内核代码,直接访问 AutoCAD 的数据库,图形系统及几何造型核心,在运行期间实时扩展 AutoCAD 具有的类及其功能,建立于 AutoCAD 本身的固有命令操作方式相同的新命令。

目前,第一代的 AutoLISP 已能被第三代的 VLISP 完全替代,第二代的 ADS 在 AutoCAD 2000 中已不再受到支持,所以,第三代开发工具将成为今后 AutoCAD 二次开发的必然选择。ObjectARX 作为 AutoCAD 系统的第三代程序开发工具同早期的 ADS、AutoLISP 以及现在的 VBA、VLISP 相比有着无可比拟的优越性,主要表现在:

(1) 全面支持面向对象的C++编程,能充分利用C++编程方法的一切优点。

(2) ObjectARX 应用程序本身就是一个动态链接库,它共享 AutoCAD 的地址空间,并可通过多种方式调用 AutoCAD 命令和函数,应用程序中的命令和 AutoCAD 的内部命令在形式上没有什么区别。

(3) ObjectARX 应用程序可以直接访问 AutoCAD 的内部数据库结构和图形系统。可以这样说,凡是能在 AutoCAD 编辑环境下的动作,在应用程序中都可实现;在 AutoCAD 编辑环境下不能实现的行为,也可以用应用程序实现。

(4) 利用 ObjectARX,可以充分利用 MFC 的网络编程功能,支持异地协作设计。

(5) 移植性好,由 VC 开发的 ARX 可以移植到 Think3 等软件上去。

(6) 由于共享 AutoCAD 内存地址空间,速度快,可以满足分形理论仿真等速度要求高的情况。

但同时,ARX 程序也有它自身的缺点:

(1) 在稳定性方面,由于 ARX 应用程序共享 AutoCAD 的地址空间,所以其一旦失败,AutoCAD 进程也随着崩溃。

(2) 在技术难度方面,由于 ARX 依赖于 C++语言,它必须经过严格的控制、编译、链接才能生成应用程序。

综上所述,虽然 ARX 编程难度大,但它的功能速度最好,同时又提供了许多便于开发的特征和功能。因此,我们选择了 ARX 作为 AutoCAD 平台上的二次开发工具。

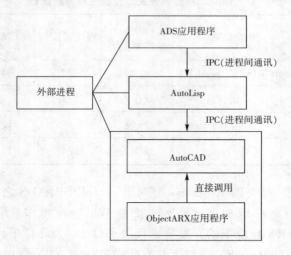

图 4-1 开发工具与 AutoCAD 之间的关系

4.2 ObjectARX 程序设计环境

ObjectARX 程序设计环境为程序员使用、用户化和扩充 AutoCAD 提供了一个面向对象的 C++应用程序开发接口。ObjectARX 库包含一系列多功能工具,应用程序开发者利用 AutoCAD 的开放式体系结构,直接访问 AutoCAD 的数据库结构和图形系统,定义本地命令。另外,这些库与 VisualLISP 和其他应用程序设计界面相联结,开发者可以选择程序设计工具,以更好的满足其需要。

4.2.1 ObjectARX 开发包

ObjectARX 开发包包含的文件包括:

(1) arxlabs:包含了 ObjectARX 的教程,和对应的示例文件。

(2) classmap:包含一个 DWG 图形,其中显示了 ObjectARX 类层次的结构。

(3) docs:包含所有的联机帮助文件。

(4) docsamps:包含在《ObjectARX 开发者向导》(在 docs 文件夹中,为英文的资料)中所提到的源代码和说明文件。

(5) inc:包含 ObjectARX 的头文件。

(6) lib:包含 ObjectARX 的库文件。

(7) redistrib:包含一些动态链接库(DLL),其中一些可能是运行 ObjectARX 应用程序所必需的。

(8) samples:包含了许多 ObjectARX 应用程序的例子,更详细的介绍见附录三。

(9) utils:包含扩展 ObjectARX 的应用程序,例如用于边界表示的 brep 程序。

4.2.2 ObjectARX 功能

使用 ObjectARX 可以完成下列任务:

(1) 访问 AutoCAD 数据库

AutoCAD 图形实质上是存储在图形数据库中对象的集合,包括实体(点、线、面、体尺寸、文本)和非实体对象(图层、线型、各种视图等)。ObjectARX 提供的类和函数可以直接访问这些对象(在 AutoCAD 环境或其他环境),另外,根据实际需要还可以在应用程序中创建各种数据库对象。

(2) 与 AutoCAD 编辑器进行交互

ObjectARX 提供了与 AutoCAD 编辑器通信的类和成员函数,ObjectARX 应用程序可以向 AutoCAD 注册自定义命令,这些命令的运行方式将和 AutoCAD 内部命令一样,应用程序可以接受和回应发生在 AutoCAD 内的各种事件。

(3) 使用 MFC 创建用户界面

ObjectARX 应用程序在编译时可以链接 MFC 类库,使用 VC 中的各种控件,从而可以在 AutoCAD 中使用标准的 Windows 用户界面。

(4) 支持多文档接口

ObjectARX 应用程序可以支持 AutoCAD 的多文档接口。

(5) 自定义用户类

可以用 ObjectARX 类库中的各种类作为基类,创建用户自定义类。

(6) 创建复杂的应用程序

ObjectARX 应用程序可以完成接受事件通告、进行事务处理、进行深层克隆复制、引用编辑、协议扩充和代理对象支持。

(7) 与其他编程接口通信

ObjectARX 应用程序可以和其他的编辑接口如 Visual Lisp、ActiveX、COM 等进行通信,另外,还可以通过 Internet 和其他对象进行通信。

4.3 ObjectARX 应用程序

4.3.1 ObjectARX 应用程序框架

AutoCAD 提供了 ARX 应用程序的最新软件开发工具 ObjectARX SDK for AutoCAD。在此开发环境下对 AutoCAD 进行二次开发,必须使用 Microsoft Visual C++6.0 编译器(32 位)。

在 Microsoft Visual C++中,一个最小的标准 ARX 应用程序项目包括如下文件:C++应用程序头文件 *.H,项目定义文件 *.DEF,C++应用程序文件 *.CPP 和 ARX 库文件(ACAD.LIB,ACEDAPI.LIB 和 RXAPI.LIB)。其应用程序框架如图 4-2 示。

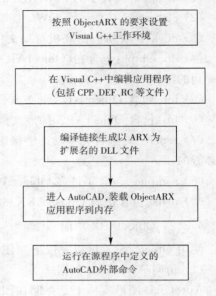

图 4-2 ObjectARX 应用过程

(1) C++应用程序头文件 *.H

在应用程序头文件中,通常应根据程序要求将必须的和常用的链接库函数的头文件包括在应用程序中,例如:

```
#include <stdlib.h>
#include <rxdefs.h>
#include <adesk.h>
……
```

(2) 项目定义文件 *.DEF

在一般情况下,ARX 程序项目的定义文件 *.DEF 是不变的,其基本形式如下:

```
LIBRARY "objectarx_program_name.arx"   //ARX 程序名称
EXPORTS   //输出函数名
acrxEntryPoint PRIVATE
acrxGetApiVersion PRIVATE
```

(3) C++应用程序文件 *.CPP

C++应用原程序必须按照面向对象的 Windows 编程思想和格式来编写,在此不再多述,可参考有关书籍。

(4) ARX 库文件

ARX 开发环境主要提供了 3 个库文件,即 ACAD.LIB、ACEDAPI.LIB 和 RXAPI.LIB。用户在开发 ARX 应用程序过程中要特别注意引用这些库文件。例如 ACED 库可提供一组类,用于定义和注册新的 AutoCAD 命令,这些命令和 AutoCAD 的内部命令作用方式完全相同。

4.3.2 ObjectARX 应用程序的创建

在 AutoCAD 环境下开发 ObjectARX 应用程序,需要 Visual C++6.0 编译环境和

ObjectARX SDK 的支持,应用 Visual C++6.0 的集成开发环境和 ObjectARX 应用程序向导,能够轻松,方便地创建具有 Windows 风格的 CAD 应用程序。

为了方便 ObjectARX 开发人员,Autodesk 公司提供了 ObjectARX 应用程序向导 ObjectARX Wizard。ObjectARX SDK for AutoCAD 的 Wizard 是为 Visual C++6.0 定做的,而且集成到 Visual C++6.0 的编程环境之中,应用 ObjectARX 应用程序向导,可使开发人员避免直接进行"设置编译器选项"、"设置连接选项"、"添加 C++源文件"、"添加建立 ObjectARX 程序的框架代码"、"创建 DEF 文件"等繁杂的步骤,只需很简单的几步,就可以完成 ObjectARX 程序框架。在下面所述的创建应用程序框架的步骤中,可看出 ObjectARX 应用程序向导给开发人员带来的方便。

1. 嵌入工具的安装与配置

(1) 运行 WizardSetup.exe,将应用程序向导安装到 Miscrosoft VisualStdio 6.0 中;

(2) 在 Visual C++集成开发环境中,按以下顺序打开工具条:

Tools→Customize→Add-ins and Marcro Files→ObjectARX Add-In→Close

ObjectARX 嵌入工具(ObjectARX add.In)是与 ObjectARX 应用程序向导配合使用的。在 Visual C++6.0 安装 ObjectARX add.In 后就会出现如图 4-3 所示的工具条。

图 4-3 ObjectARX 嵌入工具条

ObjectARX 嵌入工具条提供了很多功能,如选择 ObjectARX 包含文件、定义新的 AutoCAD 命令、选择入口点消息、创建新的自定义类、ObjectARX MFC 支持、ObjectARX 在线帮助等。应用 ObjectARX 嵌入工具可减轻开发人员的编程工作量。

2. 利用 ObjectARX 应用程序向导建立 ObjectARX 应用程序

(1) 在 VC++应用向导界面 Project 下选择 ObjectARX AppWizard 项。

(2) Project Type 选择 ObjectARX(AutoCAD extension),Additional Libraries 选择 MFC Extension DLL(using shared MFC DLL)并将 USE MFC Extension for AutoCAD 选中。

(3) 点击完成建立工程。

使用 ObjectARX 工程向导,可以自动将 ARX 程序需要的类库与头文件添加进来,免去了手工设置。同时在程序中将 DLL 入口函数 DllMain()和 ARX 应用程序入口函数 acrxEntrypoint(),初始化函数 initapplication(),卸载函数 unloadapplication()自动添加进来,用户可以不必修改,而只添加自己定义的函数就能开发出来完善的 ARX 应用程序。当然,在 VC++6.0 中对 ARX 库文件和包含文件的路径进行设置是程序编译通过的前提,这样建立的应用程序可以保证能够在 AutoCAD 中正常加载运行。

3. 资源管理

当设计的 ObjectARX 应用程序使用与 AutoCAD 或其他应用程序共享的 MFC 库时,考虑其资源管理是一个需要注意的问题,因此 ObjectARX 提供了两个简单的 C++类以使资源方便化。CacExtensionModule 类可以保存一个 AFX_EXTENSION_MODULE 数据结构而且追踪 DLL 资源的提供者。而 Cac Module Resource Over-DLL 类对象可以实现在资源提供者之间切换,即当一个类对象被构造生成时,将会切换到一个新的资源提供者,在对象被析构时,先前保存的资源提供者将被重置。

4.3.3 一个完整的 ObjectARX 程序

下面我们以一个例子来说明一个 ARX 程序。

1. 包含的主要文件

test.def:模块定义文件;

test.cpp:主程序文件;

rxdebuge.CPP:与调试相关的文件;

stdafx.cpp:包含 stdafx.h 的文件;

test.rc:资源文件;

testcommcommands.cpp:包含命令函数的文件。

2. 包含的类

(1) 数据管理模板类 AsdkDataManager

```
#ifndef _ADSKDMGR_H_
#define _ADSKDMGR_H_ 1
#include "acdocman.h"
#if defined(_DEBUG) && (defined (_AFXDLL) || ! defined (_WINDLL))
#define _DMGR_DEBUG_WAS_DEFINED
#undef _DEBUG
#define NDEBUG
#endif
#include <map>
#ifdef _DMGR_DEBUG_WAS_DEFINED
#undef NDEBUG
#define _DEBUG
#undef _DEBUG_WAS_DEFINED
#endif
template <class T> class AsdkDataManager : public AcApDocManagerReactor
{
public:
    AsdkDataManager()    // 构造函数
    {
        acDocManager->addReactor(this);
    }
    ~AsdkDataManager()   // 析构函数
    {
        acDocManager->removeReactor(this);
    }
    virtual void documentToBeDestroyed( AcApDocument * pDoc )
    {
        m_dataMap.erase(pDoc);
```

```cpp
    }
    T& docData(AcApDocument * pDoc)
    {
        return m_dataMap[ pDoc ];
    }
    T& docData()
    {
        return docData(acDocManager->curDocument());
    }
private:
    std::map<AcApDocument *, T> m_dataMap;
};
#endif   /* _ADSKDMGR_H_ */
```

(2) 数据封装类 CDocData

```cpp
#if !defined(AFX_DOCDATA_H__4FF1C188_4F69_4D67_A414_88BA54980E6D__INCLUDED_)
#define AFX_DOCDATA_H__4FF1C188_4F69_4D67_A414_88BA54980E6D__INCLUDED_
#if _MSC_VER > 1000
#pragma once
#endif // _MSC_VER > 1000
class CDocData
{
public:
    CDocData();
    ~CDocData();
    // NOTE: DO NOT edit the following lines.
    //{{AFX_ARX_DATA(CDocData)
    //}}AFX_ARX_DATA
};
#endif
```

3. 全局函数

(1) ARX 入口点函数

入口点函数 acrxEntryPoint() 用一个 switch 结构来处理各种消息。最基本的消息就是 AcRx::kInitAppMsg 和 AcRx::kUnloadAppMsg，前者在应用程序加载时发生，后者则是应用程序卸载时发生。入口点函数的实现代码为：

```cpp
extern "C" AcRx::AppRetCode acrxEntryPoint(AcRx::AppMsgCode msg, void * pkt)
{
    switch (msg) {
    case AcRx::kInitAppMsg:
        // Comment out the following line if your
        // application should be locked into memory
        acrxDynamicLinker->unlockApplication(pkt);
```

```
            acrxDynamicLinker->registerAppMDIAware(pkt);
            InitApplication();
            break;
        case AcRx::kUnloadAppMsg:
            UnloadApplication();
            break;
    }
    return AcRx::kRetOK;
}
```

(2) 注册 ARX 命令函数

```
void AddCommand(const char * cmdGroup, const char * cmdInt, const char * cmdLoc,
                const int cmdFlags, const AcRxFunctionPtr cmdProc, const int idLocal)
{
    char cmdLocRes[65];
    if (idLocal != -1) {
        HMODULE hModule = GetModuleHandle("detest.arx");
        ::LoadString(hModule, idLocal, cmdLocRes, 64);
        acedRegCmds->addCommand(cmdGroup, cmdInt, cmdLocRes, cmdFlags, cmdProc);
    } else
        acedRegCmds->addCommand(cmdGroup, cmdInt, cmdLoc, cmdFlags, cmdProc);
}
```

ObjectARX 应用程序使用一个名为 AcEdCommandStack 的类(命令堆栈)来添加和删除命令,而 acedRegCmds 宏提供了一个指向 AcEdCommandStack 类的指针。AcEdCommandStack 类的 addCommand 函数用来向 AutoCAD 注册一个外部命令,而 removeGroup 函数用来删除已经存在的一个外部命令组。

addCommand 函数的定义形式为:

```
virtual Acad::ErrorStatus addCommand(
const char * cmdGroupName,     // 命令组名称
const char * cmdGlobalName,    // 命令的国际名称
const char * cmdLocalName,     // 命令的本国名称
Adesk::Int32 commandFlags,     // 命令的类型
AcRxFunctionPtr FunctionAddr,  // 指向实现函数的指针
AcEdUIContext * UIContext = NULL,//
int fcode = -1,   //
HINSTANCE hResourceHandle = NULL,//
AcEdCommand * * cmdPtrRet = NULL
) = 0;
```

(3) 添加直线函数

该函数是根据用户的需要追加上的,是 ARX 命令的执行体。

```
#include "StdAfx.h"
```

```cpp
#include "StdArx.h"
#include "dbents.h"
// This is command 'CREATELINE'
void dedydgroupcreateline()
{
    // TODO: Implement the command
// 在内存上创建一个新的 AcDbLine 对象
AcGePoint3d ptStart(0, 0, 0);
AcGePoint3d ptEnd(100, 100, 0);
AcDbLine * pLine = new AcDbLine(ptStart, ptEnd);
// 获得指向块表的指针
AcDbBlockTable * pBlockTable;
acdbHostApplicationServices()->workingDatabase()
    ->getBlockTable(pBlockTable, AcDb::kForRead);
// 获得指向特定的块表记录(模型空间)的指针
AcDbBlockTableRecord * pBlockTableRecord;
pBlockTable->getAt(ACDB_MODEL_SPACE, pBlockTableRecord,
AcDb::kForWrite);
// 将 AcDbLine 类的对象添加到块表记录中
AcDbObjectId lineId;
pBlockTableRecord->appendAcDbEntity(lineId, pLine);
// 关闭图形数据库的各种对象
pBlockTable->close();
pBlockTableRecord->close();
pLine->close();
}
```

(4) DLL 入口点函数

```cpp
extern "C"
BOOL WINAPI DllMain(HINSTANCE hInstance, DWORD dwReason, LPVOID /* lpReserved */)
{
    if (dwReason == DLL_PROCESS_ATTACH)
    {
        TestDLL.AttachInstance(hInstance);
        InitAcUiDLL();    // 初始化 DLL
    } else if (dwReason == DLL_PROCESS_DETACH) {
        TestDLL.DetachInstance();    // 在析构函数调用前终止库
    }
    return TRUE;    // ok
}
```

(5) 初始化应用,并注册命令

```cpp
void InitApplication()
```

```
{
    // NOTE: DO NOT edit the following lines.
    //{{AFX_ARX_INIT
    AddCommand("DEDYDGROUP", "CREATELINE", "CREATELINE", ACRX_CMD_TRANSPARENT | ACRX_CMD_USEPICKSET, dedydgroupcreateline);
    AddCommand("DEDYDGROUP", "CREATECIRCLE", "CREATECIRCLE", ACRX_CMD_TRANSPARENT | ACRX_CMD_USEPICKSET, dedydgroupcreatecircle);
    //}}AFX_ARX_INIT
    // TODO: add your initialization functions
}
```

(6)完成命令组的删除

```
void UnloadApplication()
{
    // NOTE: DO NOT edit the following lines.
    //{{AFX_ARX_EXIT
    acedRegCmds->removeGroup("DEDYDGROUP");
    //}}AFX_ARX_EXIT
    // TODO: clean up your application
}
```

4.3.4 ARX应用程序的执行过程

当ARX应用程序编译完成后,便可在AutoCAD中调用。AutoCAD要求每个ARX动态链接库都必须支持ARX环境定义的接口规范。这个接口规范可保证由ARX模块定义的命令及其类能够加入到AutoCAD内核中。ARX应用程序执行的流程如下:

(1) AutoCAD用户或程序发出调用ARX模块命令,AutoCAD将ARX模块的DLL文件调入内存。

(2) AutoCAD通知Windows执行ARX DLL的入口函数,ARX DLL将自定义类添加到AutoCAD运行时的类树上,然后注册登记ARX服务和ARX命令。AutoCAD将ARX DLL注册的命令组和命令添加到命令栈中,并替换掉指定的命令。

(3)当AutoCAD执行ARX命令时,AutoCAD直接在本地命令栈中查找已经注册的ARX命令,并直接通过ARX回调函数执行命令代码。而且在ARX执行标准的ARX类及其成员函数时,ARX命令处理函数将直接在AutoCAD动态运行类树中去查找。

(4)当AutoCAD终止ARX模块时,ARX回调函数执行相应的终止代码以完成自身的清理。

4.3.5 ARX应用程序的调用

生成ARX应用程序后,在AutoCAD中可用以下几种方法调用ARX应用程序:

(1)在AutoCAD命令行输入ARX命令,可直接调用ARX应用程序。
(2)选择Tools/LoadApplications菜单调用ARX程序。
(3)在ADS程序中使用ads-arxload()函数调用ARX应用程序。
(4)在AutoLISP中使用xload命令调用ARX应用程序。

(5) 在初始模块文件 acad.rx 中指定应用程序,该文件是一个文本文件。格式如下:

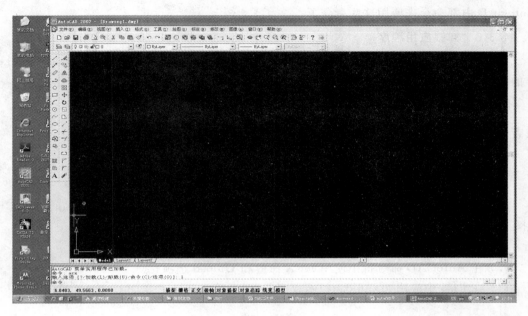

图 4-4 应用程序加载过程

下面以第(1)种方法演示加载过程:

(1) 第一步输入 ARX 命令,选中选项 L,如图 4-4 所示;
(2) 选中要加载的程序,如图 4-5 所示;

图 4-5 选择要加载的程序

(3) 如果加载成功,再执行 ARX 命令,查看可以调用的命令,接下来你就可以象使用 AutoCAD 内部命令来使用这些命令了。

4.3.6 卸载应用程序

在缺省的情况下,应用程序处于锁定状态,不能卸载。首先使用 AcRxDynamicLinker 类的解锁函数:

virtual bool unlockApplication(void * appId) const = 0;

或者全局函数:

Bool acrxUnlockApplication(void * pkt);

当应用程序处于解锁状态后,就可通过以下方法卸载:
(1) 通过 AcRxDynamicLinker::unloadModule(const char * fileName,bool asCmd = false)在一个应用程序中卸载另外的应用程序;
(2) 在应用程序中使用 acedArxUnload()函数;
(3) 在 AutoCAD 命令行中使用 ARX 命令和 Unload 选项;
(4) 在 Lisp 中应用 arxunload()函数。

4.4 访问 AutoCAD 的全局函数

4.4.1 查询及命令

本节讨论访问 AutoCAD 的命令及服务函数。
(1) acedCommamd()函数
这是最为常用的访问 AutoCAD 命令的函数:

int acedCommand(int rtype, ...);

该函数具有长度可变参数,参数表中的参数一般要成对出现,第一个参数表示类型,第二个表示要传递的参数,参数表中最后一个参数为 0 或 RTNONE。另外,该函数可调用的命令也是有限的。

下面的程序演示了该命令的使用:

```
int docmd()
{
    ads_point p1;
    ads_real rad;
    if (acedCommand(RTSTR, "circle", RTSTR, "0,0", RTSTR,
        "3,3", 0)! = RTNORM)    // 画圆
        return BAD;
    if (acedCommand(RTSTR, "setvar", RTSTR, "thickness",
        RTSHORT, 1, 0)! = RTNORM) // 设置厚度
        return BAD;
    p1[X] = 1.0; p1[Y] = 1.0; p1[Z] = 3.0;
```

```
        rad = 4.5;
        if (acedCommand(RTSTR, "circle", RT3DPOINT, p1, RTREAL,
            rad, 0) ! = RTNORM)       // 画圆
                return BAD;
            return GOOD;
}
```

(2) AcedCmd 函数

函数 acedCmd() 与 acedCommand() 使用功能上是等价的,但它所传递的是结果缓冲区表,当参数复杂时使用更方便。下面的代码完成重画功能:

```
struct resbuf * cmdlist;
cmdlist = acutBuildList(RTSTR, "redraw", 0);
if (cmdlist == NULL) {
    acdbFail("Couldn't create list\n");
    return BAD;
}
acedCmd(cmdlist);
acutRelRb(cmdlist);
```

(3) 用户输入的暂停

在执行 acedCmd() 与 acedCommand() 函数时,通过传递参数 PAUSE,则可将执行的命令将暂停并等待用户的输入。

```
result = acedCommand(RTSTR, "Zoom", RTSTR, PAUSE, RTNONE);   // 执行 Zoom 命令时等待用户输入选项
result = acedCommand(RTSTR, "circle", RTSTR, "5,5",  RTSTR, PAUSE, RTSTR, "line", RTSTR, "5,5", RTSTR,  "7,5", RTSTR, "", 0); // 画圆时等待用户输入半径
```

(4) 传递拾取点给 AutoCAD 命令

对有些命令,如 TRIM, EXTEND, 和 FILLET,需要用户为命令指定一个拾取点或实体本身,为了通过函数 acedCommand 传递这样的点或实体,用户可将这些数据放在结果码 RLLB 和 RTLE 之间。下面的程序演示了该方法的应用:

```
ads_point p1;
ads_name first, last;
acedCommand(RTSTR, "Circle", RTSTR, "5,5", RTSTR, "2", 0);
acedCommand(RTSTR, "Line", RTSTR, "1,5", RTSTR, "8,5", RTSTR, "", 0);
acdbEntNext(NULL, first);      // Get circle.
acdbEntLast(last);      // Get line.
// Set pick point.
p1[X] = 2.0;
p1[Y] = 5.0;
p1[Z] = 0.0;
acedCommand(RTSTR, "Trim", RTENAME, first, RTSTR, "",  RTLB, RTENAME, last, RTPOINT, p1, RTLE,     RTSTR, "", 0);
```

(5) 系统变量的的查询与设置

在 ARX 应用程序中，可通过 acedGetVar() 和 acedSetVar() 来查询和设置系统变量。在查询与设置系统变量时需要设置结果缓冲区。下面的代码用来保证 FILLET 命令中使用的圆半径大于等于 1。

```
struct resbuf rb, rb1;
acedGetVar("FILLETRAD", &rb);
rb1.restype = RTREAL;
rb1.resval.rreal = 1.0;
if (rb.resval.rreal < 1.0)
    if (acedSetVar("FILLETRAD", &rb1) ! = RTNORM)
        return BAD; // Setvar failed.
```

如果用户访问的是字符串类型，则必须调用 free 函数来释放空间：

```
acedGetVar("TEXTSTYLE", &rb);
if (rb.resval.rstring ! = NULL)
    // Release memory acquired for string.
    free(rb.resval.rstring);
```

(6) 文件名搜索函数

函数 acedFindFile() 用来搜索指定名字的文件，该函数能够按照指定的路径进行搜索，也可按照当前 AutoCAD 库的路径进行搜寻。下面的代码演示了该函数的应用方法：

```
char * refname = "refc.dwg";
char fullpath[100];
.
.
.
if (acedFindFile(refname, fullpath) ! = RTNORM) { acutPrintf("Could not find file %s.\n", refname);
    return BAD;
```

另外，还可通过对话框函数 acedGetFileD() 提示用户输入文件名，下面的程序演示了该函数的应用方法：

```
struct resbuf * result;
int rc, flags;
if (result = acutNewRb(RTSTR) == NULL) {
    acdbFail("Unable to allocate buffer\n");
    return BAD;
}
result->resval.rstring=NULL;
flags = 2; // Disable the "Type it" button.
rc = acedGetFileD("Get ObjectARX Application", // Title
    "/home/work/ref/myapp",    // Default pathname
```

```
       NULL,  // The default extension: NULL means "*".
       flags, // The control flags
       result); // The path selected by the user.
if (rc == RTNORM)
       rc = acedArxLoad(result->resval.rstring);
```

(7) 目标捕捉函数

函数 acedOsnap() 可以按照某种方式捕捉到下一个点。

```
acedOsnap(pt1, "midp", pt2);  // 用来寻找接近 pt1 的某个线段中点
acedOsnap(pt1, "midp,endp,center", pt2);  //用来寻找接近 pt1 的某个线段中点、端点或圆弧的圆心
```

其他如视区操作函数(acedVports())、几何类辅助函数(acutDistance()、acutAngle()、acutPolar()、acdbInters())、文本窗口函数(acedTextBox())就不再介绍了，读者在需要时可参考在线帮助文件。

4.4.2 用户输入

(1) 用户输入类函数

用户输入类函数如表 4-2 所示。

表 4-2 用户输入类函数

函 数 名	含 义
acedGetInt	获取整数值
acedGetReal	获取实数值
acedGetDist	计算距离
acedGetAngle	获取一个角度值
acedGetOrient	获取一个角度
acedGetPoint	获取一个点
acedGetCorner	获取矩形的一个角
acedGetKword	获取一个关键字
acedGetString	获取一个字符串

(2) 对用户输入函数的控制

函数 acedInitGet() 有两个参数：val 和 kwl，参数 val 用于指定一个或多个控制位，用来确定其后的输入函数 acedGetxxx() 的某些输入值是否有效。参数 kwl 用来指定某些关键字，在其后调用函数 acedGetxxx()、acedEntSel()、acedNEntSelP()、acedNEntSel()，or acedDragGen() 的过程中，这些关键字是可以识别的。下面的程序演示了如何用函数 acedInitGet 来建立对函数 acedGetInt 的控制。

```
int age;
acedInitGet(RSG_NONULL | RSG_NOZERO | RSG_NONEG, NULL);
acedGetInt("How old are you ", &age);
```

而下面的程序则允许任意输入,程序不做输错检查:

```
int age, rc;
char userstring[511];
acedInitGet(RSG_NONULL | RSG_NOZERO | RSG_NONEG | RSG_OTHER,
    "Mine Yours");
if ((rc = acedGetInt("How old are you ", &age))
    == RTKWORD)
// Keyword or arbitrary input
    acedGetInput(userstring);
}
```

(3) 动态拖动函数

函数 acedDragGen() 使用户通过拖动一组选中的实体集对图形进行修改,下面的程序演示了该函数的使用。

```
int rc;
ads_name ssname;
ads_point return_pt;
// 提示用户生成一个选择集
if (acedSSGet(NULL, NULL, NULL, NULL, ssname) == RTNORM)
// 新选择的实体
    rc = acedDragGen(ssname,
        "Drag selected objects", // 提示文字
        0, // Display normal cursor (crosshairs)
        dragsample, // 转换函数
        return_pt); // 设置指定的位置
```

(4) 用户中断函数

用户输入类函数 acedCommand()、acedCmd()、acedEntSel()、acedNEntSelP()、acedNEntSel()、acedDragGen()、和 acedSSGet() 运行时如果用户按了 ESC,则函数将返回 RTCAN。

ObjectARX 提供了一个函数 acedUsrBrk() 来检查用户是否按了 ESC。下面的程序演示了该函数的应用:

```
int test()
{
    int i;
    while (! acedUsrBrk()) {
        acedGetInt("\nInput integer:", &i);


    }
}
```

4.4.3 类型转换

(1) 字符串转换

函数 acdbRToS() 和 acdbAngToS() 用来将使用的数值(实数与角度)转换成字符串。下面的例子演示了 acdbRToS() 的应用：

```
ads_real x = 17.5;
char fmtval[12];
//Precision is the 3rd argument: 4 places in the first
// call, 2 places in the others.
acdbRToS(x, 1, 4, fmtval); // Mode 1 = scientific
acutPrintf("Value formatted as %s\n", fmtval);
acdbRToS(x, 2, 2, fmtval); // Mode 2 = decimal
acutPrintf("Value formatted as %s\n", fmtval);
acdbRToS(x, 3, 2, fmtval); // Mode 3 = engineering
acutPrintf("Value formatted as %s\n", fmtval);
acdbRToS(x, 4, 2, fmtval); // Mode 4 = architectural
acutPrintf("Value formatted as %s\n", fmtval);
acdbRToS(x, 5, 2, fmtval); // Mode 5 = fractional
acutPrintf("Value formatted as %s\n", fmtval);
```

而下面的代码则演示了 acdbAngToS() 的应用：

```
ads_real ang = 3.14159;
char fmtval[12];
// Precision is the 3rd argument: 0 places in the first
// call, 4 places in the next 3, 2 in the last.
acdbAngToS(ang, 0, 0, fmtval); // Mode 0 = degrees
acutPrintf("Angle formatted as %s\n", fmtval);
acdbAngToS(ang, 1, 4, fmtval); // Mode 1 = deg/min/sec
acutPrintf("Angle formatted as %s\n", fmtval);
acdbAngToS(ang, 2, 4, fmtval); // Mode 2 = grads
acutPrintf("Angle formatted as %s\n", fmtval);
acdbAngToS(ang, 3, 4, fmtval); // Mode 3 = radians
acutPrintf("Angle formatted as %s\n", fmtval);
acdbAngToS(ang, 4, 2, fmtval); // Mode 4 = surveyor's
acutPrintf("Angle formatted as %s\n", fmtval);
```

函数 acdbAngToF() 与函数 acdbAngToS() 功能正好相反。

(2) 量纲单位转换函数

Acad.unit 文件中定义了一些量纲单位转换关系，在 ObjectARX 中函数 acutCvUnit() 将一种单位的数值转换成另一种单位的数值。下面的程序则是将用户指定的距离转换成以米为单位：

```
ads_real eng_len, metric_len;
char *prmpt = "Select a distance: ";
```

```
if (acedGetDist(NULL, prmpt, &eng_len) ! = RTNORM)
    return BAD;
acutCvUnit(eng_len, "inches", "meters", &metric_len);
```

(3) 字符处理函数

ObjectARX 提供了一组字符处理函数,可以和 VC 中提供的字符串类处理配合使用。表 4-3 列出了这组函数及其功能。

表 4-3 字符处理函数

函 数 名	含 义
acutIsAlpha	验证字符是否为字母
acutIsUpper	验证字符是否为大写
acutIsLower	验证字符是否为小写
acutIsDigit	验证字符是否为数字
acutIsXDigit	验证字符是否为十六进制
acutIsSpace	验证字符是否空格
acutIsPunct	验证字符是否为标点
acutIsAlNum	验证字符是否数字或字母
acutIsPrint	验证字符是否为可打印字符
acutIsGraph	验证字符是否为图形字符
acutIsCntrl	验证字符是否为控制字符
acutToUpper	把字符转换成大写
acutToLower	把字符转换成小写

(4) 坐标变换函数

函数 acedTrans() 用于将一个点值或位移向量从一个坐标系转换到另一个坐标系中。

```
acedTrans(pt, &fromrb, &torb, FALSE, result);
```

参数 pt 可以表示三维空间中的一个点,也可以表示一个三维向量,两个坐标系的参数 fromrb 和 torb 都指向某个结果缓冲区,参数 fromrb 指定 pt 的参照坐标系,参数 torb 指定 result 的参照坐标系,参数 result 用于返回转换的点或向量的值。

参数 fromrb 和 torb 可按下面的方式指定坐标系:一个整形码(restype = = RT-SHORT)指定 WCS、当前 UCS 或当前 DCS;一个实体名(restype = = RTENAME),由实体名或由选择集函数返回,它指定该命名实体的 ECS;一个 3D 拉伸矢量(restype = = RT3DPOINT),用以指定实体的 ECS。下面的程序代码是将当前点从 WCS 转换到当前的 UCS 中。

```
ads_point pt, result;
struct resbuf fromrb, torb;
pt[X] = 1.0;
```

```
pt[Y] = 2.0;
pt[Z] = 3.0;
fromrb.restype = RTSHORT;
fromrb.resval.rint = 0; // WCS
torb.restype = RTSHORT;
torb.resval.rint = 1; // UCS
// disp == 0 indicates that pt is a point.
acedTrans(pt, &fromrb, &torb, FALSE, result);
```

第 5 章 ObjectARX 类库

理解 AutoCAD 的 ObjectARX 类库模型是对其进行编程的基础,AutoCAD 原始的各项功能也是在 ObjectARX 类库基础上编程实现的,所以快速掌握这些类的特点,对提高 ObjectARX 二次开发技术具有非常重要的意义。

ObjectARX 是一个 C++动态链接库,它主要包含以下一些类:

AcRx:用于绑定应用程序及运行时类的注册和标识的类。

AcEd:注册本地 AutoCAD 命令和 AutoCAD 事件通知的类。

AcDb:AutoCAD 数据库类。

AcGi:显示 AutoCAD 实体的图形类。

AcGe:公用线性代数学和几何学对象应用类。

ADSRX:用于创建 AutoCAD 应用程序的 C 语言库,ObjectARX 应用程序用这个库来实现实体选择、选择集操作和获取数据。

5.1 AcRx 库

5.1.1 概述

AcRx 库提供了一些系统级类,用于 DLL 的初始化和链接及运行时类的注册和标识。该库的基类是 AcRxObject,它提供如下功能:

(1) 对象运行时类标识和继承分析。

(2) 运行时向既有类添加新协议。

(3) 对象的比较测试。

(4) 对象复制。

AcRx 库还提供了一套 C++宏,帮助我们创建派生于 AcRxObject 的新 ObjectARX 类。

AcRxDictionary 是该库中另一个重要的类,词典是从一个文本字符串到另一个对象的一个映射。AcRx 库将其对象、类和服务词典放在一个全局对象词典中,全局对象词典是一个 AcRxDictionary 类的实例。应用程序可以向全局对象词典添加对象,所以其他应用程序可以访问这些实体。

AcRxObject 的每个子类都有一个相关的类描述者对象(AcRxClass 类型),用于运行时类型的标识。ObjectARX 提供了许多函数,可以测试一个对象是特殊类还是派生类,确定两个对象是否是系统的类,并返回给定类的类描述者对象。

AcRx 库类层次结构如图 5-1 所示。

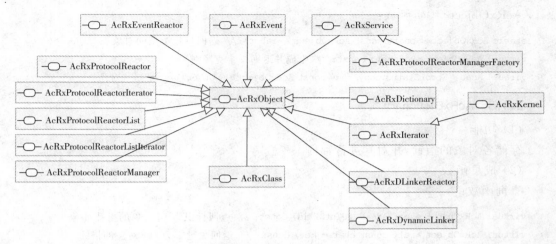

图 5-1 AcRx 类

AcRxService 类：该类在 ARX 应用程序内部使用，通过它可以获取 RAX 应用程序的内部代码，通过宏 acrxServiceDictionary 可以获取指向 AcRxService 的对象指针。如：

AcRxService::cast(acrxServiceDictionary->at(serviceName));

AcRxEvent 类：在 ARX 应用程序中为事件管理通知反应器。

AcRxIterator 类：AcRx 库中几个迭代器的抽象基类。

AcRxDynamicLinker 类：在 ObjectARX 应用程序中只有一个全局唯一对象。

AcRxProtocolReactor 类：所有协议迭代器的基类。

AcRxProtocolReactorList 类：AcRxProtocolReactor 对象的集合。

AcRxProtocolReactorManager 类：管理 AcRxProtocolReactorList 对象集合。

AcRxProtocolReactorManagerFactory 类：包含与 AcRxClass 类相关 AcRxProtocolReactorManager 的工厂类。

5.1.2 AcRxObject 类

（1）功能

用于对象运行时的类标识和继承分析。

（2）成员函数

AcRxObject 对象生成函数：

Protected: AcRxObject(); //缺省的构造函数

AcRxObject 对象查询函数：

virtual AcRx::Ordering comparedTo(const AcRxObject * pOther) const; //比较

static AcRxClass * desc(); //返回一个指向 AcRxClass 的指针

virtual AcRxClass * isA() const; //返回一个指向 AcRxClass 的指针

virtual Adesk::Boolean isEqualTo(const AcRxObject * pOther) const; // 比较

bool isKindOf(const AcRxClass * pClass) const; // 判定一个类

AcRxObject * queryX(AcRxClass * protocolClass) const; // 查询一个协议扩展对象

AcRxObject * x(AcRxClass * protocolClass) const; // 查询一个协议扩展对象

AcRxObject 编辑函数:

static AcRxObject* cast(const AcRxObject* inPtr);// 返回指定类型的对象
virtual AcRxObject* clone() const;// 生成并返回一个克隆对象
virtual Acad::ErrorStatus copyFrom(const AcRxObject* pOther);// 复制一对象

5.1.3 AcRxDictionary 类

（1）功能

存储各对象的指针，并对其进行管理。

（2）成员函数

查询函数：

virtual AcRxObject* at(Adesk::UInt32 id) const; // 返回标识为 id 对象的指针
virtual AcRxObject* at(const char* key) const; // 返回关键字为 key 对象的指针
virtual Adesk::Boolean deletesObjects() const; // 判定一个对象在词典中是否被删除
virtual Adesk::Boolean has(Adesk::UInt32 id) const; // 判定词典中是否存在标识为 id 的对象
virtual Adesk::Boolean has(const char* key) const; //判定词典中是否存在关键字为 key 的对象
virtual Adesk::UInt32 idAt(const char* key) const;// 返回关键字为 key 对象的 id
virtual Adesk::Boolean isCaseSensitive() const; //   判定是否大小写敏感
virtual Adesk::Boolean sSorted() const; // 判定词典是否排序
virtual const char* keyAt(Adesk::UInt32 id) const; // 返回标识为 id 对象的关键字 key
virtual AcRxDictionaryIterator* newIterator(AcRx::DictIterType type = AcRx::kDictSorted);
          // 生成一个词典的浏览器对象
virtual Adesk::UInt32 numEntries() const; // 返回词典中对象的个数

编辑函数：

virtual Adesk::Boolean atKeyAndIdPut(const char* newKey, Adesk::UInt32 id, AcRxObject* pObject);
        // 向词典中追加一个关键字为 newKey 标识号为 id 的对象
AcRxObject* atPut(const char* key, AcRxObject* pObject);
// 向词典中追加一个关键字为 key 的对象
virtual AcRxObject* atPut(const char* key, AcRxObject* pObject, Adesk::UInt32& retId);
// 向词典中追加关键字为 key 的对象,并返回该对象的标识 retId
virtual AcRxObject* atPut(Adesk::UInt32 id, AcRxObject* pObject);
        // 向词典中追加一个标识为 id 的对象
virtual AcRxObject* remove(Adesk::UInt32 id); // 从词典中删除一个标识为 id 的对象
virtual AcRxObject* remove(const char* key); // 从词典中删除一个关键字为 key 的对象
virtual Adesk::Boolean resetKey(Adesk::UInt32 id, const char* newKey);
        // 给词典中的对象重新设置新的关键字
virtual Adesk::Boolean resetKey(const char* oldKey, const char* newKey);
        //给词典中的对象重新设置新的关键字

5.1.4 AcadAppInfo 类

（1）功能

用来管理应用对象（程序）信息。

（2）成员函数

构造函数：

AcadAppInfo::AcadAppInfo

查询函数：

const char * appDesc();// 返回一个应用对象描述字符串
bool appImplements(const char * command);// 查找一个命令组或命令
const char * appName();// 返回指向应用名称的指针
AcadApp::LoadReasons loadReason();// 返回应用对象加载的原因
const char * moduleName();// 返回一个指向应用程序模块名的指针
const char * regPath();// 返回一个应用程序路径
int rootAppKey();// 返回系统注册的索引数
AcadApp::ErrorStatus status();// 返回出错状态

编辑函数：

void setAppDesc(const char * description);// 设置应用程序描述信息
void setAppLoader(LoaderFunPtr loader);// 设置加载者的请求信息
void setAppName(const char * appName);// 设置应用名称
void setLoadReason(AcadApp::LoadReasons reasons);// 设置应用对象加载原因
void setModuleName(const char * moduleName);// 设置应用程序模块名
void setRegPath(const char * regPath);// 设置注册路径
void setRootAppKey(int index);// 设置系统注册的索引数

系统注册函数

AcadApp::ErrorStatus writeToRegistry(bool bDwgU = false);// 注册
AcadApp::ErrorStatus readFromRegistry();// 从注册表中读取应用程序信息
AcadApp::ErrorStatus delFromRegistry(bool bDwgU = false);//从注册表中删除应用程序信息

5.1.5 AcRxDynamicLinker

（1）功能

通过名称获得注册服务的地址；装载并初始化 ObjectARX 应用程序；装载并初始化 ObjectARX 程序模块；注册服务；卸载 ObjectARX 应用程序；增加或删除通知反应器。

（2）成员函数

查询函数：

virtual void * getSymbolAddress(const char * serviceName,const char * symbol) const = 0;// 返回代码地址
virtual const char * ProductKey() const = 0;// 返回产品注册树根的路径
virtual Adesk::UInt32 ProductLcid() const = 0;// 返回产品的局部标识锁定和加载函数：
virtual bool initListedModules(const char * fileName) = 0;// 对加载的多个应用程序名进行初

始化

    virtual bool isApplicationLocked(const char * modulename) const = 0; // 判定加载的应用程序是否被锁定

    virtual bool loadApp(const char * appName, AcadApp::LoadReasons al,
        bool printit, bool asCmd = false) = 0; // 加载一应用程序

    virtual bool loadModule(const char * fileName, bool printit, bool asCmd = false) = 0;//加载应用程序

    virtual bool lockApplication(void * appId) const = 0; // 锁定应用程序

    virtual AcRxObject * registerService(char * serviceName, AcRxService * serviceObj) = 0 // 注册一个服务

    virtual bool unloadApp(const char * appName, bool asCmd = false) = 0; // 卸载应用程序

    virtual bool unloadModule(const char * fileName, bool asCmd = false) = 0; // 卸载应用程序

    virtual bool unlockApplication(void * appId) const = 0; // 对一个应用程序解锁多文档函数：

    virtual bool isAppMDIAware(const char * modulename) const =0;

    // 判定一个应用程序可否在 MDI 环境下运行；

    virtual bool registerAppMDIAware(void * appId) const =0; // 将应用程序注册成 MDI 级

    virtual bool registerAppNotMDIAware(void * appId) const =0; // 将应用程序注册成 SDI 级

    通知函数：

    virtual void addReactor(AcRxDLinkerReactor * pReactor) = 0; // 追加一个浏览器对象

    virtual void removeReactor(AcRxDLinkerReactor * pReactor) = 0; // 删除浏览器

    其他几个类由 AutoCAD 内部使用，有兴趣的读者可参考有关文献。

    下面是 AcRx 库解锁与卸载应用程序：

```
// ObjectARX 入口函数
extern "C" AcRx::AppRetCode acrxEntryPoint(AcRx::AppMsgCode msg, void * pkt)
{
    switch (msg) {
    case AcRx::kInitAppMsg:
        acrxDynamicLinker->unlockApplication(pkt);      // 解锁应用
        acrxDynamicLinker->registerAppMDIAware(pkt);    // 注册
        InitApplication();   // 初始化应用
        break;
    case AcRx::kUnloadAppMsg:
        UnloadApplication();    // 卸载应用
        break;
    }
    return AcRx::kRetOK;
}
```

5.2 AcEd 库

5.2.1 概述

AcEd 库提供了定义和注册新的 AutoCAD 命令的类,新命令的操作性能与 AutoCAD 内部命令是完全一样的。我们定义的新命令被当作本地命令是因为它们与 AutoCAD 内部命令具有相同的内部结构(AcEdCommandStack)。AcEd 库还提供编辑器反应器和一套与 AutoCAD 通信的全局函数。该库中一个重要的类是 AcEditorReactor,它监视 AutoCAD 编辑器的状态,并当指定事件发生时(如开始、终止和删除命令)通知应用程序。

AcEd 库类层次结构如图 5-2 所示。

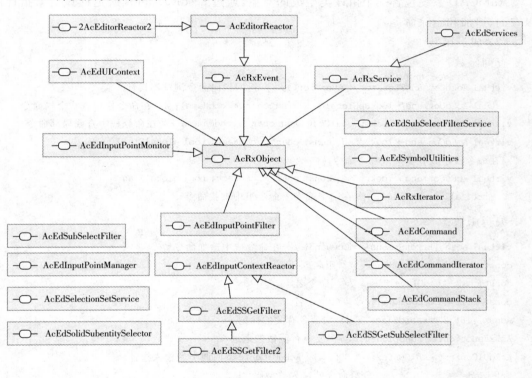

图 5-2 AcEd 类

5.2.2 AcEdCommand

(1) 功能

指出和命令相关的信息,它包含了命令的标志、命令开始后所执行函数的地址、命令的全局和局部名等信息。

(2) 成员函数

查询函数:

virtual void * commandApp() const; //Arx 系统内部使用
virtual Adesk::Int32 commandFlags() const;// 返回在追加命令时所使用的标记
virtual AcRxFunctionPtr functionAddr() const; // 返回命令函数的地址

```
virtual void functionAddr(AcRxFunctionPtr fhdl);// 返回命令执行函数的地址
virtual const char * globalName() const;// 返回该命令使用时的全局名称
virtual const char * localName() const;// 返回该命令使用时的局部名称
virtual const HINSTANCE resourceHandle() const; // 返回和命令相关联资源的句柄
virtual AcEdUIContext * UIContext() const; // 返回指向 AcEdUIContext 对象的指针
```

编辑函数：

```
virtual void commandUndef(bool undefIt); // 取消对一个命令的定义
```

5.2.3 AcEdCommandStack

（1）功能

AutoCAD 系统包含一个由该类生成的对象，通过 acedRegCmds 宏返回该对象指针可以查询、追加和删除命令。

（2）成员函数

查询函数：

```
virtual AcEdCommandIterator * iterator(); // 返回指向命令浏览器指针
virtual AcEdCommand * lookupGlobalCmd(const char * cmdName); // 在命令栈中查找全局命令
virtual AcEdCommand * lookupLocalCmd(const char * cmdName); // 在命令栈中查找局部命令
virtual AcEdCommand * lookupCmd( const char * cmdName, bool globalFlag);
//在命令栈中查找全局或局部命令
virtual AcEdCommand * lookupCmd( const char * cmdName, bool globalFlag,
    bool allGroupsFlag); // 在一个或多个命令组中查找命令
```

编辑函数：

```
virtual Acad::ErrorStatus addCommand( // 在命令栈中追加命令
const char * cmdGroupName,    // 组名
const char * cmdGlobalName,   // 命令名
const char * cmdLocalName,    // 命令名
Adesk::Int32 commandFlags,    // 与命令有关的标记
AcRxFunctionPtr functionAddr, // 要执行函数的地址
AcEdUIContext * UIContext = NULL, // AcEdUIContext 回调类的输入指针
int fcode = -1        // 分给命令的输入整型码
HINSTANCE hResourceHandle = NULL, // 输入资源句柄
AcEdCommand * * cmdPtrRet = NULL) = 0; // 指向 AcEdCommand 对象的地址
virtual Acad::ErrorStatus popGroupToTop( const char * cmdGroupName); // 将一个命令组放到命令栈顶部
virtual Acad::ErrorStatus removeCmd(const char * cmdGroupName, const char * cmdGlobalName);
// 从命令组中删除一个命令
   virtual Acad::ErrorStatus removeGroup( const char * cmdGroupName); // 删除一个命令组
```

5.2.4 AcEdUiContext

（1）功能

给 AutoCAD 追加快捷菜单。

(2) 成员函数

```
virtual void * getMenuContext(const AcRxClass * class, const AcDbObjectIdArray& array) = 0;
// 获取快捷菜单句柄
virtual void OnUpdateMenu(); // 修改菜单
virtual void onCommand(Adesk::UInt32 idx) = 0; // 执行菜单中的某一命令
```

5.2.5 AcEdJig

(1) 功能：给用户自定义类提供一个基类，从该类派生的定制类可以使用 Jig 特性。当用户设置实体参数时，Jig 提供图形表现与用户交互的功能。例如当用户绘制一个矩形时，在用户移动鼠标给定参数时，AutoCAD 将给出矩形的临时图形以供用户参考。

(2) 成员函数

处理函数：

```
AcDbObjectId append(); // 向模型空间或图纸空间追加一实体，并返回该实体的 id
DragStatus drag(); // 拖动一个实体
void setDispPrompt( const char * dispPrompt,...); // 设置提示符
void setKeywordList( const char * keywordList); // 设置关键字列表
void setSpecialCursorType(CursorType curType); // 设置光标类型
void setUserInputControls( AcEdJig::UserInputControls uic); // 设置用户输入控制
```

用户输入函数：

```
DragStatus acquireAngle( double& ang); // 获取角度
DragStatus acquireAngle(double& ang, const AcGePoint3d& bp); // 获取角度
DragStatus acquireDist(double& dist); // 获取距离
DragStatus acquireDist(double& dist, const AcGePoint3d& bp); // 获取距离
DragStatus acquirePoint( AcGePoint3d& pt); // 获取一个点
DragStatus acquirePoint( AcGePoint3d& pt, const AcGePoint3d& bp); // 获取点
DragStatus acquireString(char * str); // 获取一字符串
```

查询函数：

```
const char * dispPrompt(); // 返回提示字符
const char * keywordList(); // 返回关键字列表
AcEdJig::CursorType specialCursorType(); // 返回光标类型
AcEdJig::UserInputControls userInputControls(); // 返回用户输入控制
```

加载函数：

```
virtual DragStatus sampler(); // 返回拖动后实体的状态
virtual Adesk::Boolean update(); // 返回实体是否被修改
virtual AcDbEntity * entity() const; // 返回实体的指针
```

5.2.6 AcEdInputPointFilter

提供一回调协议，用以定义"输入点通知和输入点过滤"机制。

5.2.7 AcEdInputPointMonitor

提供一回调协议，用以定义"输入点通知"机制。

下面是程序示例：

```
void InitApplication()//加载程序
{
    // NOTE: DO NOT edit the following lines.
    //{{AFX_ARX_INIT
acedRegCmds->addCommand("ARXROUGH","ROUGH","ROUGH", ACRX_CMD_TRANSPARENT | ACRX_CMD_USEPICKSET, arxroughrough);//注册命令
    acedRegCmds->addCommand("ARXLJBH","LJBH","LJBH", ACRX_CMD_TRANSPARENT | ACRX_CMD_USEPICKSET, arxljbhljbh);
    acedRegCmds->addCommand("ARXXWGC","XWGC","XWGC", ACRX_CMD_TRANSPARENT | ACRX_CMD_USEPICKSET, arxxwgcxwgc);
    //}}AFX_ARX_INIT

    // TODO: add your initialization functions

}

// Unload this application. Unregister all objects
// registered in InitApplication.
void UnloadApplication()//卸载程序
{
    // NOTE: DO NOT edit the following lines.
    //{{AFX_ARX_EXIT
    acedRegCmds->removeGroup("ARXROUGH");//卸载命令
    acedRegCmds->removeGroup("ARXLJBH");
    acedRegCmds->removeGroup("ARXXWGC");
    //}}AFX_ARX_EXIT

    // TODO: clean up your application
}
```

5.3　AcDb 库

AcDb 库提供了组成 AutoCAD 数据库的类。AutoCAD 数据库用于存储所有的图形对象和非图形对象；图形对象称为实体，组成 AutoCAD 图；非图形对象（如层、线型和字型）也是图形的一部分。我们可以使用 AcDb 库查询和管理既有的 AutoCAD 实体的实例和对象，并且可以创建新的数据库对象实例。

AutoCAD 数据库包含如下主要元素：

（1）9 个符号表，每个表都拥有唯一的命名符号表条目对象，这些对象表示各种常用的 AcDbDatabase 对象和数据成员。

（2）命名的对象词典（类 AcDbDictionary），提供 AutoCAD 图的目录表。

(3) 一套固定的环境变量,其值是由 AutoCAD 设置的。

关于 AcDb 库,将在第六章进行详细论述。

5.4 AcGi 库

5.4.1 概述

AcGi 库提供了用于绘制 AutoCAD 实体的图形界面,AcDbEntity 成员函数 worldDraw()、viewportDraw()和 saveAs(),及所有标准实体协议部件都使用 AcGi 库;worldDraw()函数必须由所有自定义实体类定义。AcGiWorldDraw 对象提供了一个 API,通过该 API AcDbEntity::worldDraw()可以在所有视区同时生成其图形表示;同样 AcGiWiewportDraw 对象也提供了一个 API,通过该 API AcDbEntity::viewportDraw()函数可以在每个视区生成不同的表达图形。

AcGi 库类层次结构如图 5-3 所示。

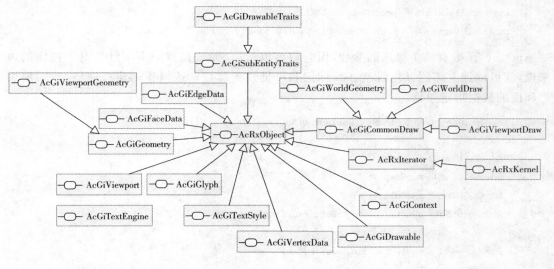

图 5-3　AcGi 类

5.4.2　AcGiEdgeData

用以管理网格和壳图形元素中的边信息。

主要编辑函数(查询函数类似):

```
virtual void setColors( const short * pColors); // 设置边的颜色
virtual void setLayers(const AcDbObjectId * pLayers); // 设置每个边所在的层
virtual void setLineTypes(const AcDbObjectId * pLinetypes); // 设置每个边的线型
virtual void setSelectionMarkers(const Adesk::Int32 * pSelectionMarkers); // 设置边选择标志
virtual void setVisibility( const Adesk::UInt8 * pVisibility); // 设置边的可见性
```

5.4.3　AcGiFaceData

用以管理网格和壳图形元素中的面信息。

```
virtual void setColors( const short * pColors); // 设置面的颜色
```

```
virtual void setLayers(const AcDbObjectId* pLayers); // 设置每个面所在的层
virtual AcGeVector3d* normals() const; // 设置面的法向量
virtual void setSelectionMarkers(const Adesk::Int32* pSelectionMarkers); // 设置面选择标志
virtual void setVisibility( const Adesk::UInt8* pVisibility); // 设置面的可见性
```

下面是一个网格生成的例子,在该例程中要用到的 AcGiEdgeData、AcGiFaceData、AcGePoint3d、AcGiVertexData 等对象。

网格的几何定义为数行和数列加上一系列以行列顺序排列的顶点。

```
virtual Adesk::Boolean
AcGiWorldGeometry::mesh(
    const Adesk::UInt32 rows,
    const Adesk::UInt32 columns,
    const AcGePoint3d*  pVertexList,
    const AcGiEdgeData* pEdgeData = NULL,
    const AcGiFaceData* pFaceData = NULL,
    const AcGiVertexData* pVertexData = NULL) const = 0;
```

mesh()函数有三个可选的参数,用它们可以给边、面或顶点加上属性。对于网格的边来说,就可以加上颜色、层、线型、GS 标记和可见性等属性。该例程创建一网格,然后使用边和面的数据指定颜色。

```
Adesk::Boolean  AsdkMeshSamp::worldDraw(AcGiWorldDraw* pW)
{
    Adesk::UInt32 i, j, k;
    Adesk::UInt32 numRows = 4;
    Adesk::UInt32 numCols = 4;
    AcGePoint3d* pVerts = new AcGePoint3d[numRows * numCols]; // 定义若干3d点

    for (k = 0, i = 0; i < numRows; i++){
        for (j = 0; j < numCols; j++, k++){
            pVerts[k].x = (double)j;
            pVerts[k].y = (double)i;
            pVerts[k].z = 0.;
        }
    }

    // 给网格中的每个边构造以颜色数组
    AcGiEdgeData edgeInfo;
    Adesk::UInt32 numRowEdges = numRows * (numCols - 1);
    Adesk::UInt32 numColEdges = (numRows - 1) * numCols;
    Adesk::UInt32 numEdges = numRowEdges + numColEdges;
    short* pEdgeColorArray = new short[numEdges];

    for (i = 0; i < numEdges; i++){
```

```cpp
            pEdgeColorArray[i] =
                i < numRowEdges ? kCyan : kGreen;
    }
    edgeInfo.setColors(pEdgeColorArray);
        // 设置不同面的颜色
        Adesk::UInt32 numFaces = (numRows - 1)
            * (numCols - 1);
        Adesk::UInt8 * pFaceVisArray =
            new Adesk::UInt8[numFaces];
        short * pFaceColorArray = new short[numFaces];
        AcGiFaceData faceInfo;
        faceInfo.setVisibility(pFaceVisArray);

        for (i = 0; i < numFaces; i++) {
            pFaceVisArray[i] =
                i ? kAcGiVisible : kAcGiInvisible;
            pFaceColorArray[i] = (short)(i + 1);
        }
    faceInfo.setColors(pFaceColorArray);
        // 输出网格作为面.
        pW->subEntityTraits().setFillType(kAcGiFillAlways);
        pW->geometry().mesh(numRows, numCols, pVerts, NULL,
            &faceInfo);
        //   在面上输出网格作为边

        pW->subEntityTraits().setFillType(kAcGiFillNever);
        pW->geometry().mesh(numRows, numCols, pVerts,  &edgeInfo);

        delete [] pVerts;
        delete [] pEdgeColorArray;
        delete [] pFaceColorArray;
        delete [] pFaceVisArray;

        return Adesk::kTrue;
}
```

利用 AcGiEdgeData 和 AcGiFaceData 类就可以设置边或面的可见性。边和表面的可见性类型值 AcGiVisibility,可取下列值之一:

- kAcGiInvisible
- kAcGiVisible
- kAcGiSilhouette

接下来我们再以壳为例,说明 AcGiEdgeData 和 AcGiFaceData 类的应用。壳的定义由一个顶点数和一系列顶点值、一个面数和一系列面的列表组成。其中,面的列表包含所给面上的点数和该面上每个顶点列表中的索引号。壳的声明如下:

```
virtual Adesk::Boolean
AcGiWorldGeometry::shell(
    const Adesk::UInt32      nbVertex,        // 顶点数
    const AcGePoint3d *      pVertexList,     // 顶点表
    const Adesk::UInt32      faceListSize,    // 面数
    const Adesk::Int32 *     pFaceList,       // 面表
    const AcGiEdgeData *     pEdgeData = NULL,    // 边数据
    const AcGiFaceData *     pFaceData = NULL,    // 面数据
    const AcGiVertexData *   pVertexData = NULL   // 顶点数据
    const struct resbuf *    pResBuf = NULL) const = 0;
```

该例给壳的边和面赋予颜色属性数据,给边赋予可见性属性。

```
Adesk::Boolean AsdkShellSamp::worldDraw(AcGiWorldDraw * pW)
{
    // 以当前颜色填充面
    //
    pW->subEntityTraits().setFillType(kAcGiFillAlways);
    // 创建 4 个顶点
    //
    Adesk::UInt32 numVerts = 4;
    AcGePoint3d * pVerts = new AcGePoint3d[numVerts];
    pVerts[0] = AcGePoint3d(0.0, 0.0, 0.0);
    pVerts[1] = AcGePoint3d(0.0, 1.0, 0.0);
    pVerts[2] = AcGePoint3d(1.0, 1.0, 0.0);
    pVerts[3] = AcGePoint3d(1.0, 0.0, 2.0);
    // 创建 2 个面
    //
    Adesk::UInt32 faceListSize = 8;
    Adesk::Int32 * pFaceList = new Adesk::Int32[faceListSize];
    // 为第 1 个面指定 3 个顶点.
    //
    pFaceList[0] = 3;    // Three vertices in the face
    pFaceList[1] = 0;    // pVerts[0]
    pFaceList[2] = 1;    // pVerts[1]
    pFaceList[3] = 2;    // pVerts[2]
    //为第 2 个面指定 3 个顶点
    //
    pFaceList[4] = 3;    // Three vertices in the face
    pFaceList[5] = 0;    // pVerts[0]
    pFaceList[6] = 2;    // pVerts[2]
    pFaceList[7] = 3;    // pVerts[3]
```

```cpp
// 将颜色指定给边.
//
AcGiEdgeData edgeData;
int numEdges = 6;
short *pEdgeColorArray = new short[numEdges];
pEdgeColorArray[0] = kRed;
pEdgeColorArray[1] = kYellow;
pEdgeColorArray[2] = kGreen;
pEdgeColorArray[3] = kCyan;
pEdgeColorArray[4] = kBlue;
pEdgeColorArray[5] = kMagenta;
edgeData.setColors(pEdgeColorArray);

// 将可见性指定给边,并且使在 AutoCAD 变量 DISPSILH 为 1 的情况下,使用 HIDE 命令时两个面
// 之间的公用边具有轮廓可见属性
Adesk::UInt8 *pEdgeVisArray = new Adesk::UInt8[numEdges];
edgeData.setVisibility(pEdgeVisArray);
pEdgeVisArray[0] = kAcGiVisible;
pEdgeVisArray[1] = kAcGiVisible;
pEdgeVisArray[2] = kAcGiSilhouette;
pEdgeVisArray[3] = kAcGiSilhouette;
pEdgeVisArray[4] = kAcGiVisible;
pEdgeVisArray[5] = kAcGiVisible;


// 给面赋颜色.
//
AcGiFaceData faceData;
int numFaces = 2;
short *pFaceColorArray = new short[numFaces];
pFaceColorArray[0] = kBlue;
pFaceColorArray[1] = kRed;
faceData.setColors(pFaceColorArray);
pW->geometry().shell(numVerts, pVerts, faceListSize,
    pFaceList, &edgeData, &faceData);
delete [] pVerts;
delete [] pFaceList;
delete [] pEdgeColorArray;
delete [] pFaceColorArray;

return Adesk::kTrue;
}
```

5.4.4 AcGiTextStyle

用以设置显示文本的属性。

主要设置函数(查询函数类似)：

    virtual char loadStyleRec() const; // 装载一个字体
    virtual void setBackward(const Adesk::Boolean isBackward); // 设置文本的显示方向(向前/向后)
    virtual void setBigFontFileName(const char * bigFontFileName); // 设置大字体文件格式名称
    virtual void setFileName(const char * fontName); // 设置字体文件名称
    Acad::ErrorStatus setFont(const char * pTypeface, BOOL bold, BOOL italic, int charset, int pitchAndFamily);
// 设置字体
    virtual void setObliquingAngle(const double obliquingAngle); // 设置文本在弧度方向上的倾斜角度
    virtual void setOverlined(const Adesk::Boolean isOverlined); //在文本上是否显示划线
    virtual Acad::ErrorStatus setStyleName(const char * styleName); // 设置类型名称
    virtual void setTextSize(const double size); // 设置文本高度大小
    virtual void setTrackingPercent(const double trPercent); // 设置后续字符的跟踪比例
    virtual void setUnderlined(const Adesk::Boolean isUnderlined); // 设置是否显示文本的下划线
    virtual void setUpsideDown(const Adesk::Boolean isUpsideDown); // 设置是否颠倒文本显示
    virtual void setVertical(const Adesk::Boolean isVertical); // 设置文本是垂直/水平方向显示
    virtual void setXScale(const double xScale); // 设置文本在宽度方向的比例

我们用下面的例子来说明 AcGiTextStyle 类的使用。文字的法线和方向必须彼此正交。如果没有加载字体，就使用 AcGiTextStyle::loadStyleRec()函数加载它。该函数的返回值如下：

0x10　大字体文件已被其他文件(不是 FONTALT)打开。

0x08　文件已被其他文件(不是 FONTALT)打开。

0x04　不能加载大字体文件。

0x02　加载字体文件失败。

0x01　正在打开文件。

AcGiTextStyle::extents()函数返回通用坐标系下的文字边框的大小。下面的程序代码就是这些函数的运用。

```
Adesk::Boolean AsdkTextStyleSamp::worldDraw(AcGiWorldDraw * pW)
{
    AcGePoint3d pos(4.0, 4.0, 0.0);
    AcGeVector3d norm(0.0, 0.0, 1.0);
    AcGeVector3d dir(-1.0, -0.2, 0.0);
    char * pStr = "This is a percent, '%%%'.";
    int len = strlen(pStr);
    AcGiTextStyle style;
    AcGeVector3d vec = norm;
    vec = vec.crossProduct(dir);
    dir = vec.crossProduct(norm);
    style.setFileName("txt.shx");
```

```cpp
style.setBigFontFileName("");
int status;
if (! ((status = style.loadStyleRec()) & 1))
    pStr = "Font not found.";
pW->geometry().text(pos, norm, dir, pStr, len, Adesk::kFalse, style);
pos.y += 2.0;
style.setTrackingPercent(0.8);   // 设置字符间距
style.setObliquingAngle(0.5);
AcGePoint2d ext = style.extents(pStr, Adesk::kFalse, strlen(pStr), Adesk::kFalse);
pW->geometry().text(pos, norm, dir, pStr, len, Adesk::kFalse, style);

// 计算转换矩阵
//
AcGeMatrix3d textMat;
norm.normalize();
dir.normalize();
AcGeVector3d yAxis = norm;
yAxis = yAxis.crossProduct(dir);
yAxis.normalize();
textMat.setCoordSystem(AcGePoint3d(0.0, 0.0, 0.0), dir,
    yAxis, norm);
// 创建一个比文字边界稍大点的包围盒.
//
double offset = ext.y / 2.0;
AcGePoint3d verts[5];
verts[0] = verts[4] = AcGePoint3d(-offset, -offset, 0.0);
verts[1] = AcGePoint3d(ext.x + offset, -offset, 0.0);
verts[2] = AcGePoint3d(ext.x + offset, ext.y + offset, 0.0);
verts[3] = AcGePoint3d(-offset, ext.y + offset, 0.0);
// 变换包围盒

for (int i = 0; i < 5; i++) {
    verts[i].transformBy(textMat);
    verts[i].x += pos.x;
    verts[i].y += pos.y;
    verts[i].z += pos.z;
}
pW->geometry().polyline(5, verts);
return Adesk::kTrue;
}
```

5.4.5 其他类

(1) AcGiCommonDraw

AcGiViewportDraw 和 AcGiWorldDraw 类的基类,提供一些公共的查询函数。

(2) AcGiWorldDraw

提供在所有视区中生成一致图形的函数。

(3) AcGiViewportDraw

是一个容器类,可为不同的视口产生不同的几何图形。

(4) AcGiSubEntityTraits

用以设置图形元素的当前颜色、层数、线型、填充类型、图形系统的标记属性。

5.4.6 应用

以下是应用 AcGi 库实例,引自于 HELP 文件中的应用程序。

例:自定义实体实现

可以自定义一个数据库实体类。

重载其 worldDraw(AcGiWorldDraw * mode)函数如下:

```
{
  AcGeKnotVector cKnot;
  AcGeDoubleArray cWeight;
  AcGePoint3dArray ctrlPt;
  double knots[9]={0, 0, 0, 0, 0.5, 1.0, 1.0, 1.0, 1.0};
cKnot.setLogicalLength(9);
  cWeight.setLogicalLength(5);
  ctrlPt.setLogicalLength(5);
  cKnot.set(9, knots, 1.0e-3);
  cWeight[0]=1.0;
  cWeight[1]=2.0;
  cWeight[2]=1.0;
  cWeight[3]=1.0;
  cWeight[4]=1.0;
ctrlPt[0].set(0, 0, 0.0);
ctrlPt[1].set(50, 50, 0.0);
ctrlPt[2].set(100, 20, 0.0);
ctrlPt[3].set(150, 70, 0.0);
ctrlPt[4].set(200, 0, 0.0);
  AcGeNurbCurve3d * pConic = new AcGeNurbCurve3d(3, cKnot, ctrlPt, cWeight, false);
  double param, startParam, endParam, step;
  AcGePoint3dArray pVertex;
  startParam = pConic->startParam();
  endParam = pConic->endParam();
  step = (endParam-startParam)/50;
  for(param=startParam; (endParam-param)>-1e-3; param=param+step)
```

```
    {
        pVertex.append(pConic->evalPoint(param));
    }
    mode->geometry().polyline(pVertex.logicalLength(),pVertex.asArrayPtr());
//  mode->geometry().polyline(fitPt.logicalLength(),fitPt.asArrayPtr());
    mode->geometry().polyline(ctrlPt.logicalLength(),ctrlPt.asArrayPtr());
    return AcDbEntity::worldDraw(mode);
}
```

5.5 AcGe 库

5.5.1 概述

AcGe 库提供了一系列通用的实体类,比如点、曲线等。该库可以被 AcDb 调用。AcGe 包括两个主要子集:用于二维几何和三维几何对象的类。主要的抽象基本类是 AcGeEntity2d 和 AcGeEntity3d。包括 AcGePoint2d、AcGeVector2d 和 AcGeMatrix2d 在内的一些基类,它们不是从任何其他类派生来的;这些基类可以用于完成多种一般性操作,如在一个点上添加一个矢量、计算两个向量的点乘或积和计算两个矩阵的积。该库的高级类是通过这些基类来实现的。主要类库和它们的作用如下:

5.5.2 直线和平面类

AcGeLine2d　　2d 空间中无边界直线。

AcGeLineSeg2d　　2d 空间中的有边界直线。

AcGeRay2d　　2d 空间中的射线。

AcGeLine3d　　3d 空间中无边界直线。

AcGeLineSeg3d　　3d 空间中的有边界直线。

AcGeRay3d　　3d 空间中的射线。

AcGePlane　　3d 空间中无边界平面。

AcGeBoundedPlanet　　有边界的参数化平面。

下面是一些经常用到的直线和平面类函数操作的例子,演示了如何用直线的平面类的函数进行一些基本的线性代数操作。

直线的缺省构造函数所生成的直线在 X 坐标轴上,平面的缺省构造函数所生成的平面在 XY 平面上:

```
AcGePoint3d     p1(2.0,5.0,-7.5), p2;
AcGeLine3d      line1(p1,v1), line2;
AcGePlane       plane1(p1,v1), plane2;
```

其中直线 line1 沿 v1 方向通过点 p1,平面 plane1 通过点 p1 且法线方向为 v1。

下面这些函数返回直线或平面的一些定义数据:

```
p1 = line1.pointOnLine();    // 返回直线上的任意点
v1 = line1.direction();      // 返回直线的方向矢量
```

```
p1 = plane1.pointOnPlane();  // 返回平面上的任意一点
v1 = plane1.normal();        // 返回平面的法线矢量
```

下面这两个函数分别返回的是直线上和平面上最靠近点 p1 的点：

```
p2 = line1.closestPointTo(p1);
p2 = plane1.closestPointTo(p1);
```

下面这两个函数返回的是点到直线和点到平面之间的距离：

```
double len = line1.distanceTo(p1);
len = plane1.distanceTo(p1);
```

下面是几个 if 语句的应用：

```
if (line1.isOn(p1))       // 测试点 P1 是否在直线 line1 上
if (plane1.isOn(p1))      // 测试点 P1 是否在平面 plane1 上
if (line1.isOn(plane1))   // 测试直线 line1 是否在平面 plane1 上


if (line1.isParallelTo(line2))        // 测试两直线是否平行
if (line1.isParallelTo(plane1))       // 测试直线与平面是否平行
if (line1.isPerpendicularTo(line2))   // 测试两直线是否垂直
if (line1.isPerpendicularTo(plane1))  // 测试直线与平面是否垂直
if (line1.isColinearTo(line2))        // 测试两直线是否重合
if (plane1.isParallelTo(plane2))      // 测试两平面是否平行
if (plane1.isPerpendicularTo(plane2)) // 测试两平面是否垂直
if (plane1.isCoplanarTo(plane2))      // 测试两平面是否重合

if (line1.intersectWith(line2,p1))     // 返回直线与直线的交点
if (line1.intersectWith(plane1,p1))    // 返回直线与平面的交点
if (plane1.intersectWith(plane2,line1))// 返回平面与平面的交线
```

5.5.3 曲线类

所谓曲线就是用带一个自变量的函数将实线从相应区间上映射到二维或三维模型空间中。曲线类主要有：

AcGeCurve2d　　2d 曲线基类。
AcGeCircArc2d　　2d 空间中的圆和圆弧类。
AcGeCompositeCurve2d　　2d 空间组合曲线类。
AcGeEllipArc2d　　2d 空间中的椭圆和椭圆弧类。
AcGeExternalCurve2d　　2d 空间中的外部曲线类。
AcGeOffsetCurve2d　　2d 空间曲线的偏移实例类。
AcGeCurveCurveInt2d　　2d 空间中的曲线求交类。
AcGeSplineEnt2d　　2d 空间中的样条实体类。
AcGeCubicSplineCurve2d　　2d 空间中插补式立体样条曲线类。
AcGeNurbCurve2d　　2d 空间中非均匀有理 B 样条曲线类。

AcGePolyline2d   2d 空间中分段式线型样条实体。
AcGeCurve3d   3d 曲线基类。
AcGeCircArc3d   3d 空间中的圆和圆弧类。
AcGeCompositeCurve3d   3d 空间组合曲线类。
AcGeEllipArc3d   3d 空间中的椭圆和椭圆弧类。
AcGeExternalCurve3d   3d 空间中的外部曲线类。
AcGeOffsetCurve3d   3d 空间曲线的偏移实例类。
AcGeCurveCurveInt3d   3d 空间中的曲线求交类。
AcGeCubicSplineCurve3d   3d 空间中插补式立体样条曲线类。
AcGeNurbCurve3d   3d 空间中非均匀有理 B 样条曲线类。
AcGePolyline3d   3d 空间中分段式线型样条实体。

曲线具有的特性包括方向、周期、闭合性、平面性和长度。下面函数的应用就和这些特性相关：

AcGeCurve2d::reverseParam()   // 使曲线方向反向
Adesk::Boolean AcGeCurve2d::isPeriodic(double& period) const;   // 检测曲线的周期性
Adesk::Boolean AcGeCurve3d::isPeriodic(double& period) const;   // 检测曲线的周期性

Adesk::BooleanAcGeCurve2d::isClosed(
 const AcGeTol& tol = AcGeContext::gTol) const;   // 判定曲线是否封闭
Adesk::Boolean AcGeCurve3d::isClosed(
const AcGeTol& tol = AcGeContext::gTol) const;   // 判定曲线是否封闭

Adesk::Boolean AcGeCurve3d::isPlanar(
    AcGePlane& plane,
    const AcGeTol& tol = AcGeContext::gTol) const;   // 判定 3D 曲线是否在一个平面上

double AcGeCurve2d::length(
    double fromParam,
    double toParam,
    double tol = AcGeContext::gTol.equalPoint()) const;   // 获得曲线上两个参数之间所对应曲线段的长度
double AcGeCurve3d::length(
    double fromParam,
    double toParam,
    double tol = AcGeContext::gTol.equalPoint()) const;   // 获得曲线上两个参数之间所对应曲线段的长度

5.5.4 曲面类

曲面的方向部分地确定了它的计算法线矢量。参数化曲面有两个参数 u 和 v，每个代表位于该曲面上的参数直线方向，如果得到某个点上 u 和 v 的切线矢量，通过差乘，就得到一个法线矢量，它就是该点上所对应的曲面法线方向。曲面相关类有：

AcGeSurface　参数曲面的基类。
AcGeCone　锥面类。
AcGeCylinder　圆柱面类。
AcGeExternalBoundedSurface　定义在几何库外面的有边界表面类。
AcGeExternalSurface　定义在几何库外面的无边界表面类。
AcGeNurbSurface　非均匀有理B样条曲面类。
AcGeOffsetSurface　偏移曲面类。
AcGePlanarEnt　所有平面类的基类。
AcGeBoundedPlanet　有边界的参数化曲面类。
AcGePlane　无边界的参数化曲面类。
AcGeSphere　球曲面类。
AcGeTorus　圆环曲面类。

下面的函数和程序段是这些类的应用：

```
AcGeSurface&
AcGeSurface::reverseNormal();    // 使曲面的方向取反


Adesk::Boolean
AcGeSurface::isNormalReversed() const;    // 判定曲面的方向与它的自然方向
```

下面的例子创建一个圆，并将它投影到 XY 平面上，然后检查投影到 XY 平面上的实体类型：

```
AcGePlane      plane;    // Constructs XY-plane.
AcGePoint3d    p1(2,3,5);
AcGeVector3d   v1(1,1,1);
AcGeCircArc3d  circ (p1, v1, 2.0);
AcGeEntity3d   * projectedEntity = circ.project(plane,v1);
if (projectedEntity->type() == AcGe::kEllipArc3d)
    ...
else if (projectedEntity->type() == AcGe::kCircArc3d)
    ...
else if (projectedEntity->type() == AcGe::kLineSeg3d)
    ...
```

下面这个例子创建一个 NURBS 曲线，并寻找该曲线上最靠近点 p1 的点：

```
AcGeKnotVector       knots;
AcGePoint3dArray     cntrlPnts,
AcGePointOnCurve3d   pntOnCrv;
AcGePoint3d          p1(1,3,2);
knots.append (0.0);
knots.append (0.0);
knots.append (0.0);
```

```
knots.append (0.0);
knots.append (1.0);
knots.append (1.0);
knots.append (1.0);
knots.append (1.0);
cntrlPnts.append (AcGePoint3d(0,0,0));
cntrlPnts.append (AcGePoint3d(1,1,0));
cntrlPnts.append (AcGePoint3d(2,1,0));
cntrlPnts.append (AcGePoint3d(3,0,0));
AcGeNurbCurve3d      nurb (3, knots, cntrlPnts);
nurb.getClosestPointTo(p1,pntOnCrv);
p2 = pntOnCrv.point();
double param = pntOnCrv.parameter();
```

5.5.5 专用求值类

专用求值类主要有：

AcGePointEnt2d   2d 点类的基类。

AcGePointOnCurve2d   计算 2d 参数化曲线上点的值。

AcGePosition2d   计算 2d 空间中点的位置。

AcGePointEnt3d   3d 点类的基类。

AcGePointOnCurve3d   计算 3d 参数化曲线上点的值。

AcGePointOnSurface   计算曲面上的点。

AcGePosition3d   计算 3d 空间中点的位置。

AcGeMatrix2d   表示二维空间的转换矩阵。

AcGeMatrix3d   表示三维空间的转换矩阵。

AcGeVector2dArray   使用 AcArray 类模板的模板类。

AcGeVector3d   表示三维空间中的一个向量。

AcGeVector3dArray   使用 AcArray 类模板的模板类。

为了高效地使用曲线和曲面计算程序，就要在对同一个曲线或曲面进行计算时尽可能多地对 AcGePointOnCurve2d，AcGePointOnCurve3d 和 AcGePointOnSurface 对象进行再使用。

```
    void func1 (const AcGeSurface& srf)
{
    AcGePointOnSurface     pntOnSrf (srf);
    .
    .    // Evaluate some points and derivatives.
    .
    func2 ( pntOnSrf );
    .
    .
```

}
```
void func2 (AcGePointOnSurface& pntOnSrf)
{
    // Evaluate some points and derivatives using pntOnSrf
    // passed in from func1.
}
```

在上面的程序中，函数 func1 调用 func2，在 func1 中直接将对象 pntOnSrf 传递给 func2。

5.6 ObjectARX 全局实用函数

5.6.1 变量、类型和值

1. 实数

```
typedef double ads_real;
```

2. 点

```
typedef ads_real ads_point[3];
```

AutoCAD 定义了下面的点值

```
#define X 0
#define Y 1
#define Z 2
```

点的赋值如：

```
newpt[X] = oldpt[X];
newpt[Y] = oldpt[Y];
newpt[Z] = oldpt[Z];
```

也可用函数 ads_point_set() 对点进行复制，如：

```
ads_point to, from;
from[X] = from[Y] = 5.0; from[Z] = 0.0;
ads_point_set(from, to);
```

另外，也可通过函数 acedOsnap() 对点进行赋值，如：

```
int acedOsnap(pt, mode, result)
ads_point pt;  // 取得的点
char *mode;    // 捕捉方式
ads_point result;  // 返回具取点最近的点
```

下面演示了该函数的应用。

```
int findendpoint(ads_point oldpt, ads_point newpt)
{
```

```
    ads_point ptres;
    int foundpt;

    foundpt = acedOsnap(oldpt, "end", ptres);
    if (foundpt == RTNORM) {
        ads_point_set(ptres, newpt);
    }
    return foundpt;
}
```

3. 变换矩阵

函数 acedDragGen()、acedGrVecs()、acedNEntSelP()、and acedXformSS() 用来完成输入向量与矩阵的相乘过程。

```
typedef ads_real ads_matrix[4][4];
#define T 3    // 平移向量
```

下面的函数用来初始化一单位矩阵。

```
void ident_init(ads_matrix id)
{
    int i, j;

    for (i=0; i<=3; i++)
        for (j=0; j<=3; j++)
            id[i][j] = 0.0;
    for (i=0; i<=3; i++)
        id[i][i] = 1.0;
}
```

4. 实体与选择集名

ObjectARX 将实体与选择集名定义为长整形数组:

```
typedef long ads_name[2];
```

ads_name 类型的变量必须以引用的方式进行传递,且在赋值时必须逐个地进行。下面的代码用来将 oldname 赋给 newname。

```
ads_name oldname, newname;

if (acdbEntNext(NULL, oldname) == RTNORM)
ads_name_set(oldname, newname);
```

另外,ads_name_equal() 宏用来比较两个实体或选择集的名字,如下:

```
if (ads_name_equal(oldname, newname))
```

...

还有 ads_name_clear() 和 ads_name_nil() 宏,前者用于清空,后者用于判定是否为空。

5. 预处理指令

ObjectARX 定义了下列预处理指令:

♯define TRUE 1
♯define FALSE 0
♯define EOS '\0' // 字符串终止符
♯define PAUSE "\\" // 主要用在 acedCommand() 和 acedCmd() 命令的参数表中

5.6.2 结果缓冲区结构与类型代码

结果缓冲区结构在前面的章节已有介绍,本节主要讨论类型代码。

```
struct resbuf {
    struct resbuf * rbnext; // Linked list pointer
    short restype;
    union ads_u_val resval;
};
```

结果类型代码如表 5-1。

表 5-1 结果缓冲区类型码

代码	含义
RTNONE	No result value
RTREAL	Real (floating-point) value
RTPOINT	2D point (X and Y; Z == 0.0)
RTSHORT	Short (16-bit) integer
RTANG	Angle
RTSTR	String
RTENAME	Entity name
RTPICKS	Selection set name
RTORINT	Orientation
RT3DPOINT	3D point (X, Y, and Z)
RTLONG	Long (32-bit) integer
RTVOID	Void (blank) symbol
RTLB	List begin (for nested list)
RTLE	List end (for nested list)
RTDOTE	Dot (for dotted pair)
RTT	AutoLISP t (true)

(续表)

RTNIL	AutoLISP nil
RTDXF0	Group code zero for DXF lists(used only with acutBuildList())

5.6.3 函数结果码

ObjectARX 函数结果码返回其调用的状态,用以表示函数调用的成功、失败或其他特殊情况,如表 5-2 所示。

表 5-2 函数结果返回码

代 码	含 义
RTNORM	调用成功,用户输入了有效值
RTERROR	函数调用失败
RTCAN	用户按了 ESC 取消请求; 输入类函数 acedCommand, acedCmd, acedEntSel, acedNEntSelP, acedNEntSel, and acedSSGet 都有可能返回该代码
RTREJ	AutoCAD 拒绝无效请求
RTFAIL	与 AutoLISP 通讯失败
RTKWORD	用户输入了关键字或任意文字 输入类函数 acedEntSel, acedEntSelP, acedNEntSel, and acedDragGen 有可能返回该代码

5.6.4 位控码

函数 acedInitGet()中的参数 val 不同位置置 1 可以对用户输入函数 acedGetxxx、acedEntSel、acedNEntSelP、acedNEntSel、and acedDragGen 的操作行为进行控制。表 5-3 给出了位控码及其含义。

表 5-3 位控码

代 码	含 义
RSG_NONULL	不允许空输入
RSG_NOZERO	不允许 0 输入值
RSG_NONEG	不允许负值输入
RSG_NOLIM	即使 LIMCHECK 被置为 ON,也不检查绘图边界
RSG_DASH	用点画线画橡皮条线或框
RSG_2D	不考虑三维点的 Z 坐标(仅在函数 acedGetDist()中使用)
RSG_OTHER	允许任意输入

5.6.5 结果缓冲区内存管理

ObjectARX 必须显示地管理链表的创建与使用。

(1) 表的创建与删除

通过函数 acutNewRb() 来动态分配一个结果缓冲区,调用该函数时必须指明所需分配缓冲区类型。下面的程序就是动态分配一结果缓冲区,并用来存放一个三维点。

```
struct resbuf * head;

if ((head=acutNewRb(RT3DPOINT)) == NULL) {
    acdbFail("Unable to allocate buffer\n");
    return BAD;
}

head->resval.rpoint[X] = 15.0;
head->resval.rpoint[Y] = 16.0;

head->resval.rpoint[Z] = 11.18;
```

如果新建的结果缓冲区要包含一个字符串,则应用程序必须显示地分配一块内存存放该字符串。

```
struct resbuf * head;
if ((head=acutNewRb(RTSTR)) == NULL) {
    acdbFail("Unable to allocate buffer\n");
    return BAD;
}
if ((head->resval.rstring = malloc(14)) == NULL) {
    acdbFail("Unable to allocate string\n");
    return BAD;
}
strcpy(head->resval.rstring, "Hello, there.");
```

如果要释放上面程序申请的内存,则需要调用下面的函数:

```
acutRelRb(head);
```

如果只想释放字符串,而不释放结果缓冲区,则可调用 free 函数:

```
free(head->resval.rstring);
head->resval.rstring = NULL;
```

如果表中的元素都知道,则可调用 acutBuildList() 构建结果缓冲区,该方法最简单。

```
struct resbuf * result;
ads_point pt1 = {1.0, 2.0, 5.1};

result = acutBuildList(
```

```
    RTREAL, 3.5,
    RTSTR, "Hello, there.",
    RT3DPOINT, pt1,
    0);
```

(2) AutoLISP 表

将函数 acutBuildList() 和 acedRetList() 联合起来使用,就可以返回一个表结构给 AutoLISP。下面的例子是将一个包含 4 个点的表传递给 AutoLisp:

```
struct resbuf *res_list;
ads_point ptarray[4];

// Initialize the point values here.
.
.
.

res_list = acutBuildList(
    RT3DPOINT, ptarray[0],
    RT3DPOINT, ptarray[1],
    RT3DPOINT, ptarray[2],
    RT3DPOINT, ptarray[3], 0);

if (res_list == NULL) {
    acdbFail("Couldn't create list\n");
    return BAD;
}

acedRetList(res_list);
acutRelRb(res_list);
```

下面的程序是返回给 AutoLisp 嵌套表:

```
res_list = acutBuildList(
    RTLB, // Begin sublist.
    RTSHORT, 1,
    RTSHORT, 2,
    RTSHORT, 3,
    RTLE, // End sublist.
    RTSHORT, 4,
    RTSHORT, 5,
    0);

if (res_list == NULL) {
    acdbFail("Couldn't create list\n");
```

```
        return BAD;
}

acedRetList(res_list);

acutRelRb(res_list);
```

它返回给 AutoLisp 的表为：

((1 2 3) 4 5)

另外,将函数 acutBuildList() 和 acdbEntMake() 联合使用可以快速创建一个实体。下面这段程序就是创建一个圆心为(4,4),半径为1,颜色为红色的圆。

```
struct resbuf * newent;
ads_point center = {4.0, 4.0, 0.0};

newent = acutBuildList(
    RTDXF0, "CIRCLE",
    62, 1, // 1 == red
    10, center,
    40, 1.0, // Radius
    0 );

if (acdbEntMake(newent) ! = RTNORM) {
    acdbFail("Error making circle entity\n");
    return BAD;
}
```

5.7 选择集、实体和符号表函数

5.7.1 选择集函数

(1) 选择集与实体名

ObjectARX 应用程序通过名字来识别选择集或实体,也是利用名字对选择集或实体进行处理,该名字用长整形数来表示,名字的类型为 ads_name。

(2) 构建选择集

利用函数 acedSSGet() 来创建选择集,创建方式有提示让用户选择对象;通过交互方式,利用 PICKFIRST 定义、Crossing、Crossing Polygon、Fence、Last、Previous、Window、or Window Polygon 等匹配条件来选择实体对象,也可通过指定一个单独点或 Fence 点来选择;使用一些列属性和选定条件来选择当前数据库对象来选择。函数原型：

```
int acedSSGet (
    const char * str, // 说明所使用的选择条件,如表 5-4
    const void * pt1, // 与选择方式相关的点
```

```
    const void *pt2,  // 同上
    const struct resbuf *entmask,  // 指向一个结果缓冲区表
    ads_name ss  // 选择集识别的名字
);
```

表 5-4 选择条件

代 码	含 义
NULL	单点选择
#	非几何选择
:$	提供提示文字
:?	用户拾取方式
A	All 选择方式
B	Box 选择方式
C	Crossing 选择方式
CP	Crossing Polygon 选择方式
:D	可以重复选择一个实体
:E	在 aperture 中的所有实体
F	Fence 选择方式
G	Groups 选择方式
I	Implied 方式
:K	关键字回调函数
L	Last 选择方式
M	多重选择方式
P	Previous 选择方式
:S	强制单个实体对象被选择
W	Windows 选择方式
WP	Windows Polygon 选择方式
X	在整个数据库中选择

下面的程序演示了通过各种方式构建的选择集。

(1) 构建选择集

```
ads_point pt1, pt2, pt3, pt4;
struct resbuf *pointlist;
ads_name ssname;
pt1[X] = pt1[Y] = pt1[Z] = 0.0;
pt2[X] = pt2[Y] = 5.0; pt2[Z] = 0.0;
```

```
// 获取当前PICKFIRST选择集,没有则提示用户选择.
acedSSGet(NULL, NULL, NULL, NULL, ssname);

// 如果有获取当前PICKFIRST选择集.
acedSSGet("I", NULL, NULL, NULL, ssname);

// 选择最近使用过的对象.
acedSSGet("P", NULL, NULL, NULL, ssname);

// 选择最后加如到数据库的对象.
acedSSGet("L", NULL, NULL, NULL, ssname);

// 选择通过点(5,5)的实体.
acedSSGet(NULL, pt2, NULL, NULL, ssname);

// 选择在从点(0,0)到(5,5)窗口中的实体
acedSSGet("W", pt1, pt2, NULL, ssname);

// 选择被指定多边形包围的实体.
pt3[X] = 10.0; pt3[Y] = 5.0; pt3[Z] = 0.0;
pt4[X] = 5.0; pt4[Y] = pt4[Z] = 0.0;
pointlist = acutBuildList(RTPOINT, pt1, RTPOINT, pt2,
    RTPOINT, pt3, RTPOINT, pt4, 0);
acedSSGet("WP", pointlist, NULL, NULL, ssname);

//选择在从点(0,0)到(5,5)窗口内交的实体.
acedSSGet("C", pt1, pt2, NULL, ssname);

// 选择与指定多边形相交的实体.
acedSSGet("CP", pointlist, NULL, NULL, ssname);
acutRelRb(pointlist);

// 选择与指定栅栏交叉的实体.
pt4[Y] = 15.0; pt4[Z] = 0.0;
pointlist = acutBuildList(RTPOINT, pt1, RTPOINT, pt2,
    RTPOINT, pt3, RTPOINT, pt4, 0);
acedSSGet("F", pointlist, NULL, NULL, ssname);
acutRelRb(pointlist);
```

(2) 管理选择集

可通过函数acedSSAdd()和acedSSDel()将实体放进选择集或从选择集中删除。下面的程序演示了将当前图形中的第一个和最后一个实体构建选择集:

```
ads_name fname, lname; // Entity names
```

```
ads_name ourset; // Selection set name

// 获取图中的第一个实体.
if (acdbEntNext(NULL, fname) ! = RTNORM) {
    acdbFail("No entities in drawing\n");
    return BAD;
}

// 构建包含第一个实体的选择集.
if (acedSSAdd(fname, NULL, ourset) ! = RTNORM) {
    acdbFail("Unable to create selection set\n");
    return BAD;
}

// 获取当前图形中的最后一个实体.
if (acdbEntLast(lname) ! = RTNORM) {
    acdbFail("No entities in drawing\n");
    return BAD;
}
// 追加最后一个实体到选择集中.
if (acedSSAdd(lname, ourset, ourset) ! = RTNORM) {
    acdbFail("Unable to add entity to selection set\n");

    return BAD;
}
```

一般可将 acedSSDel（删除选择集中的实体）与 acedSSAdd、acedSSLength（）（获取选择集中实体的个数）配合使用。

（3）选择集的变换

函数 acedXformSS() 可对选择集中的实体进行各种变换。下面的程序演示了该函数的使用：

```
int rc, i, j;
ads_point pt1, pt2;
ads_matrix matrix;
ads_name ssname;

// Initialize pt1 and pt2 here.

rc = acedSSGet("C", pt1, pt2, NULL, ssname);
if (rc = = RTNORM) {
// Initialize to identity.
    ident_init(matrix);
// Initialize scale factors.
```

```
        matrix[0][0] = matrix[1][1] = matrix[2][2] = 0.5;
// Initialize translation vector.
        matrix[0][T] = 20.0;
        matrix[1][T] = 5.0;
        rc = acedXformSS(ssname, matrix);

}
```

（4）选择的筛选

可对 acedSSGet 中的结果缓冲区表 entmask 参数进行设置构建满足用户所需要的选择集，每一个缓冲区指定一个检查参数和匹配的值。下面是一些简单的例子：

```
struct resbuf eb1, eb2, eb3;
char sbuf1[10], sbuf2[10]; // Buffers to hold strings
ads_name ssname1, ssname2;

eb1.restype = 0;    // 实体名
strcpy(sbuf1, "CIRCLE");
eb1.resval.rstring = sbuf1;
eb1.rbnext = NULL; // 无其他选项
// 检索所有圆.
acedSSGet("X", NULL, NULL, &eb1, ssname1);

eb2.restype = 8; // 层名
strcpy(sbuf2, "FLOOR3");
eb2.resval.rstring = sbuf2;
eb2.rbnext = NULL; //无其他选项
// 检索层 FLOOR3 中的所有实体
acedSSGet("X", NULL, NULL, &eb2, ssname2);

另外,也可指定多个选择条件:
eb3.restype = 62; // Entity color
eb3.resval.rint = 1; // Request red entities.
eb3.rbnext = NULL; // Last property in list

eb1.rbnext = &eb2; // Add the two properties
eb2.rbnext = &eb3; // to form a list.

// 检索层 FLOOR3 上所有红色圆.
acedSSGet("X", NULL, NULL, &eb1, ssname1);
```

5.7.2 实体函数

（1）实体名函数

函数 acedEntSel()、acedNEntSelP()、or acedNEntSel()不仅返回实体名,而且返回应

用程序所使用的附加信息。函数 acdbEntNext()用来连续检索实体。下面的程序演示了这些函数的应用：

```
ads_name ss, e1, e2;

// Set e1 to the name of first entity.
if (acdbEntNext(NULL, e1) ! = RTNORM) {
    acdbFail("No entities in drawing\n");
    return BAD;
}

// Set ss to a null selection set.
acedSSAdd(NULL, NULL, ss);

// Return the selection set ss with entity name e1 added.
if (acedSSAdd(e1, ss, ss) ! = RTNORM) {
    acdbFail("Unable to add entity to selection set\n");
    return BAD;
}

// Get the entity following e1.
if (acdbEntNext(e1, e2) ! = RTNORM) {

    acdbFail("Not enough entities in drawing\n");
    return BAD;
}

// Add e2 to selection set ss
if (acedSSAdd(e2, ss, ss) ! = RTNORM) {
    acdbFail("Unable to add entity to selection set\n");
    return BAD;

}
```

另外，有时用实体句柄来标识实体，实体句柄一旦被定义就不能修改，利用函数 acdb-HandEnt()来检索实体句柄。下面的代码演示来该函数的应用：

```
char handle[17];
ads_name e1;
strcpy(handle, "5a2");
if (acdbHandEnt(handle, e1) ! = RTNORM)
    acdbFail("No entity with that handle exists\n");
else
    acutPrintf(" % ld", e1[0]);
```

(2) 实体数据函数

函数 acdbEntDel() 用来删除指定的实体,函数 acdbEntGet() 以结果缓冲区表的形式返回实体的定义数据,函数 acdbHandEnt() 可用于检索已删除实体的名字。下面的两个函数用以检索和打印实体的定义数据:

```
void getlast()
{
    struct resbuf *ebuf, *eb;
    ads_name ent1;

    acdbEntLast(ent1);
    ebuf = acdbEntGet(ent1);

    eb = ebuf;

    acutPrintf("\nResults of entgetting last entity\n");

// Print items in the list.
    for (eb = ebuf; eb != NULL; eb = eb->rbnext)
        printdxf(eb);

// Release the acdbEntGet() list.
    acutRelRb(ebuf);
}

int printdxf(eb)
struct resbuf *eb;
{
    int rt;

    if (eb == NULL)
        return RTNONE;
    if ((eb->restype >= 0) && (eb->restype <= 9))
        rt = RTSTR;
    else if ((eb->restype >= 10) && (eb->restype <= 19))
        rt = RT3DPOINT;
    else if ((eb->restype >= 38) && (eb->restype <= 59))
        rt = RTREAL;
    else if ((eb->restype >= 60) && (eb->restype <= 79))
        rt = RTSHORT;
    else if ((eb->restype >= 210) && (eb->restype <= 239))
        rt = RT3DPOINT;
    else if (eb->restype < 0)
```

```
    // Entity name (or other sentinel)

        rt = eb->restype;
    else
        rt = RTNONE;

    switch (rt) {

    case RTSHORT:
        acutPrintf("(%d . %d)\n", eb->restype,
            eb->resval.rint);
        break;

    case RTREAL:
        acutPrintf("(%d . %0.3f)\n", eb->restype,
            eb->resval.rreal);
        break;

    case RTSTR:
        acutPrintf("(%d . \"%s\")\n", eb->restype,
            eb->resval.rstring);
        break;

    case RT3DPOINT:

        acutPrintf("(%d . %0.3f %0.3f %0.3f)\n",
            eb->restype,
            eb->resval.rpoint[X], eb->resval.rpoint[Y],
            eb->resval.rpoint[Z]);
        break;

    case RTNONE:
        acutPrintf("(%d . Unknown type)\n", eb->restype);
        break;

    case -1:
    case -2:
// First block entity
        acutPrintf("(%d . <Entity name: %8lx>)\n",
            eb->restype, eb->resval.rlname[0]);
    }


    return eb->restype;
```

}

函数 acdbEntMod() 也可将实体加入到图形数据库中,它使用的参数是一结果缓冲区表,下面的程序是在层 MYLAYER 上画一个圆:

```c
ads_name en;
struct resbuf *ed, *cb;
char *nl = "MYLAYER";

if (acdbEntNext(NULL, en) != RTNORM)
    return BAD; // Error status

ed = acdbEntGet(en); // Retrieve entity data.

for (cb = ed; cb != NULL; cb = cb->rbnext)
    if (cb->restype == 8) {              // DXF code for Layer
        // Check to make sure string buffer is long enough.
        if (strlen(cb->resval.rstring) < (strlen(nl)))
            // Allocate a new string buffer.
            cb->resval.rstring = realloc(cb->resval.rstring,

                strlen(nl) + 1);

        strcpy(cb->resval.rstring, nl);

        if (acdbEntMod(ed) != RTNORM) {
            acutRelRb(ed);
            return BAD; // Error
        }
        break; // From the for loop
    }

acutRelRb(ed); // Release result buffer.
```

(3) 实体数据函数与图形屏幕

当图形中的实体包含子实体时,为了提高运行速度,应用程序可以连续修改一些例子实体,然后调用 acdbEntUpd() 函数来更新整个实体。下面的程序是修改多义线的第二个顶点,然后重新生成它的屏幕图形。

```c
ads_name e1, e2;
struct resbuf *ed, *cb;

if (acdbEntNext(NULL, e1) != RTNORM) {
    acutPrintf("\nNo entities found.   Empty drawing.");
```

```
        return BAD;
}

acdbEntNext(e1, e2);

if ((ed = acdbEntGet(e2)) ! = NULL) {
    for (cb = ed; cb ! = NULL; cb = cb->rbnext)

        if (cb->restype == 10) { // Start point DXF code
            cb->resval.rpoint[X] = 1.0;// Change coordinates.
            cb->resval.rpoint[Y] = 2.0;

            if (acdbEntMod(ed) ! = RTNORM) { // Move vertex.

                acutPrintf("\nBad vertex modification.");
                acutRelRb(ed);
                return BAD;
            } else {
                acdbEntUpd(e1); // Regen the polyline.
                acutRelRb(ed);
                return GOOD; // Indicate success.
            }
        }
    acutRelRb(ed);
}

return BAD; // Indicate failure.
```

对扩展数据和扩展记录的操作在其他章节已有介绍,不在此叙述了。

5.7.3 符号表函数

函数 acdbTblNext()顺序扫描符号表项,函数 acdbTblSearch()检索指定的表项,表名由字符串指定,有效的名字是"LAYER"、"LTYPE"、"VIEW"、"STYLE"、"BLOCK"、"UCS"、"VPORT"、和"APPID"。这两个函数都以带有 DXF 组码的结果缓冲区表的形式返回表项。下面的函数检索当前图形中的第一个块,然后以表的形式显示块的内容。

```
void getblock()
{
    struct resbuf *b1, *rb;
    b1 = acdbTblNext("BLOCK", 1); // First entry
    acutPrintf("\nResults from getblock():\n");
// Print items in the list as "assoc" items.
    for (rb = b1; rb ! = NULL; rb = rb->rbnext)
        printdxf(rb);
```

```
    // Release the acdbTblNext list.
    acutRelRb(bl);
}
```

5.8 COM 接口

5.8.1 COM 的概念

组件对象模型是 OLE、ActiveX 技术的基础,它是一种独立于各运行平台,采用面向对象技术建立软件组件的技术标准。由于 COM 是基于二进制代码的标准,因而采用 COM 标准生成的组件可以不受语言、结构等因素的限制。

编写或使用 COM 组件,可以采用不同的编程语言,如 C♯、Delphi、C++、Java 等。

组件对象模型定义了 COM 对象的基本特征。软件开发中的对象由一些列数据和操纵这些数据的函数(或方法)所组成。一个 COM 对象所包含的数据只能通过少数几个相关函数来访问。

ActiveX Automation 是 Microsoft 基于 COM(部件对象模型)体系结构开发的一项技术,是 AutoCAD 的新编程接口。开放的体系结构一直是 AutoCAD 软件极为重要的特性。用户可以用它来自定义 AutoCAD,与其他应用程序共享图形数据并自动化任务。通过 Automation,AutoCAD 提供了由 AutoCAD 对象模型描述的可编程对象。这些可编程对象可由其他应用程序创建、编辑和操纵。可以访问 AutoCAD 对象模型的应用程序是 Automation 控制程序,使用 Automation 操纵另一个应用程序的最常用工具是 Visual Basic for Applications(VBA)。这种形式的 Visual Basic 在许多 Microsoft Office 应用程序中作为一个部件出现。用户可以使用这些应用程序或其他 Automation 控制程序(如 Visual Basic 和 Delphi)来驱动 AutoCAD。

例如,用户可能需要提示输入、设置系统配置、生成选择集或获取图形数据。根据操作的类型可以确定使用哪种控制程序。使用 Automation,可从用作 Automation 控制程序的任何应用程序中创建和操纵 AutoCAD 对象。因此,Automation 使编制跨应用程序执行的宏成为可能,而 AutoLISP 中就没有这种功能。使用 Automation 可以将许多应用程序的功能合并到一个单独的应用程序中。被显示的对象称为 Automation 对象。Automation 对象又提供了方法和属性。方法是对某个对象执行操作的函数,属性是设置或返回某个对象的状态信息的函数。关于用 VBA 控制 AutoCAD ActiveX Automation 的详细信息,请参见《ActiveX and VBA Developer's Guide》和《ActiveX and VBA Reference》等资料。

5.8.2 AutoCAD COM 包

1. COM 包的接口类

通过以下子类的函数可以向 ObjectARX 一样完成各种操作,一句话,Arx 能实现的所有功能,利用 AutoCAD COM 包都能实现,而且可以用多种编程工具实现。COM 包提供的接口类包含:

(1) IAcadApplication 应用对象类。
(2) IAcadUtility 实用方法类。

(3) IAcadObject　对象管理类。
(4) IAcadDatabase　图形数据库类。
(5) IAcadModelSpace　模型空间类。
(6) IAcadBlock　图块管理类。
(7) IAcadEntity　实体管理类。
(8) IAcadHyperlinks　超级链接类。
(9) IAcadHyperlink　超级链接类。
(10) IAcad3DFace　3D Face类（三维面类）。
(11) IAcadPolygonMesh　多边网格类。
(12) IAcad3DPolyline　三维多边形类。
(13) IAcadArc　圆弧类。
(14) IAcadAttribute　属性类。
(15) IAcad3DSolid　三维实体类。
(16) IAcadRegion　面域类。
(17) IAcadCircle　圆类。
(18) IAcadDimAligned　尺寸对齐类。
(19) IAcadDimension　尺寸类。
(20) IAcadDimAngular　角度尺寸类。
(21) IAcadDimDiametric　直径尺寸类。
(22) IAcadDimRotated　旋转尺寸类。
(23) IAcadDimOrdinate　坐标尺寸类。
(24) IAcadDimRadial　半径尺寸类。
(25) IAcadEllipse　椭圆类。
(26) IAcadLeader　引导类。
(27) IAcadMText　多行文本类。
(28) IAcadPoint　点类。
(29) IAcadLWPolyline　多边形类。
(30) IAcadPolyline　多边形类。
(31) IAcadRay　射线类。
(32) IAcadShape　形类。
(33) IAcadSolid　实体类。
(34) IAcadSpline　样条曲线类。
(35) IAcadText　文本类。
(36) IAcadTolerance　公差类。
(37) IAcadTrace　轮廓类。
(38) IAcadXline　多义线类。
(39) IAcadBlockReference　块引用类。
(40) IAcadHatch　剖面类。
(41) IAcadRasterImage　光栅图象类。

(42) IAcadLine　直线类。
(43) IAcadLayout　布局类。
(44) IAcadPlotConfiguration　绘图设置类。
(45) IAcadMInsertBlock　多块插入类。
(46) IAcadPolyfaceMesh　多面网格类。
(47) IAcadMLine　多义线类。
(48) IAcadDim3PointAngular　三维角度尺寸类。
(49) IAcadExternalReference　外部引用类。
(50) IAcadPaperSpace　图纸空间类。
(51) IAcadPViewport　视口类。
(52) IAcadBlocks　块类。
(53) IAcadGroups　多组类。
(54) IAcadGroup　组类。
(55) IAcadDimStyles　尺寸型号类。
(56) IAcadDimStyle　尺寸类型类。
(57) IAcadLayers　图形中所有图层的集合类。
(58) IAcadLayer　图层类。
(59) IAcadLineTypes　图形中所有线型的集合类。
(60) IAcadLineType　直线线型类。
(61) IAcadDictionaries　图形中所有词典的集合类。
(62) IAcadDictionary：存储和检索对象的容器对象类(字典)。
(63) IAcadXRecord　扩展记录类。
(64) IAcadRegisteredApplications　已注册到图形中的所有外部应用程序类。
(65) IAcadRegisteredApplication　已注册到图形中的外部应用程序类。
(66) IAcadTextStyles　图形中所有文字样式的集合类。
(67) IAcadTextStyle　图形中已有且保存的文字样式集合类。
(68) IAcadUCSs　图形中所有用户坐标系的集合类。
(69) IAcadUCS　用户坐标系类。
(70) IAcadViews　图形中所有视图的集合类。
(71) IAcadView　视图类。
(72) IAcadViewports　图形中所有视口的集合类。
(73) IAcadViewport　视口类。
(74) IAcadLayouts　图形中所有布局的集合类。
(75) IAcadPlotConfigurations　所有命名打印设置的集合类。
(76) IAcadDatabasePreferences　当前图形特定设置类。
(77) IAcadIdPair　同时包含源和目标对象的对象 ID 的特殊对象类。
(78) IAcadAttributeReference　属性参考类。
(79) _DAcadApplicationEvents　应用事件类。
(80) IAcadDocument　文档类。

（81）IAcadPlot　用于打印布局的方法和特性的集合类。
（82）IAcadApplication　应用程序的实例类。
（83）IAcadPreferences AutoCAD　当前设置类。
（84）IacadPreferencesFiles　包含来自"选项"对话框中"文件"选项卡的选项类。
（85）IAcadPreferencesDisplay　包含来自"选项"对话框中"显示"选项卡的选项类。
（86）IAcadPreferencesOpenSave　包含来自"选项"对话框中"打开和保存"选项卡的选项类。
（87）IAcadPreferencesOutput　包含来自"选项"对话框中"输出"选项卡的选项类。
（88）IAcadPreferencesSystem　包含来自"选项"对话框中"系统"选项卡的选项类。
（89）IAcadPreferencesUser　包含来自"选项"对话框中"用户"选项卡的选项类。
（90）IAcadPreferencesDrafting　包含来自"选项"对话框中"草图"选项卡的选项类。
（91）IAcadPreferencesSelection　包含来自"选项"对话框中"选择"选项卡的选项类。
（92）IAcadPreferencesProfiles　包含来自"选项"对话框中"配置"选项卡的选项类。
（93）IAcadMenuGroups　当前 AutoCAD 任务中加载的所有菜单组类。
（94）IAcadMenuGroup　菜单组类。
（95）IAcadPopupMenus　加载的所有弹出菜单组类。
（96）IAcadPopupMenu　弹出菜单类。
（97）IAcadPopupMenuItem　AutoCAD 下拉菜单上的单个菜单项类。
（98）IAcadToolbars　表示当前 AutoCAD 任务中加载的所有工具栏类。
（99）IAcadToolbar　工具栏类。
（100）IAcadToolbarItem　AutoCAD 工具栏的单个按钮项目类。
（101）IAcadMenuBar　表示当前 AutoCAD 菜单栏类。
（102）IacadDocuments　当前 AutoCAD 任务中打开的所有文档类（图形文件）。
（103）IAcadState　AutoCAD 状态对象类。
（104）IAcadSelectionSets　图形中所有选择集的集合类。
（105）IAcadSelectionSet　指定作为一个单元处理的一组 AutoCAD 对象类。
（106）IAcadUtility　一系列用作工具的方法类。
（107）_DAcadDocumentEvents　文档事件类。

2. 接口

接口是对象向外界暴露其功能的途径，在组件对象模型中，接口是一个函数指针表，通过这些函数指针，可以访问对象内部的数据。

（1）IUnknown 接口

IUnknown 接口是所有接口的祖先接口，凡是取得了接口对象指针得客户总是能访问 COM 对象的核心服务。AddRef、Release 和 QueryInterface 这三个核心服务管理着接口对象的生存期。

（2）Idispatch 接口

Idispatch 接口用于执行一自动化对象，用它可以方便存取 COM 部件。该接口提供的主要方法有：

```
HRESULT QueryInterface( REFIID iid,  void * * ppvObject);
    // 查询接口,iid—指定被请求的接口标识，ppvObject ———返回被请求对象的指针
    // 如果 QueryInterface()方法调用成功,那么返回 S_OK,否则返回 S_FALSE。
ULONG AddRef(void); // 追加接口对象被引用的次数
ULONG Release(void); //减少接口对象被引用的次数
HRESULT GetTypeInfoCount( unsigned int FAR * iTInfo);
    // 返回对象提供的接口信息类型数(0 或 1)，iTInfo—返回指向类型信息数的指针
HRESULT GetTypeInfo( unsigned int iTInfo, LCID lcid, ITypeInfo FAR* FAR* ppTInfo);
    // 获取对象的类型信息,iTInfo ——— 类型信息  lcid———类型信息的局部标识，
// ppTInfo ——— 被请求的类型对象指针
```

5.8.3 使用 ObjectARX 访问 COM 接口

COM(组件对象模型)允许基于 Windows 的应用程序相互通讯和交换数据。AutoCAD 提供了一些只能通过 COM 机制访问的 API。

下面的例子就是通过 COM 在 AutoCAD 环境中画圆，和给 AutoCAD 添加一个客户化菜单。在这里是使用 MFC 和 Visual C++ ClassWizard 读取 AutoCAD 类型库(acad.tlb)，该类型库包含着 ActiveX 对象模型。

```
# include "stdafx.h" / # include <afxdllx.h> / # include "AsdkMfcComSamp.h"
# include <rxregsvc.h> / # include <aced.h> / # include <adslib.h> / # include <rxmfca-pi.h>
# include <AcExtensionModule.h>  /  # include "acad1.h"
AC_IMPLEMENT_EXTENSION_MODULE(ThisDLL);
extern "C"BOOL WINAPI DllMain(HINSTANCE hInstance, DWORD dwReason, LPVOID /* lpReserved */)
{    if (dwReason == DLL_PROCESS_ATTACH)    {ThisDLL.AttachInstance(hInstance);    }
 else if (dwReason == DLL_PROCESS_DETACH) {ThisDLL.DetachInstance();    }return TRUE;
}
void MfcComCircle()    // 画圆
{   TRY
    { IAcadApplication IApp;        IAcadDocument IDoc;
     IAcadModelSpace IMSpace;
IDispatch * pDisp = acedGetAcadWinApp()->GetIDispatch(TRUE);
// 取得当前的 AutoCAD 应用程序进程对象
    IApp.AttachDispatch(pDisp); // 将取得的对象赋予 IApp
    pDisp = IApp.GetActiveDocument(); // 获取当前的活动文档
    IDoc.AttachDispatch(pDisp); pDisp = IDoc.GetModelSpace();    // 取文档中的模型空间对象
    IMSpace.AttachDispatch(pDisp);
    SAFEARRAYBOUND rgsaBound;   long i;
    rgsaBound.lLbound = 0L;       rgsaBound.cElements = 3;
    SAFEARRAY * pStartPoint = NULL;
    pStartPoint = SafeArrayCreate(VT_R8, 1, &rgsaBound);    i = 0;   // 给数组的各个元素赋值
    double value = 4.0;
    SafeArrayPutElement(pStartPoint, &i, &value);         value = 2.0;          i = 1;
```

```
        SafeArrayPutElement(pStartPoint, &i, &value);    value = 0.0;       i = 2;
        SafeArrayPutElement(pStartPoint, &i, &value);    VARIANT pt1;       VariantInit(&pt1);
        V_VT(&pt1) = VT_ARRAY | VT_R8;     V_ARRAY(&pt1) = pStartPoint;
        IMSpace.AddCircle(pt1, 2.0);    // 绘制圆
    }
    CATCH(COleDispatchException,e) // 获取出错信息
    {       e->ReportError();         e->Delete();        }
    END_CATCH;
}
void addMenuThroughMfcCom() // 追加一个菜单条
{   TRY
    { IAcadApplication IAcad(acedGetAcadWinApp()->GetIDispatch(TRUE));
      IAcadMenuBar IMenuBar(IAcad.GetMenuBar());
      long numberOfMenus;
      numberOfMenus = IMenuBar.GetCount();
      IAcadMenuGroups IMenuGroups(IAcad.GetMenuGroups());
      VARIANT index;
      VariantInit(&index);    V_VT(&index) = VT_I4;    V_I4(&index) = 0;
      IAcadMenuGroup IMenuGroup(IMenuGroups.Item(index));
      IAcadPopupMenus IPopUpMenus(IMenuGroup.GetMenus());
      CString cstrMenuName = "AsdkComAccess";      VariantInit(&index);
      V_VT(&index) = VT_BSTR;  V_BSTR(&index) = cstrMenuName.AllocSysString();
      IDispatch * pDisp;
      TRY{pDisp=IPopUpMenus.Item(index);pDisp->AddRef();} CATCH(COleDispatchException,e)
{}END_CATCH;
        if (pDisp==NULL) {
            IAcadPopupMenu IPopUpMenu( IPopUpMenus.Add(cstrMenuName));
            VariantInit(&index);        V_VT(&index) = VT_I4;        V_I4(&index) = 0;
            IPopUpMenu.AddMenuItem(index, "&Add A ComCircle", "AsdkMfcComCircle ");
            VariantInit(&index);       V_VT(&index) = VT_I4;      V_I4(&index) = 1;
            IPopUpMenu.AddSeparator(index);         VariantInit(&index);
            V_VT(&index) = VT_I4;      V_I4(&index) = 2;
            IPopUpMenu.AddMenuItem(index, "Auto&LISP Example", "(prin1 \"Hello\") ");
            pDisp = IPopUpMenu.m_lpDispatch;      pDisp->AddRef();        }
            IAcadPopupMenu IPopUpMenu(pDisp);
            if (! IPopUpMenu.GetOnMenuBar())
            {    VariantInit(&index);  V_VT(&index) = VT_I4;    V_I4(&index) = numberOfMenus
- 2;;
                IPopUpMenu.InsertInMenuBar(index);       }
            else
            {    VariantInit(&index);        V_VT(&index) = VT_BSTR;
                V_BSTR(&index) = cstrMenuName.AllocSysString();
```

```
                    IPopUpMenus.RemoveMenuFromMenuBar(index);
        }    pDisp->Release();    }
    CATCH(COleDispatchException,e)
{    e->ReportError();    e->Delete();    }    END_CATCH;
}
static void initApp()
{   acedRegCmds->addCommand("ASDK_MFC_COM",  "AsdkMfcComCircle",
            "MfcComCircle", ACRX_CMD_MODAL, MfcComCircle);
    acedRegCmds->addCommand("ASDK_MFC_COM", "AsdkMfcComMenu",
            "MfcComMenu", ACRX_CMD_MODAL, addMenuThroughMfcCom);
}
static void unloadApp()
{   acedRegCmds->removeGroup("ASDK_MFC_COM");    }

extern "C" AcRx::AppRetCode acrxEntryPoint( AcRx::AppMsgCode msg, void * appId)
{   switch( msg )
    {   case AcRx::kInitAppMsg:
        acrxDynamicLinker->unlockApplication(appId);   acrxDynamicLinker->registerAppMDIAware(appId);
        initApp();    break;
    case AcRx::kUnloadAppMsg:    unloadApp();    break;
    default:    break;
}    return AcRx::kRetOK;}
```

5.9 ActiveX 自动控件的实现

5.9.1 AcDbObjects 和自动对象关系

AutoCAD 是通过通过一个常驻数据库对象(AcDbObject)和一个 COM 对象建立联系的,这种联系包括两个单向指针:一个是 COM 对象的 IUnknown 数据成员,另一个是常驻数据库对象的 AcDbObjectId,它在 COM 对象中是被作为一个成员保存的。

如果给定一个 AcDbObject 指针,可以检索 COM 对象的 IUnknown 指针:

```
AcAxOleLinkManager * pOleLinkManager = AcAxGetOleLinkManager();
IUnknown * pUnk = pOleLinkManager->GetIUnknown(pObject);
```

相反,可通过 IUnknown 指针获取数据库对象的 AcDbObjectId:

```
IAcadBaseObject * pAcadBaseObject = NULL;
HRESULT hr = pUnk->QueryInterface(IID_IAcadBaseObject,
    (LPVOID * ) &pAcadBaseObject);
AcDbObjectId objId;
if(SUCCEEDED(hr))
{
```

```
    pAcadBaseObject->GetObjectId(&objId);
}
```

下面是 IAcadBaseObject 接口代码:

```
interface DECLSPEC_UUID("5F3C54C0-49E1-11cf-93D5-0800099EB3B7")
IAcadBaseObject : public IUnknown
{
// IUnknown methods
//
STDMETHOD(QueryInterface)(THIS_ REFIID riid, LPVOID FAR *
ppvObj) PURE;
STDMETHOD_(ULONG, AddRef)(THIS) PURE;
STDMETHOD_(ULONG, Release)(THIS) PURE;
// IAcadBaseObject methods
//
STDMETHOD(SetObjectId)(THIS_ AcDbObjectId& objId,
AcDbObjectId ownerId = AcDbObjectId::kNull,
TCHAR * keyName = NULL) PURE;     // 从 COM 中确定数据库对象
STDMETHOD(GetObjectId)(THIS_ AcDbObjectId * objId) PURE;
// 检索数据库对象中的 AcDbObjectId
STDMETHOD(Clone)(THIS_ AcDbObjectId ownerId,
LPUNKNOWN * pUnkClone) PURE;  // 备用
STDMETHOD(GetClassID)(THIS_ CLSID& clsid) PURE;
                    // 返回 COM 对象的 CLSID
STDMETHOD(NullObjectId)(THIS) PURE;  // 使 COM 对象不再表示常驻数据库对象
STDMETHOD(OnModified)(THIS) PURE;  // 通知 COM 它所表示的数据库对象已被修改
};
```

AcAxOleLinkManager 类用来管理从常驻数据库对象到其 COM 对象之间链接关系的。该类的描述如下:

```
class AcAxOleLinkManager
{
public:
    virtual IUnknown * GetIUnknown(AcDbObject * pObject) = 0;
// 返回 COM 包的 IUnknown
    virtual Adesk::Boolean SetIUnknown(AcDbObject * pObject,
        IUnknown * pUnknown) = 0;
    // 设置常驻数据库对象与 COM 包之间的链接
        virtual IUnknown * GetIUnknown(AcDbDatabase * pDatabase) = 0;
        // 返回 COM 包的 IUnknown
    virtual Adesk::Boolean SetIUnknown(AcDbDatabase * pDatabase,
        IUnknown * pUnknown) = 0;
    // 设置常驻数据库对象与 COM 包之间的链接??
```

```
    virtual IDispatch* GetDocIDispatch(AcDbDatabase* pDatabase)= 0;
         // 返回文档对象的 IDispatch
  virtual Adesk::Boolean SetDocIDispatch(AcDbDatabase* pDatabase,
    IDispatch* pDispatch) = 0;  // 设置一个数据库对象与文档的 IDispatch 之间关系
};
```

5.9.2 创建 COM 对象

AutoCAD 为其所有常驻数据库对象实现了一系列对应自动控件组件的接口。使用提供的 ATL 模板，很多 AutoCAD 接口可通过 AcDbObject 或 AcDbEntity 派生类实现。

1. 获取客户化类的 CLSID

COM 对象是通过 CoCreateInstance() 函数利用 CLSID 来创建的。CLSID 用以标明对象类型。利用函数 getClassID() 获取 CLSID。

```
virtual Acad::ErrorStatus getClassID(CLSID* pClsid) const;
```

2. 使用 CoCreateInstance

对给定的 AcDbObjectId 和 AcDbObject 用 CoCreateInstance 创建 COM 对象。调用 AcAxOleLinkManager 和 IAcadBaseObject 建立数据库对象与 COM 对象之间的链接。另外，可通过全局函数：

```
HRESULT AcAxGetIUnknownOfObject(LPUNKNOWN* ppUnk, AcDbObjectId& objId,
 LPDISPATCH pApp);
HRESULT AcAxGetIUnknownOfObject(LPUNKNOWN* ppUnk, AcDbObject* pObj,
 LPDISPATCH pApp);
```

3. 使用 COM 追加客户化对象到数据库

使用下面的函数可为 AcDbObject 派生类创建 COM 对象：

```
IAcadBlock::AddCustomObject(BSTR ClassName, LPDISPATCH* pObject)
IAcadModelSpace::AddCustomObject(BSTR ClassName,DISPATCH* pObject)
IAcadPaperSpace::AddCustomObject(BSTR ClassName, LPDISPATCH* pObject)
IAcadDictionary::AddObject(BSTR Keyword, BSTR ObjectName, struct IAcadObject** pObject)
```

对象被创建之后，调用 IAcadBaseObject::SetObjectId() 函数，再调用 IAcadBaseObject::CreateNewObject() 函数创建一个新对象，并将其追加到数据库中。

4. 自动化对象的实现

下面的 AutoCAD 接口是通过 COM 对象实现的。

接 口	说 明
IAcadBaseObject	通过 AcDbObjectId 保持链接到一个 AcDbObject 对象
IAcadBaseObject2	保持链接到一个非数据库 AcDbObject 对象
IAcadObjectEvents	当 AcDbObject 被修改时通知 COM 客户端的源接口
IRetrieveApplication	用来判定 COM 对象返回应用程序属性
IAcadBaseDatabase	链接 AcDbDatabase 到 AcDbDatabaseCOM 对象

	(续表)
IAcadObject	将所有公用属性和函数赋予给每个在数据库中的对象
IAcadEntity	将所有公用属性和函数赋予给每个在数据库中的对象
IDispatch	允许推迟绑定,通过该接口浏览属性
IConnectionPointContainer	保存链接点表
IConnectionPoint	允许COM客户程序呼叫通知
ISupportErrorInfo	通知COM客户端对象支持错误信息

5. ATL 模板

AutoCAD 提供了一些 ATL 基础模板,通过这些模板可方便地创建自动控件对象。

模　板	实　现　类
CProxy_AcadObjectEvents	IConnectionPointImpl(exposes IAcadObjectEvents)
IAcadBaseObjectImpl	IAcadBaseObject, IConnectionPointContainer, CProxy_AcadObjectEvents, CProxy_PropertyNotifySink
IAcadBaseObject2Impl	IAcadBaseObject2, IAcadBaseObjectImpl
IRetrieveApplicationImpl	IRetrieveApplication
IAcadObjectDispatchImpl	IAcadObject2Impl, IDispatchImpl, IRetrieveApplicationImpl
IAcadEntityDispatchImpl	IAcadEntity
IAcadBaseDatabaseImpl	IAcadBaseDatabase

6. 与 AutoCAD 交互

在自动控件中进行交互操作,必然要引起一系列 API 调用。这时需要保存 AutoCAD 当前状态,在交互操作后恢复它。交互操作可用的 API 函数有:

```
Adesk::Boolean acedSetOLELock(int handle, int flags=0);
Adesk::Boolean acedClearOLELock(int handle);
void acedPostCommandPrompt();
```

下面的例子是这些函数的应用:

```
STDMETHODIMP CMyApp::GetPoint()
{
  // 锁定并通知 AutoCAD 拒绝其他外部请求,保存当前状态
  if (acedSetOLELock(5) ! = Adesk::kTrue) // arbitrary handle value
  {
    return E_FAIL;
  }
  // 交互操作
  ads_point result;
```

```
if(acedGetPoint(NULL, "Pick a point:", result) ! = RTNORM)
{
    acedClearOLELock(5);
return E_FAIL;
}
acedClearOLELock(5);
    // 重显命令提示
acedPostCommandPrompt();
return S_OK;
}
```

7. 锁定文档

利用 AcAxDocLock 类可对文档进行锁定,锁定实例代码如下所示:

```
STDMETHODIMP CMyEntity::Modify()
{
AcAxDocLock docLock(m_objId, AcAxDocLock::kNormal);
if(docLock.lockStatus() ! = Acad::eOk)
{
return E_FAIL;
}
// It is now safe to modify the database
//
return S_OK;
}
```

第 6 章　AutoCAD 数据库

6.1　数据库入门

AutoCAD 数据库用来存储组成 AutoCAD 图的对象和实体。本章介绍数据库的主要元素有实体、符号表和命名对象词典,还介绍对象处理、对象 ID 及打开和关闭数据库对象的协议。本章还给出了创建实体、层和组,并添加对象到数据库的程序例子。

6.1.1　AutoCAD 数据库

AutoCAD 图是一个存储在数据库中的对象的集合。基本的数据库对象是实体、符号表和词典。实体是在 AutoCAD 图内部表示图的一种特殊数据库对象,线、圆、弧、文本、实心体、区域、复合线和椭圆都是实体,用户可以在屏幕上看见实体并能对其进行操作。

符号表和词典是用于存储数据库对象的容器,这两个容器对象都映射一个符号表(文本串)到一个数据库对象,一个 AutoCAD 数据库包含一套固定的符号表,每一个符号表包含一个特定符号表记录类的实例,我们不能向数据库添加新符号表。层表(AcDbLayerTable)是符号表之一,它包含层表记录;块表(AcDbBlockTable)也是一个符号表,包含块表记录。所有 AutoCAD 实体都属于块表记录。

词典为存储对象提供了比符号表更加普通的容器。一个词典可以包含任何类型的 AcDbObject 及其子类的对象;当 AutoCAD 创建新图时,AutoCAD 数据库创建一个叫作"命名对象词典"的词典。对所有与数据库有关的词典,命名对象词典可以被视为主"目录表"。我们可以在命名对象词典内创建新词典,并在新词典中添加新数据库对象。

图 6-1 中列出了组成 AutoCAD 数据库的主要部件。

在 AutoCAD 编辑会话中,我们可以通过调用下面的全局函数来获得当前图的数据库:

```
acdbHostApplicationServices()->workingDatabase()
```

1. 多元数据库

在一个 AutoCAD 会话中,可以加载多个数据库。在会话中的每个对象都有一个句柄和对象 ID。在特定的数据库范围内句柄唯一地识别对象,而在一次加载的所有数据库内对象 ID 唯一地识别对象。对象 ID 只在一个编辑会话内存在,但句柄保存在图中。与对象 ID 相反,当在一个 AutoCAD 会话中加载多个数据库时,对象句柄不能保证是唯一的。

2. 获得对象 ID

通过使用对象 ID 可以获得一个指向当前数据库对象的指针,所以可以对对象进行操作。我们可以通过以下方法获得对象 ID:

(1) 创建一个对象并将其添加到数据库中,然后数据库给对象一个 ID 并将其返回。

(2) 当创建数据库时,自动创建对象(比如一套固定的符号表和命名对象词典)的对象 ID,可使用数据库协议获得它们的对象 ID。

(3) 使用类专用协议获得对象 ID。某些类,如符号表和词典,可以定义拥有其他对象的对象,这些类提供获得其所有的对象 ID 的协议。

(4) 使用遍历器遍历一个对象表或对象系列。AcDb 库提供了许多遍历器(AcDbDictionaryIterator,AcDbObjectIterator)可以遍历各种容器对象。

(5) 查询一个选择集。用户选择了一个对象后,可以要求选择集给出已选定对象的实体名表,并将实体名转换为对象 ID。

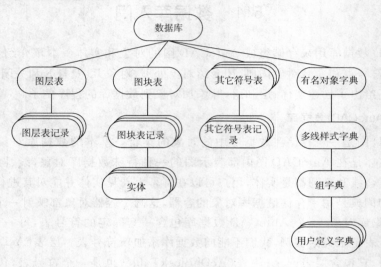

图 6-1　AutoCAD 数据库

6.1.2　基本的数据库对象

在 AutoCAD 中创建的对象被添加到数据库对应的容器对象中,实体被添加到块表的记录中,符号表记录被添加到相应的符号表中,所有其他的对象被添加到命名对象词典中,或添加到其他对象拥有的对象(拥有其他对象的对象最终属于命名对象词典)中,或添加到扩充词典中。

可用的数据库必须至少应有下列对象:

(1) 一套(九个)符号表,包括块表、层表和线型表。块表最初包含三记录,一个记录叫作 *MODEL_SPACE,两个图纸空间记录叫作 *PAPER_SPACE 和 *PAPER_SPACE 0。这些块表记录表示模型空间和两个预先确定的图纸空间布局。层表最初包含一个 0 层记录。线型表最初包含 CONTINUOUS 线型。

(2) 一个命名对象词典,当数据库被创建后,命名对象词典就已经包含四个数据库词典:

GROUP(组)词典、MLINE 类型词典、布局词典和绘图式样名词典,在 MlDlE 类型词典内,总有 STANDARD 类型。

在一个新数据库中,若构造函数的 buildDefautDrawing 变量值为 kTrue,自动创建以上对象,若变量值为 kFalse 时,创建一个空的数据库,可以加载 DWG 或 DXF 文件。构造函数如下：

```
AcDbDatabase(Adesk::Boolean,buildDefautDrawing= Adesk::kTrue);
```

6.1.3 在 AutoCAD 中创建对象

本节介绍在 AutoCAD 中创建线、圆、层和组的方法，并演示 AutoCAD 如何将这些对象添加到数据库中的。首先我们使用如下命令在模型空间创建了一条直线：

```
line 4,2 10,7
```

在数据库中，AutoCAD 创建一个 AcDbLine 类的实例，并将其存储在模型空间块表记录中，如图 6-2 所示。

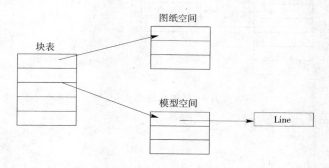

图 6-2 创建 AcDbLine 类的实例

当第一次运行 AutoCAD 时，数据库处于缺省状态，实体被添加到模型空间中，即 AutoCAD 中的主空间，它用于模型几何体和图形。图纸空间留作支持"文档"几何形式和图形，如图纸边界、标题块和注释文字。在 AutoCAD 中的创建实体命令（如前面创建的线），将实体添加到当前数据库中和模型空间块中。可查询实体属于哪一个数据库和哪一个块。

其次，假定使用如下命令创建一个圆：

```
circle 9,3,2
```

AutoCAD 再次创建一个适当的实体（这里是 AcDbCircle）实例，并将其添加到模型空间块表记录中，如图 6-3 所示。

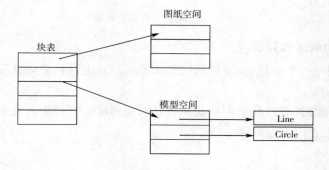

图 6-3 创建 AcDbCircle 类的实例

再次，创建一个层：

```
layer_make mylayer
```

AutoCAD 创建一个管理层的新层表记录,然后将其添加到层表中,如图 6-4 所示。

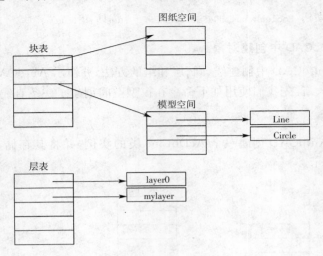

图 6-4 创建新层表记录

最后,将所有实体归为一组:

Group 3,2 9,3

AutoCAD 创建一个新组对象并将其添加到命名对象词典的 GROUP 词典中,新组包含组成该组的对象的对象 ID 表,如图 6-5 所示。

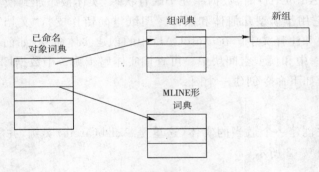

图 6-5 创建一个新组对象

6.1.4 ObjectARX 代码示例

本节演示了创建一个新层、改变线的颜色和添加组到组词典中的过程。

1. 创建一条直线

下列 ObjectARX 源程序代码创建线并将其添加到模型空间块表记录中:

```
AcDbObjectId createLine( )
{
AcGePoint3d startPt(4.0,2.0,0.0);
AcGePoint3d endPt(10.0,7.0,0.0);
AcDbLine * pLine=new AcDbLine(startPoint,endPoint);//构建直线类(AcDbLine)的对象
AcDbBlockTable * pBlockTable;//指向块表的指针
```

```
acdbHostApplicationServices()->workingDatabase()->getSymbolTable(pBlockTable,AcDb::
kForRead);//将指针指向当前数据库中的块表
AcDbBlockTableRecord * pBlockTableRecord;//指向块表记录的指针
pBlockTable->getAt(ACDB_MODEL_SPACE,pBlockTableRecord,AcDb::kForWrite);
//将块表记录的指针指向当前块表的模型空间记录
pBlockTable->close();//关闭块表
AcDbObjectId lineId;//指向 ID
pBlockTableRecord->appendAcDbEntity(lineId,pLine);//将指针添加到块表记录
pBlockTableRecord->close();//关闭块表记录
pLine->close();
return lineId;
}
```

createLine( )程序从当前图中获得块表,然后以写模式打开模型空间块表记录。关闭块表后,添加实体到块表记录并关闭块表记录和实体。

2. 创建一个圆

下面的 createCircle( )程序创建一个圆并将其添加到模型空间块表记录中:

```
AcDbObjectId createCircle( )
{
AcGePoint3d center(9.0,3.0,0.0);
AcGeVector3d normal(0.0,0.0,1.0);AcDbCircle * pCirc = new AcDbCircle(center, normal, 2.0);
AcDbBlockTable * pBlockTable;
acdbHostApplicationServices()->workingDatabase()->getSymbolTable(pBlockTable,AcDb::
kForRead);
AcDbBlockTableRecord * pBlockTableRecord;
pBlockTable->getAt(ACDB_MODEL_SPACE,pBlockTableRecord,AcDb::kForWrite);
pBlockTable->close();
AcDbObjectId circleId;
pBlockTableRecord->appendAcDbEntity(circleId, pCirc);
pBlockTableRecord->close();
pCirc->close();
return circleId;
}
```

3. 创建新图层

下面的源程序代码从数据库中获得层符号表,创建一个新的层表记录,并将其命名为 ASDK_MYLAYER,然后将层表记录添加到层表中。

```
void createNewLayer()
{ AcDbLayerTable * pLayerTable;
acdbHostApplicationServices()->workingDatabase()
  ->getSymbolTable(pLayerTable, AcDb::kForWrite);
AcDbLayerTableRecord * pLayerTableRecord = new AcDbLayerTableRecord;
pLayerTableRecord->setName("ASDK_MYLAYER");
```

```
// 如果没有指定层的其他属性,就使用缺省值
//
pLayerTable->add(pLayerTableRecord);
pLayerTable->close();
pLayerTableRecord->close();
}
```

4. 在组词典中添加组

下列源程序代码将前面 createLine( ) 函数创建的线和 createCircle( ) 函数创建的圆创建为一个组(pGroup),并将其放进一个组词典中。线和圆的对象 ID 是通过参数传入函数的。请注意下面程序是如何以写模式打开组词典,进行修改,然后将其关闭的。

```
void createGroup(AcDbObjectIdArray& objIds, char * pGroupName)
{
 AcDbGroup * pGroup = new AcDbGroup(pGroupName);
for (int i = 0; i < objIds.length(); i++) ? {
pGroup->append(objIds[i]); } // 将组加入到驻留在命名对象词典内的组词典中
 //
AcDbDictionary * pGroupDict;
acdbHostApplicationServices()->workingDatabase()
->getGroupDictionary(pGroupDict, AcDb::kForWrite);
AcDbObjectId pGroupId;
pGroupDict->setAt(pGroupName, pGroup, pGroupId);
 pGroupDict->close();
 pGroup->close();
}
```

6.2 数据库操作

对图形数据库的操作可以分为创建图形数据库、修改数据库中的对象、查询数据库中的对象、图块操作、插入或删除图形数据库、设置图形数据库的当前特性值。

6.2.1 创建图形数据库

```
AcDbDatabase( bool buildDefaultDrawing = true, bool noDocument = false);
```

其中,buildDefaultDrawing 指出是否创建一个空的图形数据库,也就是是否包含图形数据库的初始内容(默认的符号表、命名对象字典和一组系统变量);noDocument 指出新建的图形数据库是否与当前文档相关联。

1. 创建新图

如果要创建一个新的图形数据库,都要执行下面一条语句:

```
AcDbDatabase * pDb = new AcDbDatabase(true,false);
```

当图形数据库创建成功后,图形数据库中将包含以下几个初始化元素:

(1) 一个包含 9 个符号表的集合(块表、尺寸样式表、层表、线型表、应用注册表、文字样式表、用户坐标系表、视口表、视图表),其中有些符号表已经有记录了;

(2) 一个有名对象词典,其中包含两个初始化数据库词典—组词典和多义线词典;

(3) AutoCAD 系统变量集合。

2. 加载图形

如果图形数据库已存在,则可将其加载到 AutoCAD 编辑环境:

Acad::ErrorStatus readDwgFile(const char * fileName,const int shmode = _SH_DENYWR,bool bAllowCPConversion = false);

  fileName 读取文件的名称或 URL
  shmode 输入文件的共享模式
  _SH_DENYWR 以只读方式打开文件,独占
  _SH_DENYRW 以读写方式打开文件,独占
  _SH_DENYNO 以只读方式打开文件,共享
  bAllowCPConversion 输入布尔值约定是否进行代码页转换

pDb->readDwgFile("test1.dwg",_SH_DENYWR,false); // 以只读方式打开图形数据库

3. 保存图形

如果图形数据库已被用户修改,则可保存数据库:

Acad::ErrorStatus AcDbDatabase::saveAs(char *fileName);//fileName 读取文件的名称或 URL

在 AutoCAD 中,图形数据库可以用许多不同的图形格式来保存。ObjectARX 提供了查询和设置当前图形数据库保存格式的函数。

virtual AcApDocument::SaveFormat formatForSave() const = 0; // 返回图形数据库的保存格式(如 kR12_dxfAutoCAD、kR13_dwg、kR13_dxf 等)

virtual Acad::ErrorStatus setDefaultFormatForSave(AcApDocument::SaveFormat format);
  // 更改或保存新的图形数据库保存格式

format 采用的格式(如 kR12_dxf、kR13_dwg、kR13_dxf、kR14_dwg、kR14_dxf、kR15_dwg、kR15_dxf、kR15_Template)只影响 SAVEAS、SAVE 和 QSAVE 三个命令,AUTOSAVE 命令始终采用 AutoCAD 图形格式保存图形数据库。

4. 局部加载

要实现图形的局部加载,应该在调用 readDwgFile 函数之后执行 AcDbDatabase 类的 applyPartialOpenFilters 函数,最后还要执行 closeInput 函数。

applyPartialOpenFilters 函数的定义为:

Acad::ErrorStatus applyPartialOpenFilters(
const AcDbSpatialFilter * pSpatialFilter,
const AcDbLayerFilter * pLayerFilter);

其中,pSpatialFilter 指定了模型空间中的一个三维区域进行空间过滤,pLayerFilter 则指定了所要进行过滤的图层。

6.2.2 图块操作

图块是若干实体的结合,作为 AutoCAD 数据库中的一种对象,分为不带属性的简单块

和带属性的复杂图块。

块输出操作使用 wblock 函数,其功能是将图形中的一部分或全部输出到外部图形文件中,该函数有三个不同的版本:

```
Acad::ErrorStatus  wblock( AcDbDatabase * & pOutputDb);  // 保存全部图形到一个块中
Acad::ErrorStatus  wblock( AcDbDatabase * & pOutputDb, AcDbObjectId blockId);
     // 将当前图形中的一个有名块(blockid)拷贝到新图形文件的模型空间中
Acad::ErrorStatus wblock( AcDbDatabase * & pOutputDb, const AcDbObjectIdArray& outObjIds,
const AcGePoint3d& basePoint);   // 将当前图形中一组选定的实体保存到新的图形文件中
```

1. 创建一简单的块表记录

以下函数将创建一简单的图形块,并将直线追加到块中。具体方法是:
(1) 创建并命名一个新的块表记录;
(2) 从当前图形数据库中获取块表指针(一般情况下总是少不了该过程);
(3) 将新的块表记录追加到块表中,并关闭块表;
(4) 定义并生成一直线;
(5) 在块表记录中追加新生成的直线;
(6) 关闭直线和块表记录。

```
void  makeABlock()
{      //   创建并命名一个新块表记录
    AcDbBlockTableRecord * pBlockTableRec = new AcDbBlockTableRecord();
    pBlockTableRec->setName("ASDK-NO-ATTR"); // 设置块表记录名
    AcDbBlockTable * pBlockTable = NULL;
acdbHostApplicationServices()->workingDatabase()
->getSymbolTable(pBlockTable, AcDb::kForWrite); // 取块表指针
    AcDbObjectId blockTableRecordId;
    pBlockTable->add(blockTableRecordId, pBlockTableRec);// 追加新的块表记录
    pBlockTable->close(); // 关闭块表
    // 生成一个直线实体,并追加到块表记录中
    AcDbLine * pLine = new AcDbLine();
    AcDbObjectId lineId;
    pLine->setStartPoint(AcGePoint3d(3, 3, 0));
    pLine->setEndPoint(AcGePoint3d(6, 6, 0));
    pLine->setColorIndex(3);
    pBlockTableRec->appendAcDbEntity(lineId, pLine);
    pLine->close();
    pBlockTableRec->close();
}
```

2. 创建一个带属性定义的块表记录

属性是与块有关的文字信息,用于描述块的某些特征。属性的特性值主要有:①属性文字的插入点、高度、旋转角度、对齐方式和宽度;②属性的提示符;③属性的缺省值;④属性的模式;⑤属性的标签名等。

创建一个带属性定义的块表记录过程如下：

①创建一块表记录；②设置块名和块定义的基点；③将块表记录加入到块表中；④创建一个圆实体，并将其加入到块表记录中；⑤创建一属性定义实体，并设置各个属性值；⑥追加属性到块表记录中。

```cpp
void defineBlockWithAttributes( AcDbObjectId& blockId, const AcGePoint3d& basePoint, double textHeight, double textAngle)
{
    int retCode = 0;
    AcDbBlockTable * pBlockTable = NULL;
    AcDbBlockTableRecord * pBlockRecord = new AcDbBlockTableRecord;
    AcDbObjectId entityId;
    // 步骤1：设置块名和块定义的基点
    pBlockRecord->setName("ASDK-BLOCK-WITH-ATTR");
    pBlockRecord->setOrigin(basePoint);
    // 打开块表准备写
    acdbHostApplicationServices()->workingDatabase()->getSymbolTable(pBlockTable, AcDb::kForWrite);
    //步骤2：将块表记录加入到块表中
    pBlockTable->add(blockId, pBlockRecord);
    //步骤3：创建一个圆实体
    AcDbCircle * pCircle = new AcDbCircle;
    pCircle->setCenter(basePoint);
    pCircle->setRadius(textHeight * 4.0);
    pCircle->setColorIndex(3);
    // 将圆实体追加到块表记录中
    pBlockRecord->appendAcDbEntity(entityId, pCircle);  pCircle->close();
    //步骤4：创建一属性定义实体
    AcDbAttributeDefinition * pAttdef= new AcDbAttributeDefinition;
    // 设置属性定义值
    pAttdef->setPosition(basePoint);
    pAttdef->setHeight(textHeight);
    pAttdef->setRotation(textAngle);
    pAttdef->setHorizontalMode(AcDb::kTextLeft);
    pAttdef->setVerticalMode(AcDb::kTextBase);
    pAttdef->setPrompt("Prompt");
    pAttdef->setTextString("DEFAULT");
    pAttdef->setTag("Tag");    pAttdef->setInvisible(Adesk::kFalse);
    pAttdef->setVerifiable(Adesk::kFalse);    pAttdef->setPreset(Adesk::kFalse);
    pAttdef->setConstant(Adesk::kFalse);    pAttdef->setFieldLength(25);
    // 追加属性定义到块中
    pBlockRecord->appendAcDbEntity(entityId, pAttdef);
    // 创建第二个属性定义实体（在这里为克隆第一个属性实体）
    AcDbAttributeDefinition * pAttdef2 = AcDbAttributeDefinition::cast(pAttdef->clone
```

```
());
        // 设置属性定义值
        AcGePoint3d tempPt(basePoint);      tempPt.y -= pAttdef2->height();
        pAttdef2->setPosition(tempPt);       pAttdef2->setColorIndex(1); // Red
        pAttdef2->setConstant(Adesk::kTrue);
        // 追加第二个属性值到块中
        pBlockRecord->appendAcDbEntity(entityId, pAttdef2);
        pAttdef->close();      pAttdef2->close();
        pBlockRecord->close();   pBlockTable->close();
        return;
}
```

3. 创建一个带属性的块引用

块引用是引用一个块表记录的实体。引用块目的是更好节省内存空间。

属性块的引用分成块的引用和向插入的块中附加属性信息。在定义属性块时，属性实质上是附加于构成图块的某一个实体上的一个或多个非图形信息。因此，在插入属性时必须检索出属性块定义时的所有附加信息，然后将其附加于块引用的相应实体上。以下是创建一个带属性的块引用例程。

```
void addBlockWithAttributes()
{       AcGePoint3d basePoint; // 为块引用、块定义和属性定义输入插入点
        if (acedGetPoint(NULL, "\nEnter insertion point:", asDblArray(basePoint)) != RTNORM)
return;
        double textAngle; // 为属性定义输入旋转角
        if(acedGetAngle(asDblArray(basePoint),"\nEnter rotation angle:",&textAngle) != RTNORM
            return;
        double textHeight; // 确定属性定义字体的高度
        if (acedGetDist(asDblArray(basePoint), "\nEnter text height:", &textHeight) != RTNORM)
return;
        AcDbObjectId blockId; // 建立要插入的块
        defineBlockWithAttributes(blockId, basePoint, textHeight, textAngle);
        // 步骤1：新建一块引用对象
        AcDbBlockReference *pBlkRef = new AcDbBlockReference;
        //步骤2：建立块引用
        pBlkRef->setBlockTableRecord(blockId);

        // 赋于当前 UCS 标准
        struct resbuf to, from;
        from.restype = RTSHORT;    from.resval.rint = 1; // UCS
        to.restype = RTSHORT;      to.resval.rint = 0; // WCS
        AcGeVector3d normal(0.0, 0.0, 1.0);
        acedTrans(&(normal.x), &from, &to, Adesk::kTrue, &(normal.x));
        // 为块引用设置插入点
        pBlkRef->setPosition(basePoint);     pBlkRef->setRotation(0.0);
```

```cpp
pBlkRef->setNormal(normal);
//步骤3：打开当前数据库模型空间块表记录
AcDbBlockTable * pBlockTable;
acdbHostApplicationServices()->workingDatabase()->getSymbolTable(pBlockTable, AcDb::kForRead);
AcDbBlockTableRecord * pBlockTableRecord;
pBlockTable->getAt(ACDB_MODEL_SPACE, pBlockTableRecord, AcDb::kForWrite);
pBlockTable->close();
// 将块引用追加到模型空间的块表记录中
AcDbObjectId newEntId;
pBlockTableRecord->appendAcDbEntity(newEntId, pBlkRef);
pBlockTableRecord->close();
//步骤4：打开块定义，准备读
AcDbBlockTableRecord * pBlockDef;
acdbOpenObject(pBlockDef, blockId, AcDb::kForRead);
// 创建块表记录遍历器来遍历属性定义
   AcDbBlockTableRecordIterator * pIterator;
pBlockDef->newIterator(pIterator);
AcDbEntity * pEnt;
AcDbAttributeDefinition * pAttdef;
for (pIterator->start(); ! pIterator->done();
     pIterator->step())
{   // 获取下一个实体
     pIterator->getEntity(pEnt, AcDb::kForRead);
     // 确保实体是一个属性定义而不是一个常量
     pAttdef = AcDbAttributeDefinition::cast(pEnt);
     if (pAttdef ! = NULL && ! pAttdef->isConstant()) {
          AcDbAttribute * pAtt = new AcDbAttribute();// 建立一个属性实体
          pAtt->setPropertiesFrom(pAttdef);
          pAtt->setInvisible(pAttdef->isInvisible());
          // 通过块引用转移属性
          basePoint = pAttdef->position();
          basePoint += pBlkRef->position().asVector();
          pAtt->setPosition(basePoint);    pAtt->setHeight(pAttdef->height());
          pAtt->setRotation(pAttdef->rotation());
          pAtt->setTag("Tag");    pAtt->setFieldLength(25);
          char * pStr = pAttdef->tag();    pAtt->setTag(pStr);    free(pStr);
          pAtt->setFieldLength(pAttdef->fieldLength());
          pAtt->setTextString("Assigned Attribute Value");
          AcDbObjectId attId;
          pBlkRef->appendAttribute(attId, pAtt);
          pAtt->close();
     }
```

```
            pEnt->close();         }     delete pIterator;
        pBlockDef->close();        pBlkRef->close();
}
```

4. 遍历块表记录

下面的函数就是遍历块表中的所有实体，并将其打印出。

```
void printAll()
{    int rc;  char blkName[50];
    rc = acedGetString(Adesk::kTrue, " Enter Block Name < CR for current space >: ", blkName);
        if (rc != RTNORM)     return;
        if (blkName[0] == '\0') {
            if (acdbHostApplicationServices()->workingDatabase()->tilemode() == Adesk::kFalse) {
                struct resbuf rb;
                acedGetVar("cvport", &rb);
                if (rb.resval.rint == 1) { strcpy(blkName, ACDB_PAPER_SPACE);
                } else {   strcpy(blkName, ACDB_MODEL_SPACE);    }
            } else {    strcpy(blkName, ACDB_MODEL_SPACE);       }
        }
        AcDbBlockTable * pBlockTable;
        acdbHostApplicationServices()->workingDatabase()->getSymbolTable(pBlockTable, AcDb::kForRead);
        AcDbBlockTableRecord * pBlockTableRecord;
        pBlockTable->getAt(blkName, pBlockTableRecord, AcDb::kForRead);
        pBlockTable->close();

        AcDbBlockTableRecordIterator * pBlockIterator;
        pBlockTableRecord->newIterator(pBlockIterator);
        for (; ! pBlockIterator->done(); pBlockIterator->step())
        {    AcDbEntity * pEntity;
            pBlockIterator->getEntity(pEntity, AcDb::kForRead);
            AcDbHandle objHandle;
            pEntity->getAcDbHandle(objHandle);
            char handleStr[20];
            objHandle.getIntoAsciiBuffer(handleStr);
            const char * pCname = pEntity->isA()->name();
            acutPrintf("Object Id %lx, handle %s, class %s.\n", pEntity->objectId(), handleStr, pCname);
            pEntity->close();
        }
        delete pBlockIterator;
        pBlockTableRecord->close();     acutPrintf("\n");}
```

6.2.3 插入数据库

可以用 AcDbDatabase::insert() 函数在图形数据库中插入另一个图形数据库，AutoCAD 将把这两个数据库对象结合起来。

如果两个数据库的对象有冲突，AutoCAD 将保留目的数据库中的数据。插入函数有 3 种形式：

（1）将外部图形数据库的内容作为一个块表记录保存在当前的图形数据库中。

```
Acad::ErrorStatus insert(
    AcDbObjectId& blockId,
const char * pBlockName,
AcDbDatabase * pDb,
bool preserveSourceDatabase = true);
```

（2）将外部图形数据库的内容插入到当前图形数据库的模型空间。

```
Acad::ErrorStatus insert(
const AcGeMatrix3d& xform,
AcDbDatabase * pDb,
Bool preserveSourceDatabase = Adesk::kTrue);
```

（3）将外部图形数据库的内容作为一个新的块表记录 pDestinationBlockName 添加到当前图形数据库中，并且将当前图形数据库中原有的块表记录 pSourceBlockName 的所有内容添加到新的块表记录 pDestinationBlockName 中。

```
Acad::ErrorStatus insert(
AcDbObjectId& blockId,
const char * pSourceBlockName,
const char * pDestinationBlockName,
AcDbDatabase * pDb,
bool preserveSourceDatabase = true);
```

下面的例子说明了插入函数的应用。

```
void ImportBlkDef()
{
// 提示用户选择图形文件
AcDbDatabase pExternalDb(Adesk::kFalse); // 外部图形数据库
struct resbuf * rb;
rb = acutNewRb(RTSTR);
if (RTNORM ! = acedGetFileD("选择图形文件名称", NULL, "dwg", 0,
rb))
{
acutRelRb(rb); // 意外退出时要释放结果缓冲区
return;
}
if (Acad::eOk ! = pExternalDb.readDwgFile(rb->resval.rstring))
```

```cpp
{
    acedAlert("读取 DWG 文件失败!");
    acutRelRb(rb); // 意外退出时要释放结果缓冲区
    return;
}
acutRelRb(rb);
// 获得名称为 Blk 的块表记录
AcDbBlockTable* pBlkTbl;
if (Acad::eOk != pExternalDb.getBlockTable(pBlkTbl, AcDb::kForRead))
{
    acedAlert("获得块表失败!");
    return;
}
AcDbBlockTableRecord* pBlkTblRcd;
Acad::ErrorStatus es = pBlkTbl->getAt(_T("Blk"), pBlkTblRcd, AcDb::kForRead);
pBlkTbl->close();
if (Acad::eOk != es) {
    acedAlert("获得指定的块表记录失败!");
    return;
}
// 创建块参照遍历器
AcDbBlockReferenceIdIterator* pItr;
if (Acad::eOk != pBlkTblRcd->newBlockReferenceIdIterator(pItr))
{
    acedAlert("创建遍历器失败!");
    pBlkTblRcd->close();
    return;
}
// 找到图形中的第一个符合要求的块参照,将其添加到 ObjectId 数组中
AcDbObjectIdArray list; // 导出到临时图形数据库的实体数组
for (pItr->start(); !pItr->done(); pItr->step())
{
    AcDbObjectId blkRefId;
    if (Acad::eOk == pItr->getBlockReferenceId(blkRefId))
    {
        list.append(blkRefId);
        break;
    }
}
delete pItr;
pBlkTblRcd->close();
if (list.isEmpty()) {
    acedAlert("实体数组中未包含任何实体!");
```

```
    return;
}
AcDbDatabase *pTempDb; // 临时图形数据库
// 将list数组中包含的实体输出到一个临时图形数据库中
if(Acad::eOk != pExternalDb.wblock( pTempDb, list, AcGePoint3d::kOrigin ))
{
    acedAlert("wblock 操作失败!");
    return;
}
// 将临时数据库的内容插入到当前图形数据库
if(Acad::eOk != acdbHostApplicationServices()->workingDatabase()
   ->insert(AcGeMatrix3d::kIdentity, pTempDb))
    acedAlert("insert 操作失败!");
delete pTempDb;
// 如果不需要保留块参照,将模型空间中的最后一个对象删除即可
ads_name lastEnt;
if(acdbEntLast(lastEnt) != RTNORM)
{
    acedAlert("获得模型空间最后一个实体失败!");
    return;
}
AcDbObjectId entId;
es = acdbGetObjectId(entId, lastEnt);
AcDbEntity *pEnt;
es = acdbOpenAcDbEntity(pEnt, entId, AcDb::kForWrite);
pEnt->erase();
pEnt->close();
}
```

6.2.4 设置图形数据库的当前特性值

1. 设置当前颜色值

如果未给实体指定颜色,就使用数据库的当前颜色值。当前颜色值存储在 CECOLOR 系统变量中,下面的函数设置或返回数据库中当前颜色值:

Acad::ErrorStatus AcDbDatabase::setCecolor(const AcCmColor& color);
　　　// 设置数据库的当前颜色
AcCmColor AcDbDatabase::cecolor() const;
// 图形数据库的当前颜色值保存在系统变量 CECOLOR 中。

2. 设置当前线型值

Acad::ErrorStatus AcDbDatabase::setCeltype(　AcDbObjectId objId);
　　　　　// 设置当前值
AcDbObjectId AcDbDatabase::celtype() const;
查询当前的线型

图形数据库的当前线型值保存在系统变量 CELTYPE 中。

3. 设置当前线型比例

(1) 当前图形的全局线型比例,保存在系统变量 LTSCALE 中。设置和查询函数:

```
Acad::ErrorStatus  AcDbDatabase::setLtscale(double scale);
double AcDbDatabase::ltScale() const;
```

(2) 当前实体的线型比例,保存在系统变量 CELTSCALE 中。设置和查询函数:

```
Acad::ErrorStatus AcDbDatabase::setCeltscale(double scale);
double AcDbDatabase::celtscale() const;
```

(3) 系统变量 PSLTSCALE 是一个标志,用来指示实体采用的线型比例是相对于实体所在的空间还是相对于实体在图纸空间中的显示。设置和查询函数:

```
Acad::ErrorStatus AcDbDatabase::setPsltscale(bool scale)
bool AcDbDatabase::psltscale() const;
```

4. 设置数据库的层值

```
Acad::ErrorStatus AcDbDatabase::setClayer( AcDbObjectId objId); // 设置
AcDbObjectId AcDbDatabase::clayer() const;    // 查询
```

下面的例子演示了相关函数的应用,用以指定图层的颜色。

```
void LayerColor()
{
// 提示用户输入要修改的图层名称
char layerName[100];
if (acedGetString(Adesk::kFalse,"\n 请输入图层的名称:",
layerName)! = RTNORM)
{
return;
}
// 获得当前图形的层表
AcDbLayerTable * pLayerTbl;
acdbHostApplicationServices()->workingDatabase()->getLayerTable(pLayerTbl, AcDb::kForRead);
// 判断是否包含指定名称的层表记录
if (! pLayerTbl->has(layerName))
{
pLayerTbl->close();
return;
}
// 获得指定层表记录的指针
AcDbLayerTableRecord * pLayerTblRcd;
pLayerTbl->getAt(layerName, pLayerTblRcd, AcDb::kForWrite);
// 弹出"颜色"对话框
```

```
AcCmColor oldColor = pLayerTblRcd->color();
int nCurColor = oldColor.colorIndex(); // 图层修改前的颜色
int nNewColor = oldColor.colorIndex(); // 用户选择的颜色
if (acedSetColorDialog(nNewColor, Adesk::kFalse, nCurColor))
{
    AcCmColor color;
    color.setColorIndex(nNewColor);
    pLayerTblRcd->setColor(color);
}
pLayerTblRcd->close();
pLayerTbl->close();
}
```

5. 创建字体样式

在 AutoCAD 中可以使用 STYLE 命令创建新的字体样式,包括设置样式名、选择字体文件和确定字体效果三个步骤。使用 ObjectARX 创建字体样式,需要执行下面的步骤:①获得当前图形的字体样式表;②创建新的字体样式表记录对象;③用 setName 函数设置字体样式表记录的名称;④用 setFileName 函数设置字体样式表记录的字体;⑤用 setXScale 函数设置字体样式的高宽比;⑥将新的字体样式表记录添加到字体样式表中。

```
void AddStyle()
{
// 获得字体样式表
AcDbTextStyleTable *pTextStyleTbl;
acdbHostApplicationServices()->workingDatabase()
    ->getTextStyleTable(pTextStyleTbl, AcDb::kForWrite);
// 创建新的字体样式表记录
AcDbTextStyleTableRecord *pTextStyleTblRcd;
pTextStyleTblRcd = new AcDbTextStyleTableRecord();
// 设置字体样式表记录的名称
pTextStyleTblRcd->setName("仿宋体");
// 设置字体文件名称
pTextStyleTblRcd->setFileName("simfang.ttf");
// 设置高宽比例
pTextStyleTblRcd->setXScale(0.7);
// 将新的记录添加到字体样式表
pTextStyleTbl->add(pTextStyleTblRcd);
pTextStyleTblRcd->close();
pTextStyleTbl->close();
}
```

6. 标注样式

利用 ObjectARX 应用程序可以设置标注样式的名称、箭头大小、尺寸界线超出尺寸线的长度、文字和标注线的位置关系,以及标注文字的高度。具体过程包括:①创建一个新的标注样式表记录对象;②设置标注样式表记录的各项特性,例如标注样式的名称、文字高度、箭头大小等;③将新的标注样式表记录添加到当前图形的标注样式表中。下面的函数演示了如何创建一种标注样式:

```cpp
void AddDimStyle()
{
// 获得要创建的标注样式名称
char styleName[100];
if (acedGetString(Adesk::kFalse,"\n输入新样式的名称:",
styleName)!= RTNORM)
{
return;
}
// 获得当前图形的标注样式表
AcDbDimStyleTable * pDimStyleTbl;
acdbHostApplicationServices()->workingDatabase()
->getDimStyleTable(pDimStyleTbl, AcDb::kForWrite);
if (pDimStyleTbl->has(styleName))
{
pDimStyleTbl->close();
}
// 创建新的标注样式表记录
AcDbDimStyleTableRecord * pDimStyleTblRcd;
pDimStyleTblRcd = new AcDbDimStyleTableRecord();
// 设置标注样式的特性
pDimStyleTblRcd->setName(styleName); // 样式名称
pDimStyleTblRcd->setDimasz(3); // 箭头长度
pDimStyleTblRcd->setDimexe(3); // 尺寸界线与标注点的偏移量
pDimStyleTblRcd->setDimtad(1); // 文字位于标注线的上方
pDimStyleTblRcd->setDimtxt(3); // 标注文字的高度
pDimStyleTbl->add(pDimStyleTblRcd);// 将标注样式表记录添加到标注样式表中
pDimStyleTblRcd->close();
pDimStyleTbl->close();
}
```

6.2.5 事务操作

对多个对象进行多个操作被成组地包装起来形成一个原子操作,称之为事务。通过事务处理:①可有效地避免打开和关闭机制带来的各种错误和冲突;②可减少各种操作引来的提交次数,提高了系统的执行效率;③便于系统在网络环境下工作。

1. 和事务处理相关的类和函数

(1) AcTransaction 用以扩展对对象的打开和关闭操作

virtual Acad::ErrorStatus getAllObjects(AcDbVoidPtrArray& objs); // 返回当前事务中的所有

对象

virtual Acad::ErrorStatus getObject(AcDbObject * & pObject, AcDbObjectId objectId, AcDb::OpenMode mode, bool openErasedObject = false); // 返回一个对象的指针

(2) AcTransactionManger 用以开始、结束和终止一个事务

存取函数：

virtual Acad::ErrorStatus getAllObjects(AcDbVoidPtrArray& objects); // 返回事务中的所有对象
virtual Acad::ErrorStatus getObject(AcDbObject * & pObject, AcDbObjectId objectId, AcDb::OpenMode mode, Adesk::Boolean openErasedObject = Adesk::kFalse); // 获取对象指针

查询函数：

virtual int numActiveTransactions(); // 返回当前活动的事务数
virtual AcTransaction * topTransaction(); // 返回最顶层上的事务

编辑函数：

virtual Acad::ErrorStatus abortTransaction(); // 放弃事务堆栈中的顶层事务
virtual Acad::ErrorStatus addNewlyCreatedDBRObject(AcDbObject * pObject, Adesk::Boolean add = Adesk::kTrue);// 在顶层事务中追加或删除一个对象
virtual void addReactor(AcTransactionReactor * pReactor); // 追加一个事务反应器
virtual Acad::ErrorStatus enableGraphicsFlush(Adesk::Boolean doEnable);
// 打开或关闭图形重新生成开关
virtual Acad::ErrorStatus endTransaction(); // 结束顶层事务
virtual void flushGraphics(); // 更新图形显示
virtual Acad::ErrorStatus queueForGraphicsFlush(); // 查询图形的变化
virtual void removeReactor(AcTransactionReactor * pReactor); // 清除反应器对象
virtual AcTransaction * startTransaction(); // 开始一个新的事务

(3) AcTransactionReactor   客户化反应器类的基类

通知函数：

virtual void endCalledOnOutermostTransaction(int& numTransactions, AcDbTransactionManager * transactionManagerPtr);   // 说明在所有事务中做的修改正在向数据库提交
virtual void objectIdSwapped(const AcDbObject * pTransResObj, const AcDbObject * pOtherObj,AcDbTransactionManager * transactionManagerPtr);
    // 当指向事务层对象 pTransResObj 涉及到 swapapIdwith()操作时事务管理器发出通知
virtual void transactionAborted(int& numTransactions, AcDbTransactionManager * transactionManagerPtr);   // 当活动事务被终止时调用
virtual void transactionAboutToAbort(int& numTransactions, AcDbTransactionManager * transactionManagerPtr); // 当活动事务将被终止时调用
virtual void transactionAboutToEnd(int& numTransactions, AcDbTransactionManager * transactionManagerPtr); // 当活动事务将被结束时调用

virtual void transactionAboutToStart(int& numTransactions,

```
AcDbTransactionManager * transactionManagerPtr);   // 当一个新的事务将要开始时调用
virtual void transactionEnded(int& numTransactions,
AcDbTransactionManager * transactionManagerPtr);   // 当一个事务正在结束时调用
virtual void transactionStarted(int& numTransactions,
AcDbTransactionManager * transactionManagerPtr);   当一个事务开始时调用
```

2. 在程序中使用事务管理

(1) 事务可以嵌套

可在一个事务的内部启动另外一个事务,并能结束或异常退出最近的事务。在事务的嵌套过程中:①当从对象的 ID 获取对象的指针时,他们总是与最近的事务相关的;②外层事务中的对象指针可以在最内层事务中进行操作;③如果最内层事务成功结束,则在最内层中获得的指针对象就开始于上一层事务相关联,并能有效地操作。

(2) 事务边界要有限

事务边界是在事务启动和事务结束或异常退出之间的时间段。建议将事务边界设置在最小的可能范围内。当一个函数作为一个注册命令的一部分被调用时,启动一个事务并在该函数返回时结束该事务。

(3) 在事务中获得对象的指针

可通过 AcTransactionManager::getObject() 和 AcTransaction::getObject() 获取对象的指针。但关闭该对象时就不能调用该对象的 close() 函数。Close() 函数只能在用 acdbOpenObject() 获得的指针或新创建的对象上调用。

(4) 新创建的对象和事务

在 ARX 应用程序中,可用两种方法处理事务管理中的新建对象:

一是将新建的对象加入到数据库或合适的容器中并保存其返回的 ID 后,再用 close() 关闭该对象,进一步的操作可以使用 getObject() 函数获得该对象指针。

二是将新建的对象加入到数据库或合适的容器中后,使用 AcTransactionManager::addNewlyCreatedDBRObject() 或 AcTransaction::addNewlyCreatedDBRObject 函数将它加入到最近的事务中。

(5) 事务处理和图形生成

可通过 AcTransactionManager :: queueForGraphicsFlush() 和 AcTransactionManager :: flushGraphics() 来绘制实体,而不管对实体的修改是否提交到数据库中。这样做的目的是查看屏幕上特定实体而不用等到所有的实体被修改完成后且最外层的事务都结束后再去看。使用 AcTransactionManager::enableGraphicsFlush() 函数可以允许或禁止在事务进行过程中绘制实体。

3. 事务处理程序

以下是一个三层嵌套事务处理的例子。事件的顺序如下:

(1) 创建一个多边形并将其追加到数据库中。

(2) 启动事务一:

选择该多边形并获得指向它的指针,以读的方式打开它;

拉伸多边形创建一个棱柱实心体;

在拉伸多边形的同时创建一个圆柱体。

(3) 启动事务二：

从棱柱中减去一个小圆柱体。

(4) 启动事务三：

沿着 X/Z 平面将实体切为两半，并沿 X 轴移动它；

问"是否退出异常事务"，回答"是"。

(5) 再启动事务三：

沿着 Y/Z 平面将实体切为两半，并沿 Y 轴移动它。

(6) 结束事务三。

(7) 结束事务二。

(8) 结束事务一。

通过本例程读者可掌握：①如何启动、结束和终止一个事务；②如何通过事务进行 UNDO 操作；③进一步了解事务管理反应器的使用方法。

```
void transactCommand() // 测试事务处理用函数
{   Adesk::Boolean interrupted;     Acad::ErrorStatus es = Acad::eOk;
    AcDbObjectId savedCylinderId,savedExtrusionId;
    // 创建一个多边形，并将其添加到数据库中.
    acutPrintf("\n 正在创建一个多边形...并按提示要求输入");
    if ((es = createAndPostPoly()) != Acad::eOk)    return;
    AcTransaction * pTrans= actrTransactionManager->startTransaction(); // 启动事务
    assert(pTrans != NULL);
    acutPrintf("\n\n    启动事务一\n");
    // 选择一个多边形并拉伸它
    AcDbObject    * pObj = NULL; AsdkPoly      * pPoly = NULL;
    AcDb3dSolid   * pSolid = NULL;
    AcDbObjectId  objId; ads_name    ename;ads_point    pickpt;
    for (;;) { switch (acedEntSel("选一个多边形: ", ename, pickpt))
    {   case RTNORM:
        acdbGetObjectId(objId, ename);
        if ((es = pTrans->getObject(pObj, objId, AcDb::kForRead)) != Acad::eOk)
        {  acutPrintf("\n 通过事务获取对象失败");
           actrTransactionManager->abortTransaction(); /* 中止事务 */ return;   }
           assert(pObj != NULL);    pPoly = AsdkPoly::cast(pObj);
            if (pPoly == NULL) { acutPrintf("\n 非多边形. 重选"); continue;   } break;
        case RTNONE:
        case RTCAN:actrTransactionManager->abortTransaction();return;
        default:          continue;      }       break;
    }
    // 多边形已创建，将其转化为面域，拉伸它
    acutPrintf("\n 将拉伸该多边形.");       AcGePoint2d c2d = pPoly->center();
    ads_point pt;
    pt[0] = c2d[0]; pt[1] = c2d[1]; pt[2] = pPoly->elevation();
```

```
acdbEcs2Ucs(pt,pt,asDblArray(pPoly->normal()),Adesk::kFalse);
double height;
if (acedGetDist(pt,"\n 输入拉伸高度",&height)!=RTNORM)
{    actrTransactionManager->abortTransaction();/* 中止事务 */return;    }
if ((es = extrudePoly(pPoly, height,savedExtrusionId))!=Acad::eOk)
      { actrTransactionManager->abortTransaction();    return;    }
// 创建一个等高圆柱体
double radius = (pPoly->startPoint()- pPoly->center()).length() * 0.5;
pSolid = new AcDb3dSolid;    assert(pSolid!=NULL);
pSolid->createFrustum(height, radius, radius, radius);
AcGeMatrix3d mat(AcGeMatrix3d::translation(pPoly->elevation() * pPoly->normal()) *
      AcGeMatrix3d::planeToWorld(pPoly->normal()));pSolid->transformBy(mat);
// 沿法线方向将其移动到半高的距离
AcGeVector3d x(1, 0, 0), y(0, 1, 0), z(0, 0, 1);
AcGePoint3d  moveBy(pPoly->normal()[0] * height * 0.5, pPoly->normal()[1] * height * 0.5,
                    pPoly->normal()[2] * height * 0.5);
mat.setCoordSystem(moveBy, x, y, z); pSolid->transformBy(mat);
addToDb(pSolid, savedCylinderId);
actrTransactionManager->addNewlyCreatedDBRObject(pSolid);    pSolid->draw();
acutPrintf("\n 在多边形中心已创建了一个圆柱体.");
// 启动第二个事务,实现二个实体之间的差运算
pTrans = actrTransactionManager->startTransaction();assert(pTrans!=NULL);
acutPrintf("\n\n   启动事务二. \n");
AcDb3dSolid * pExtrusion, * pCylinder;
if ((es = getASolid("\n 选择凌柱体: ", pTrans,
    AcDb::kForWrite, savedExtrusionId, pExtrusion))!=Acad::eOk)
    { actrTransactionManager->abortTransaction(); actrTransactionManager->abortTransaction();
      return;    } assert(pExtrusion!=NULL);
if ((es = getASolid("\n 选择圆柱体: ", pTrans,
    AcDb::kForWrite, savedCylinderId, pCylinder))!=Acad::eOk)
    { actrTransactionManager->abortTransaction();actrTransactionManager->abortTransaction();
      return;    }    assert(pCylinder!=NULL);
pExtrusion->booleanOper(AcDb::kBoolSubtract, pCylinder);
pExtrusion->draw();    acutPrintf("\n 从棱柱体上减去一个圆柱体.");
assert(pCylinder->isNull());    pCylinder->erase();
// 启动第三个事务,并将前面的实体切成两半
pTrans = actrTransactionManager->startTransaction();   assert(pTrans!=NULL);
acutPrintf("\n\n 启动事务三 \n");
AcGeVector3d vec, normal;    AcGePoint3d sp,center;
pPoly->getStartPoint(sp);       pPoly->getCenter(center);    vec = sp - center;
```

```
        normal = pPoly->normal().crossProduct(vec);        normal.normalize();
        AcGePlane sectionPlane(center, normal);       AcDb3dSolid * pOtherHalf = NULL;
        pExtrusion->getSlice(sectionPlane, Adesk::kTrue, pOtherHalf);       assert(pOtherHalf !
= NULL);
        // 将另一半沿着向量方向移动向量长的 3 倍
        moveBy.set(vec[0] * 3.0, vec[1] * 3.0, vec[2] * 3.0);
        mat.setCoordSystem(moveBy, x, y, z);       pOtherHalf->transformBy(mat);
        AcDbObjectId otherHalfId;       addToDb(pOtherHalf, otherHalfId);
        actrTransactionManager->addNewlyCreatedDBRObject(pOtherHalf);
        pOtherHalf->draw();       pExtrusion->draw();
        acutPrintf("\n 已将实体切成两半,并移动了另一半");
        Adesk::Boolean yes = Adesk::kTrue;
        if (getYOrN("\n 让我们退出事务三, yes?"
            "[Y]: ", Adesk::kTrue, yes, interrupted) == Acad::eOk   && yes == Adesk::kTrue)
        {   acutPrintf("\n\n 异常退出事务 3   \n");      actrTransactionManager->abortTransac-
tion();
            acutPrintf("\n 返回到没有切分时的实体.");       pExtrusion->draw();
            char option[256];      acedGetKword("\n 按一键继续.", option);
        } else { acutPrintf("\n\n 结束事务 3 \n"); actrTransactionManager->endTransaction
();    }
        // 启动事务 3,切分实体
        pTrans = actrTransactionManager->startTransaction();      assert(pTrans != NULL);
        acutPrintf("\n\n   启动事务 3\n");
        moveBy.set(normal[0] * 3.0, normal[1] * 3.0, normal[2] * 3.0);
        normal = vec;   normal.normalize();       sectionPlane.set(center, normal);
        pOtherHalf = NULL;
        pExtrusion->getSlice(sectionPlane, Adesk::kTrue, pOtherHalf);       assert(pOtherHalf !
= NULL);
        mat.setCoordSystem(moveBy, x, y, z); pOtherHalf->transformBy(mat); addToDb(pOtherHalf,
otherHalfId);
        actrTransactionManager->addNewlyCreatedDBRObject(pOtherHalf);
        pOtherHalf->draw();       pExtrusion->draw();
        acutPrintf("\n 已沿旧平面正交的平面将实体切成两半,并移动另一个切分体");
        yes = Adesk::kFalse;
        if (getYOrN("\n 异常退出事务 3 ? <No> : ", Adesk::kFalse, yes, interrupted) ==
Acad::eOk
            && yes == Adesk::kTrue)
        {   acutPrintf("\n\n 异常终止事务 3. \n");
            actrTransactionManager->abortTransaction(); acutPrintf("\n 回到没有切分的
实体.");
        } else { acutPrintf("\n\n 结束事务 3\n");   actrTransactionManager->endTransaction
();    }
        yes = Adesk::kFalse;
```

```cpp
        if (getYOrN("\n 异常退出事务 2？<No> ：", Adesk::kFalse, yes, interrupted) == Acad::eOk
            && yes == Adesk::kTrue)
        {   acutPrintf("\n\n 异常退出事务 2\n");    actrTransactionManager->abortTransaction();
            acutPrintf("\n 返回到两个独立的拉伸体.");
        } else {    acutPrintf("\n\n 结束事务 2\n");    actrTransactionManager->endTransaction(); }
        yes = Adesk::kFalse;
        if (getYOrN("\n 异常退出事务 1？<No> ：",
            Adesk::kFalse, yes,interrupted) == Acad::eOk && yes == Adesk::kTrue)
        {   acutPrintf("\n\n 异常退出事务 1\n");
            actrTransactionManager->abortTransaction();    acutPrintf("\n 回到多边形.");
        } else { actrTransactionManager->endTransaction();    acutPrintf("\n\n 结束事务 1\n"); }}

    static Acad::ErrorStatus createAndPostPoly()
    {   int nSides = 0;
        while (nSides < 3) {
            acedInitGet(INP_NNEG, "");
            switch (acedGetInt("\n 输入边数：", &nSides))
            { case RTNORM: if (nSides < 3)    acutPrintf("\n 至少要 3 个边."); break;
            default:    return Acad::eInvalidInput;
            }    }
        ads_point center, startPt, normal;
        if (acedGetPoint(NULL, "\n 输入多边形中心", center) != RTNORM)
        {    return Acad::eInvalidInput;    }
        startPt[0] = center[0]; startPt[1] = center[1]; startPt[2] = center[2];
        while (asPnt3d(startPt) == asPnt3d(center)) {
            switch (acedGetPoint(center,"\n 输入多边形的开始点：", startPt)) {
                case RTNORM:
                    if (asPnt3d(center) == asPnt3d(startPt))    acutPrintf("\n 输入一个不同的点."); break;
                default:    return Acad::eInvalidInput;
            }    }
        normal[X] = 0.0;    normal[Y] = 0.0;    normal[Z] = 1.0;
        acdbUcs2Wcs(normal, normal, Adesk::kTrue); acdbUcs2Ecs(center, center, normal, Adesk::kFalse);
        acdbUcs2Ecs(startPt, startPt, normal, Adesk::kFalse);
        double elev = center[2];
        AcGePoint2d cen = asPnt2d(center),    start = asPnt2d(startPt);
        AcGeVector3d norm = asVec3d(normal);    AsdkPoly * pPoly = new AsdkPoly;
        if (pPoly==NULL)    return Acad::eOutOfMemory;
```

```cpp
    Acad::ErrorStatus es;
    if ((es=pPoly->set(cen, start, nSides, norm, "transactPoly",elev))!=Acad::eOk)
return es;
    pPoly->setDatabaseDefaults( acdbHostApplicationServices()->workingDatabase());
    postToDb(pPoly);    return Acad::eOk;
}

// 按给定的高度拉伸多边形
static Acad::ErrorStatus extrudePoly(AsdkPoly* pPoly, double height, AcDbObjectId& savedExtrusionId)
{   Acad::ErrorStatus es = Acad::eOk;
    AcDbVoidPtrArray lines;    pPoly->explode(lines);
    // 按一系列直线创建一个面域
    AcDbVoidPtrArray regions;    AcDbRegion::createFromCurves(lines, regions);
    assert(regions.length() == 1);
    AcDbRegion* pRegion = AcDbRegion::cast((AcRxObject*)regions[0]);    assert(pRegion != NULL);
    // 拉伸面域生成一个实体
    AcDb3dSolid* pSolid = new AcDb3dSolid;    assert(pSolid != NULL);
    pSolid->extrude(pRegion, height, 0.0);
    for (int i = 0; i < lines.length(); i++) { delete (AcRxObject*)lines[i]; }
    for (i = 0; i < regions.length(); i++) { delete (AcRxObject*)regions[i]; }
    // 追加实体到数据库,并将其与一个事务相关联
    pSolid->setPropertiesFrom(pPoly);    addToDb(pSolid, savedExtrusionId);
    actrTransactionManager->addNewlyCreatedDBRObject(pSolid);
    pSolid->draw();    return Acad::eOk;
}

static Acad::ErrorStatus getASolid(char* prompt, AcTransaction* pTransaction,
        AcDb::OpenMode mode, AcDbObjectId checkWithThisId, AcDb3dSolid*& pSolid)
{   AcDbObject    *pObj = NULL;
    AcDbObjectId objId;  ads_name ename;  ads_point  pickpt;
    for (;;) {
        switch (acedEntSel(prompt, ename, pickpt)) {
            case RTNORM:
                AOK(acdbGetObjectId(objId, ename));
if (objId != checkWithThisId) { acutPrintf("\n 选择一个实体."); continue; }
                AOK(pTransaction->getObject(pObj, objId, mode)); assert(pObj != NULL);
                pSolid = AcDb3dSolid::cast(pObj);
                if (pSolid == NULL) {acutPrintf("\n 不是一个实体,重试");
                    AOK(pObj->close()); continue;   } break;
            case RTNONE:
            case RTCAN: return Acad::eInvalidInput;
            default:    continue;    } break;    }
```

return Acad::eOk;}

6.2.6 图形摘要信息处理

AutoCAD 的摘要信息对于图形的检索非常有帮助,可用 ObjectARX 应用程序保存图形摘要信息。

和摘要信息处理相关的 3 个类和 3 个全局函数如下:

AcDb/AcDbDatabaseSummaryInfo/AcDbDatabaseSummaryInfo class
AcDb/AcDbSummaryInfoReactor/AcDbSummaryInfoReactor class
AcDb/AcDbSummaryInfoManager/AcDbSummaryInfoManager class

其中 AcDbDatabaseSummaryInfo 类被用来封装图形的摘要信息,其中包括了读取和设置图形摘要信息的方法。该类是一个抽象类,必须通过全局函数 acdbGetSummaryInfo 来获得,修改图形摘要信息之后,要使用全局函数 acdbPutSummaryInfo 将其保存导图形数据库中。必须通过全局函数 acdbSummaryInfoManager 获取摘要信息管理器指针。图形摘要信息保存在有名对象字典的"DWGPROPS"字典中,要判断图形是否包含摘要信息,就可以查看有名对象字典的根字典中是否存在关键字为"DWGPROPS"的字典。保存摘要的函数实现如下:

```
void SaveSummaryInfo()
{
// 必须确保加载了 HLobj.arx
if (! acrxDynamicLinker->loadModule("HLobj.arx", 0))
{
acedAlert("未加载必要的摘要信息对象!");
return;
}
// 判断当前图形是否已经包含摘要信息
if (HasSummaryInfo())
return;
AcDbDatabase * pDb;
pDb = acdbHostApplicationServices()->workingDatabase();
// 获得图形的摘要信息
AcDbDatabaseSummaryInfo * pInfo;
Acad::ErrorStatus es;
es = acdbGetSummaryInfo(pDb, pInfo);
pInfo->setAuthor("何亮");
pInfo->setComments("压力机械 Y30 机身.");
pInfo->addCustomSummaryInfo("Size", "A4");
pInfo->addCustomSummaryInfo("语言", "中文");
pInfo->setHyperlinkBase("http://www.hfmiasp.com");
pInfo->setKeywords("ObjectARX");
pInfo->setLastSavedBy("HeLiang");
pInfo->setRevisionNumber("Version 1.0");
```

```
pInfo->setSubject("Development");
pInfo->setTitle("Y30");
// 保存摘要信息
es = acdbPutSummaryInfo(pInfo);
}
```

其中，HasSummaryInfo 是一个自定义函数，用于判断当前图形是否已经保存了摘要信息，其实现代码为：

```
bool HasSummaryInfo()
{
AcDbDictionary * pDict;
acdbHostApplicationServices()->workingDatabase()
->getNamedObjectsDictionary(pDict, AcDb::kForRead);
// 摘要信息保存在有名对象字典的"DWGPROPS"字典中
if (! pDict->has("DWGPROPS"))
{
pDict->close();
return false;
}
pDict->close();
return true;
}
```

AcDbSummaryInfoReactor 类提供一个反应器让你知道摘要信息是否被改变。AcDbSummaryInfoManager 类用来组织摘要信息反应器，如追加、删除一个反应器，当摘要信息被改变时发送一个通知。

6.2.7 数据库操作示例

1. 创建数据库

下面的例子展示了 createDwg() 例程，它创建一个新的数据库，得到模型空间图块表记录，并在模型空间中生成两个圆。它使用 AcDbDatabase::saveAs() 函数存储图形。

```
void createDwg( )
{
AcDbDatabase * pDb = new AcDbDatabase;
AcDbBlockTable * pBlockTable;
pDb ->getSymbolTable(pBlockTable,AcDb::kForRead);
AcDbBlockTableRecord * pBlockTableRecord;
pBlockTable->getAt(ACDB_MODEL_SPACE,pBlockTableRecord,AcDb::kForWrite);
pBlockTable->close();
AcDbCircle * pCirc1 = new AcDbCircle(AcGePoint3d(1.0,1.0,0.0)
, AcGeVector3d(0.0,0.0,1.0), 1.0);
AcDbCircle * pCirc2= new AcDbCircle(AcGePoint3d(4.0,4.0,4.0)
, AcGeVector3d(0.0,0.0,1.0), 2.0);
```

```
pBlockTableRecord->appendAcDbEntity(pCirc1);
pCirc1->close();
pBlockTableRecord->appendAcDbEntity(pCirc2);
pCirc2->close();
pBlockTableRecord->close();
pDb -> saveAs("test1.dwg");
delete pDb;
}
```

2.读取数据库
```
void ReadDwg()
{
AcDbDatabase * pDb = new AcDbDatabase;
if (pDb->readDwgFile("test.dwg")! =Acad::eOk)
{  acutPrintf("读取文件失败!");   return;}
AcDbBlockTable * pBlockTable;
pDb ->getSymbolTable(pBlockTable,AcDb::kForRead);
AcDbBlockTableRecord * pBlockTableRecord;
pBlockTable->getAt(ACDB_MODEL_SPACE,pBlockTableRecord,AcDb::kForWrite);
pBlockTable->close();
pBlockTableRecord->close();
delete pDb;
}
```

6.3 数据库对象

AutoCAD 数据库对象包括实体、符号表记录和词典。主要操纵手段有打开和关闭对象、管理内存中的对象、对象隶属关系和使用扩展数据或对象的扩展词典的扩展对象。

6.3.1 打开和关闭对象

在对对象进行各种操作前,首先必须打开对象。

关键点:

1.对象的句柄、ID 和 C++指针

(1)对象的句柄随图形文件存储在磁盘上,一旦图形对象被创建后,句柄始终不会变化;

(2)对象 ID 是当前图形文件被打开时,由 AutoCAD 分配给每个对象的,ID 值在当前绘图进程中不会变化,但在每次打开时不能保持一致;

(3)对象的 C++指针是在 ObjectARX 程序中打开某一对象时,所返回指向对象的指针。

2.对象名称和 ID 的相互引用

可由 addbHandEnt 函数对象句柄获得对象名称:

acdbHandEnt(const char * Handle, ads_name objName);

（1）从对象的 ID 获取对象的 ads_name：

acdbGetAdsName(ads_name& objName, AcDbObjectId objId);

（2）从对象的 ads_name 获取对象的 ID：

acdbGetObjectId(AcDbObjectId& objId, ads_name objName);

3. 打开对象的几种方式

（1）从对象的 ID 获取对象的 C++指针：

```
Acad::ErrorStatus AcDbDatabase::acdbOpenObject
(AcDbObject*& obj,      // 返回对象的 C++指针
AcDbObjectId id,        // 对象 ID
AcDb::OpenMode mode,    // 打开模式
Adesk::Boolean          // 要打开的对象是否已删除
openErasedObject = Adesk::kFalse)
```

（2）从对象的句柄获取对象的 ID：

```
Acad::ErrorStatus getAcDbObjectId
(AcDbObjectId& retId,            // 返回对象的 ID
    Adesk::Boolean createIfNotFound, // 如果对象的句柄不存在,是否创建 ID
    const AcDbHandle& objHandle,    // 对象的句柄
    Adesk::UInt32 xRefId=0);        // 扩展用
```

（3）从对象的 C++指针获取对象的句柄：

```
AcDbObject* pObject;
AcDbHandle handle;
pObject->getAcDbHandle(handle);
```

4. 对象打开模式的选择

（1）可以选择三种打开模式

kForRead   以只读方式打开。
kForWrite   以写的方式打开。
kForNotify   以接受通告的方式打开（很少使用）。

（2）三种打开模式可以相互转换。

upgradeOpen()   只读方式→写的方式。
downgradeOpen()   写的方式→只读方式。
upgradeFromNotify()   通知方式→写的方式。

6.3.2 删除对象

在不同的情形下删除一个对象需要采用不同的方法。

（1）创建的对象尚未加入图形数据库时,可采用 AcDbObject::delete() 直接删除。

（2）对图形数据库对象可以用

Acad::ErrorStatus AcDbObject::erase(Adesk::Boolean Erasing = Adesk::kTrue);

进行删除或恢复。在这里有两点需要注意：

① 对于一般数据库对象，如词典中的对象，一旦删除后，有关该对象的信息将丢失，对象恢复后，原有的信息已不存在；

② 对于实体对象，当用 erase(kTrue)删除时，有关该实体的信息仍存在于块表记录中，用 erase(kFalse)就可恢复。

（3）用 acdbOpenObject()可打开已删除的对象。

6.3.3 对象的隶属关系

对象的隶属关系在对图形数据库的管理中具有重要作用，在 AutoCAD 的图形数据库中主要隶属关系为：

（1）9 个符号表和 1 个命名对象词典的直接拥有者为图形数据库，换句话说也就是有 AutoCAD 图形数据库直接管理这 10 个对象。

（2）块表记录拥有实体对象。

（3）每个符号表拥有特定类型的符号表记录。

（4）AcDbDictionary 词典对象可以拥有任何 AcDbObject 对象。

（5）AcDbObject 对象可以拥有扩展词典。

所有归档操作都是从根对象开始的，应用程序可以创建新对象并指定它们之间的隶属关系。

6.3.4 数据库对象应用实例

（1）如何获取一对象的指针，即获取对象

```
AcDbEntity * selectEntity(AcDbObjectID &eId, AcDb::OpenMode openMode)
{
  AcDbEntity * pEnt;
  acdbOpenObject(pEnt,eId,openMode);
  return pEnt;
}
```

（2）如何修改对象的属性

```
Acad::ErrorStatus ChangeColor(AcDbObjectId entId, Adesk::UInt16 colorIndex)
{
AcDbEntity * pEntity;
// 打开图形数据库中的对象
acdbOpenObject(pEntity, entId, AcDb::kForWrite);
// 修改实体的颜色
pEntity->setColorIndex(colorIndex);
// 用完之后，及时关闭
pEntity->close();
return Acad::eOk;
}
```

第7章 实　体

7.1　实体的定义

实体是指带有图形表现的数据库对象。如直线、圆、弧线、文字、实心体、区域、样条曲线、椭圆等。它们所在的类(即 AcDbEntity 类)是从 AcDbObject 类派生而来的。

除了少数复杂实体外。大多数实体都含有自身几何图形的所有信息。少数复杂实体则包含其他对象,这些对象保存着实体的几何图形信息。复杂实体有以下几种:

AcDb2dPolyline,含有 AcDb2dPolyline Vertex 对象。
AcDb3dPolyline,也含有 AcDb3dPolyline Vertex 对象。
AcDbPolygonMesh,含有 AcDbPolygonMesh Vertex 对象。
AcDbPolyFaceMesh ,含有 AcDbPolyFaceMesh Vertex 对象和 AcDbFaceRecord 对象。
AcDbBlockReference,含有 AcDbAtttibute 对象。
AcDbMInsertBlock,含有 AcDbAtttibute 对象。

7.2　实体的隶属关系

在图形数据库中实体通常属于一个 AcDbBlockTableRecord 类的对象。当创建一个新图形数据库时,数据库中的块表将自动含有三个预定义的记录:* MODEL_SPACE,* PAPER_SPACE 和 * PAPER_SPACE 0,分别代表模型空间和两个预定义的图纸空间。不论何时用户增加一个块记录,都会被添加到数据库的块表中。用户常常是用一个 BlOCK、HATCH 或 DIMENSION 命令来完成这个过程的。

实体类间的层次关系如图 7-1 所示。

7.3　实体对象的公共属性

在 AutoCAD 中的所有实体都含有一些公共属性,并且可通过一系列函数来设置和查询这些属性。当然,这些属性也可以通过 AutoCAD 命令进行设置。这些属性是:颜色(color);线型(linetype);线型比例(linetype scale);可见性(visibility);层(layer);线宽(line weight);绘图样式名(plot style name)。

当向数据库中某一块表记录添加实体时,如果没有设置这些属性值,则 AutoCAD 会自动调用 AcDbEntity::setDatabaseDefault()函数,将它们设置成当前数据库中由系统变量确定的缺省值。

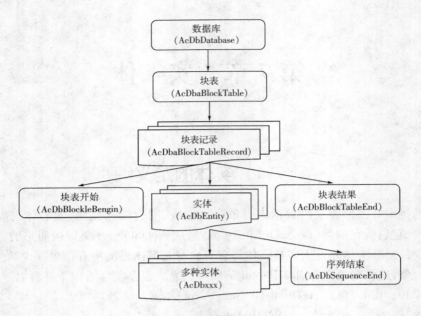

图 7-1 实体类间的隶属关系

7.3.1 实体颜色

可以用两种方法设置和查询实体的颜色,一种是采用颜色索引号,另一种是利用 AcCmColor 类的对象。颜色索引号的范围是从 0 到 256。

颜色索引号从 1 到 7 作为标准颜色,各值代表的颜色如表 7-1 所示。

表 7-1 颜色值表

颜色索引表	颜色名称
1	红色
2	黄色
3	绿色
4	青色
5	蓝色
6	品红
7	白色或黑色

如果为实体指定了颜色值,则当前数据库中的缺省颜色值就被忽略。在程序中,我们可用下列成员函数设置和查询实体的颜色:

```
virtual Acad::ErrorStatus
setColor( const AcCmColor& color,
Adesk::Boolean doSubents = true);    // 设置实体颜色
```

```
virtual Acad::ErrorStatus
setColorIndex(Adesk::UInt16 color,
Adesk::Boolean doSubents = true);    // 按照颜色索引号设置实体颜色
AcCmColor color() const;    // 返回颜色信息
Adesk::UInt16 colorIndex() const;    // 返回颜色索引信息
```

7.3.2 实体线型

实体的线型属性值指向一个称作线型表记录的符号表记录,它是由一系列点或虚线的描述符号组成。当生成一个新的实体对象时,线型值被置为 Null。但当该实体被加入到数据库时,如果还没有给它赋与线型值,则其就自动被设置成数据库的当前线型缺省值。该缺省值存储在系统变量 CELTYPE 中。在实体所在的数据库中,可使用线型名、字符串或 AcDbTypeTableRecord 类的对象 ID 来指定线型。另外,AutoCAD 使用了以下三种特殊的线型:

CONTINUOUS　　缺省线型,图形数据库产生时,在线型符号表中自动生成。
BYLAYER　　　　实体的线型为所在层的线型。
BYBLOCK　　　　块中实体的线型将采用块引用时的线型。

如果为实体指定了线型值,则当前数据库中的缺省线型值就被忽略。下面这两个成员函数,用来让程序员通过使用线型名或对象标识符为实体设置线型:

```
virtual Acad::ErrorStatus    AcDbEntity::setLinetype(const char * newVal);
virtual Acad::ErrorStatus    AcDbEntity::setLinetype(AcDbObjectId newVal);
```

下面这个函数返回当前实体的线型:

```
char * AcDbEntity::linetype() const;
```

下面这个函数返回线型表记录对象的标识符:

```
AcDbObjectId AcDbEntity::linetypeId() const;
```

7.3.3 实体线型比例

生成实体时,其线型比例先被初始化为一个无效值。当实体加入数据库时,如果尚未为实体指定线型比例,则自动使用数据库的当前线型比例缺省值。该缺省值存储在 CELTSCALE 系统变量中。

(1) 为每个实体指定线型比例

如果为一个实体指定了线型比例值,则当前的数据库线型比例缺省值就被忽略。

下列函数允许设置和查询一个实体的线型比例值:

```
Acad::ErrorStatus AcDbEntity::setLinetypeScale(double newVal);
Double  AcDbEntity::linetypeScale() const;
```

(2) 重生成一个图形

当一个实体被重生成时,它的有效线型比例是实体线型比例和全局数据库线型比例的乘积。对于非图纸空间的实体,线型比例的计算如下:

```
effltscale=ent->linetypeScale() * ent->database()->ltscale();
```

如果 PSLTSCALE 是 1,则有效线型比例是采用图纸空间的全局线型比例计算。如果是 0,则按模型空间的全局线型比例计算。关于线型比例的更多信息,参见 AutoCAD 用户指南。

7.3.4 实体可见性

如果用户设定某一实体是不可见的,则不管数据库中的其他设置是什么,它的设置都是不可见的。另外,其他因素也能导致实体不可见。例如,如果实体所在的层关闭或被冻结,则该层上的实体也是不可见的。AcDb::Visibility 的数值可以是 kInvisible 或 kVisible。

```
virtual Acad::ErrorStatus
setVisibility( AcDb::Visibility newVal,
Adesk::Boolean doSubents = true);
```

其中:

newVal   可能的取值

   AcDb::kInvisible
   AcDb::kVisible

doSubents   表示是否将变化传到该实体拥有的子实体中。

该函数如果运行成功则返回 Acad::eOk。

AcDb::Visibility visibility() const;   // 返回实体的可见性状态,可能的取值是

   AcDb::kVisible 或 AcDb::kInvisible

7.3.5 实体图层

AutoCAD 中所有的实体都与层相联系。在数据库中至少含有一个层(0 层)。与线型比例类似,用户可以为一个实体指定一个层。当向数据库添加一个实体时,如果该实体的层属性没有被设置,那么系统将使用数据库的当前层作为该实体的层属性。

数据库中每一层也有一些相关属性,包括:冻结/解冻、打开/关闭、锁定/解锁、颜色、线型和视区。如果实体的颜色或线型为 BYLAYER,则实体使用所在层的颜色或线型值来绘制实体。

如果一个实体已经指定了图层,那么当前数据库的图层值会被忽略。

下列函数按名称或对象 ID 设置实体的图层:

```
virtual Acad::ErrorStatus
setLayer(
AcDbObjectId newVal,
Adesk::Boolean doSubents = true,
bool allowHiddenLayer = false);    // 按层对象 ID 设置实体的图层
```

其中:

newVal   输入的层对象 ID;

doSubents   表示这种变化是否传到子实体;

allowHiddenLayer   表示是否将这种变化应用到隐含层。

```
virtual Acad::ErrorStatus
setLayer(
const ACHAR * newVal,
Adesk::Boolean doSubents = true,
bool allowHiddenLayer = false);      // 按层名设置实体的图层
```

输入参数意义同上。

下面的这个函数返回当前实体的图层：

```
ACHAR * layer() const;
```

下面这个函数返回当前图层(一个 AcDbLayerpTableRecord 类型的对象)的对象 ID：

```
AcDbObjectId AcDbEntity::layerId() const;
```

7.4 坐标系统

AutoCAD 采用的坐标系统有：

(1) 世界坐标系(WCS)

所有其他坐标系的参照坐标系，其他坐标系都是相对于它定义的，AutoCAD 系统为用户提供了一个绝对的坐标系，即世界坐标系(WCS)。通常，AutoCAD 构造新图形时将自动使用 WCS。虽然 WCS 不可更改，但可以从任意角度、任意方向来观察或旋转。

(2) 用户坐标系(UCS)

相对于世界坐标系 WCS，用户可根据需要创建无限多的坐标系，这些坐标系称为用户坐标系(UCS，User Coordinate System)。用户使用"ucs"命令来对 UCS 进行定义、保存、恢复和移动等一系列操作。

(3) 实体坐标系(ECS)

函数 acdbEntGet()返回的坐标点是用与实体自身相关的坐标系表示的，这些点必须被转换成其他坐标系点后才能使用；同样，其他坐标系点必须被转换成 ECS 点后才能通过函数 acdbEntMod()或 acdbEntMake()写入数据库。

(4) 显示坐标系(DCS)

对象在屏幕上显示前必须被转换到 DCS 中，DCS 的原点保存在 AutoCAD 系统变量 TARGET 中。

(5) 图纸空间显示坐标系(PSDCS)

主要进行二维转换，并且只与当前活动的模型空间视口的 DCS 相互转换。

坐标系之间的转换函数 acedTrans：

```
Int acedTrans(
const ads_point pt,     // 将被转换的点或向量
const struct resbuf * from,  // 源坐标系结构缓冲区地址
const struct resbuf * to,    // 目的坐标系结构缓冲区地址
int disp,      // 如为 0，则 PT 看成点，否则看成向量
ads_point result   // 结果值
```

);

下面的例子是将点 pt 从 WCS 转换到 UCS 中。

```
ads_point pt, result;
struct resbuf fromrb, torb;
pt[X] = 1.0;
pt[Y] = 2.0;
pt[Z] = 3.0;
fromrb.restype = RTSHORT;
fromrb.resval.rint = 0; // WCS
torb.restype = RTSHORT;
torb.resval.rint = 1; // UCS
// disp == 0 indicates that pt is a point.
acedTrans(pt, &fromrb, &torb, FALSE, result);
```

7.5 实体的公共函数

在 AutoCAD 中,实体也有许多公共函数,通过这些公共函数可以对实体进行各种操作,如目标捕捉、几何变换、实体间求交、GS 标记和子实体。表 7-2 给出了一些公共函数。

表 7-2 实体的公共函数

intersectWith()	在进行修剪、延伸、倒圆角、倒角、打断和确定对象捕捉的交点、捕捉模式等操作中,调用该函数求算实例之间的交点。
transformBy()	在要对对象中的点进行移动、缩放和旋转等几何变换操作时调用该函数传递变换矩阵。
getTransformedCopy()	该函数生成一个对象的拷贝,并对拷贝的对象进行几何变换。
getOsnapPoints()	在进行对象捕捉操作时,调用该函数返回捕捉点及其捕捉的类型。
getGripPoints()	在对对象进行有关控制点编辑操作时,调用该函数返回对象控制点。对象的控制点是其拉伸点的超集。
getStretchPoints()	在对对象进行拉伸操作时调用该函数返回对象的拉伸点。缺省情况下,该函数仅调用 getOsnapPoints() 函数,即拉伸点与控制点相同。
moveStretchPointsAt()	在 STRETCH 命令中调用,用来移动指定的点,缺省情况下,该函数在内部仅调用 transformBy() 函数。

（续表）

moveGripPointsAt()	在进行控制点编辑操作时，用来移动指定的点，缺省情况下，该函数在内部仅调用 transformBy()函数。
worldDraw()	在屏幕上绘制实体时，用来创建一个实体的与视区无关的几何图形。
viewportDraw()	在屏幕上绘制实体时，用来创建一个实体的与视区相关的几何图形。
draw()	该函数进行实体的排队并刷新实体队列，以便在屏幕上绘制该队列中的实体和其他对象。
list()	该函数用于 AutoCAD 的 LIST 命令，它在屏幕上使用 acutPrintf()函数列出实体的全部信息。
getGeomExtents()	该函数返回包含实体的长方体的顶点。说明实体所占用空间的大小。
explode()	该函数用来将实体分解成一些较为简单的实体。
getSubentPathsAtGsMarker()	该函数返回与给定 Gs 标记相对应的子实体路径。
getGsMarkersAtSubentPath()	该函数返回与给定子实体路径相对应的 C5 标记。
subentPtr()	该函数返回与给定子实体路径相对应的指针。
highlight()	该函数高亮显示指定的实体。

7.5.1 对象捕捉点

每个实体都具有一些特定意义的点，如直线的起点、中点与终点，如果需要捕捉这些点，可以开启对象捕捉功能。对象捕捉函数：

```
virtual Acad::ErrorStatus getOsnapPoints(
AcDb::OsnapMode osnapMode,
int gsSelectionMark,
const AcGePoint3d& pickPoint,
const AcGePoint3d& lastPoint,
const AcGeFastTransform& viewXform,
AcGePoint3dArray& snapPoints,
AcDbIntArray& geomIds,
const AcGeMatrix3d& insertionMat) const;
```

其中参数 osnapMode 为捕捉模式，如表 7-3 所示。

表 7-3 捕捉模式

模式	描述
Object Snap modes	
kOsMode	End Endpoint
kOsModeMid	Midpoint
kOsModeCen	Center
kOsModeNode	Node
kOsModeQuad	Quadrant
kOsModeIns	Insertion
kOsModePerp	Perpendicular
kOsModeTan	Tangent
kOsModeNear	Nearest

7.5.2 几何变换函数

AcDBEntity 类提供了两个用于对象几何变换的函数：

virtual Acad::ErrorStatus transformBy(const AcGeMatrix3d& xform);

transformBy 指用指定的几何变换矩阵对实体进行修改。

virtual Acad::ErrorStatus getTransformedCopy(
const AcGeMatrix3d& xform,AcDbEntity * & pEnt) const;

getTransformedCopy 对复制的实体进行几何变换。

7.5.3 交点

函数 intersectWith 用于求解图形中两个实体间的交点，调用该函数时需要给出求交操作的另外一个实体与求交参数。

```
virtual Acad::ErrorStatus
AcDbEntity::intersectWith(
    const AcDbEntity * ent,
    AcDb::Intersect    intType,   // 求交方式(kOnBothOperands、kExtendThis 、kExtendArg
kExtendBoth)
    AcGePoint3dArray& points,   // 交点
    int              thisGsMarker = 0,
    int              otherGsMarker = 0) const;

virtual Acad::ErrorStatus
AcDbEntity::intersectWith(
    const AcDbEntity * ent,
    AcDb::Intersect    intType,
    const AcGePlane&  projPlane,   // 投影平面
```

```
                AcGePoint3dArray& points,
                int             thisGsMarker = 0,
                int             otherGsMarker = 0) const;
```

7.5.4 创建简单实体

创建简单实体的步骤为:①确定要创建对象的图形数据库;②获得图形数据库的块表;③获得一个存储实体的块表记录,所有模型空间的实体都存储在模型空间的特定记录中;④创建实体类的一个对象,将该对象附加到特定的块表记录中。

```
void CreateLine()
{
// 在内存上创建一个新的 AcDbLine 对象
AcGePoint3d ptStart(10, 10, 0);
AcGePoint3d ptEnd(100, 100, 0);
AcDbLine * pLine = new AcDbLine(ptStart, ptEnd);
// 获得指向块表的指针
AcDbBlockTable * pBlockTable;
acdbHostApplicationServices()->workingDatabase()
->getBlockTable(pBlockTable, AcDb::kForRead);
// 获得指向特定的块表记录(模型空间)的指针
AcDbBlockTableRecord * pBlockTableRecord;
pBlockTable->getAt(ACDB_MODEL_SPACE, pBlockTableRecord,
AcDb::kForWrite);
// 将 AcDbLine 类的对象添加到块表记录中
AcDbObjectId lineId;
pBlockTableRecord->appendAcDbEntity(lineId, pLine);
// 关闭图形数据库的各种对象
pBlockTable->close();
pBlockTableRecord->close();
pLine->close();
}
```

7.5.5 创建复杂实体

1. 实体的创建

本节从 HELP 文件中选取的示例展示如何创建多义线,并设置它的一些属性。

```
Void createPolyline()
{   AcGePoint3dArray ptArr; // 为多义线设置4个顶点
    ptArr.setLogicalLength(4);
    for (int i = 0; i < 4; i++) {
        ptArr[i].set((double)(i/2), (double)(i%2), 0.0);
    }
    AcDb2dPolyline * pNewPline = new AcDb2dPolyline(
```

```
    AcDb::k2dSimplePoly, ptArr, 0.0, Adesk::kTrue);
pNewPline->setColorIndex(3);

AcDbBlockTable * pBlockTable;   // 定义块表指针
acdbHostApplicationServices()->workingDatabase()
    ->getSymbolTable(pBlockTable, AcDb::kForRead);   // 获取块表指针

AcDbBlockTableRecord * pBlockTableRecord;  // 定义块表记录指针
pBlockTable->getAt(ACDB_MODEL_SPACE, pBlockTableRecord,
    AcDb::kForWrite);    // 获取指向模型空间的块表记录指针
pBlockTable->close();

AcDbObjectId plineObjId;   // 定义多义线对象 ID
pBlockTableRecord->appendAcDbEntity(plineObjId,
    pNewPline);    // 追加多义线对象到图形数据库,并获取对象 ID
pBlockTableRecord->close();  // 关闭块表记录

pNewPline->setLayer("0");  // 设置所在的图层
pNewPline->close();
}
```

2. 遍历多义线顶点

利用 AcDbObjectIterator 遍历器可以获取多义线的各个顶点,通过 vertexIterator 函数创建遍历器。

```
Void iterate(AcDbObjectId plineId)
{
    AcDb2dPolyline * pPline;
    acdbOpenObject(pPline, plineId, AcDb::kForRead);
    AcDbObjectIterator * pVertIter = pPline->vertexIterator();
    pPline->close();   // 关闭多义线指针.

    AcDb2dVertex * pVertex;
    AcGePoint3d location;
    AcDbObjectId vertexObjId;

    for (int vertexNumber = 0; ! pVertIter->done();
        vertexNumber++, pVertIter->step())
    {
        vertexObjId = pVertIter->objectId();
        acdbOpenObject(pVertex, vertexObjId,
            AcDb::kForRead);

        location = pVertex->position();
```

```
        pVertex->close();

        acutPrintf("\n顶点 #%d's 位置是:"
            ":%0.3f,%0.3f,%0.3f",vertexNumber,
            location[X],location[Y],location[Z]);
    }
    delete pVertIter;
}
```

3. 如何删除子实体

下面的程序代码展示了如何删除 AcDb2dPolyline 的子实体。

```
void delete2dPoly(AcDb2dPolyline* pPline)
{
    AcDbObjectIterator* pIter=pPline->vertexIterator();
    AcDbEntity* pEnt;
    for(;!pIter->done();)
    {
        pEnt=pIter->entity();
        pIter->step();
        delete pEnt;
    }
    delete pIter;
    delete pPline;
}
```

第8章 容器对象

AutoCAD 中的容器对象有符号表、词典、组和扩展记录构成。

8.1 符 号 表

符号表和词典在功能上完全相同,它们包含可以使用文本字符串关键字查找的数据库对象表项。

符号表记录不能由 ObjectARX 应用程序直接删除,但 ObjectARX 应用程序可以删除词典拥有的对象。另一方面,符号表记录在其类定义的一个域中保存其关联的查找名,而词典则将命名关键字作为词典的一部分保存,不依赖于它所关联的对象。

AutoCAD 数据库(AcDb)是按一定结构组织的 AutoCAD 图形全部有关数据的结合。用一组符号表和有名对象字典来组织和管理数据库对象。

8.1.1 块表(AcDbBlockTable)

块表类从代码表类(AcDbSymbolTable)继承而来,用以表示在图形数据库中对块的定义。

(1) 构造函数

`AcDbBlockTable::AcDbBlockTable`

在应用程序中不需要使用该构造函数,而是由 `AcDbDatabase` 创建;

(2) 查询函数

方法 1:

`Acad::ErrorStatus getAt( const char * entryName,AcDbObjectId& recordId, bool getErasedRecord = false) const;`

entryName　查询记录的输入名称 recordId,返回实体的标识 ID;
getErasedRecord　　表示该实体是否存在或被删除。

方法 2:

`Acad::ErrorStatus getAt( const char * entryName,AcDbBlockTableRecord * & pRecord, AcDb::OpenMode openMode,　bool openErasedRecord = false) const;`

entryName　查询记录的输入名称;
pRecord　返回打开的记录;
openMode　记录的打开方式(AcDb::kForRead、AcDb::kForWrite、AcDb::kForNotify);

getErasedRecord 表示该实体是否存在或被删除。

（3）编辑函数

Acad::ErrorStatus add(AcDbBlockTableRecord* pRecord);

Acad::ErrorStatus add(AcDbObjectId& recordId,AcDbBlockTableRecord* pRecord);

8.1.2 尺寸标注样式表(AcDbDimStyleTable)

尺寸标注样式表类从代码表类(AcDbSymbolTable)继承而来，用以表示在图形数据库中对尺寸类型的定义。

（1）查询函数

方法 1：

Acad::ErrorStatus getAt(const char* entryName, AcDbObjectId& recordId,bool getErasedRecord = false) const;

　　entryName 查询记录的输入名称；
　　recordId 返回查询对象的 ID；
　　getErasedRecord 表示该对象是否存在或是否被删除。

方法 2：

Acad::ErrorStatus getAt(const char* entryName,AcDbDimStyleTableRecord* & pRecord, AcDb::OpenMode openMode, bool openErasedRecord = false) const;

　　entryName 查询记录的输入名称；
　　pRecord 返回打开的记录；
　　openMode 输入打开记录的模式（AcDb::kForRead、AcDb::kForWrite、AcDb::kForNotify）；
　　getErasedRecord 输入布尔值标识是否或没有发现一个删除的记录。

方法 3：

bool has(const char* name) const;

　　name 查询尺寸的名称；
　　结果：如存在该尺寸实体则返回 TRUE,否则返回 FALSE。

方法 4：

bool has(const AcDbObjectId & id) const;

　　id 查询尺寸的 ID；
　　结果：如存在该尺寸实体则返回 TRUE,否则返回 FALSE。

方法 5：

Acad::ErrorStatus newIterator(AcDbDimStyleTableIterator* & pIterator,bool atBeginning = true, bool skipDeleted = true) const;

　　pIterator 返回指向最新生成的反应器指针；
　　atBeginning 输入布尔值约定是在表的开始或结尾扫描；

skipDeleted 输入布尔值约定在扫描时是否忽略已删除记录;
(2) 编辑函数
追加一个尺寸记录:

Acad::ErrorStatus add(AcDbDimStyleTableRecord * pRecord);

pRecord 指向记录的指针;
结 果: Acad::eOk, Acad::eOutOfMemory, Acad::eDuplicateRecordName, or Acad::eNoDatabase (如果尺寸不在数据库中)。

Acad::ErrorStatus add(AcDbObjectId& recordId, AcDbDimStyleTableRecord * pRecord);

recordId 返回该记录的对象标识符 ID;
pRecord 输入指向记录的指针。

8.1.3 层表(AcDbLayerTable)

记录 AutoCAD 数据库中图层信息。
追加一个图层:

Acad::ErrorStatus add(AcDbLayerTableRecord * pRecord);

pRecord 指向层表记录的指针;

Acad::ErrorStatus add(AcDbObjectId& recordId, AcDbLayerTableRecord * pRecord);

recordId 返回该记录的对象标识符 ID;
pRecord 指向层表记录的指针。
查询图层:

Acad::ErrorStatus getAt(const char * entryName, AcDbObjectId& recordId, bool getErasedRecord = false) const;

entryName 查询记录的名称;
recordId 返回该记录的对象标识符 ID;
getErasedRecord 输入一个布尔值表示是否或者没有发现删除的记录。

Acad::ErrorStatus getAt(const char * entryName, AcDbLayerTableRecord * & pRecord, AcDb::OpenMode openMode, bool openErasedRec = false) const;

entryName 输入查询记录的名称;
pRecord 返回打开记录的指针;
openMode 输入打开记录的模式(AcDb::kForRead、AcDb::kForWrite、AcDb::kForNotify);
openErasedRec 输入一个布尔值表示是否打开一个已经被删除的记录。

bool has(const char * name) const;

name 查询记录的名称;

boolean has(AcDbObjectId id) const;

id 查询记录的对象标识符 ID；

Acad::ErrorStatus newIterator(AcDbLayerTableIterator * & pIterator,
bool atBeginning = true, bool skipDeleted = true) const;

pIterator 返回指向新生成反应器的指针；

atBeginning 输入布尔值约定是在表的开始或结尾扫描；

skipDeleted 输入布尔值约定是否跳读已删除的记录。

下面的例子是创建新的图层和删除指定的图层，读者可看到如何获取层表、层表记录及创建新的图层、删除已存在的图层。

```cpp
void NewLayer()
{
// 提示用户输入新建图层的名称
char layerName[100];
if (acedGetString(Adesk::kFalse,"\n 请输入新图层的名称:",layerName)! = RTNORM)
{return;
}
// 获得当前图形的层表
AcDbLayerTable * pLayerTbl;
acdbHostApplicationServices()->workingDatabase()->getLayerTable(pLayerTbl, AcDb::kForWrite);
// 是否已经包含指定的层表记录
if (pLayerTbl->has(layerName))
{pLayerTbl->close();
return;
}
// 创建新的层表记录
AcDbLayerTableRecord * pLayerTblRcd;
pLayerTblRcd = new AcDbLayerTableRecord();
pLayerTblRcd->setName(layerName);
// 将新建的层表记录添加到层表中
AcDbObjectId layerTblRcdId;
pLayerTbl->add(layerTblRcdId, pLayerTblRcd);
acdbHostApplicationServices()->workingDatabase()->setClayer(layerTblRcdId);
pLayerTblRcd->close();
pLayerTbl->close();
}
```

删除图层：

```cpp
void DelLayer()
{
// 提示用户输入要修改的图层名称
char layerName[100];
```

```
if (acedGetString(Adesk::kFalse,"\n请输入图层的名称:",layerName)! = RTNORM)
{
return;
}
// 获得当前图形的层表
AcDbLayerTable *pLayerTbl;
acdbHostApplicationServices()->workingDatabase()->getLayerTable(pLayerTbl, AcDb::kForRead);
// 判断是否包含指定名称的层表记录
if (! pLayerTbl->has(layerName))
{pLayerTbl->close();
return;
}
// 获得指定层表记录的指针
AcDbLayerTableRecord *pLayerTblRcd;
pLayerTbl->getAt(layerName, pLayerTblRcd, AcDb::kForWrite);
pLayerTblRcd->erase(); // 为其设置"删除"标记
pLayerTblRcd->close();
pLayerTbl->close();
}
```

8.1.4 线型表(AcDbLinetypeTable)

用以描述图形数据库中的线型:

Acad::ErrorStatus getAt(const char * entryName, AcDbObjectId& recordId, bool getErasedRec = false) const;

　entryName　输入查询记录的名称;
　recordId　返回该记录的对象标识符 ID;
　getErasedRec　输入布尔值表示是否不查找已删除的记录。

Acad::ErrorStatus getAt(const char * entryName, AcDbLinetypeTableRecord * & pRec, AcDb::OpenMode openMode, bool openErasedRec = false) const;

　entryName　输入查询记录的名称;
　pRecord　返回已打开记录的指针;
　openMode　输入打开记录的模式(AcDb::kForRead、AcDb::kForWrite、AcDb::kForNotify);
　openErasedRec　输入布尔值表示是否不查找已删除的记录。

bool has(const char * name) const;

　name　输入查询记录的名称。

bool has(AcDbObjectId id) const;

　id　输入查询记录的对象标识符 ID。

```
Acad::ErrorStatus newIterator( AcDbLinetypeTableIterator * & pIterator,
bool atBeginning = tue, bool skipDeleted = true) const;
```

pIterator 返回指向新生成反应器的指针；
atBeginning 输入布尔值标识是在表的开始或结尾开始扫瞄；
skipDeleted 输入布尔值表示是否跳读已删除的记录。

有关线型表的演示程序，读者可参考 9.1 节中的线型设置。

8.1.5 应用程序注册表（AcDbRegAppTable）

表示已寄存的应用名称：

```
Acad::ErrorStatus getAt( const char * entryName, AcDbObjectId& recordId, bool getErasedRec = false) const;
```

entryName 输入查询记录的名称；
recordId 返回该记录的对象标识符 Id；
getErasedRec 输入布尔值表示是否不查找已删除的记录。

```
Acad::ErrorStatus getAt( const char * entryName, AcDbRegAppTableRecord * & pRec,
AcDb::OpenMode openMode, bool openErasedRec = false) const;
```

entryName 输入查询记录的名称；
pRecord 返回已打开记录的指针；
openMode 输入打开记录的模式（AcDb::kForRead、AcDb::kForWrite、AcDb::kForNotify）；
openErasedRec 输入布尔值表示是否不查找已删除的记录。

```
bool has( const char * name) const;
```

name 输入查询记录的名称。

```
bool has( AcDbObjectId id) const;
```

id 输入查询记录的对象标识符 ID。

```
Acad::ErrorStatus newIterator( AcDbRegAppTableIterator * & pIterator,
bool atBeginning = tue, bool skipDeleted = true) const;
```

pIterator 返回指向新生成反应器的指针；
atBeginning 输入布尔值标识是在表的开始或结尾开始扫瞄；
skipDeleted 输入布尔值表示是否跳读已删除的记录。

```
Acad::ErrorStatus add( AcDbRegAppTableRecord * pRecord);
```

pRecord 指向被追加记录的指针。

```
Acad::ErrorStatus add( AcDbObjectId& recordId, AcDbRegAppTableRecord * pRecord)
```

recordId 返回记录的对象标识符；
pRecord 指向被追加记录的指针。

8.1.6 文字样式表(AcDbTextStyleTable)

记录文字的样式:

`Acad::ErrorStatus getAt(const char * entryName, AcDbObjectId& recordId, bool getErasedRec = false) const;`

  entryName 输入查询记录的名称;
  recordId 返回该记录的对象标识符 Id;
  getErasedRec 输入布尔值表示是否不查找已删除的记录。

`Acad::ErrorStatus getAt( const char * entryName, AcDbTextStyleTableRecord * & pRecord, AcDb::OpenMode openMode, bool openErasedRec = false) const;`

  entryName 输入查询记录的名称;
  pRecord 返回已打开记录的指针;
  openMode 输入打开记录的模式(AcDb::kForRead、AcDb::kForWrite、AcDb::kForNotify);
  openErasedRec 输入布尔值表示是否不查找已删除的记录。

`bool has( const char * name) const;`

  name 输入查询记录的名称。

`bool has( AcDbObjectId id) const;`

  id 输入查询记录的对象标识符 ID。

`Acad::ErrorStatus newIterator( AcDbTextStyleTableIterator * & pIterator, bool atBeginning = true, bool skipDeleted = true) const;`

  pIterator 返回指向新生成反应器的指针;
  atBeginning 输入布尔值标识是在表的开始或结尾开始扫瞄;
  skipDeleted 输入布尔值表示是否跳读已删除的记录。

`Acad::ErrorStatus add( AcDbTextStyleTableRecord * pRecord);`

  pRecord 指向被追加记录的指针。

`Acad::ErrorStatus add( AcDbObjectId& recordId, AcDbTextStyleTableRecord * pRecord);`

  recordId 返回记录的对象标识符;
  pRecord 指向被追加记录的指针。

有关线型表的演示程序读者可参考 9.1.4 线型设置。

8.1.7 用户坐标系表(AcDbUCSTable)

(1) AcDbUCSTable 类

记录用户坐标系,函数如下:

① 构造函数与析构函数

`virtual ~AcDbUCSTable();`

AcDbUCSTable();

② 编辑函数

Acad::ErrorStatus add(
AcDbObjectId& recordId,
AcDbUCSTableRecord* pRecord);
// recordId 返回 pRecord 记录的对象 ID
// pRecord 指向追加到表的记录指针

③ 查询函数

Acad::ErrorStatus getAt(
const char* entryName,
AcDbObjectId& recordId,
bool getErasedRecord = false) const;
// entryName 指向查找记录的名称
// recordedId 返回的记录号
// getErasedRecord 标识该记录是否已被删除

Bool has(
AcDbObjectId id) const;
// 判定是否包含标识为 id 的记录

Acad::ErrorStatus newIterator(
AcDbUCSTableIterator* & pIterator,
bool atBeginning = true,
bool skipDeleted = true) const;
// pIterator 返回指向迭代器的指针
// atBeginning 标识是在表的开始还是结束
// skipDeleted 标识是否跳过带有删除标记的记录

(2) AcDbUCSTableRecord 类

① 编辑函数

Void setOrigin(const AcGePoint3d& newOrigin); // 在 WCS 中设置 UCS 的原点

Acad::ErrorStatus setUcsBaseOrigin(
const AcGePoint3d& origin,
AcDb::OrthographicView view); // 在指定的原点和视图中设置 UCS

Void setXAxis(const AcGeVector3d& xAxis); //设置 UCS X 轴的方向矢量
Void setYAxis(const AcGeVector3d& yAxis); // 设置 UCS Y 轴的方向矢量

② 查询函数

AcGePoint3d origin() const; // 返回原点位置

```
AcGePoint3d ucsBaseOrigin(AcDb::OrthographicView view) const;
// 将 UCSBASE 设置成 UCS 时返回其原点位置
AcGeVector3d xAxis() const;  // 返回 X 轴方向矢量
AcGeVector3d yAxis() const;  // 返回 Y 轴方向矢量
```

(3) 基础应用

在 ObjectARX 中创建 UCS 的方法与 AutoCAD 应用中三点法创建 UCS 类似,由原点、X 轴和 Y 轴方向来决定 UCS 的位置,AcDbUCSTableRecord 类的 setOrigin、setXAxis 和 setYAxis 三个函数分别用来设置原点、X 轴和 Y 轴的方向。全局函数 acedSetCurrentUCS 用于设置当前 UCS,该函数接受一个 AcGeMatrix3d 类型的参数。该参数是一个几何变换矩阵,定义了 UCS 到 WCS 转换的对应关系。要将一个 UCS 设置为当前 UCS,必须首先获得其相对于 WCS 的变换矩阵,然后使用 acedSetCurrentUCS 函数。

① 新建一个 UCS

```
void NewUCS()
{
// 获得当前图形的 UCS 表
AcDbUCSTable * pUcsTbl;
acdbHostApplicationServices()->workingDatabase()->getUCSTable(pUcsTbl, AcDb::kForWrite);
// 定义 UCS 的参数
AcGePoint3d ptOrigin(0, 0, 0);
AcGeVector3d vecXAxis(1, 1, 0);
AcGeVector3d vecYAxis(-1, 1, 0);
// 创建新的 UCS 表记录
AcDbUCSTableRecord * pUcsTblRcd = new AcDbUCSTableRecord();
// 设置 UCS 的参数
Acad::ErrorStatus es = pUcsTblRcd->setName("NewUcs");
if (es != Acad::eOk)
{
delete pUcsTblRcd;
pUcsTbl->close();
return;
}
pUcsTblRcd->setOrigin(ptOrigin);
pUcsTblRcd->setXAxis(vecXAxis);
pUcsTblRcd->setYAxis(vecYAxis);
// 将新建的 UCS 表记录添加到 UCS 表中
es = pUcsTbl->add(pUcsTblRcd);
if (es != Acad::eOk)
{
delete pUcsTblRcd;
pUcsTbl->close();
```

```
    return;
}
// 关闭对象
pUcsTblRcd->close();
pUcsTbl->close();
}
```

② 移动当前 UCS 的原点

```
Void    MoveUcsOrigin()
{
// 获得当前 UCS 的变换矩阵
AcGeMatrix3d mat;
Acad::ErrorStatus es = acedGetCurrentUCS(mat);
// 根据变换矩阵获得 UCS 的参数
AcGePoint3d ptOrigin;
AcGeVector3d vecXAxis, vecYAxis, vecZAxis;
mat.getCoordSystem(ptOrigin, vecXAxis, vecYAxis, vecZAxis);
// 移动 UCS 的原点
AcGeVector3d vec(100, 100, 0);
ptOrigin += vec;
// 更新变换矩阵
mat.setCoordSystem(ptOrigin, vecXAxis, vecYAxis, vecZAxis);
// 应用新的 UCS
acedSetCurrentUCS(mat);
}
```

③ 将当前 UCS 绕 Z 轴旋转 60°

```
void RotateUcs()
{
// 获得当前 UCS 的变换矩阵
AcGeMatrix3d mat;
Acad::ErrorStatus es = acedGetCurrentUCS(mat);
// 根据变换矩阵获得 UCS 的参数
AcGePoint3d ptOrigin;
AcGeVector3d vecXAxis, vecYAxis, vecZAxis;
mat.getCoordSystem(ptOrigin, vecXAxis, vecYAxis, vecZAxis);
// 绕 Z 轴旋转 60 度
vecXAxis.rotateBy(60 * atan(1) * 4 / 180, vecZAxis);
vecYAxis.rotateBy(60 * atan(1) * 4 / 180, vecZAxis);
// 更新变换矩阵
mat.setCoordSystem(ptOrigin, vecXAxis, vecYAxis, vecZAxis);
// 应用新的 UCS
acedSetCurrentUCS(mat);
```

}

④ 在当前 UCS 中绘制实体

```
void AddEntInUcs()
{
// 转换坐标系的标记
struct resbuf wcs, ucs;
wcs.restype = RTSHORT;
wcs.resval.rint = 0;
ucs.restype = RTSHORT;
ucs.resval.rint = 1;
// 提示用户输入直线的起点和终点
ads_point pt1, pt2;
if (acedGetPoint(NULL, "拾取直线的起点:", pt1)! = RTNORM)  return;
if (acedGetPoint(pt1, "拾取直线的终点:", pt2)! = RTNORM) return;
// 将起点和终点坐标转换到 WCS
acedTrans(pt1, &ucs, &wcs, 0, pt1);
acedTrans(pt2, &ucs, &wcs, 0, pt2);
// 创建直线
AcDbLine *pLine = new AcDbLine(asPnt3d(pt1), asPnt3d(pt2));
AcDbBlockTable *pBlkTbl;
acdbHostApplicationServices()->workingDatabase()->getBlockTable(pBlkTbl, AcDb::kForRead);
AcDbBlockTableRecord *pBlkTblRcd;
pBlkTbl->getAt(ACDB_MODEL_SPACE, pBlkTblRcd, AcDb::kForWrite);
pBlkTbl->close();
pBlkTblRcd->appendAcDbEntity(pLine);
pLine->close();
pBlkTblRcd->close();
}
```

8.1.8 视口表(AcDbViewPortTable)

在 ObjectARX 中有两个代表视口的类:AcDbViewportTableRecord 和 AcDbViewport。其中,AcDbViewportTableRecord 类表示模型空间的视口,AcDbViewport 类则表示图纸空间的视口。在模型空间中创建平铺视口,与创建一个普通的符号表记录并没有太多的不同,其步骤为:①创建一个视口表记录,使用 setLowerLeftCorner 和 setUpperRightCorner 函数设置视口的角点,使用 setName 函数设置视口的名称。与其他的符号表记录不同,视口表记录的名称可以相同,相同名称的视口表记录被作为一组记录。当用户要求显示某个名称的视口时,同组的所有视口都会被显示出来,这就解释了实现 4 个视口的方法。②获得当前图形的视口表,将创建的视口表记录添加到视口表中。③关闭视口表记录和视口表。

8.1.9 视窗表(AcDbViewTable)

记录存储的视窗信息,函数同上。

其他相关类:

AcDb2dPolyline　　表示二维多义线实体。

AcDb2dVertex　　表示二维多义线的顶点。

AcDb2LineAngularDimension　　表示用两条线定义的角度标注。

AcDb3dSolid　　表示三维实体。

AcDbAttribute　　表示属性实体。

AcDbAttributeDefinition　　表示 ATTDEF 实体。

AcDbBlockBegin　　表示块定义的开头部分,该类对象由 AutoCAD 自动生成,并维护。

AcDbBlockReference　　表示 INSERT 实体。

AcDbBlockTableIterator　　块表的迭代器。

AcDbBlockTableRecord　　类对象用来保存图形数据库对象。

AcDbBlockTableRecordIterator　　AcDbBlockTableRecord 类的迭代器。

AcDbCircle　　表示在 AutoCAD 中的圆实体。

AcDbDatabase　　表示 AutoCAD 图形数据库,每个类对象包含了不同的系统变量、符号表、符号表记录、实体和所有图形对象。

AcDbDictionary　　与数据库相关的对象词典类。

AcDbDimension　　所有尺寸标注实体类的基类。

AcDbDimStyleTableIterator　　AcDbDimStyleTable 类的迭代器。

AcDbDimStyleTableRecord　　AcDbDimStyleTable 类的记录类。

AcDbEllipse　　表示在 AutoCAD 中的椭圆实体类。

AcDbEntity　　所有具有图形属性的数据库对象的基类。

AcDbFace　　表示三维面实体。

AcDbGroup　　表示一个指定名字的实体集合。

AcDbGroupIterator　　AcDbGroup 类的迭代器。

AcDbHyperlink　　包含超链接的路径、该链接的一个下层目录和该链接的描述文本。

AcDbLayerTableIterator　　AcDbLayerTable 迭代器。

AcDbLayerTableRecord　　AcDbLayerTable 类的记录类。

AcDbLine　　表示线实体。

AcDbLinetypeTableIterator　　AcDbLinetypeTable 迭代器。

AcDbMline　　表示 MLINE 实体。

AcDbMlineStyle　　该类对象保存 AcDbMline 实体中线条的数目、偏移量和线型数据。

AcDbMText　　表示 AutoCAD 中的 MTEXT(多行文本)实体。

AcDbObject　　图形数据库中所有对象的基类。

AcDbPoint　　表示点实体。

AcDbPolyline　　表示多义线实体。

AcDbProxyEntity　　一个抽象类,该类提供了图形数据库中代理实体描述数据的访问接口。

8.2 布 局

AutoCAD 包含有一个模型空间布局和若干个图纸空间布局。一般在模型空间中创建自己的图,而在图纸空间布置要打印的图。

创建和操作布局的类有:
AcDbLayout
AcDbPlotSettings
AcDbPlotSettingsValidator
AcDbLayoutManager
AcApLayoutManager
AcDbLayoutManagerReactor

其中,AcDbLayout,AcDbPlotSettings,and AcDbPlotSettingsValidator 用来创建和设置布局对象的属性。AcDbLayoutManager,AcApLayoutManager 和 AcDbLayoutManagerReactor 用于操作布局对象和执行其他和布局有关的任务。

8.3 扩展数据(XData)

应用程序可以创建扩展数据(xdata)并把它们附加到对象上,扩展数据能被添加到任何实体上,扩展数据由一个结果缓冲区链表构成,链表内容的 DXF 组码从 1000－1071,在许多情况下,扩展数据是向实体追加用户数据的一个有效途径,但是每个实体上所附加的扩展数据链表大小不能超过 16K。扩展数据为 AutoCAD 应用程序的开发过程中数据的管理提供了一种有效的途径。AutoCAD 自身的开发过程中也使用了扩展数据。

8.3.1 结果缓冲区

结果缓冲区的数据结构定义如下:

```
struct resbuf
{
    struct resbuf *rbnext; // 指向下一个结果缓冲区指针
    short restype; // 是一个标识变量,指示字段 resval 的值类型
union ads_u_val resval; // 定义的一种 union 数据类型
}
union ads_u_val {
    ads_real rreal;
    ads_real rpoint[3];
    short rint; // Must be declared short, not int.
    char *rstring;
    long rlname[2];
    long rlong;
    struct ads_binary rbinary;
};
```

(1) 分配一个新的结果缓冲区,函数原型为:

struct resbuf * acutNewRb(int v); // v 为结果缓冲区 restype 的设定值

(2) 创建一个结果缓冲区链表,函数原型为:

struct resbuf * acutBuildList(int rtype,... unnamed); // 参数长度可变,第一个指定类型,第二是实际数据

(3) 释放结果缓冲区,函数原型为:

Int acutRelRb(struct resbuf * rb);

8.3.2 相关函数

1. 建立扩展数据

任何一个应用程序都能将扩展数据附加到实体上,因此所有的扩展数据都需要一个唯一的应用程序名称,该名称不超过 31 个字符。为了注册一个应用程序,可以使用全局函数 acdbRegApp。

AcDbObject 类的 setXData 函数用于设置一个对象的扩展数据,其定义为:

virtual Acad::ErrorStatus AcDbObject::setXData(const resbuf * xdata);

2. 获取扩展数据

AcDbObject 类的 xData 函数用于获取一个对象的扩展数据,其定义为:

virtual resbuf * AcDbObject::xData(const char * regappName = NULL) const;

8.3.3 应用过程

1. 追加扩展数据

使用 ObjectARX 向导创建一个 xRecord 工程,并注册一个命令 AddXData,用于向实体追加指定的扩展数据。追加扩展数据的函数类似如下代码:

```
void AddXData()
{
// 提示用户选择所要添加扩展数据的图形对象
ads_name en;
ads_point pt;
if (acedEntSel("\n 选择所要添加扩展数据的实体:", en, pt) ! = RTNORM)
return;
AcDbObjectId entId;
Acad::ErrorStatus es = acdbGetObjectId(entId, en);
// 扩展数据的内容
struct resbuf * pRb;
char appName[] = {"XData"};
char typeName[] = {"中心线"};
// 注册应用程序名称
acdbRegApp("XData");
```

```
// 创建结果缓冲区链表
pRb = acutBuildList(AcDb::kDxfRegAppName, appName, // 应用程序名称
AcDb::kDxfXdAsciiString, typeName, // 字符串
AcDb::kDxfXdInteger32, 2, // 整数
AcDb::kDxfXdReal, 3.14, //实数
AcDb::kDxfXdWorldXCoord, pt, // 点坐标值
RTNONE);
// 为选择的实体添加扩展数据
AcDbEntity * pEnt;
acdbOpenAcDbEntity(pEnt, entId, AcDb::kForWrite);
struct resbuf * pTemp;
pTemp = pEnt->xData("XData");
if (pTemp != NULL) // 如果已经包含扩展数据,就不再添加新的扩展数据
{
acutRelRb(pTemp);
acutPrintf("\n 所选择的实体已经包含扩展数据!");
}
else
{
pEnt->setXData(pRb);
}
pEnt->close();
acutRelRb(pRb);
}
```

2. 显示扩展数据

注册一个命令(ViewXData)来显示扩展数据。显示扩展数据的函数类似如下代码:

```
void ViewXData()
{
// 提示用户选择所要查看扩展数据的图形对象
ads_name en;
ads_point pt;
if (acedEntSel("\n 选择所要查看扩展数据的实体:", en, pt) != RTNORM)
return;
AcDbObjectId entId;
Acad::ErrorStatus es = acdbGetObjectId(entId, en);
// 打开图形对象,查看是否包含扩展数据
AcDbEntity * pEnt;
acdbOpenAcDbEntity(pEnt, entId, AcDb::kForRead);
struct resbuf * pRb;
pRb = pEnt->xData("XData");
pEnt->close();
if (pRb != NULL)
```

```
{
// 在命令行显示所有的扩展数据
struct resbuf *pTemp;
pTemp = pRb;
// 首先要跳过应用程序的名称这一项
pTemp = pTemp->rbnext;
acutPrintf("\n字符串类型的扩展数据是:%s",
pTemp->resval.rstring);
pTemp = pTemp->rbnext;
acutPrintf("\n整数类型的扩展数据是:%d", pTemp->resval.rint);
pTemp = pTemp->rbnext;
acutPrintf("\n实数类型的扩展数据是:%.2f",
pTemp->resval.rreal);
pTemp = pTemp->rbnext;
acutPrintf("\n点坐标类型的扩展数据是:(%.2f, %.2f, %.2f)",
pTemp->resval.rpoint[X], pTemp->resval.rpoint[Y],
pTemp->resval.rpoint[Z]);
acutRelRb(pRb);
}
else
{
acutPrintf("\n所选择的实体不包含任何的扩展数据!");
}
}
```

使用 AcDbObject 类的 xData 函数能够获得一个结果缓冲区链表,该实体的所有扩展数据都保存在该链表中,因此可以通过遍历结果缓冲区的方法获得扩展数据。

8.4 字 典

实际上字典分为扩展字典和有名对象字典。

8.4.1 扩展字典

1. 相关函数

扩展字典与特定的实体关联,可以使用 createExtensionDictionary 函数为实体建立扩展字典,创建扩展字典之后,就可以使用 extensionDictionary 函数获得实体的扩展字典:

Acad::ErrorStatus createExtensionDictionary()

如果成功,返回 Acad::eOk;如果对象的扩展词典已存在,返回 Acad::eAlreadyInDb。

AcDbDictionary 对象的 setAt 函数可以为字典添加一个元素,该元素既可以是 AcDbXrecord,也可以是其他类型的对象。

```
Acad::ErrorStatus setAt(
    const char* srchKey,    // 输入的字符串
```

```
        AcDbObject* newValue,    // 追加到字典的输入对象指针
        AcDbObjectId& retObjId);  // 返回新追加对象的 ID
```

如果要访问实体扩展字典中保存的扩展记录,可以使用 extensionDictionary 函数获得实体的扩展字典,然后通过字典的 getAt 函数得到指定的元素(扩展记录),使用 AcDbXrecord 类的 rbChain 函数得到保存数据的结果缓冲区链表,并且遍历该链表获得保存的数据。

```
AcDbObjectId  extensionDictionary()const;
```

如果对象没有附加扩展词典,则返回 AcDbObjectId::kNull;

扩展记录可以使我们添加任意的应用程序专用数据。数据由程序员添加、解释。在原理上添加扩展数据的数量没有限制。扩展记录是以结果缓冲区链表定义的,结果缓冲区链表是一组数据的列表,数据组中的每一个表项包含一个 DXF 组码和相关的数据,组码值定义了与其相关数据的类型。

2. 应用过程

(1) 追加数据到扩展字典的函数

```
void AddXRecord()
{
// 提示用户选择所要添加扩展记录的图形对象
ads_name en;
ads_point pt;
if (acedEntSel("\n 选择所要添加扩展记录的实体:", en, pt) != RTNORM)
return;
AcDbObjectId entId; // 要添加扩展记录的实体 ID
Acad::ErrorStatus es = acdbGetObjectId(entId, en);
AcDbXrecord * pXrec = new AcDbXrecord;  // 创建一扩展记录
AcDbObject * pObj;
AcDbObjectId dictObjId, xRecObjId;
AcDbDictionary * pDict;
// 要在扩展记录中保存的字符串
char entType[] = {"直线"};
struct resbuf * pRb;
// 向实体中添加扩展字典
acdbOpenObject(pObj, entId, AcDb::kForWrite);  // 以写的方式打开对象
pObj->createExtensionDictionary();    // 创建扩展字典
dictObjId = pObj->extensionDictionary();  // 获取扩展字典
pObj->close();
// 向扩展字典中添加一条记录
acdbOpenObject(pDict, dictObjId, AcDb::kForWrite);
pDict->setAt("XRecord", pXrec, xRecObjId);
pDict->close();
// 设置扩展记录的内容
pRb = acutBuildList(AcDb::kDxfText, entType,
```

```
    AcDb::kDxfInt32, 12,
    AcDb::kDxfReal, 3.14,
    AcDb::kDxfXCoord, pt,
    RTNONE);
pXrec->setFromRbChain(*pRb);
pXrec->close();
acutRelRb(pRb);
}
```

(2) 显示扩展字典中记录所包含的数据函数

```
void ViewXRecord()
{
// 提示用户选择所要查看扩展记录的图形对象
ads_name en;
ads_point pt;
if (acedEntSel("\n选择所要查看扩展记录的实体:", en, pt) != RTNORM)
    return;
AcDbObjectId entId;
Acad::ErrorStatus es = acdbGetObjectId(entId, en);
// 打开图形对象,获得实体扩展字典的 ObjectId
AcDbEntity *pEnt;
acdbOpenAcDbEntity(pEnt, entId, AcDb::kForRead);
AcDbObjectId dictObjId = pEnt->extensionDictionary();
pEnt->close();
// 查看实体是否包含扩展字典
if (dictObjId == AcDbObjectId::kNull)
{
    acutPrintf("\n所选择的实体不包含扩展字典!");
    return;
}
// 打开扩展字典,获得与关键字"XRecord"关联的扩展记录
AcDbDictionary *pDict;
AcDbXrecord *pXrec;
acdbOpenObject(pDict, dictObjId, AcDb::kForRead);
pDict->getAt("XRecord", (AcDbObject *&)pXrec, AcDb::kForRead);
pDict->close();
// 获得扩展记录的数据链表并关闭扩展数据对象
struct resbuf *pRb;
pXrec->rbChain(&pRb);
pXrec->close();
if (pRb != NULL)
{
    printList(pRb);
```

```
    acutRelRb(pRb);
  }
}
```

8.4.2 有名对象字典

AutoCAD 每个图形数据库中都包含一个有名对象字典，默认情况下该字典中包含了组、多线样式、布局和打印等信息。如果需要在有名对象字典中保存自己的数据，一般可以在有名对象字典中添加一个根字典，然后再向根字典中添加新的字典，进而在新字典中保存数据。这样的好处是不会与有名对象字典的基本字典相混淆。使用 AcDbDatabase 对象的 getNamedObjectsDictionary 函数可以获得图形的有名对象字典（根字典），可以通过 setAt 函数向根字典添加一个字典，或者通过 getAt 函数获得其中的一个字典。获得字典之后，向字典中保存数据的方法与扩展字典完全一致。

（1）向当前的图形数据库中添加一个字典，并在其中保存自定义数据，其实现函数为：

```
void AddNameDict()
{
// 要在扩展记录中保存的字符串
char entType[] = {"直线"};
struct resbuf * pRb;
// 获得有名对象字典，向其中添加指定的字典项
AcDbDictionary * pNameObjDict, * pDict;
acdbHostApplicationServices()->workingDatabase()
  ->getNamedObjectsDictionary(pNameObjDict,
AcDb::kForWrite);
// 检查所要添加的字典项是否已经存在
AcDbObjectId dictObjId;
if (pNameObjDict->getAt("MyDict", (AcDbObject * &)pDict,
AcDb::kForWrite) == Acad::eKeyNotFound)
{
pDict = new AcDbDictionary;
pNameObjDict->setAt("MyDict", pDict, dictObjId);
pDict->close();
}
pNameObjDict->close();
// 向新建的字典中添加一个扩展记录
AcDbObjectId xrecObjId;
AcDbXrecord * pXrec = new AcDbXrecord;
acdbOpenObject(pDict, dictObjId, AcDb::kForWrite);
pDict->setAt("XRecord", pXrec, xrecObjId);
pDict->close();
// 设置扩展记录的内容
ads_point pt;
pt[X] = 100;
```

```
pt[Y] = 100;
pt[Z] = 0;
pRb = acutBuildList(AcDb::kDxfText, entType,
AcDb::kDxfInt32, 12,
AcDb::kDxfReal, 3.14,
AcDb::kDxfXCoord, pt,
RTNONE);
pXrec->setFromRbChain(*pRb);
pXrec->close();
acutRelRb(pRb);
}
```

（2）检查当前图形中是否包含指定的用户字典，并在命令窗口中显示字典中保存的自定义数据，其实现函数为：

```
Void ViewNameDict()
{
// 获得对象有名字典中指定的字典项
AcDbDictionary * pNameObjDict, * pDict;
Acad::ErrorStatus es;
acdbHostApplicationServices()->workingDatabase()
    ->getNamedObjectsDictionary(pNameObjDict,
AcDb::kForRead);
es = pNameObjDict->getAt("MyDict", (AcDbObject * &)pDict,
AcDb::kForRead);
pNameObjDict->close();
// 如果不存在指定的字典项,退出程序
if (es == Acad::eKeyNotFound)
return;
// 获得指定的对象字典
AcDbXrecord * pXrec;
pDict->getAt("XRecord", (AcDbObject * &)pXrec, AcDb::kForRead);
pDict->close();
// 获得扩展记录的数据链表并关闭扩展数据对象
struct resbuf * pRb;
pXrec->rbChain(&pRb);
pXrec->close();
if (pRb != NULL)
printList(pRb); // 打印缓冲表
}

// 打印缓冲表
void printList(struct resbuf * pBuf)
{    int rt, i;   char buf[133];
```

```c
for (i = 0;pBuf != NULL;i++, pBuf = pBuf->rbnext) {
    if (pBuf->restype < 0)           rt = pBuf->restype;
    else if (pBuf->restype < 10)     rt = RTSTR;
    else if (pBuf->restype < 38)     rt = RT3DPOINT;
    else if (pBuf->restype < 60)     rt = RTREAL;
    else if (pBuf->restype < 80)     rt = RTSHORT;
    else if (pBuf->restype < 100)    rt = RTLONG;
    else if (pBuf->restype < 106)    rt = RTSTR;
    else if (pBuf->restype < 148)    rt = RTREAL;
    else if (pBuf->restype < 290)    rt = RTSHORT;
    else if (pBuf->restype < 320)    rt = RTSTR;
    else if (pBuf->restype < 370)    rt = RTENAME;
    else if (pBuf->restype < 999)    rt = RT3DPOINT;
    else       rt = pBuf->restype;
    switch (rt) {
    case RTSHORT:
        if (pBuf->restype==RTSHORT) acutPrintf( "RTSHORT : %d\n", pBuf->resval.rint);
        else acutPrintf("( %d . %d)\n", pBuf->restype, pBuf->resval.rint); break;
    case RTREAL:
        if (pBuf->restype==RTREAL) acutPrintf( "RTREAL : %0.3f\n", pBuf->resval.rreal);
        else  acutPrintf("( %d . %0.3f)\n", pBuf->restype, pBuf->resval.rreal); break;
    case RTSTR:
        if (pBuf->restype==RTSTR) acutPrintf( "RTSTR : %s\n", pBuf->resval.rstring);
        else  acutPrintf("( %d . \"%s\")\n", pBuf->restype, pBuf->resval.rstring); break;
    case RT3DPOINT:
        if (pBuf->restype==RT3DPOINT)
            acutPrintf( "RT3DPOINT : %0.3f, %0.3f, %0.3f\n",
                pBuf->resval.rpoint[X], pBuf->resval.rpoint[Y], pBuf->resval.rpoint[Z]);
        else  acutPrintf("( %d %0.3f %0.3f %0.3f)\n", pBuf->restype,
                pBuf->resval.rpoint[X], pBuf->resval.rpoint[Y], pBuf->resval.rpoint[Z]);
        break;
    case RTLONG: acutPrintf("RTLONG : %dl\n", pBuf->resval.rlong); break;
    case -1:
    case RTENAME: // First block entity
      acutPrintf("( %d .<Entity name: %8lx>)\n", pBuf->restype, pBuf->resval.rlname[0]);
        break;
    case -3: acutPrintf("(-3)\n");
    }
    if ((i==23) && (pBuf->rbnext != NULL)) {    i = 0;
        acedGetString(0, "Press <ENTER> to continue...", buf);
    }
  }     return;
}
```

8.4.3 组字典

组是一个容器对象,它是一个有序的数据库实体集合,组可以被当作命名的永久选择集,它们与其包含实体间不存在所属关系。

当一个实体被删除后,则自动从组中删除,如果一个删除了的实体被恢复,则自动重新插入到组中。

在这里的关键是:①如何获取组词典对象指针;②如何创建一个组;③如何将一个组追加到组词典中;④如何删除组和组词典。

在 AutoCAD 中,可以使用 Group 命令来创建和删除编组,但是在 ObjectARX 中就没有直接的函数来创建和删除组,必须通过组的底层实现来操作。编组的信息保存在图形数据库的有名对象字典中,在 ObjectARX 中对编组的操作实际上就是对有名对象字典中组字典的操作,可以通过 AcDbDatabase 对象的 getGroupDictionary 函数获得组字典的指针。组字典在有名对象字典的根字典中的关键字是"ACAD_GROUP",因此还可以通过有名对象字典的 getAt 函数来获得组字典的指针,参考下面的代码:

```
AcDbDictionary * pNameDict;
acdbHostApplicationServices()->workingDatabase()
  ->getNamedObjectsDictionary(pNameDict, AcDb::kForRead);
pNameDict->getAt("ACAD_GROUP", (AcDbObject * &)pGroupDict, AcDb::kForWrite);
pNameDict->close();
```

(1) 创建编组函数

```
void CreateGroup(AcDbObjectIdArray& objIds, char * pGroupName)
{
AcDbGroup * pGroup = new AcDbGroup(pGroupName);
for (int i = 0; i < objIds.length(); i++){
pGroup->append(objIds[i]);
}
// 将组添加到有名对象字典的组字典中
AcDbDictionary * pGroupDict;
acdbHostApplicationServices()->workingDatabase()
  ->getGroupDictionary(pGroupDict, AcDb::kForWrite);
AcDbObjectId pGroupId;
pGroupDict->setAt(pGroupName, pGroup, pGroupId);
pGroupDict->close();
pGroup->close();
}
```

(2) 删除编组的函数

```
void DelGroup()
{
// 获得组字典
AcDbDictionary * pGroupDict;
```

```cpp
acdbHostApplicationServices()->workingDatabase()
    ->getGroupDictionary(pGroupDict, AcDb::kForWrite);

if (pGroupDict->has("MyGroup"))
{
    pGroupDict->remove("MyGroup");
}
pGroupDict->close();
}

void groups()
{   AcDbGroup *pGroup = new AcDbGroup("grouptest"); // 新建一个组"grouptest"
    AcDbDictionary *pGroupDict;
    acdbHostApplicationServices()->workingDatabase()
        ->getGroupDictionary(pGroupDict, AcDb::kForWrite);// 获取组字典对象指针
    AcDbObjectId groupId;
    pGroupDict->setAt("ASDK_GROUPTEST", pGroup, groupId); // 将组加入到组字典中,其中"AS-
DK_GROUUPTEST"为组名,pGroup 为指向组指针,groupID 为返回的组对象 ID
    pGroupDict->close();    pGroup->close();
    makeGroup(groupId);      // 将指定的对象加入到组中
    removeAllButLines(groupId); // 删除组中非直线的实体
}


// 将指定的对象加入到组中
void makeGroup(AcDbObjectId groupId)
{   ads_name sset;
    int err = acedSSGet(NULL, NULL, NULL, NULL, sset); // 将选中的实体构造一个选择集
    if (err != RTNORM) {     return;     }
    AcDbGroup *pGroup;
    acdbOpenObject(pGroup, groupId, AcDb::kForWrite); // 以写的方式打开组 groupID
    long i, length;
    ads_name ename;
    AcDbObjectId entId;
    acedSSLength(sset, &length); // 获取选择集中实体的个数 length
    for (i = 0; i < length; i++) {
        acedSSName(sset, i, ename);   // 获取选择集中实体的名称
        acdbGetObjectId(entId, ename); // 由实体的名称得到实体的标识符
        pGroup->append(entId); // 将当前实体追加到组中
    }
    pGroup->close(); // 关闭组
    acedSSFree(sset); // 释放选择集
}
```

```
// 删除组中所有非直线的实体,并将直线的颜色改为红色
void  removeAllButLines(AcDbObjectId groupId)
{
      AcDbGroup * pGroup;
    acdbOpenObject(pGroup, groupId, AcDb::kForWrite); // 以写的方式打开组
    AcDbGroupIterator * pIter = pGroup->newIterator(); // 获取组浏览器指针
    AcDbObject * pObj;
    for (; ! pIter->done(); pIter->next()){        // 遍历组中的每个实体
        pIter->getObject(pObj, AcDb::kForRead); // 获取组对象指针
    if (! pObj->isKindOf(AcDbLine::desc())) { // 判定是否为直线
            pObj->close();
            pGroup->remove(pIter->objectId()); // 从组中删除该实体
        } else {
            pObj->close();
        }
    }
    delete pIter;
    pGroup->setColorIndex(1);   // 设置组中实体的颜色为红色
    pGroup->close();// 关闭组
}
```

第 9 章 绘图与设计环境

9.1 基本绘图环境设置

AutoCAD 作为一个通用 CAD 支撑环境,仅提供基本图形元素的生成与处理功能,其初始环境采用英制单位。为适应机械产品的图形设计,必须建立适合中国国家制图标准的绘图环境。另外,原型系统的公用图库、符号库、预定义线型和绘图模板等内容都属于基本绘图环境的内容。

一般的设置内容包括:①设置米制绘图单位、文字尺寸;②设置尺寸标注变量;③预定义单线体汉字、仿宋体汉字、制表用汉字的字型文件;④预定义原型系统的公用图库、符号库;⑤生成绘图模板和通用菜单等。新的国家标准对 CAD 系统的图层、线型和颜色等都作了具体规定,结合国标与原型系统开发的需要,我们不仅建立了图层、线型和颜色对应关系,而且通过采用颜色表达线条粗细,提供了简洁的图形处理方法。

9.1.1 绘图环境程序设计思路

程序设计应达到这样的目的:只要运行一遍程序,绘图环境的各参数即自动设定。其主要思路如下:

(1) 将常用的标准比例尺寸列出以供用户选用,允许使用自定义比例;
(2) 设置符合要求的文字样式;
(3) 使用户可以形象直观地设置尺寸标注变量,建立自己的尺寸标注样式;
(4) 根据需要设置图层,并为每个图层选择特定的颜色和线型;
(5) 将绘图环境的每一项参数的最常用值作为缺省值;
(6) 设计与用户交互的对话框,接受用户的选择输入。

9.1.2 比例设置

计算机绘图与手工绘图相比,比例的含义大不一样。在 AutoCAD 的"无限空间"中,绘图按"实尺"进行,比例的设置并不影响屏幕上所显示的图形的尺寸,而只对图形中的文本(包括尺寸标注文本)和名义图框起作用。设置比例的目的是为了在打印出图时获得与图形、文字等协调一致的图纸。一般地,图中的文字高度和名义图框尺寸应随比例反向变化。

比例的设置方法如下:在对话框列表框添加各种标准比例因子(如图 9-1 所示),并将最常用的比例设为默认值;比

图 9-1 比例设置对话框

例文本框实时反映用户在列表框中的选择值,也允许用户直接输入自定义比例。

绘图比例程序所在的工程文件为 biaozhu,CPP 源文件为 blbz.cpp,所在的类为 blbz。主要演示代码如下:

(1) 初始始化 List 控件,将各种比例设置内容追加到 list 中。

```
// 初始化对话框
BOOL blsz::OnInitDialog()
{
    CDialog::OnInitDialog();
    DWORD dwExStyle = LVS_EX_FULLROWSELECT |LVS_EX_GRIDLINES
    |LVS_EX_HEADERDRAGDROP|LVS_EX_ONECLICKACTIVATE|LVS_EX_UNDERLINEHOT;
    m_listctrl1.SetExtendedStyle( dwExStyle );
    m_listctrl1.SetTextColor(RGB(255,0.0,0.0));
    m_listctrl1.InsertColumn(0,_T("可选择的比例"),LVCFMT_CENTER,135);
    m_listctrl1.InsertItem(0,"1:1");
    m_listctrl1.InsertItem(1,"1:2");
    m_listctrl1.InsertItem(2,"1:2.5");
    m_listctrl1.InsertItem(3,"1:3");
    m_listctrl1.InsertItem(4,"1:4");
    m_listctrl1.InsertItem(5,"1:5");
    m_listctrl1.InsertItem(6,"1:10");
    m_listctrl1.InsertItem(7,"1:15");
    m_listctrl1.InsertItem(8,"1:20");
    m_listctrl1.InsertItem(9,"1:25");
    m_listctrl1.InsertItem(10,"1:50");
    m_listctrl1.InsertItem(11,"1:100");
    m_listctrl1.InsertItem(12,"2:1");
    m_listctrl1.InsertItem(13,"2.5:1");
    m_listctrl1.InsertItem(14,"4:1");
    m_listctrl1.InsertItem(15,"5:1");
    m_listctrl1.InsertItem(16,"10:1");
    m_listctrl1.InsertItem(17,"20:1");
    m_blsz="1:1";
    UpdateData(false);
    return TRUE;
}
```

(2) 点击 List 控件,选中某一比例。

```
void blsz::OnClickList1(NMHDR * pNMHDR, LRESULT * pResult)
{
for( int m=0;m<m_listctrl1.GetItemCount();m++)
    {
        if(m_listctrl1.GetItemState(m,LVIS_SELECTED)==LVIS_SELECTED)
```

```
                {       m_blsz=m_listctrl1.GetItemText(m,0);
                }
        }
        UpdateData(false);
        *pResult = 0;
}
```

9.1.3 线型设置

在绘图过程中,需要不同的线型。实现的办法是把不同的线型实体绘制在不同的层上,并给相应的层赋予特定的颜色,通过绘图仪输出图形的时候,绘图仪不同笔位对应着不同的层从而满足不同实体的线型需要。根据机械 CAD 的一般情况,可建立如表 9-1 所示的层。

表 9-1 线型设置

层 名	颜 色	线 型	用 途
PART	WHITE	CONTINUOUS	绘粗实线
THIN	YELLOW	CONTINUOUS	绘细实线
SECT	GREEN	CONTINUOUS	绘剖面线
DIM	CYAN	CONTINUOUS	标注尺寸
HIDN	BLUE	HIDDEN	绘虚线
CEN	RED	CENTER	绘中心线
PHNTM	MAGENTA	PHANTOM	绘双点划线
BLX	GREEN	CONTINUOUS	绘波浪线
SZX	BLUE	CONTINUOUS	绘双折线
HTK	BYLAYER	CONTINUOUS	画图框

必须注意的是:只有根据用户选定的绘图比例设置了合适的线型比 LTSCALE 才能保证打印输出的图纸上的图线清晰美观。例如,设用户选定的绘图比例为 1:N,若采用 AutoCAD 提供的线型,则宜将 LTSCALE 设置为 $10/N$;对于用户自定义的新线型,也必须根据自己的定义设置合适的 LTSCALE 值。设计如图 9-2 所示的对话框可以使用户快速、方便地设置图层及其线型、颜色和线型比。

绘图比例程序所在的工程文件为 biaozhu,CPP 源文件为 tcsz.cpp,所在的类为 tcsz。主要演示代码如下:

(1) 初始始化 List 控件,将各种图层设置内容追加到 list 中,如图层名、图层所用的颜色、图层所用的线型以及该图层的使用说明。

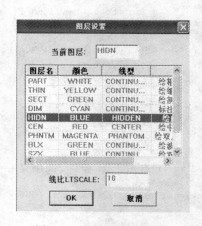

图 9-2 图层调置对话框

```cpp
BOOL tcsz::OnInitDialog()
{
    CDialog::OnInitDialog();
    struct resbuf rb;
    ads_real scale;

    DWORD dwExStyle = LVS_EX_FULLROWSELECT |LVS_EX_GRIDLINES
    |LVS_EX_HEADERDRAGDROP|LVS_EX_ONECLICKACTIVATE|LVS_EX_UNDERLINEHOT;

    m_listctrl1.SetExtendedStyle( dwExStyle );
    m_listctrl1.SetTextColor(RGB(255,0.0,0.0));
    m_listctrl1.InsertColumn(0,_T("图层名"),LVCFMT_CENTER,60);
    m_listctrl1.InsertColumn(1,_T("颜色"),LVCFMT_CENTER,80);
    m_listctrl1.InsertColumn(2,_T("线型"),LVCFMT_CENTER,90);
    m_listctrl1.InsertColumn(3,_T("说明"),LVCFMT_CENTER,120);
    m_listctrl1.InsertItem(0,"PART");
    m_listctrl1.SetItemText(0,1,"WHITE");
    m_listctrl1.SetItemText(0,2,"CONTINUOUS");
    m_listctrl1.SetItemText(0,3,"绘粗实线,白色");
    m_listctrl1.InsertItem(1,"THIN");
    m_listctrl1.SetItemText(1,1,"YELLOW");
    m_listctrl1.SetItemText(1,2,"CONTINUOUS");
    m_listctrl1.SetItemText(1,3,"绘细实线,黄色");
    m_listctrl1.InsertItem(2,"SECT");
    m_listctrl1.SetItemText(2,1,"GREEN");
    m_listctrl1.SetItemText(2,2,"CONTINUOUS");
    m_listctrl1.SetItemText(2,3,"绘剖面线,绿色");
    m_listctrl1.InsertItem(3,"DIM");
    m_listctrl1.SetItemText(3,1,"CYAN");
    m_listctrl1.SetItemText(3,2,"CONTINUOUS");
    m_listctrl1.SetItemText(3,3,"标注尺寸,青色");
    m_listctrl1.InsertItem(4,"HIDN");
    m_listctrl1.SetItemText(4,1,"BLUE");
    m_listctrl1.SetItemText(4,2,"HIDDEN");
    m_listctrl1.SetItemText(4,3,"绘虚线,蓝色");
    m_listctrl1.InsertItem(5,"CEN");
    m_listctrl1.SetItemText(5,1,"RED");
    m_listctrl1.SetItemText(5,2,"CENTER");
    m_listctrl1.SetItemText(5,3,"绘中心线,红色");

    m_listctrl1.InsertItem(6,"PHNTM");
    m_listctrl1.SetItemText(6,1,"MAGENTA");
    m_listctrl1.SetItemText(6,2,"PHANTOM");
```

```
    m_listctrl1.SetItemText(6,3,"绘双点划线,粉色");

    m_listctrl1.InsertItem(7,"BLX");
    m_listctrl1.SetItemText(7,1,"GREEN");
    m_listctrl1.SetItemText(7,2,"CONTINUOUS");
    m_listctrl1.SetItemText(7,3,"绘波浪线,绿色");

    m_listctrl1.InsertItem(8,"SZX");
    m_listctrl1.SetItemText(8,1,"BLUE");
    m_listctrl1.SetItemText(8,2,"CONTINUOUS");
    m_listctrl1.SetItemText(8,3,"绘双折线,蓝色");

    m_listctrl1.InsertItem(9,"HTK");
    m_listctrl1.SetItemText(9,1,"BYLAYER");
    m_listctrl1.SetItemText(9,2,"CONTINUOUS");
    m_listctrl1.SetItemText(9,3,"绘图框,白色");

    ads_getvar("userr1",&rb);
    scale=rb.resval.rreal;
    if(scale==0.0)   scale=1.0;
    m_ltscale=10/scale;
    m_dqtc="PART";
    UpdateData(false);
    return TRUE;
}
```

(2) OK 按钮事件响应程序,该程序是设置相应的图层:

```
void tcsz::Onlayer_set()
{
  UpdateData(true);
  OnCancel();

 if(m_dqtc=="PART")
 {
  Layer_do("M","PART");
  Layer_do("S","PART");
  Layer_edit("C","WHITE","PART");
  Layer_edit("L","CONTINUOUS","PART");
 }
 if(m_dqtc=="THIN")
 {
  Layer_do("M","THIN");
  Layer_do("S","THIN");
```

```
    Layer_edit("C","YELLOW","THIN");
    Layer_edit("L","CONTINUOUS","THIN");
}
if(m_dqtc=="SECT")
{
    Layer_do("M","SECT");
    Layer_do("S","SECT");
    Layer_edit("C","GREEN","SECT");
    Layer_edit("L","CONTINUOUS","SECT");
}
if(m_dqtc=="DIM")
{
    Layer_do("M","DIM");
    Layer_do("S","DIM");
    Layer_edit("C","CYAN","DIM");
    Layer_edit("L","CONTINUOUS","DIM");
}
if(m_dqtc=="HIDN")
{
    Layer_do("M","HIDN");
    Layer_do("S","HIDN");
    Layer_edit("C","BLUE","HIDN");
    Layer_edit("L","HIDDEN","HIDN");
}
if(m_dqtc=="CEN")
{
    Layer_do("M","CEN");
    Layer_do("S","CEN");
    Layer_edit("C","RED","CEN");
    Layer_edit("L","CENTER","CEN");
}
if(m_dqtc=="PHNTM")
{
    Layer_do("M","PHNTM");
    Layer_do("S","PHNTM");
    Layer_edit("C","MAGENTA","PHNTM");
    Layer_edit("L","PHANTOM","PHNTM");
}
if(m_dqtc=="BLX")
{
    Layer_do("M","BLX");
    Layer_do("S","BLX");
    Layer_edit("C","GREEN","BLX");
```

```
    Layer_edit("L","CONTINUOUS","BLX");
}
if(m_dqtc=="SZX")
{
    Layer_do("M","SZX");
    Layer_do("S","SZX");
    Layer_edit("C","BLUE","SZX");
    Layer_edit("L","CONTINUOUS","SZX");
}
if(m_dqtc=="HTK")
{
    Layer_do("M","HTK");
    Layer_do("S","HTK");
    Layer_edit("C","BYLAYER","HTK");
    Layer_edit("L","CONTINUOUS","HTK");
}
acedCommand(RTSTR,"LTSCALE",RTREAL,m_ltscale,RTNONE);
}
```

另外,上面的程序代码中用到了两个宏 Layer_do 和 Layer_edit,分别用于层的设置与修改。代码如下:

```
#define Layer_do(mode,layer_name){ \
    if              (acedCommand(RTSTR,"LAYER", RTSTR,mode,RTSTR,layer_name,RTSTR,"",RTNONE)\
        !=RTNORM)   ads_fail("\n Layer opration error.");\
}

#define Layer_edit(mode,value,layer_name){ \
    if              (acedCommand(RTSTR,"LAYER", RTSTR,mode,RTSTR,value,RTSTR,layer_name,RTSTR,"",RTNONE)\
        !=RTNORM)   ads_fail("\n Layer edit opration error.");\
}
```

9.1.4 字型与标注变量

1. 字型与字高

绘图过程中既需要汉字又需要英文字母,因此,需要用 STYLE 命令将 AutoCAD 的各种字型(如 STANDARD 标准字型)设置成能同时接受西文和汉字的字型名,即用"TXT,HZTXT"来响应"Font file:"提示。另外,机械制图中的说明文字,高度一般在 5mm 左右。因此,可设定一个固定字高的字型,这样以后用此字型标注文字时,就可自动采用 5mm 的字高。因此,系统设置了两种字型供用户选择,一种为自由高度;另外一种是高度为 5,主要用于技术说明和装配图的零件序号等。

可通过图 9-3 对话框中的"字型选择"一栏来设置字型与字高。

2.标注变量

在 AutoCAD 中,尺寸标注的各组成部分可以通过以"DIM"开头的一系列系统变量进行编辑。标注变量分为两种:一种是标注形状大小的变量设置,如尺寸文字的大小 DIMTXT、箭头的长度 DIMASZ 等;另一种是标注格式的变量控制,如是否将尺寸文字置于标注线上方 DIMTAD 等。AutoCAD 对这两种变量的缺省设置,大都不符合我国机械制图习惯。为此,必须重新设置。

对于与标注形状大小有关的变量,如果按设置字高的方式进行设置,则计算起来比较麻烦。AutoCAD 提供了一个控制全局尺寸因子的变量 DIMSCALE,只要将其设为绘图比例的倒数,那么对每一个标注变量的设置就不必考虑绘图比例,而只需按相当于 1:1 时的输出尺寸设置即可。例如,用户选定了 1:50 的绘图比例,要想使实际输出到工程图中的箭头长为 5mm,则设 DIMSCALE 为 50,设 DIMASZ 为 5。

逐一设置某一种尺寸标注样式中的各种系统变量比较麻烦,通过图 9-3 对话框中的"主要标注变量"一栏,用户可以直观简便快速地设置主要标注变量。

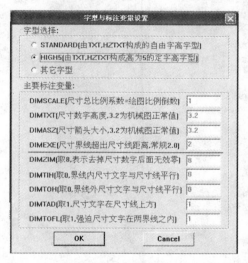

图 9-3 字型与标注变是设置对话框

下面给出符合国家标准标注设置如表 9-2 所示。

表 9-2 标注变量

标注变量名	设定值	功 能
DIMTXT	3.2	尺寸文字的高度
DIMASZ	3.2	尺寸线箭头的长度
DIMEXE	2.0	尺寸界线超出尺寸线的长度
DIMZIN	8	尺寸数字小数点后的多余的 0 去掉
DIMTIH	OFF	使在界限内的尺寸文字平行于尺寸线
DIMTON	OFF	使在界限外的尺寸文字平行于尺寸线
DIMTAD	ON	使尺寸文字位于尺寸线上方
DIMOFL	ON	强迫在尺寸界限内画标注线

字型与标注变量程序所在的工程文件为 biaozhu,CPP 源文件为 zxbl.cpp,所在的类为 zxbl。主要演示代码如下:

(1) 初始始化 Edit 控件,将各种标注变量名显示到 Edit 中,如尺寸文字高度、尺寸线箭头长度、尺寸界限超出尺寸线的长度等。

```cpp
BOOL zxbl::OnInitDialog()
{
    CDialog::OnInitDialog();
    int i;
    static struct dim_real {
        char * name;
    ads_real val;
    } dim_real[]={
        {"dimscale",1.0},
        {"dimtxt",3.2},
        {"dimasz",3.2},
        {"dimexe",2.0},
    };
    #define DIM_R 4
    static struct dim_int {
        char * name;
        int val;
    } dim_int[]={
        {"dimzin",8},
        {"dimtih",0},
        {"dimtoh",0},
        {"dimtad",1},
        {"dimtofl",1},
    };
    #define DIM_I 5

    for(i=0;i<DIM_R;i++)
    {
        m_dimscale=dim_real[0].val;
        m_dimtxt=dim_real[1].val;
        m_dimasz=dim_real[2].val;
        m_dimexe=dim_real[3].val;
    }
    for(i=0;i<DIM_I;i++)
    {
        m_dimzin = dim_int[0].val;
        m_dimtih = dim_int[1].val;
        m_dimtoh = dim_int[2].val;
```

第9章 | 绘图与设计环境

```
        m_dimtad = dim_int[3].val;
        m_dimtofl= dim_int[4].val;
    }
    UpdateData(false);
    return TRUE;
}
```

（2）OK 按钮响应程序的代码：

```
void zxbl::Ondim_txt()
{
    UpdateData(true);
    OnCancel();

    struct resbuf rb;
    static int flag=0;//判定此函数是否为第一次执行的标志
    char chr_style[20];
    ads_real scale;
    if(flag==0)
    {
     CommandB();
     ads_getvar("userr1",&rb);
     scale=rb.resval.rreal;
     if(scale==0.0)  scale=1.0;
     if(ads_findfile("HZTXT.SHX",tbuf4)!=RTNORM)
     {
      ads_alert("\nHZTXT.SHX not found.");       return;
     }
    UINT nZxxz=GetCheckedRadioButton(IDC_RADIO1,IDC_RADIO3);
      if(nZxxz==IDC_RADIO1) { if( acedCommand(RTSTR,"STYLE",RTSTR,"STANDAR",RTSTR,"TXT,HZ-TXT",RTSTR,"0", RTSTR,"0.7",RTSTR,"",RTSTR,"",RTSTR,"",RTSTR,"",RTNONE)==RTNORM)
      {
        strcpy(chr_style,"STANDAR");
        rb.restype=RTSTR;
        rb.resval.rstring=chr_style;
        ads_setvar("TEXTSTYLE",&rb);
      }
     }
    if(nZxxz== =IDC_RADIO2)   { if( acedCommand(RTSTR," STYLE", RTSTR," HIGH5", RTSTR," TXT, HZ-TXT",RTSTR,"5.0",
        RTSTR,"0.7",RTSTR,"",RTSTR,"",RTSTR,"",RTSTR,"",RTNONE)==RTNORM)
      {
         strcpy(chr_style,"HIGH5");
         rb.restype=RTSTR;
```

```
        rb.resval.rstring=chr_style;
       ads_setvar("TEXTSTYLE",&rb);
     }
    }
    if(nZxxz==IDC_RADIO3)
    { strcpy(chr_style,"STANDARD");
      rb.restype=RTSTR;
        rb.resval.rstring=chr_style;
        ads_setvar("TEXTSTYLE",&rb);
    }
     m_dimscale=1.0/scale;
     flag=1;
     CommandE();
    }
    free(rb.resval.rstring);//释放 rb.resval.rstring 占用的内存
 sprintf(tbuf4," %g",m_dimasz);
   acedCommand(RTSTR,"DIM",RTSTR,"DIMASZ", RTSTR,tbuf4,RTSTR,"EXIT",RTNONE);
 sprintf(tbuf4," %g",m_dimtxt);
   acedCommand(RTSTR,"DIM",RTSTR,"DIMTXT", RTSTR,tbuf4,RTSTR,"EXIT",RTNONE);
 sprintf(tbuf4," %g",m_dimexe);
   acedCommand(RTSTR,"DIM",RTSTR,"DIMEXE", RTSTR,tbuf4,RTSTR,"EXIT",RTNONE);

 sprintf(tbuf4," %g",1.0/m_dimscale);
   acedCommand(RTSTR,"DIM",RTSTR,"DIMSCALE", TSTR,tbuf4,RTSTR,"EXIT",RTNONE);
 sprintf(tbuf4," %d",m_dimzin);
   acedCommand(RTSTR,"DIM",RTSTR,"DIMZIN", RTSTR,tbuf4,RTSTR,"EXIT",RTNONE);
    if(m_dimtih==0)
     acedCommand(RTSTR,"DIM",RTSTR,"DIMTIH",RTSTR,"0",RTSTR,"EXIT",RTNONE);
    else
     acedCommand(RTSTR,"DIM",RTSTR,"DIMTIH",RTSTR,"1",RTSTR,"EXIT",RTNONE);
  if(m_dimtoh==0)
     acedCommand(RTSTR,"DIM",RTSTR,"DIMTOH",RTSTR,"0",RTSTR,"EXIT",0);
    else
     acedCommand(RTSTR,"DIM",RTSTR,"DIMTOH",RTSTR,"1",RTSTR,"EXIT",0);
  if(m_dimtad==1)
     acedCommand(RTSTR,"DIM",RTSTR,"DIMTAD",RTSTR,"1",RTSTR,"EXIT",0);
    else
     acedCommand(RTSTR,"DIM",RTSTR,"DIMTAD",RTSTR,"0",RTSTR,"EXIT",0);
  if(m_dimtofl==1)
     acedCommand(RTSTR,"DIM",RTSTR,"DIMTOFL",RTSTR,"1",RTSTR,"EXIT",0);
    else
     acedCommand(RTSTR,"DIM",RTSTR,"DIMTOFL",RTSTR,"0",RTSTR,"EXIT",0);
    ads_getvar("DIASTAT",&rb);
```

```
ads_retvoid();//返回空,不显示
if(rb.resval.rint==0) return;
UpdateData(false);
}
```

9.2 工程设计标注

工程设计标注在机械图纸中占有很大的比重,原型系统依据《机械制图国家标准》,提供了对工程图进行尺寸公差标注、粗糙度标注、形位公差标注、常用符号标注、特殊线型绘制等几个模块,其结构框架如图9-4所示。通过这些工程设计标注命令,可方便快捷地完成符合国家标准的各种标注。其中,尺寸公差标注提供了尺寸公差查询选择及标注功能,形位公差标注提供了形位公差查询选择及标注功能,粗糙度标注提供了"简单标注"和"高级标注"两种形式,常用标注模块实现机械制图中常用和规定符号的自动生成,特殊线型模块生成AutoCAD系统没有的波浪线和双折线两种线型。常用字符提供支撑系统没有的特殊符号、罗马数字和希腊字母模块;常用汉字自动标注机械设计中常用的汉字术语。

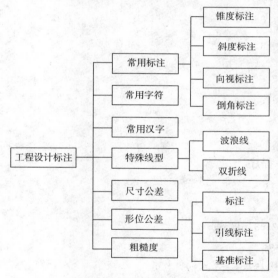

图9-4 常用工程设计标注

9.2.1 常用标注

完成机械制图中锥度标注、斜度标注、倒角标注、剖视符号、向视符号、焊缝引线标注、焊缝基本符号、焊缝辅助符号等常用标注。其中,倒角标注的演示界面如图9-5所示。

倒角标注程序所在的工程文件为为 biaozhu,CPP源文件为djbz.cpp,所在的类为djbz。主要演示代码如下:

(1)初始化对话框程序

```
BOOL djbz::OnInitDialog()
```

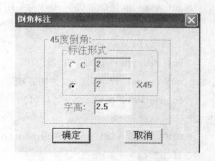

图9-5 中心投影法

```
{
    CDialog::OnInitDialog();
    struct resbuf txtsize;
    ads_real txtht_tmp;
    char temp[20];

    m_D1=fabs(pt2[X]-pt1[X]);
    m_D2=fabs(pt2[X]-pt1[X]);

    if(acedGetVar("TEXTSIZE",&txtsize)==RTNORM)
    {
        txtht_tmp=txtsize.resval.rreal;
        sprintf(temp,"%g",txtht_tmp);
        m_text_height=atof(temp);
    }
    else
    {
        m_text_height=3.5;
    }

    UpdateData(false);

    return TRUE;  }
```

(2) 绘制倒角事件程序

```
void djbz::Onchamfer()
{
 ads_point   p0,p1,p2,p3,p4,p5;
 ads_real dx,dy,angle;
char str1[10],str2[10];
 int int1,flag;
 struct resbuf rb1;

 set_var_int("CMDECHO",0);//关闭回显状态
 acedGetVar("orthomode",&rb1);
 int1=rb1.resval.rint;
 rb1.restype=RTSHORT;
 rb1.resval.rint=0;//关闭正交
 acedSetVar("orthomode",&rb1);//设置正交变量

 UINT nBzxs=GetCheckedRadioButton(IDC_RADIO1,IDC_RADIO2);
 if(nBzxs==0)
    {
```

```
        AfxMessageBox(_T("请选择标注形式!"));
        return;
    }
    if (m_text_height<=0)   return;
    UpdateData(true);
    OnCancel();

    p0[X]=(pt1[X]+pt2[X])/2;
    p0[Y]=(pt1[Y]+pt2[Y])/2;
    angle=ads_angle(pt1,pt2);

    for (;;) if (ads_getpoint(NULL,"\n指定一点确定标注位置:",p1)==RTNORM) break;
    p3[Y]=p1[Y];
    dx=p1[X]-p0[X];
    dy=p1[Y]-p0[Y];
    if (dx>=0)
    {
        if (dy>=0)
        {
         p3[X]=p0[X]+p1[Y]-p0[Y];
         flag=1;
        }
        else
        {
         p3[X]=p0[X]+p0[Y]-p1[Y];
         flag=2;
        }
    }
    if (dx<=0)
    {
        if (dy>=0)
        {
         p3[X]=p0[X]+p0[Y]-p1[Y];
         flag=3;
        }
        else
        {
         p3[X]=p0[X]+p1[Y]-p0[Y];
         flag=4;
        }
    }
    LINE(p0,p3);
    rb1.restype=RTSHORT;
```

```
rb1.resval.rint=1;//打开正交
acedSetVar("orthomode",&rb1);//设置正交变量

for(;;) if (ads_getpoint(p3,"\n指定下一点确定标注方向:",p2)==RTNORM) break;
p4[Y]=p3[Y];
if(p2[X]>p3[X])
 {
   if(flag==1||flag==2||flag==3)
   {
   p4[X]=p3[X]+5*0.85*m_text_height;
   p5[X]=(p3[X]+p4[X])/2;


   }

   if(flag==4)
   {
   p4[X]=p3[X]+5*0.85*m_text_height+3*m_text_height;
   p5[X]=p3[X]+4*m_text_height;
   }
 }
else
  {
   if(flag==1||flag==3||flag==4)
   {
   p4[X]=p3[X]-5*0.85*m_text_height;
   p5[X]=(p3[X]+p4[X])/2;


   }
   if(flag==2)
   {
   p4[X]=p3[X]-5*0.85*m_text_height-3*m_text_height;
   p5[X]=p3[X]-4*m_text_height;
   }
  }
p5[Y]=p3[Y]+m_text_height;

LINE(p3,p4);
rb1.restype=RTSHORT;
rb1.resval.rint=0;//关闭正交
acedSetVar("orthomode",&rb1);//设置正交变量
if(nBzxs==IDC_RADIO1)
{
  sprintf(str1,"%g",m_D1);
```

```
       strcpy(str2,"C");
       strcat(str2,str1);
   }
   if(nBzxs==IDC_RADIO2)
   {
       sprintf(str2,"%g",m_D2);
       strcpy(str1,"X45%%D");
       strcat(str2,str1);
   }
   acedCommand(RTSTR,"COLOR", RTSHORT,50,RTNONE);//设置红颜色
   acedCommand(RTSTR,"TEXT", RTSTR,"J", RTSTR,"M", RTPOINT,p5,RTREAL,
              m_text_height,RTREAL,0.0,RTSTR,str2,RTNONE);

   acedCommand(RTSTR,"COLOR", RTSHORT,255,RTNONE);//恢复颜色
   set_var_int("CMDECHO",1);//打开回显状态
}
```

9.2.2　尺寸公差标注

尺寸公差是衡量产品质量的重要技术指标之一,尺寸公差的标注将直接影响产品的性能、装配精度、配合性质等功能指标。

1. 尺寸公差标注系统的基本任务

机械零件的几何精度取决于该零件的尺寸精度、形状和位置精度以及表面粗糙度等。它们是根据零件在机器中的使用要求确定的。为了满足使用要求,保证零件的互换性,与孔、轴尺寸精度有直接联系的孔、轴公差与配合应标准化。

公差(也称公差带)由标准公差和基本公差两部分组成。标准公差决定公差带大小,基本公差决定公差带的位置。

标准公差的等级(简称公差等级)分为 20 级,即 IT01、IT0、IT1、…、IT18,其中 IT01 与 IT0 一般在机械 CAD 中很少用到。

基本偏差有上偏差与下偏差之分,根据基本偏差代号(简称为公差代号)来确定。孔的公差代号用大写字母表示,轴的公差代号用小写字母表示。

尺寸公差标注系统的任务就是根据给定的基本尺寸、公差代号和公差等级,自动查询得到相应的国际公差值,然后将查询的结果标注到零件图的指定位置。

2.　尺寸公差的分布特征

为了便于计算机处理,我们可对尺寸公差的分布情况进行适当归纳整理,把较有规律性的东西总结如下:

(1) 在一定的尺寸间隔内公差值保持不变,也就是说基本尺寸是分段处理的;

(2) 标准公差与基本尺寸段和公差等级有关,与公差代号无关;

(3) 轴的上偏差与孔的下偏差在同一条件下大小相等,正负符号相反,即基本偏差的绝对值相等;

(4) 基本偏差与基本尺寸段和公差代号有关,与公差等级无关;

(5) 标准公差等于上偏差与下偏差相减。

上述五条是较普遍的规律,也有例外,现总结如下:
(1) Js、J6～J8、js、j5～j7 这几个等级的数据没有太强的规律可循,需特殊处理;
(2) 在公差等级为 4～8 时,公差代号为 K～Z 的孔,有附加偏差;
(3) N9 的基本偏差为 0.0;
(4) 当基本尺寸在 250～315 时,M6 的基本偏差为 －0.009。

3. 查询模块的设计

根据上述公差分布特征,我们可以较容易地构造公差查询模块。

查询模块的入口参数有三个:基本尺寸、公差代号、公差等级。这三个参数可用函数参数进行传递。

查询模块的出口参数有:标准公差、上偏差和下偏差。出口参数可用全程变量返回。

公差查询模块的程序流程如图 9-6 所示。

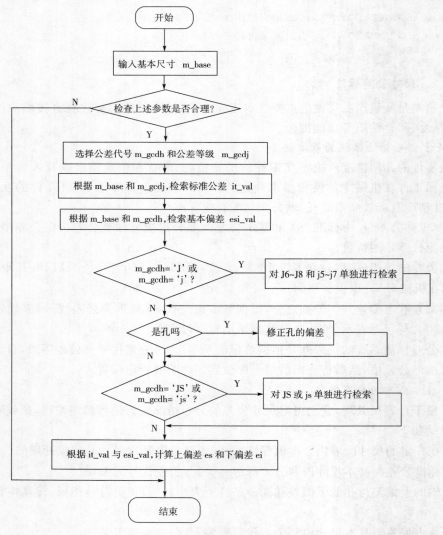

图 9-6 尺寸公差查询的程序流程

尺寸公差查询演示代码如下：

```cpp
void gcph::Onget_tolerence() //查询尺寸公差值
{
    static short it_seg[21]={
        3,6,10,18,30,50,80,120,180,250,315,400,500,630,800,1000,1250,1600,
        2000,2500,3150
    };
    static short esi_seg[25]={
        3,6,10,14,18,24,30,40,50,65,80,100,120,140,160,180,200,225,250,280,
        315,355,400,450,500
    };
    static double it[21][19]={
        {0.5,0.8,1.2,2,3,4,6,10,14,25,40,60,100,140,250,400,600,1000,1400},
        {0.6,1,1.5,2.5,4,5,8,12,18,30,48,75,120,180,300,480,750,1200,1800},
        {0.6,1,1.5,2.5,4,6,9,15,22,36,58,90,150,220,360,580,900,1500,2200},
        {0.8,1.2,2,3,5,8,11,18,27,43,70,110,180,270,430,700,1100,1800,2700},
        {1,1.5,2.5,4,6,9,13,21,33,52,84,130,210,330,520,840,1300,2100,3300},
        {1,1.5,2.5,4,7,11,16,25,39,62,100,160,250,390,620,1000,1600,2500,3900},
        {1.2,2,3,5,8,13,19,30,46,74,120,190,300,460,740,1200,1900,3000,4600},
        {1.5,2.5,4,6,10,15,22,35,54,87,140,220,350,540,870,1400,2200,3500,5400},
        {2,3.5,5,8,12,18,25,40,63,100,160,250,400,630,1000,1600,2500,4000,6300},
        {3,4.5,7,10,14,20,29,46,72,115,185,290,460,720,1150,1850,2900,4600,7200},
        {4,6,8,12,16,23,32,52,81,130,210,320,520,810,1300,2100,3200,5200,8100},
        {5,7,9,13,18,25,36,57,89,140,230,360,570,890,1400,2300,3600,5700,8900},
        {6,8,10,15,20,27,40,63,97,155,250,400,630,970,1550,2500,4000,6300,9700},
        {6,9,11,16,22,30,44,70,110,175,280,440,700,1100,1750,2800,4400,7000,11000},
        {7,10,13,18,25,35,50,80,125,200,320,500,800,1250,2000,3200,5000,8000,12500},
        {8,11,15,21,29,40,56,90,140,230,360,560,900,1400,2300,3600,5600,9000,14000},
        {9,13,18,24,34,46,66,105,165,260,420,660,1050,1650,2600,4200,6600,10500,16500},
        {11,15,21,29,40,54,78,125,195,310,500,780,1250,1950,3100,5000,7800,12500,
19500},
        {13,18,25,35,48,65,92,150,230,370,600,920,1500,2300,3700,6000,9200,15000,
23000},
        {15,22,30,41,57,77,110,175,280,440,700,1100,1750,2800,4400,7000,11000,17500,
28000},
        {18,26,36,50,69,93,135,210,330,540,860,1350,2100,3300,5400,8600,13500,21000,
33000},
    };
    static struct esi{
        char chr;
        short val[25];
    } esi[20]={
```

{'a',-270,-270,-280,-290,-290,-300,-300,-310,-320,-340,-360,-380,-410,-460,-520,
-580,-660,-740,-820,-920,-1050,-1200,-1350,-1500,-1650},
{'b',-140,-140,-150,-150,-150,-160,-160,-170,-180,-190,-200,-220,-240,-260,-280,
-310,-340,-380,-420,-480,-540,-600,-680,-760,-840},
{'c',-60,-70,-80,-95,-95,-110,-110,-120,-130,-140,-150,-170,-180,-200,-210,-230,
-240,-260,-280,-300,-330,-360,-400,-440,-480},
{'d',-20,-30,-40,-50,-50,-65,-65,-80,-80,-100,-100,-120,-120,-145,-145,-145,-170,
-170,-170,-190,-190,-210,-210,-230,-230},
{'e',-14,-20,-25,-32,-32,-40,-40,-50,-50,-60,-60,-72,-72,-85,-85,-85,-100,-100,
-100,-110,-110,-125,-125,-135,-135},
{'f',-6,-10,-13,-16,-16,-20,-20,-25,-25,-30,-30,-36,-36,-43,-43,-43,-50,-50,-50,
-56,-56,-62,-62,-68,-68},
{'g',-2,-4,-5,-6,-6,-7,-7,-9,-9,-10,-10,-12,-12,-14,-14,-14,-15,
-15,-15,-17,-17,-18,-18,-20,-20},
{'h',0,0,0,0,0,0,0,0,0,0,0,0,0,0,0,0,0,0,0,0,0,0,0,0,0},
{'k',0,1,1,1,1,2,2,2,2,2,3,3,3,3,3,4,4,4,4,4,4,4,5,5},
{'m',2,4,6,7,7,8,8,9,9,11,11,13,13,15,15,15,17,17,17,20,20,21,21,23,23},
{'n',4,8,10,12,12,15,15,17,17,20,20,23,23,27,27,27,31,31,31,34,34,37,37,40,40},
{'p',6,12,15,18,18,22,22,26,26,32,32,37,37,43,43,43,50,50,50,56,56,62,62,68,68},
{'r',10,15,19,23,23,28,28,34,34,41,43,51,54,63,65,68,77,80,84,94,98,108,114,126,132},
{'s',14,19,23,28,28,35,35,43,43,53,59,71,79,92,100,108,122,130,140,158,170,190,208,232,252},
{'t',NOV,NOV,NOV,NOV,NOV,NOV,41,48,54,66,75,91,100,122,134,146,166,180,196,218,240,268,294,330,360},
{'u',18,23,28,33,33,41,48,60,70,87,102,124,144,170,190,210,236,258,284,315,350,390,435,490,540},
{'v',NOV,NOV,NOV,NOV,39,47,55,68,81,102,120,146,172,202,228,252,284,310,340,385,425,475,530,595,660},
{'x',20,28,34,40,45,54,64,80,97,122,146,178,210,248,280,310,350,385,425,475,525,590,630,740,820},
{'y',NOV,NOV,NOV,NOV,NOV,63,75,94,114,144,174,214,254,300,340,380,425,470,520,580,650,730,820,900,1000},
{'z',26,35,42,50,60,73,88,112,136,172,210,258,310,365,415,465,520,575,640,710,790,900,1000,1100,1250},
};

```c
static short j567[3][25]={
    {-2,-2,-2,-3,-3,-4,-4,-5,-5,-7,-7,-9,-9,-11,-11,-11,-13,-13,-13,-16,-16,-18,-18,-20,-20},
    {-2,-2,-2,-3,-3,-4,-4,-5,-5,-7,-7,-9,-9,-11,-11,-11,-13,-13,-13,-16,-16,-18,-18,-20,-20},
    {-4,-4,-5,-6,-6,-8,-8,-10,-10,-12,-12,-15,-15,-18,-18,-18,-21,-21,-21,-24,-24,-28,-28,-32,-32},
};
static short J678[3][25]={
    {2,5,5,6,6,8,8,10,10,13,13,16,16,18,18,18,22,22,22,25,25,29,29,33,33},
    {4,6,8,10,10,12,12,14,14,18,18,22,22,26,26,26,30,30,30,36,36,39,39,43,43},
    {6,10,12,15,15,20,20,24,24,28,28,34,34,41,41,41,47,47,47,55,55,60,60,65,65},
};
static float hole_app[5][25]={
    {0,1.5,1.5,2,2,2,2,3,3,3,3,4,4,4,4,4,4,4,4,4,5,5,5,5},
    {0,1,2,3,3,3,3,4,4,5,5,5,5,6,6,6,6,6,6,7,7,7,7,7,7},
    {0,3,3,3,3,4,4,5,5,6,6,7,7,7,7,7,9,9,9,9,9,11,11,13,13},
    {0,4,6,7,7,8,8,9,9,11,11,13,13,15,15,15,17,17,17,20,20,21,21,23,23},
    {0,6,7,9,9,12,12,14,14,16,16,19,19,23,23,23,26,26,26,29,29,32,32,34,34},
};
static short valid_range[22][4]={
    {9,13,9,12},
    {9,13,9,12},
    {8,13,8,12},
    {7,11,7,11},
    {6,10,7,10},
    {5,9,6,9},
    {4,8,5,8},
    {1,13,1,13},
    {4,8,4,8},
    {4,8,4,8},
    {4,8,5,9},
    {4,8,5,9},
    {4,8,5,8},
    {4,8,5,8},
    {4,8,6,8},
    {4,8,6,8},
    {4,8,6,8},
    {4,8,6,8},
    {4,8,6,8},
    {4,8,6,8},
    {5,7,6,8},
    {1,13,1,13},
```

```
    };
    UpdateData(true);

    short i,it_num,esi_num,chr_num=-1,hole_flag;
    float esi_val=0.0,hole_val=0.0;

    /*测试查询条件是否在有效范围内*/
    if(strlen(m_gcdh)>2)
    {
        AfxMessageBox(_T("查询条件不合理!"));
        return;
    }
    if(m_gcdj<0||m_gcdj>18)
    {
        AfxMessageBox(_T("请填入一个0到18之间的公差等级!"));
        return;
    }


    if(m_base<=0.0||m_base>500.0)
    {
        AfxMessageBox(_T("请填入一个0到500之间的基本尺寸!"));
        return;
    }
    for(i=0;i<20;i++)
    {
        if(tolower(m_gcdh[0])==esi[i].chr)
        {
            chr_num=i;
            break;
        }
    }
    if((tolower(m_gcdh[0])=='j')&&(strnicmp(m_gcdh,"js",2)!=0)) chr_num=20;
    if(strnicmp(m_gcdh,"js",2)==0)   chr_num=21;
    if(chr_num==-1)
    {
        AfxMessageBox(_T("无此公差!"));
        return;
    }


    if(m_gcdh[0]>='a')
    {
        hole_flag=0;
        if(m_gcdj<valid_range[chr_num][0]||m_gcdj>valid_range[chr_num][1])
```

```
        {
            AfxMessageBox(_T("无此公差!"));
            return;
        }
    }
    else
    {
        hole_flag=1;
        if(m_gcdj<valid_range[chr_num][2]||m_gcdj>valid_range[chr_num][3])
        {
            AfxMessageBox(_T("无此公差!"));
            return;
        }
    }
/*根据基本尺寸和公差等级来查询标准公差大小 it_val*/
    for(i=0;i<21;i++)
    {
        if(m_base<=it_seg[i])
        {
            it_num=i;
            break;
        }
    }
    it_val=it[it_num][m_gcdj];

/*根据基本尺寸和公差代号来查询偏差大小 esi_val*/
    for(i=0;i<25;i++)
    {
        if(m_base<=esi_seg[i])
        {
            esi_num=i;
            break;
        }
    }
if(tolower(m_gcdh[0])!='j')  esi_val=esi[chr_num].val[esi_num];
else {
if((m_gcdh[0]=='j')&&(strnicmp(m_gcdh,"js",2)!=0))
    esi_val=j567[m_gcdj-5][esi_num];

if((m_gcdh[0]=='J')&&(strnicmp(m_gcdh,"js",2)!=0))
    esi_val=J678[m_gcdj-6][esi_num];
}
if(esi_val==NOV)
```

```
{
    AfxMessageBox(_T("无此公差!"));
    return;
}
/*对孔的偏差作如下处理*/
if(hole_flag==1) {
if(m_gcdh[0]!='J')  esi_val=-esi_val;

/*查找并修正孔的附加偏差*/
if((m_gcdh[0]>='K')&&(m_gcdj<=8)&&(m_gcdj>=4))
hole_val=hole_app[m_gcdj-4][esi_num];
if(((m_gcdh[0]>='K')&&(m_gcdh[0]<='N')&&(m_gcdj<=8))||((m_gcdh[0]>='p')&&(m_gcdj<=7)))
    esi_val+=hole_val;

/*对N9,偏差为0*/
if((m_base>3)&&(m_gcdh[0]=='N')&&(m_gcdj>=9))  esi_val=0;
/*当基本尺寸在250到315时,M6的偏差为-9*/
if((it_num==10)&&(m_gcdh[0]=='M')&&(m_gcdj==6))  esi_val=-9;
}
/*找出轴的上下偏差*/
if((m_gcdh[0]<'i')&&(m_gcdh[0]>='a'))
{
es=esi_val;
ei=es-it_val;
}
if(m_gcdh[0]>'i')
{
ei=esi_val;
es=ei+it_val;
}
/*找出孔的上下偏差*/
if(m_gcdh[0]<'I')
{
ei=esi_val;
es=ei+it_val;
}
if((m_gcdh[0]>'I')&&(m_gcdh[0]<='Z'))
{
es=esi_val;
ei=es-it_val;
}
/*确定js与JS偏差*/
```

```
if((strnicmp(m_gcdh,"js",2)==0)&&(m_gcdj<7)&&(m_gcdj>11))
{
 es=it_val/2.0;
 ei=-es;
}
if((strnicmp(m_gcdh,"js",2)==0)&&(m_gcdj>6)&&(m_gcdj<12))
{
 es=floor(it_val/2.0);//取小于等于数值的最大整数
 ei=-es;
}

 /*以全程变量 es,ei,it_val 返回上偏差,下偏差和公差大小*/
 es/=1000.0;
 ei/=1000.0;
 it_val/=1000.0;
 sprintf(tbuf,"\n %g %s %d \n \n 公差为  %g\n 上偏差   % +g\n 下偏差   % +g",
             m_base,m_gcdh,m_gcdj,it_val,es,ei);
 ads_alert(tbuf);/*显示查询结果*/
 UpdateData(false);
}
```

4. 标注模块的设计

与查询模块相比,标注模块的设计相对简单一些。主要的设计任务就是如何使标注效果符合我国机械制图的习惯和有关规定。在程序设计时应注意以下几点:

(1) 尺寸文字的类型较多,常用的有如图 9-7 所示的四种,要标出各种文字,完全靠 DIM 命令是不行的,必须借助 TEXT 命令才能实现;

(2) 尺寸文字一般与尺寸线平行,因此要设 DIMTIH 和 DIMTOH 为 0;

(3) 尺寸线一般是连续的,中间不断开,尺寸文字位于尺寸线上方,因此设 DIMTAD 为 1,DIMTOFL 为 1;

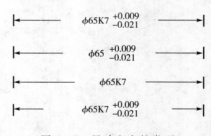

图 9-7 尺寸文字的类型

(4) 尺寸文字的大小应与普通尺寸标注的文字相当。

标注模块的程序流程为:

(1) 输入公差代号、公差等级和标注的形式等有关内容;

(2) 指定标注对象及标注线的位置;

(3) 测算标注对象的基本尺寸;

(4) 调用查询模块查询公差;

(5) 调用 DIM 命令,以空格响应 DIMTXT 提示,画出尺寸线和尺寸界线;

(6) 根据 DIM 实体的 DXF 码,测算尺寸文字的位置与旋角等要素,然后用 TEXT 命令将基本尺寸和尺寸公差等内容写到图上。

原型系统是根据 GB1800－1979 至 GB1804－1979 来设计的，是一套较为实用的尺寸公差标注系统，可对基本尺寸在 0～500mm 范围内的尺寸公差进行查询与标注。

采用下拉菜单与对话框相结合，下拉菜单负责选择标注的类，如尺寸公差标注类、形位公差标注类等，并负责装载、执行、卸载应用程序。执行应用程序时，系统调用相应的对话框，如图 9-8 所示。

图 9-8　尺寸公差标注界面

用户可根据自己的需要在对话框中输入公差代号、公差等级和标注的形式等有关内容；点击"公差自动查询"按钮，弹出如图 9-9 所示的对话框。

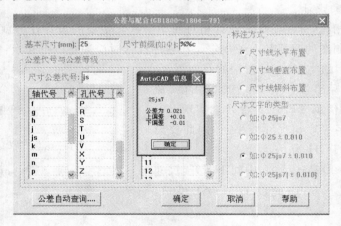

图 9-9　尺寸公差查询结果

尺寸公差标注程序演示代码见函数 void gcph∷Onmark_tolerence()。

9.2.3　形位公差标注

形位公差是用于控制零件形状及其相对位置的技术指标，它与尺寸公差一样，是机械工业组织专业化协作生产与实现零部件互换的重要保证，在进行设计绘图是必须按国家标准标注完备的形位公差。

1. 形位公差的内容

根据迄今为止的研究成果，国家标准规定的形位公差项目有 14 个，其中，形状公差项目有 6 个，位置公差项目有 8 个。位置公差分为定向公差、定位公差和跳动公差三类。形位公差的每个项目的名称和符号见表 9-3。

表 9-3 形位公差分类、项目及符号

分类	项目	符号	分类		项目	符号
形状公差	直线度	—	位置公差	定向	平行度	∥
	平面度	▱			垂直度	⊥
	圆度	○			倾斜度	∠
	圆柱度	⌭		定位	同轴度	◎
	线轮廓度	⌒			对称度	=
	面轮廓度	⌒			位置度	⌖
				跳动	圆跳动	↗
					全跳动	⌰

2. 形位公差标注的常见形式

形位公差由形状公差和位置公差两大类组成，在图样上，形位公差应采用代号标注，只有在无法采用代号标注时，才允许在技术要求中用文字说明。

(1) 形状公差代号

形状公差代号采用公差框格的形式。该框格一般有两格，具有带箭头的指引线。在图面上，通常将框格水平绘制（如图 9-10a），也允许将框格垂直绘制，（如图 9-10b）。

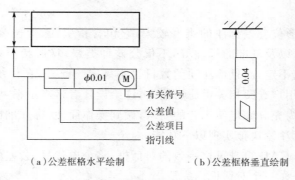

（a）公差框格水平绘制　　　（b）公差框格垂直绘制

图 9-10　形状公差代号

(2) 位置公差代号

位置公差代号由公差框格和基准代号组成。该框格有两格、三格、四格和五格等几种形式，如图 9-11 所示，基准代号的字母采用大写拉丁字母。为了避免混淆和误解，基准代号的字母不得采用 E、I、J、M、O、P 等六个字母。

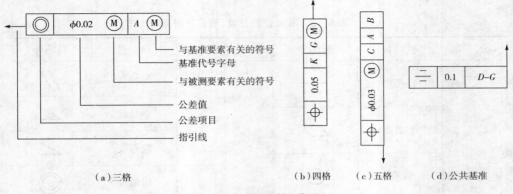

图 9-11 位置公差代号

(3) 基准代号的几种常见形式

基准代号用加粗的短线表示的基准符号、圆圈、连线和对应于公差框格中的大写拉丁字母的同一字母组成,如图 9-12 所示。基准代号引向基准要素时,无论基准代号在图面上的方向如何,其圆圈中的字母都应水平书写。

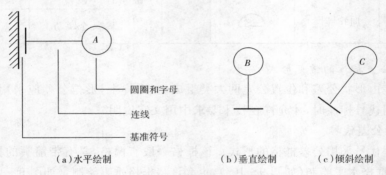

图 9-12 基准代号的几种标注形式

3. 功能分析

在绘图过程中,形位公差标注的难度较大,它包含指引线、形位公差框格、形位公差代号、公差值、基准代号以及基准的标注等,不仅公差种类繁多(形状公差加位置公差共有 14 类),标注位置及方向不定,而且标注项的数目也不确定。此外,在传统的设计中,形位公差的选取较随意,或要用户查阅相关手册后输入,这给设计者带来了很大不便。

根据上述情况,为充分满足使用者的需求,做到操作简便,标注准确、高效,在 AutoCAD 上开发的形位公差标注模块拟实现以下功能:

(1) 具备与 AutoCAD 自身风格一致的对话框,将公差代号、公差值、基准代号等标注项目的输入与选取统一在一个对话框内完成。

(2) 实现公差值的自动查询功能,以使公差值的选取规范化。用户只需给定检测项目(如直线度、圆柱度等)、基本尺寸和精度等级,便可获得符合形位公差国标的公差值,同时系统也应考虑用户用类比、经验等取值习惯,可直接输入公差数值。

(3) 当用户输入完必要的参数后,指引线、公差框格以及基准要素的标注将统一进行,在 AutoCAD 的命令行上出现操作提示。

（4）实现形位公差标注预览功能，使用户在选择输入项时，可以实时地观察到在绘图区中待标注的形位公差项目情况，便于操作及修改。

（5）在各输入框中，对用户可能的误操作进行限制，并保证系统容错性。如在公差值输入框限制非数值字符输入等。

根据以上功能分析，系统框架可划分为以下几个部分：用户输入界面、公差值查询模块、指引线与公差主体标注模块、基准标注模块、标注预览模块，系统功能模块组成如图 9-13 所示。

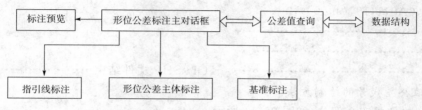

图 9-13 系统功能模块的组成

4. 公差值的查询

形位公差标注的任务是根据基本尺寸（主参数）、公差等级和公差项目类型，自动查询公差值，并将次公差值按照规定的方式标注到图形之中。

公差值的查询通常有两种方法：利用数据访问对象 ADO 来操作 SQL Server 数据库和利用数据结构查询。

根据《图样上注出公差值的规定》(GB/T1184-1996)，形位公差的原始数据排列表非常规整，可直接用于计算机处理，因此我们采用数据结构来查询公差值。可将每一种形位公差的数据用一个数据结构来表示，确定不同公差类型、主参数与公差等级的对应关系（国标中没有规定公差值的线轮廓度、面轮廓度与位置度除外）。如直线度，有：

$$\text{struct} \quad \text{sp}\{\text{short base; float itv}[12];\}\text{line}[12];$$

其中：base 表示基本尺寸；itv[j] 表示各精度等级下的公差值。因直线度共有 1~12 个精度等级，故 itv[j] 为 12 组。

由于在 0~1600 基本尺寸范围内，直线度共有 12 个尺寸段，故 line[12] 为 12 组。

在查询时，首先根据基本尺寸，确定 line[i] 的序号 i 值，然后根据精度等级确定 itv[j] 中的序号 j 值，将 line[i].itv[j] 中数值取出即为公差值。

5. 形位公差符号的绘制方法

形位公差的代号共有 14 个，见表 9-3。公差代号的绘制有两种方法：①用 LINE、ARC 等命令绘制这些公差代号；②采用形文件（SHX 文件）。比较而言，第 1 种方法比较麻烦，画出来的公差代号也不规范，不符合国标的要求，而使用形文件快速而简单，且所占的内存空间较小，适合于创建需要多次重复使用的简单图形，例如特殊符号或文字字体。所以在公差代号的绘制上选择形文件的方法（特殊字符与之类似）。

AutoCAD 提供的公差符号和基准符号来源于其 gdt.shx 或 gdt.Type 字符集，与我国现行国标不符，所以需要重新生成形文件。形是一种特殊的实体，它采用直线、圆和圆弧来定义，形的定义和操作是 AutoCAD 为自建图形或符号库而提供的一种工具。首先根据国标进行公差符号、基准符号及附加符用户号的形定义，建立形文件 TOL.SHP，经 compile

命令编译后生成编译文件 TOL.SHX，由 LOAD 命令装载入 AutoCAD 系统后便可调用。下面是公差代号的形文件 TOL.SHP 的部分代码：

```
*133,8,LIN       ;直线度
3,2,2,030,1,080,2,0
*134,19,PLN      ;平面度
3,2,2,8,(1,-4),1,9,(8,0),(4,8),(-8,0),(-4,-8),(0,0),0
*135,9, CIR      ;圆度
3,2,2,0A0,1,10,(4,000),0
```

……………………………………………………………………
……………………………………………………………………
………………………………………… TOL.SHP 文件结束…………………………………

6. 形位公差代号的绘制方法

形位公差分成四个部分，如图 9-14 所示。

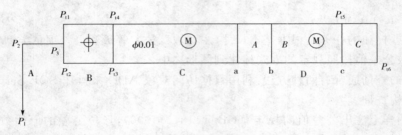

图 9-14 形位公差标注示例

第一部分带箭头的指引线（图中 A 部分）：箭头起始点 P_1，经过点 P_2，结束点 P_3（P_3 点同时作为基点）；

第二部分（图中 B 部分）是由边长为 $2h$（h 为系统字体高度）的以 P_{t1}、P_{t2}、P_{t3}、P_{t4} 为四项点的正方形框格及正方形内的形位公差项目符号组成，正方形用程序画出，其中 P_3 作为正方形一边 $P_{t1}P_{t2}$ 的中点，形位公差项目符号用已生成的形文件插入即可，插入点为正方形两对角线的交点。

第三部分（图中 C 部分）是由长方形的框格及长方形内公差数值以及有关的符号（Ⓜ、Ⓟ、Ⓔ）。

第四部分（图中 D 部分）为形位公差基准符号以及有关的符号，采用循环程序设计。

具体实现方法为：

(1) 输入起始点 P_1，经过点 P_2，结束点 P_3，形位公差数值字符和基准符号字符。

(2) 根据用户输入的形位公差数值字符和基准符号计算其总的字符长度 $L=h_0+h_1+h_2+h_3$；其中 h_0 为公差数值字符长度（包括公差前缀和后缀），h_1、h_2、h_3 分别表示第一基准符号、第二基准符号、第三基准符号字符长度。

(3) 计算关键点的坐标（以 P_3 点为基点），如 P_{t5} 点的坐标：

$$\begin{cases} P_{t5}.x = P_3.x + (L+6)*h \\ P_{t5}.y = P_3.y + h \end{cases}$$

(4) 画箭头及引线 P_1 到 P_2 到 P_3,画正方形,使用"形"标注公差符号;

(5) 画出以 P_{t3}、P_{t4}、P_{t5}、P_{t6} 为四顶点的长方形以及左侧分隔线(如图 9-14 所示中的 a、b、c 处),写形位公差数值字符、基准符号,并加入当前图形数据库中。如只有第一基准,在平行于直线 $P_{t1}P_{t2}$ 的右侧 a 处画出分隔线,同理有第一基准、第二基准,在 a 和 b 处画出分隔线,有第一基准、第二基准、第三基准,在 a、b、c 处画出分隔线。

7. 基准代号的绘制方法

在标注位置公差时都要标注基准代号,基准代号的常见标注形式如图 9-12 所示。基准代号的绘制可单独做成一个子函数。基准线用 PLINE 命令绘制,连接线用 LINE 命令绘制,圆圈用 CIRCLE 命令绘制,基准符号用 TEXT 命令绘制。基准代号的绘制主要是关键点坐标的计算以及圆的半径等,如图 9-15 所示。其方法如下:

(1) 计算直线 P_sP_e 与 X 轴正向的夹角 α,在垂直于直线 P_sP_e 上方或下方 2mm 出取一点(如图 4-24 所示中的 P_t 点)作为连接线的起始点;

(2) 为了方便计算,采用极坐标方式来计算基准线的起点(P_1)和终点(P_2)以及圆的圆心坐标(P_4),如 P_4 点相对于 P_t 点的极角为 $\alpha+90°$,极半径为 $|P_tP_3|+r$(圆的半径),其中 $r=1.2*h$(h 为系统字体高度)。

角度 α 和距离 $|P_tP_3|$ 分别用 acutAngle()和 acutDistance()函数获得。

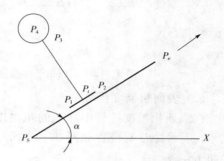

图 9-15 基准代号关键点坐标的计算

9.2.4 表面粗糙度标注

表面粗糙度是衡量零件表面质量的一个很重要的技术参数,其符号的画法、粗糙度数值的注写在国家标准 GB/T131-1993 中都有明确的规定。

1. 表面粗糙度标注原则

根据国家标准 GB/T131-1993,在 AutoCAD 中标注表面粗糙度时应遵守下列原则:

(1) 表面粗糙度符号参数的尖峰总是由实体表面外部指向所标注的表面,且与该表面垂直;

(2) 表面粗糙度符号参数在定位之前,能动态调整,以便用户调整其位置和角度;

(3) 连续标注时,用户可用表面粗糙度文本参数的缺省值,也可用自定义值;

(4) 表面粗糙度符号参数的旋向,能保证文本参数的字头始终具有向上或向左的趋势;

(5) 表面粗糙度符号参数和文本参数的大小,应与全图尺寸比例协调一致。

2. 表面粗糙度标注要求

根据国家标准 GB/T131-1993 机械制图《表面粗糙度符号、代号及其注法》,标注表面粗糙度应满足一定要求。

(1) 表面粗糙度符号

表面粗糙度符号有九种,如图 9-16 所示。其中图(a)、(b)、(c)分别为基于符号、去除材料符号、不去除材料符号;图(d)、(e)、(f)多加一横线,用于标注有关参数、加工要求和其他说明等;图(g)、(h)、(i)再多加一小圆,表示所有表面具有相同的表面粗糙度要求。表面粗糙度符号的画法比例如图9-17所示,其中 $H_1 = 1.4 \times h$, $H_2 \approx 2.2 \times H_1$($h$ 为 AutoCAD 系统字高)。

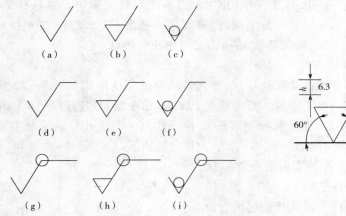

图9-16 表面粗糙度符号 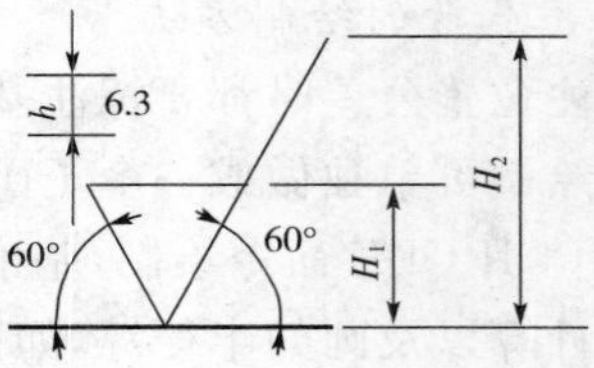　　　　图9-17 粗糙度符号大小的规定

(2) 表面粗糙度代号

在表面粗糙度符号中加注的粗糙度参数或其他相关要求符号,称为表面粗糙度代号。代号在符号中注写位置如图9-18所示,代号中的符号的含义如下:

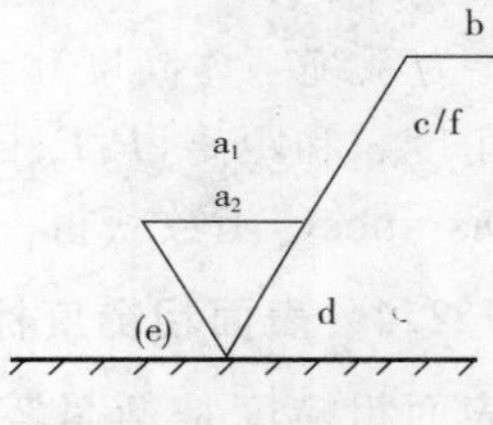

a_1、a_2——粗糙度高度参数代号及其数值/μm;

b——加工要求、镀覆、涂覆、表面处理或其他说明等;

c——取样长度/mm 或波纹度/mm;

d——加工纹理方向符号;

e——加工余量/mm;

f——粗糙度间距参数值/mm 或轮廓支承长度等。

图9-18 粗糙度标注代号

3. 表面粗糙度标注程序设计

现有开发方法中表面粗糙度一般是用形文件定义的,这种方法弊端为:在插入形时,需用户选择形的旋转角度,必然影响标注效率。编程思路:根据用户输入的信息,由程序计算并生成表面粗糙度符号,计算表面粗糙度数值插入点坐标和旋转角度,保证符号及数值按国际要求标注。利用 ARX 类对象 appendAcDbEntity() 把表面粗糙度符号和数值添加到当前图形数据库中。

表面粗糙度符号的标注与被加工表面的位置有关。要实现其正确标注,要解决以下5个问题。

(1) 表面粗糙度符号方向的确定

按国际规定,表面粗糙度符号尖端必须由材料外指向材料表面,所以,程序要能根据用户给定的标注方向点来判断符号在轮廓线的哪边标注。如图9-19所示,P_1P_2 为需要标注表面粗糙度表面的轮廓线,M 点为用户给定的标注方向点。α 角为直线 P_1P_2 与 X 轴正向的夹角,α_1 为直线 P_1M 与 X 正向之间的夹角。比较 α 与 α_1 的大小,确定表面粗糙度符号注写在上表面或是下表面,判断方法如下:

① 若 $\alpha \leqslant \alpha_1$,可判定 M 点在 P_1P_2 的上方,则表面粗糙度符号注在线上(即上表面),如9

-19a 所示。

② 若 $a>\alpha_1$，可判定 M 点在 P_1P_2 的下方，则表面粗糙度符号注在线下（即下表面），如 9-19b 所示。

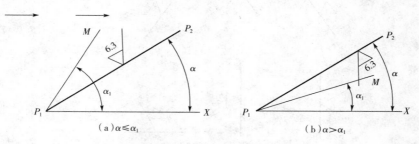

图 9-19　表面粗糙度符号方向的判断

α、α_1 计算方法：无论起始点是 P_1 还是 P_2，程序先利用 AcDbLine∷startPoint() 与 AcDbLine∷endPoint() 获取其端点，并使 P_1 为起始点，P_2 为终止点。再利用函数 double Angle=P1P2angle To(OX) 求出 α 角。同理算出 α_1。

（2）表面粗糙度符号的绘制

由图 9-17 粗糙度符号的大小以及文本高度 h 与 H_1、H_2 之间的关系，当 h 选定后，粗糙度符号高度 H_1、H_2 即为已知。因此当表面粗糙度符号标注顶点（插入点）Pinsert 和表面倾角 α（如图 9-20 所示）确定后，根据图 9-20 所示几何关系，可求出 P_3、P_4、P_5 的坐标。过程如下：

① 首先利用函数 AcDbDatabase *pDb→dimtxt() 获得 CAD 系统尺寸文本的高度，记为 h。

② 根据用户给定的符号标注方向点 M 和符号插入点 Pinsert，（如图 9-20 所示）计算 P_3、P_4、P_5 的坐标。例如 P_3 的坐标 $(P_3.x, P_3.y)$ 可用下式计算：

$$\begin{cases} P_3.x = \text{Pinsert}.x - 1.6h * \cos(\pi/3 - \alpha) \\ P_3.y = \text{Pinsert}.y - 1.6h * \cos(\pi/3 - \alpha) \end{cases}$$

同理可求出 P_4 和 P_5 的坐标值，各点坐标确定后，即可用 ARX 中的绘图函数绘制出表面粗糙度符号。

（3）文本（表面粗糙度数值）位置的确定

文本的书写位置与符号的位置相一致，其标注位置是根据标注方向不同而不同（如图 9-21 所示，其中图中"+"表示文本插入点的位置），具体有以下几种情况：

① 当符号标注在轮廓线之上如图 9-21a，图 9-21c、图 9-21g、图 9-21e 时，程序是以 P_3 点为基准，垂直于 P_3P_4 向上或向左平移 1mm 来定义数值标注插入点的（P_3、P_4 位置如图 9-20 所示）。

② 当符号标注在轮廓线之下如图 9-21b、图 9-21d、图 9-21h 或之右如图 9-21f 时，程序是以

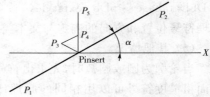

图 9-20　表面粗糙度符号点
的坐标的计算

P_4 点为基准,垂直于 P_3P_4 向下或向右平移 1mm 来定义数值标注插入点的。

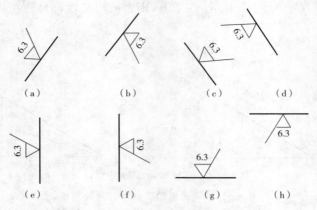

图 9-21 文本标注位置的确定

③ 根据国家标准 GB/T1031-1995,表面粗糙度数值 R_a 一般在 $0.008\sim100\mu m$ 范围内,其文本位数在 2~5 之间。若设计时按 3 位(最常用的是 3 位,如 3.2,6.4 等)考虑,超过 3 位时应调整文本书写的位置,以避免与粗糙度符号的斜线重叠。无论是标注在上表面还是下表面必须保证沿 P_3P_4 的方向移动,如图 9-22 所示,每增加一位,就移动一个字符的位置。

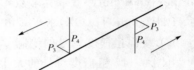

图 9-22 文本标注位置移动方向的确定

(4) 文本(表面粗糙度数值)方向的确定

文本书写的方向必须与看图的方向一致,要符合国家标准的规定,如图 9-23 所示。具体书写方向可以通过倾角 α 判断:

① 当 $0°<\alpha<90°$ 时,文本旋转角度为 α。
② 当 $90°<\alpha<180°$ 时,文本旋转角度为 $\alpha-\pi$。
③ 当 $\alpha=90°$ 时,文本旋转角度为 90°。
④ 当 $\alpha=0°$ 或 $\alpha=180°$ 时,文本旋转角度为 0。

文本的位置和方向确定以后,就可以利用程序 AcDbText::AcDbText() 构造函数生成文本。该函数有 5 个参数:文本插入点、文本内容、字高、字型和文本旋转角度。文本内容由对话框输入,文本高度和字型利用 AcDbDatabase * pDb textstyle() 读取 CAD 系统的值。纹理符号位置和方向的确定与文本类同,这里不再阐述。

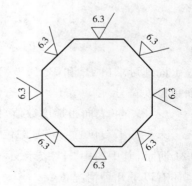

图 9-23 文本书写的方向

(5) 其他情况

当轮廓为圆或圆弧时,先求出符号标注插入点的切线,再按以上方法标注。对于其他表面粗糙度符号可以用相同的原理计算出符号上各点的坐标,再加入到当前图形数据库中去。

根据以上的分析,可编制该算法的流程图如图 9-24 所示。

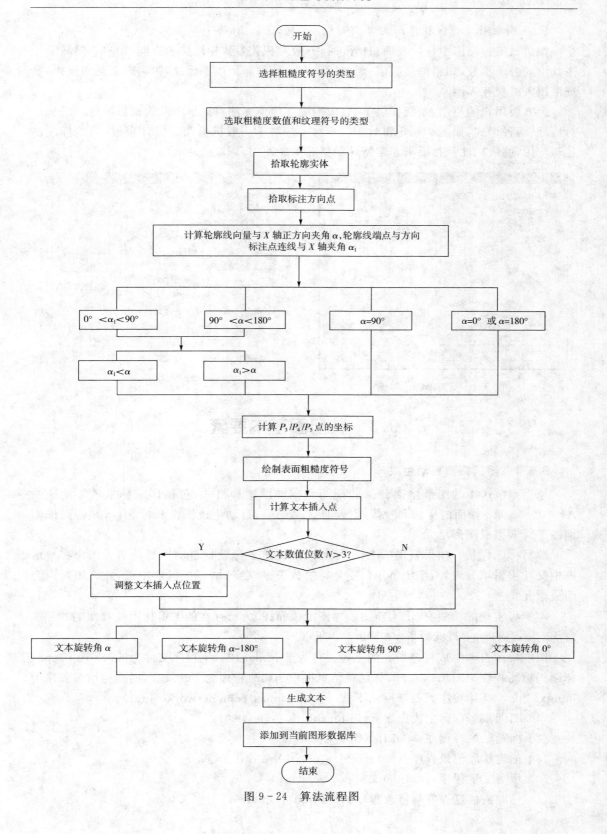

图 9-24 算法流程图

4. 表面粗糙度标注程序的实现

在机械工程绘图中标注表面粗糙度时,一般对相关参数标注要求不同,用户有时只需标注其中的一个参数,如粗糙度数值;而有时所有参数都需标注。因此,为实现交互式操作,系统采用人机交互界面。

为方便用户的使用,系统提供了"表面粗糙度简单标注对话框"和"表面粗糙度高级标注对话框"两种形式,如图9-25和图9-26所示。对于一般机械产品设计来说,简单标注已足够使用,高级标注只在要求非常特殊的情况下才使用。

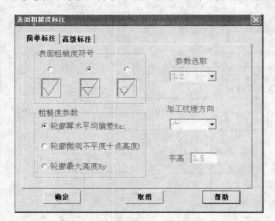

图9-25 简单标注界面　　　　　图9-26 高级标注界面

9.3 装配图基本要素

9.3.1 图纸幅面自动生成

原型系统产生的图纸幅面分为装配图和零件图两种格式,包括国家标准规定的A0、A1、A2、A3、A4幅面的横幅和竖幅,以及自定义图幅,自动生成图框和标题栏,并将图纸幅面图形元素组成图形单元。

填写标题栏是一项很繁琐的工作,原型系统提供了标题栏自动填写功能。用户在对话框中交互编辑填写内容,系统将用户信息转换成矢量汉字,填写在指定位置,并将填写内容组成图元。

本例程实现的功能有:①为新图添加图纸幅面;②为已存在的图追加图纸幅面(如图9-27所示);③自动填写标题栏(如图9-28所示)。

图纸幅面自动生成程序所在的工程文件为biaotilan123,主程序文件为huizhitufu.cpp,标题栏填写程序为tianxie.cpp,标题栏信息提取与修改程序为tiqu.cpp,明细栏填写程序为mingxi.cpp。具体程序到教学网站下载(www.hfmias.com/networkcourse)。

(1) 图纸幅面自动生成程序:void huizhitufu::OnOK()
(2) 标题栏填写程序:void tianxie::OnOK()
(3) 创建扩展记录程序:void tianxie::createXrecord()
(4) 填写文字程序:void tianxie::xiewenjian()
(5) 标题栏信息提取与修改程序:void tiqu::OnOK()

(4) 明细栏填写程序：void mingxi::OnOK()

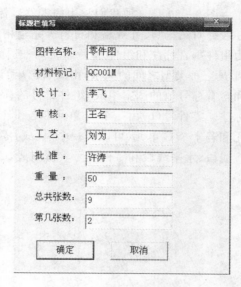

图 9-27 图幅生成界面　　　　图 9-28 标题栏自动填写界面

9.3.2 零件号标注

零件号是表达一张完整的装配图中必不可少的内容之一，它是连接具体零件图形与明细表信息的桥梁。零件号标注不但烦琐，而且容易出错。本例程从扩展实体数据的创建、扩展实体数据的标记和解释实现了零件号的自动生成，以及通过扩展实体数据对零件标号的查询和排序等相关技术，实现了零件号的修改、零件号的删除、零件号的插入等编辑功能。

原型系统分成标注零件号和编辑零件号两大部分。编辑零件号包括修改、插入、删除、对齐和移动零件号等五种功能，其中修改、插入、删除零件号又包含有后效和无后效两组，有后效编辑命令除了改变被操作的标号，其余同类的标号序列都自动修改，无后效编辑命令不影响其他标号，整体功能结构见图 9-29。标注零件号是对装配图中零部件编号标注的前期操作，而编辑零件号是对装配图中绘制好的零件号进行后期处理，最终达到理想的效果。

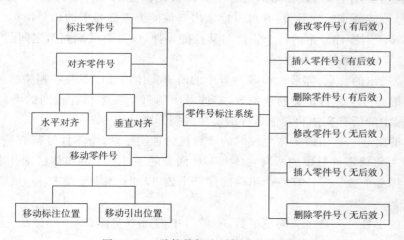

图 9-29 零件号标注系统功能结构图

1. 零件号标注特征分析

图 9-30 是三种我们常用的零件号标注类型,其中(a)为单件标注,只标注一个零部件,一般针对结构、尺寸规格和材料等完全相同的零件或标准部件(如滚动轴承);(b)和(c)分别为组件垂直标注和组件水平标注,一般标注一组联接件或装配关系清楚的零部件。图 9-31 是三种类型之间的关系,由图看出,无论采用哪种标注类型,零件号都是由带圆点的引线和含有标号值的图案组成,组件编号的标注则只有一个公共引线,标号图案水平或垂直并列标注。零件号(b)由一个 A 单元和若干个 B 单元(可以为一个)构成,零件号(c)由一个 A 单元和若干个 C 单元(可以为一个)构成,零件号(a)由 D 单元和 E 单元构成,其中 B 单元由垂直线段、水平线段和零件标号实体组成,C 单元由联结符号、水平线段和零件标号实体组成。

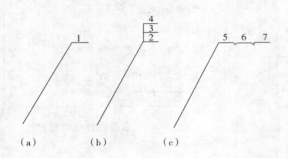

图 9-30　三种常用零件号标注类型　　图 9-31　三种类型之间的关系

2. 零件号中实体的识别

(1) 系统预期识别功能

为了能够对零件号进行编辑,以及有后效和无后效命令的使用,其关键是系统能够对零件号中的每个单元有识别功能,包括该单元中的每个实体,根据各个功能分析,系统必须能够达到以下识别功能:

① 选择零件号中的任一实体,可以识别选中的是哪个单元,并能够检索出该零件号起始编号和标号个数;

② 选择一个零件号,可以在图形屏幕上找出其他同类的零件号,能够计算出该零件号中最大的标号值或最小的标号值,并可以检索出其他同类零件号中的标号值;

③ 要能够区别零件号中的每个实体与其他的零件,以及要区别同类之间的零件号。

(2) 描述实体需要的扩展数据

针对上节提出的要求,需要对该零件号中的所有实体追加以下一些相关的约束:

① 实体的类号——自定义的整型数,零件号中的每个实体都有相同的类号,利用类号可以将零件号中的所有实体和其他零件的实体区别开来;

② 实体的组号——用该实体生成时的计算机时钟决定,每个零件号都有一个唯一的组号,通过组号可将该零件号中的所有实体和其他同类的零件号中的实体区别开来;

③ 组内标号个数——计算一个组内的标号个数,以便计算该组零件标号值和各组中最大零件标注号;

④ 实体的小号——自定义的整型数,零件号中的每个实体都唯一对应一个小号,利用实体的小号可以将一个组内的各个单元区别开来。

以上约束集是通过几何实体的扩展数据和实体捆绑在一起的,在一个实体生成时,获取实体的扩展链表,将相应的扩展数据插入链表。表 9-4 是加载的扩展实体代码、数据类型及说明。

表 9-4　加载的扩展实体代码、数据类型及说明

序号	项目	DXF 组码	数据类型	取值说明
1	应用程序名	1001	字符串	"LJHBZ"
2	实体类号	1070	整数	表明为零件号中的实体
3	实体组号	1071	无符号长整数	表示一组,各组间组号不重复
4	组内标号个数	1070	整数	记录一个组内的标号数
5	实体小号	1070	整数	每个实体对应一个小号

3. 创建具有扩展数据的实体

当确定完实体的扩展数据之后,就可以编制生成具有扩展数据的实体了。主要函数如下:

(1) 画带扩展数据的直线

```
int line_entx(ads_point pt_s, ads_point pt_e, DWORD grpcode, int part_all, int part_no)
{
struct resbuf * rb;
rb=ads_buildlist(RTDXF0,"LINE",10,pt_s,11,pt_e,-3,1001,strdup(AppName),1070,CODECLASS,
1071,grpcode,1070,part_all,1070,part_no,NULL);
ads_entmake(rb);
ads_relrb(rb);
return RTNORM;
}
```

(2) 写带扩展数据的字符串

```
int text_entx(ads_point pt, char * text_str, DWORD grpcode, int part_all, int part_no);
{
struct resbuf * rb;
rb=ads_buildlist(RTDXF0,"TEXT",10,pt,40,m_TXTHT,1,text_str,72,1,73,0,11,pt,50,0.0,
     -3,Xed(1),strdup(AppName),1070,CODECLASS,1071,grpcode,1070,part_all,1070,part_no,
NULL);
ads_entmake(rb);
ads_relrb(rb);
return RTNORM;
}
```

(3) B 单元

add_ver_ljbh(ads_point basept, char * text_str, DWORD grpcode, int part_all, int part_no);

(4)C 单元

add_hor_ljbh(ads_point basept, char * text_str, DWORD grpcode, int part_all, int part_no)。

上述几个函数中,参数 pt_s、pt_e 为直线起终点,B 单元和 C 单元中的参数 basept 为插入基点,text_str 为标号文本,grpcode 为实体的组号,part_all 为组内标号个数,part_no 为实体的小号。具体实体生成时可调用 ads_buildlist() 函数来创建一结果缓存链表,其存储格式见图 9-32,利用这些函数就可以绘制带扩展实体数据的各种类型的零件号。在绘制图 9-30 中的(b)和(c)时先画(a),然后再相应增加 B 单元和 C 单元。

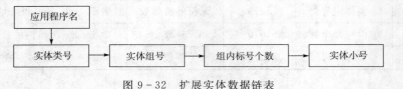

图 9-32 扩展实体数据链表

4. 创建检索实体的过滤器

仅仅创建具备工程属性的实体是不够的,还需创建检索实体的过滤器,用以形成具备某类工程属性的选择集。在创建检索实体的过滤器时,要用到相关的 ADS 选择集操纵函数、实体管理函数以及扩展实体数据函数,这方面的知识可以参考有关 ADS 库函数手册。另外,还要编制有关函数用以获取结果缓冲器中某个组码对应的数值。

以获取结果缓冲器中结果类型码为 RTREAL 的数据为例,程序代码如下:

```
//将 DXF 组码转换为 ADS 结果类型码
int dxf2rbtype(int dxfcode)
{
int rbtype=RTNONE;

if (dxfcode>=1000 && dxfcode! =1004 && dxfcode<RTNONE)
        dxfcode%=1000;
if (dxfcode<=49)
        {
        if (dxfcode>=20) rbtype=RTREAL;         // 20—49
        else if (dxfcode>=10) rbtype=RT3DPOINT; // 10—19
        else if (dxfcode>=0)  rbtype=RTSTR;     // 0—9
        else if (dxfcode>=-2) rbtype=RTENAME;   // —2&—1
        else if (dxfcode>=-3) rbtype=RTSHORT;   // —3
        }
else
        {
        if (dxfcode<=59)   rbtype=RTANG;         // 50—59
        else if (dxfcode<=79)  rbtype=RTSHORT;   // 60—79
        else if (dxfcode<210);                    // 80—209
        else if (dxfcode<=239) rbtype=RT3DPOINT; // 210—239
        else if (dxfcode==999) rbtype=RTSTR;     // 999
```

```
        }
        return rbtype;
}
//检查类型是否正确
int chkrestype(struct resbuf * rb, int t)
{
    return ((dxf2rbtype(rb->restype)!=t)? FALSE : TRUE);
}
//获得指定 DXF 组码的结果缓冲器指针
struct resbuf  get_resbuf(struct resbuf * p, int code)
{
    struct resbuf * rb;
    for (rb=p; (rb!=NULL)&&(rb->restype!=code); rb=rb->rbnext);

    return rb;
}
//获得缓冲器中结果类型码为 RTREAL 的数据
int getrbreal(char * r, struct resbuf * ebuf, int code)
{
    struct resbuf * rb;
    if ((rb=get_resbuf(ebuf,code))==NULL)
            return RTERROR;
    if (chkrestype(rb,RTSTR)==FALSE)
            return RTERROR;
    * r=rb->resval.rreal;
    return RTNORM;
}
```

参照以上代码，根据程序需要，可以编制相关函数以获取结果缓冲器中结果类型码为 RTSHORT、RTSTR、RT3DPOINT 等的有关数据。

5. 编辑零件号实现的算法

在装配图中，编辑零件号是零件号标注过程中一项重要的内容，要实现这些功能，其关键是如何查询各组中的标号、找出指引线的起点和端点、找出同一标号中各实体的最大 X 坐标或 Y 坐标、修改组内零件总数、以及如何对各组中的标号进行排序等几种操作，下面仅给出两种操作的算法，操作的算法类同。

(1) 零件标号的查询

零件号的插入、修改、删除以及有后效与无后效命令的操作，其关键就是零件标号的查询，算法如下：

step1:找出同类实体：

step1.1:根据应用程序的注册名称 AppName 使用 ARX 的库函数 acedSSGet() 获得符合条件的选择集；

step1.2:针对该选择集中的每个实体，读取组码为 1070 的扩展数据 200(实体类号)，把符合条件的实体加入到一选择集中(class_pick)。

step2:选取一需被编辑的零件号中任一实体,提取该实体的扩展数据(类号、组号、组内标号个数、该实体的小号);表9-5给出了与图9-30中不同实体的扩展数据记录,在该表中,每个单元中的实体具有相同的扩展数据。

step3:遍历选择集(class_pick)中的所有实体,获取每个实体的扩展数据,并根据step2获得的实体类号和组号搜索被选零件号中的所有实体,加入到一选择集中(grp_pick)。

step4:遍历选择集(grp_pick)中的所有实体,获取每个实体定义的数据(包含扩展数xdata 和常规数据 entdata)。

step5:查询该组中的最大或最小标号值,执行以下过程:

step5.1:将 DXF 组码转换为 ARX 结果类型码(文本为 RTSTR);

step5.2:检查类型是否正确;

step5.3:获得指定 DXF 组码的结果缓冲器的指针;

step5.4:获得缓冲器中结果类型码为 RTSTR 的数据(获得标号文本);

step5.5:通过比较找出该组中最大的标号值或最小的标号值。

step6:结束。

(2) 零件标号的排序

有后效命令修改零件标号,其实质就是除了改变被操作的标号,其余的标号序列都自动修改,使各组的标号连续,其关键就是对零件标号进行排序,算法如下:

step1:找出同类实体(class_pick),算法同零件标号的查询的 step1.1~ step1.2。

step2:遍历选择集(class_pick)中的所有实体,获取每个实体的扩展数据。

step3:找出所有零件号中的标号,算法同零件标号的查询的 step5.1~ step5.4。

step4:通过比较找出各组中需要修改的所有零件标号 text_str。

step5:修改零件标号 text_str,使各组的标号连续。

step6:结束。

表9-5 不同实体的扩展数据记录

零件号	单元号	类号	组号	组内标号个数	实体小号
(a)	D 单元(指引线)	200	0704230938	1	0
	E 单元(标号为 1)				1
(b)	A 单元(标号为 2)	200	0704230935	3	同(a)
	B 单元(标号为 3)				2
	B 单元(标号为 4)				3
(c)	A 单元(标号为 5)	200	0704231025	3	同(a)
	C 单元(标号为 6)				2
	C 单元(标号为 7)				3

6. 零件号标注系统的实现

零件号标注程序所在的工程文件为 ljbh。

(1) 标注零件号

采用下拉菜单与对话框相结合,下拉菜单负责选择零件号标注类,如标注零件号类、插入零件号类等,并负责装载,执行,卸载应用程序。执行应用程序时,系统调用相应的对话框,见图9-33所示。在对话框左侧选择引线类型中的某项,右侧输入相关参数,点击"确定"按钮,进入交互标注零件号过程,在屏幕上输入指引线起点和指引线终点,即可自动标出相应的零件号,见图9-33。第一次使用本命令,起始编号和个数缺省为1,字高缺省为系统字高,也可设置为其他值,以后使用本命令,起始编号缺省为当前最大编号加1,连续进行第二张装配图的零件号标注时,为保证起始编号缺省值正确,请按"设置最大零件标号为1"按钮。因采用人工交互式输入参数,故程序中设置多重循环语句,以检查所输入的参数是否正确,如零件个数,不同引线类型是不一样的,输入不正确,系统会拒绝接收,等待重新输入或取消。

标注零件号主程序函数为 void ljbz::Onbiaozhu()。

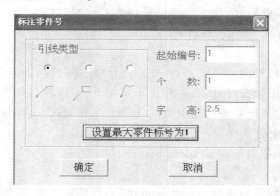

图9-33 标注零件号对话框

(2) 插入零件号

在已经标注的零件号中插入一个零件号,并实现相关零件标号的自动修改是很实用的一项功能。在下拉菜单中选择插入零件号类,弹出如图9-34所示的对话框。图9-34中共列出五种插入标注类型供用户选择,前三种类型是各标注一组零件标号,独立插入一个组,步骤同标注零件号,零件标号按"有后效"方式插入后,各组中大于等于输入起始编号的标号都作相应修改,修改后的标号为原始标号加输入个数。后两种类型是在一个零件标号组中竖排或横排插入一个标号,不需要输入任何参数,点击"确定"按钮,在屏幕上选择要被插入的标号组,系统自动识别出该组的零件标号,相应插入一个标号,标号为该

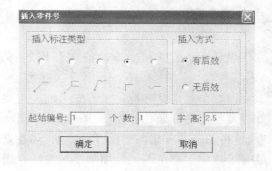

图9-34 插入零件号对话框

组最大号加1,插入后的该组中每个实体的标号个数和小号(扩展数据)都作相应修改,按"有后效"方式插入后,已标注的零件号中比该组中最大号大的标号都作相应修改,修改后的标号为原始标号加2。插入零件号程序源文件为 crbz.cpp,主程序为 void crbz::OnOK()。

(3) 删除零件号

删除零件号操作步骤如下：选择要删除的标号组，有两种选择方法：①选择标号指引线，删除整个零件标号组；②选择标号底线或标号数字，从零件标号组删除最大的一个标号，删除后的该组中每个实体的标号个数和小号（扩展数据）都作相应修改，如选择的是单件标号，则删除整个标号组。零件标号按"有后效"方式删除后，各组中比被删除标号组中最大号大的标号都作相应修改，如按①方式，修改后的标号为原始标号减该组的标号个数，按②方式，修改后的标号为原始标号减1。

删除零件号的主程序为 void arxscljbh1scljbh1()。

(4) 修改零件号

修改零件号就是对已标注的零件标号进行修改，操作步骤如下：①选择要修改标号的组，系统自动识别出该组零件标号的起始编号 A；②输入修改后的起始编号 B。零件标号按"有后效"方式修改后，各组中（包括被选组）大于等于 A 的标号 C 都作相应修改，无后效命令只修改被选组中的零件标号，修改后的标号都为 C－A＋B。

修改零件号主程序为 void arxxgljbh2xgljbh2()。

(5) 对齐零件号

在装配图中，零件标号应水平或垂直，按顺时针（或逆时针）方向顺序不重不漏地排列整齐，使标出来的零件号更加友好，美观。操作步骤如下：①选择对齐方式（1 为水平对齐，2 为垂直对齐）；②在屏幕上指出对齐后指引线的终点坐标分量；③选择要对齐的标号组，可连续选择，按 CTRL＋C 结束组选择。

对齐零件标号主函数为 void arxdqljbhdqljbh()。

(6) 移动零件号

在装配图中，零件号指引线应尽可能分布均匀，且不要彼此相交，当它通过有剖面线区域时，应尽量不与剖面线平行排列紧密，移动零件号命令可以实现此功能，其步骤如下：①选择要移动的标号组；②确定移动后指引线的起点（移动引出位置）或终点（移动标注位置）。

移动零件号的程序主函数为 void arxydljbhydljbh()。

9.4 图元变换

原型系统的图元变换功能包括图组移动、图组旋转、图组缩放、图组复制、图组删除 5 种。

图形单元是具有特定工程意义的一组相关图形实体（点、线、面等）组成的集合，如标准件以及前面的标题栏和明细表等都是图形单元。图元单元的引入实现了图形的结构化管理，使得图形的编辑与删除十分方便，如在繁杂细密的屏幕上只要选择到图元的一个实体，就等于选中了整个图元。原型系统对所有图形都进行了结构化，方法是为图形单元的每个实体都附加扩展实体数据。图形单元的标识是通过其 ID 码实现的，单元的 ID 为长整数（kDxfXdInteger32）。

1. 图组移动

移动一个选择的图形组。若选择的图形不带图形组标志，该功能自动终止。

void arxtzydtzyd()

```
{
    ads_name ent, pick;
    DWORD grpcode;
    char str[20];
    sel_1_ent("\n选择零件图中实体,获取组号:",ent);
    if (get_ent_xdata(ent, AppName, &grpcode, str)! =RTNORM)
    {       ads_printf("\nPick is NULL, Exit! \n");           return ;       }
    // 选择一个实体组的内容
    find_ent_group(AppName, grpcode, "ANY", pick);
    if (pick= =NULL)
    {ads_printf("Pick is NULL, Exit! \n");           return ;           }
    //REDRAW_Pick(pick, 3);
    ads_printf("\n确定移动基准点,移动第二参考点:");
    ads_command(RTSTR, "MOVE", RTPICKS,pick, RTSTR,"",RTSTR,PAUSE, RTSTR,PAUSE, RTNONE);
    ads_ssfree(pick);
}
```

2. 图组复制

复制一个选择的图形组。(1)若选择的图形不带图形组标志,该功能自动终止;(2)复制前后的两个图形符号属于不同的组。

```
// This is command TZFZ
void arxtzfztzfz()
{
ads_name ent, pick;
DWORD grpcode;
char str[20];
ads_name gp_ent;              // for add_xdata
ads_name gp_pick;             // for add_xdata
DWORD gp_code;                // for add_xdata
ads_point pt00={0,0,0}; // for add_xdata
sel_1_ent("\n选择零件图中实体,获取组号:",ent);
if (get_ent_xdata(ent, AppName, &grpcode, str)! =RTNORM)
{       ads_printf("\nPick is NULL, Exit! \n");           return ;           }
// 选择一个实体组的内容
find_ent_group(AppName, grpcode, str, pick);
if (pick= =NULL)
{ads_printf("Pick is NULL, Exit! \n");           return ;           }
//REDRAW_Pick(pick, 3);
// 在画图前设定标记
if (ads_entlast(gp_ent)! =RTNORM)
{      POINT(pt00);
    if (ads_entlast(gp_ent)! =RTNORM)
    ads_fail("\nFail create last entry.");
```

}
```
ads_printf("\n给出复制基准点,确定第二参考点:");
ads_command(RTSTR, "COPY", RTPICKS, pick, RTSTR, "", \
            RTSTR, PAUSE, RTSTR, PAUSE, RTNONE);
if(ads_ssadd(NULL,NULL,gp_pick)! =RTNORM)
{   ads_fail ( " \ nFail to creat a new select union.");  return; }
PICK_TO_CURT(gp_ent, gp_pick);
// 获取图组中各实体,附加扩展实体数据
gp_code=code_ent();
add_xdata_pick(gp_pick, AppName, gp_code, str);
ads_ssfree(gp_pick);
ads_ssfree(pick);
set_linetype("bylayer");
ads_command(RTSTR, "COLOR", RTSTR, "BYLAYER", RTNONE);
}
```

3. 图组删除

删除一个选择的图形组。若选择的图形不带图形组标志,该功能自动终止。

4. 图组旋转

旋转一个选择的图形组。若选择的图形不带图形组标志,该功能自动终止。

5. 图组缩放

缩放一个选择的图形组。若选择的图形不带图形组标志,该功能自动终止。

9.5 实用程序文件清单

9.5.1 一般标注程序

（1）工程文件

biaozhu.dsp。

（2）CPP 文件

Biaozhuo.cpp:主程序文件。

BiaozhuoCommands.cpp:包含一些基本函数的文件。

Blsz.cpp:绘图比例设置文件。

Djbz.cpp:倒角标注文件。

Docdata.cpp:数据封装文件。

Tcsz.cpp:图层设置文件。

Xxsz.cpp:线型设置文件。

Yssz.cpp:颜色设置文件。

Zxbl.cpp:字型与标注变量设置。

（3）类

AsdkDataManager:数据管理类。

Blsz:绘图比例设置类。

CDocData：数据封装类。
Djbz：倒角标注类。
Gcph：公差类。
Tcsz：图层设置类。
Zxbl：字型与标注变量类。
（4）对话框
IDD_DIALOG1：尺寸公差标注。
IDD_DIALOG2：倒角标注。
IDD_DIALOG3：字型与标注变量设置。
IDD_DIALOG4：图层设置。
IDD_DIALOG5：设置字体高度。
IDD_DIALOG6：设置颜色。
IDD_DIALOG7：设置线型。
IDD_DIALOG8：设置比例。

9.5.2 表面粗糙度标注程序

（1）工程文件
ccd.dsp。
（2）CPP文件
ccd.cpp：主程序文件。
ccdCommands.cpp：包含一些基本函数的文件。
ccd1.cpp：包含主要函数文件。
rxdebug.cpp：程序调试文件。
Docdata.cpp：数据封装文件。
（3）类
AsdkDataManager：数据管理类。
ccd：主函数对话框类。
CDocData：数据封装类。
（4）对话框
IDD_DIALOG1：粗糙度标注对话框。

9.5.3 零件号标注程序

（1）工程文件
ljbh.dsp。
（2）CPP文件
crbh.cpp：插入零件标号。
ljbhCommands.cpp：包含一些基本函数的文件。
crbz.cpp：插入零件标注文件。
ljbh.cpp：工程主文件。
Docdata.cpp：数据封装文件。

ljbz.cpp:标注零号文件。
rxdebug.cpp:程序调试文件。
(3) 类
AsdkDataManager:数据管理类。
crbh:插入零件标号类。
CDocData:数据封装类。
crbz:插入零件标注类。
ljbz:零件号标注类。
(4) 对话框
IDD_DIALOG1:零件标号。
IDD_DIALOG2:插入零件标号。
IDD_DIALOG3:插入零件标号(无后效)。

9.5.4 图纸幅面生成程序

(1) 工程文件
biaotilan123.dsp。
(2) CPP 文件
biaotilan123.cpp:包含一些初始化函数。
biaotilan123Commands.cpp:包含一些基本函数的文件、定义命令。
CHAXUN.cpp:图号查询文件。
Docdata.cpp:数据封装文件。
huizhitufu.cpp:图纸幅面绘制文件。
mingxi.cpp:明细栏填写文件。
tiqu.cpp:标题栏信息提取与修改文件。
rxdebug.cpp:程序调试文件。
(3) 类
AsdkDataManager:数据管理类。
CCHAXUN:图号查询类。
CDocData:数据封装类。
huizhitufu:图纸幅面绘制类。
mingxi:明细栏填写类。
tianxie:标题栏填写类。
tiqu:标题栏提取类。
(4) 对话框
IDD_DIALOG1:绘制图纸幅面。
IDD_DIALOG2:标题栏填写。
IDD_DIALOG3:图号查询。
IDD_DIALOG4:标题栏信息提取与修改。
IDD_DIALOG5:明细栏填写。

第 10 章 2D 参数化绘图与设计

10.1 图形编程的尺寸驱动

图形编程是一种最为基础的参数化方法，它以原理简单、适用面广等优点而得到设计界的广泛应用。本章所介绍的一种图形编程参数化方法已成功应用于浙江某公司的系列产品电滚筒零件的参数化，它克服了图形编程的一般缺点。该方法将图形编程、尺寸标注、尺寸驱动、变量设计、关系数据库等技术融于一体，它不仅可以实现一般的尺寸驱动，由于变量设计以关系数据库为驱动源，因此还可将设计结果以数据库的形式传到后续的设计和制造过程中。

本方法的构造过程是这样实现的：首先分析图形的特点，确定图形的基本要素及特征点的序列，确定图形的尺寸约束序列，此时尺寸约束（尺寸值）作为变量来定义。然后在求特征点的过程中将隐含的结构约束变为其拓扑结构，并保持其在修改过程中不变。对于工程图样，当然还会牵涉到一些诸如线型、剖面线等问题。定义一个几何图形，如前所述需要几何信息和拓扑信息，在二维图形中，几何信息表现为图形元素的关键点（如直线的起点和终点、弧的起点和终点、圆的圆心）；拓扑信息则表现为不同图形元素之间的位置关系。若拓扑信息不变，对几何图形的定义就可以归结为对图形几何信息的定义，而尺寸是对形体大小和位置的自然描述。若以尺寸为变量，根据已有图形的拓扑信息，定义出关键点的坐标，并根据每个图形元素的关键点坐标画出图形中的每个实体，那么尺寸的变化也就可以驱动图形作相应的变化，即实现了用尺寸驱动图形的目的。工程图样的拓扑信息隐含在图形中，图样上的尺寸完整地定义出零件上各几何要素的大小和相对位置，是零件加工制造时的必备依据。系列化产品的零件结构是类似的，需要改变的仅仅是尺寸参数及相应的技术要求，即图形的几何信息和某些属性，如粗糙度和尺寸公差。这些尺寸参数及技术要求为下游工程提供依据。为了便于并行工程的应用和系列化产品设计的要求，将一张工程图中的所有尺寸变量由原先的数据文件保存改成由关系数据库来保存。在参数化的过程中，以数据库为驱动源，每一张图对应数据库中的一张表，并将表中的数据读到尺寸变量集中，建立尺寸与变量之间的一一对应关系，通过修改尺寸标注值以及尺寸与变量的一一对应关系，修改图形中实体关键点的相应坐标，驱动图形作相应的变化，修改后的尺寸及技术要求再通过变量传递给数据库中的表加以保存。这样，在设计过程中自动为系列化产品的各个型号建立相应的技术文档，减少了图形库的冗余，便于产品的管理和销售。本方法的构造过程如图 10-1 所示。

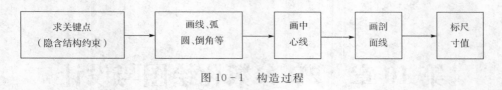

图 10-1 构造过程

10.1.1 数据库和参数化变量的传递

这里采用数据库中的表作为介质来保存尺寸参数,利用 ODBC 来管理数据库中的每个表,每个尺寸变量对应表中的不同字段中的数值,而这些尺寸变量一般又被定义为一组数组。同样,粗糙度和公差数据也以数据库中的表作为存储介质,参数化开始时将其读入到内存并以数组形式读取。

AutoCAD 的图形数据库是开放的,可以用 ADS、ARX 等开发系统对其图形数据库进行访问修改,通过修改每个实体的结构缓冲表来而改变实体的几何属性。ADS、ARX 开发系统提供了一般用途的处理函数,通过这些函数可以修改图形中的每个实体,尤其是提供了扩展实体数据功能,可以进一步处理每个实体的缓冲器链表。结果缓冲器中有一个 restype 数据段,该数据段指示存放在缓冲器 resval 段的值的类型。在处理实体函数结果时,restype 段数据包含实体的 DXF 组码。DXF 组码的意义 AutoCAD 有明确的定义。扩充实体数据由某个应用程序所添加,并由该应用程序加以解释。虽然任何数据都可以作扩充实体数据,但对于它们的组码格式 AutoCAD 也作了明确的定义。为了建立尺寸变量标注值与数据库表中每个字段的的相互对应关系,使得在改变尺寸标注时,能拾取被修改的尺寸值,用扩充实体数据链表建立尺寸与变量间的一一对应关系。即在标注尺寸后,立即对所生成的尺寸实体添加扩展实体数据,其数值就是该尺寸所对应的变量序号,每个尺寸标注所对应的变量序号在作图过程开始前就被确定下来,而且在整个参数化过程中这种变量的编号顺序是不变化的,而每个尺寸变量又是按照变量序号与数据库中表的每个字段建立一一对应关系。而在修改图样时,选择要修改的尺寸或粗糙度,同时将自动取得被选中实体的扩充实体类型及序号,通过序号的对应关系,将需要变动的尺寸标注值映射到尺寸数据库中,根据最新修改的尺寸值去刷新图形,并将修改后的尺寸数据保存到数据库中。向用户提供的工具库函数主要有三方面的内容:①机械绘图的一般常用函数,如边界法填充剖面线,尺寸标注标准化,表面粗糙度标注,形位公差标注等。②用于实现尺寸驱动参数化绘图的各类函数,如对应各种尺寸标注类型的扩展宏实体数据链表的生成,存取,添加,检索等工具函数。③针对各类零件特点的常用结构的参数化图元,如轴类零件的键槽、带轮槽、密封圈槽、移出剖面图、局部放大图等参数化工具库函数。对于键槽的深度和宽度等标准化结构,也可由程序自动以轴径查询获得,减少了参数输入量,提高了软件的智能度。

10.1.2 求关键点及绘制实体图形

关键点的求取,是构造实体图形的第一步。所谓关键点即为每个图形元素的特征点,在图的构造过程中,就是根据图的已有拓扑结构关系确定关键点的位置。有了关键点后,就可以利用本方法提供的扩展宏功能,依次画出实体图形。在关键点的求取过程中,关键点的位置隐含了图形的拓扑信息。在开始求取关键点之前,将图形中必须标注的各尺寸值依次编号,而尺寸变量值用一维数组来保存;对图形中的关键点(如直线的起点和终点、圆的圆心、圆弧的起始点、终止点等)按图形的特点,分析后也依次编号,并用三维空间点数组加以存储，不同视图上的关键点分别编号，并用不同的数组保存。当绘图的起始位置选定后，利用开发系统中的库函数及本方法提供的工具库和扩展宏功能，以尺寸值为变量，依次求出各关键点二维坐标值，再用线、圆、弧、倒角和倒圆等扩展宏等画出图形，确定图样的拓扑结构，一旦关键点求取完毕，作图过程也随之完成。

10.1.3 标注剖面线

剖视、剖图是机械零件常用的表达方法，工程图样中经常要处理剖面线的填充问题。本方法用剖面线宏实现。在该宏中，可以指定填充模式、比例、角度和插入点，采用了自动搜索剖面区域边界模式，区域定位点是通过求取穿越该区域的两个关键点连线的中点。这样在修改了尺寸以后，位于被填充区域两对应边上两个关键点的中点必然在原定的区域内。

10.1.4 尺寸标注

当完成了对图形关键点的求取和实体的绘制及剖面线的标注后，接下来再利用已求的关键点对图形进行尺寸标注。首先对尺寸变量进行初始化，使尺寸箭头的形式、尺寸文本高度、尺寸数字的方位等符合我国国标。为标注各类尺寸，构建了标注各种尺寸的宏。

1. 水平、铅垂和对齐类尺寸标注

用宏 DIMESION(dimtype,ptb,pte,dimpos,txt)标注水平和铅垂尺寸。dimtype 是尺寸类型，水平型尺寸取"HOR"，铅垂型尺寸取"VER"和对齐类尺寸取"ALI"。ptb、pte 分别为第一、第二尺寸界线的位置，一般尺寸界线的位置均落在图形的关键点上。dimpos 是尺寸线的位置，一般以尺寸界线的位置为基准确定，当在同一方向上存在多个尺寸时，尺寸线位置的确定要以不相互干涉为原则，而且彼此之间最好保持相同的间距。txt 是所要标注的文本字符串，字符串用下列方式生成：①如果只是一个尺寸变量，则从数据库表中取得相应编号的尺寸数值并将其转化为字符型就可以了；②如果除了基本尺寸以外，还有前、后缀（如 M6-6H）等制造属性，则在将其转化为字符型时，还要为其添加相应的前后缀字符。

2. 直径和半径型尺寸标注

直径和半径型尺寸的标注分别用宏 CIRDIM(dimtype,pt,txt) 和 RADIUS(dimtype,pt,txt)来实现。其中 dimtype 指定尺寸的类型（直径"DIA"，半径"RAD"）。pt 指定尺寸线的位置，一般以圆心作基准转一定的角度确定。文本字符串 txt 的处理方法如前所述。

3. 角度型尺寸标注

角度型尺寸用 angdim(pt1,pt2,pt3,dimpos,txtloca)实现标注。pt1、pt2 分别是构成该角度两直线上的点，通常是画中心线时的关键点。pt3 是尺寸弧的位置，dimpos 和 txtloca 是角度数值的标注位置，这些点的确定一般以视图中的圆心为基准。角度数值由系统自动给出。

4. 旁注型尺寸标注

零、部件图样中，常需要各种各样的光孔、螺孔、沉孔结构。对于这些较小的局部结构，为便于读图，而用一般标注又不方便，国标规定可以用旁注法进行标注。因此创设了宏 LEADIM(pt,pt1,pt2,pre)。pt 是引出线在备注要素上的位置，pt1、pt2 是引出线转折后的两个端点，由二端点构成的直线一般为水平线，pre 则是需要标注的文本，一般均含有制造属性的字符，此字符串的生成与前述的 txt 生成方法相同。

5. 表面粗糙度和形位公差的标注

表面粗糙度是零部件工作图必不可少的内容。形位公差是零部件重要的技术要求。本方法分别用工具库中的粗糙度标注函数和公差标注函数来完成它们的标注。首次运行时程序将自动调入本方法所构造的形文件,该形文件含有各种表面粗糙度符号和形位公差项目符号。在装入形文件后,可以用型标注宏标出选中的表面粗糙度符号,并据给出的标注方位,在相应位置用文本宏写给定的表面粗糙度值。和粗糙度标注一样,公差标注是先计算出形位公差基准符号和形位公差值的字符串长度,然后用直线宏画出引线及公差标注框,用型标注宏标出选中的形位公差项目符号,再用文本宏注写给定的形位公差值,最后用文本宏标注基准符号。

在实际构造过程时,尺寸标注、表面粗糙度标注和形位公差的标注是同时进行的。这样便于插入点位置的确定,也便于取得扩充实体数据,建立尺寸标注、表面粗糙度标注和形位公差的标注与驱动变量间的对应关系。

读者通过阅读本节源程序,可以对图形编程的参数化方法有一个总体认识,同时可以掌握以下编程技术:

(1) 数据文件的创建和使用。
(2) 如何在 AutoCAD 编辑器中通过画点、画线、画圆等命令绘制零件图。
(3) 如何通过函数调用来进行尺寸标注。
(4) 如何通过函数调用进行粗糙度标注。
(5) 如何通过扩展实体数据进行尺寸驱动。

10.2 关系数据库式的变量驱动

10.2.1 零件实例的生成

为了能有效的进行产品的系列化设计,在对零件进行分类的基础上,给每个零件定义了一些相关的属性。如该零件所在的系列号,所在系列的哪一个品种,该零件的原型图,它和每个系列的任一个品种相对应,目的是使用户能迅速得到所要找的实例,另外还有该零件相对应的数据表。

当第一次生成一个零件的实例时,根据选择相应系列对应的零件,以及该零件关系数据库中所有记录构成的表,可以选择表中的任一行数据作为参数,在基于图形编程的尺寸驱动方法中,每个零件的生成过程都和一确定的函数体建立一一对应关系,当从一关系数据库中取得一组数据后,并将其传到相应的函数中,生成该零件的实例图。

在零件实例的生成过程中,为了能进行后续的实时修改,还必须在图形生成的过程中给尺寸实体增加约束信息,这些信息包括:

(1) 该零件实例所对应数据库的名称,即可变参数是从哪一个数据库取得。
(2) 该零件实例的所有约束变量对应数据库中确定的记录行,因为,同一零件可以有不同的系列,而任一实例有且只能有一条记录与其一一对应。
(3) 给每个尺寸变量进行标记,建立所有尺寸变量和数据库中相应字段的一一对应关系,这样,当修改一尺寸变量时,可以确定需要修改的字段;实例的生成过程如图 10-2 所示,生成界面如图 10-3 所示。

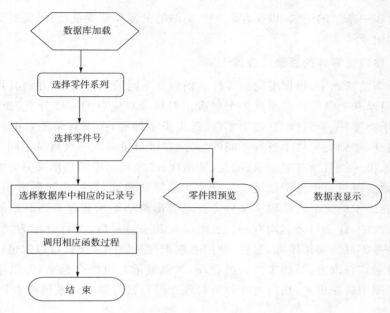

图 10-2 零件实例的生成过程

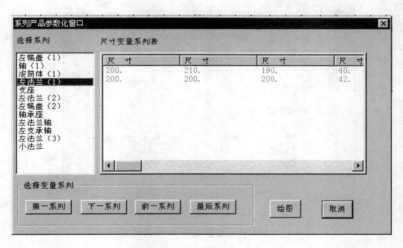

图 10-3 基于表驱动零部件生成交互界面

10.2.2 零件实例尺寸驱动修改

零件实例的尺寸驱动修改过程是,当用户打开一零件图时,首先检查该实例是系统已定义的图库中的零件还是用户自定义零件。如果是用户自定义零件,则加载相应的参数化文件(假设该模型已求解过),以约束推理方式进行尺寸驱动求解;否则,按照系统已定义图库方式求解,其过程是从修改尺寸实体的扩展实体码中取出约束码,该约束码有一串字符构成,它有该零件相应的数据库名和尺寸变量所对应数据库的记录号,由相应的解释程序读取数据库名和记录号,再打开该数据库,读取该记录号中记录的数据作为数据变量,去驱动该零件所对应的函数体,当修改操作结束时,更新该记录,使零件图中的尺寸数据和数据库中的数据能够同步变化,最后,关闭该数据库。如果要生成该零件的一个新的实例,这时,要在该数据库中追加一条新的记录,以保存新产生实例的全部尺寸变量,同时要更新尺寸实体中约束属性中的记录号。

10.2.3 参数化零件的目录式查询

在零件分类的基础上,根据不同的零件类别建立不同的零件目录,并将其目录结构分为根目录、一级目录和二级目录甚至更多个层次。根目录对应总的零件分类,如轴类零件、齿轮类零件、轴承类零件、密封件、套盖类零件、起重类零件等;一级目录是对根目录每个子目录的第一次展开,如轴类零件中各种不同的轴等,二级目录对应一级目录中同一零件的不同图例;再如轴承类一级目录对应轴承、轴瓦、轴承座;二级目录中的轴承又分为滑动轴承和滚动轴承两种;而三级目录中的滑动轴承又分为筒形滑动轴承、带挡边筒形滑动轴承、球形滑动轴承;四级目录中的筒形滑动轴承又分为普通筒形滑动轴承和薄系列筒形滑动轴承。在不同的目录层次中,任一目录名均有一显示图象与其一一对应,当目录层为二级目录时,和目录名对应的是零件的实例图像,这样,使用者在未打开该图之前就可以知道该零件的一般结构。这种目录式查询方式,将零件分类管理、图例显示有机结合起来,可以帮助用户从查找复杂的零件库中解脱出来,用户对零件的管理变得轻松自如。目录树的查询界面如图10-4所示。

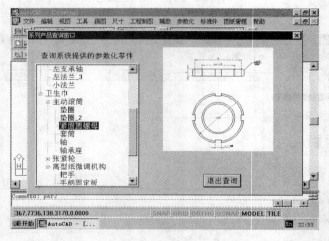

图 10-4 参数化零件查询界面

在这里由于篇幅的关系,没有给出全部源程序,读者可以结合第一节给出的程序,将两者结合起来,应用到你开发的程序中。读者通过阅读本例可以学会如下几点:

(1) 用 MFC 进行对话框编程。
(2) 用 MFC 基于 ODBC 进行数据库编程。
(3) 如何将 ADS 程序转化为 ARX 应用程序。

10.3 面向图形结构单元的参数化

10.3.1 图形结构单元的分类

参数化图形单元库包括标准件、常用零件和一般零件图形单元,一般零件包括回转体零件和非回转体零件两类。常用零件的图形单元包括齿轮类和弹簧类、回转体零件的图形单元的工具条包括轴和套盖类、非回转体零件的图形单元包括叉架、薄板和箱体。参数化图形单元库包括的单元类型如图 10-5 所示。

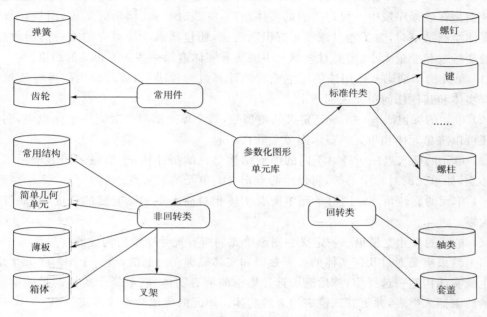

图 10-5　参数化图形结构单元库

1. 标准件类

标准件是使用较多的设计单元,为方便用户调用,在 CAD 系统中建立了基于事物特性表的标准件库,采用了最新的国家标准,建立了基于事物特性表的销、螺母、螺栓、螺钉、挡圈和垫圈等标准件参数化绘图程序库。

2. 常用件类

在常用件类中提供了机械设计中广泛使用的弹簧和齿轮。弹簧类零件具有非常明确的功能意义,弹簧的独立的几何参数有弹簧指数(C)、断裂强度 σ_b \ 剪切强度 τ 和弹性剪切模量(G)是与弹簧的自身特性有关;拉力(P)、自由长度(H_0)和弹簧中径(D_2)是与弹簧的工作环境有关,由这些变量可以得到设计弹簧的其他相关参数。齿轮类单元库分为为轮齿、轮辐和轮径三类单元,通过这三类单元的不同组合和关联生成结构和形状不等的齿轮。

3. 回转类

回转类单元包括轴类和套盖,套盖类零件多用于支撑、传动、联结和保护转动零件或其他零件,盖类零件通常有一个端面作为同其他零件靠紧的重要结合面,多用于密封、压紧和支撑。轴类零件主要用来支撑转动零件和传递扭矩,这类零件多数是由共轴线的数段回转体组成,根据设计和工艺要求,它们常有螺纹、销孔、键槽、退刀槽、砂轮越程槽和中心孔等结构,将轴类单元分为左轴段、中间轴段、右轴段和补充类;

4. 非回转类

非回转类单元可分为常用结构、一般几何、叉架、薄板和箱体类单元共五种。非回转类单元在机械产品中起主要作用,其形状复杂,零件信息建模比较复杂。

10.3.2 图形结构单元的参数化原理

参数化图形单元库中尽管每个单元的结构和功能不一样，但其实现方法却是一样的，每个单元都唯一对应一个函数过程，该过程是为每个特定单元体编写的程序段，和一般绘图过程的区别是在该程序段中不仅有一般的实体绘制，如线、圆、弧、倒角等实体，而且在每个单元中实体绘制结束时，为了能对该单元有识别功能，还包括该单元对应的唯一的函数过程、使用的变量数和变量大小，需要对该单元中的所有实体追加一些如下相关的约束：

（1）单元的识别码——用该单元生成时的计算机时钟决定，通过识别码可将该单元中的所有实体和其他任何单元区别开来。

（2）单元的标识码——系统已定义的整型数，每个单元都唯一对应一个标识码，利用标识码还可以将单元体和单元的显示图象关联在一起。

（3）单元的插入点——针对不同的图形结构单元的拓扑特征，给每个图形单元指定一个中心点，如单元的对称中心等，将该中心点定义为单元的插入点。

（4）单元的旋转角——图形单元中所有实体相对插入点实际旋转的角度，其缺省旋转角度为零。

（5）单元的尺寸变量集——定义一图形单元的所有尺寸变量所构成的变量集。

以上约束集是通过几何实体的扩展数据和实体捆绑在一起的，当一个图形单元生成时，将刚生成实体构造一选择集，然后遍历选择集中的所有实体，获取每个实体的扩展链表，将相应的约束插入链表，并更新该链表约束的实体。单元的生成和修改界面如图10-6所示。

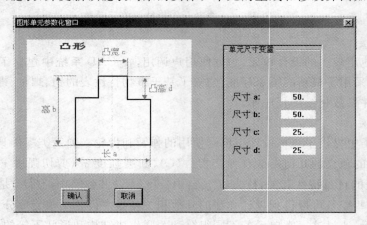

图10-6 图形单元生成和修改界面

10.4 实用程序文件清单

10.4.1 图形编程尺寸驱动

（1）工程文件

tu_x.dsp。

（2）C文件

tool.c：包含基本函数的文件。

tu_x.c:针对某图的图形绘制与尺寸驱动文件。
tool.h:包含通用函数的头文件。
dimvar.h:包含一些绘图过程宏。
(3) tool.h 文件

```c
# include <windows.h>
# include <string.h>
# include <math.h>
# include"adslib.h"
# include <stdio.h>
# include <stdlib.h>

# include   "dimvar.h"

int input_all_dimdata();           // 从数据文件中读尺寸数据
int pick_modify_dim();             // 拾取修改的尺寸
int yth800b1301105();              // 图纸绘制模块
int write_all_dimdata();           // 重写尺寸数据文件


// 设置字符串系统变量
void set_var_str(char * v_name, char * str);
// 设置倒角距离
void set_chamfer_dist(ads_real dist);
// 设置倒圆半径
void set_fillet_radius(ads_real radius);

// 设置绘图颜色
int set_color(int clr);
// 设置线型
int set_linetype(char * lt);
// 设置线比例
int set_linescale(int sc);
// 返回二点中点
int get_middle_point(ads_point ptb, ads_point pte,ads_point pt);
// 标注剖面线
int bhat(int scale,ads_real ang, char * mode,ads_point pt);

// 角度标注
int angdim(ads_point pt,ads_point pt1,ads_point pt2,ads_point dimpos ,ads_point   txtloca);
// 半径标注
int angdim(ads_point pt,ads_point dimpos ,ads_point   txtloca);
```

```c
// 尺寸初始化
int set_dimen();
// 打开公差显示
int  set_torleance_on();
// 关闭公差显示
int  set_torleance_off();
// 设置公差大小
int    set_torleance(ads_real   tormin, ads_real    tormax);
// 删除尺寸一边的尺寸线和界线
int supress_dimline_on();
// 恢复尺寸一边的尺寸线和界线
int supress_dimline_off();
// 创建绘图层
int create_layer(char * layer);
// 设置绘图层
int set_layer(char * layer);
// 设置文本类型
int set_style(char * style);
// 生成扩展实体数据链表
int xdata_make_rblist(struct resbuf * * rb, char * appname,DWORD dim_no,char * entname);
// 追加链表
void append_rblists(struct resbuf * * rb, struct resbuf * newrb);
// 为实体增加扩展实体数据
int add_xdata_ent(ads_name ent, char * appname, DWORD ent_no ,char * entname);
// 返回实体组码
struct resbuf * get_rb_entx(ads_name ent, char * appname);
// 取尺寸/粗糙度序号
int get_order_xdata(ads_name entx, char * appname);
// 取扩展实体类型
char * get_type_xdata(ads_name entx, char * appname);


// stype—标注方式
// val_str—值大小
// ang——标注方位
// pt——标注插入点
int do_rough(char * stype,char * val_str,ads_point pt,ads_real ang)   ;


// 标注形位公差
// stype—标注方式    val_str—公差值大小
// pt1,pt2,pt3——标注方插入点
// basecode1,basecode2——第一基准/第二基准符号
int do_tolerance(char * name,char * val_str,ads_point pt1,ads_point pt2,
                 ads_point pt3,char * basecode1);
```

```
//      求点相对于另一点在 Y 方向上的对称点
//      source —— 原来点; middle —— 中间点; aim ——— 目标点
int get_point_y_sym(ads_point source,ads_point middle,ads_point aim);


int get_point_x_sym(ads_point source,ads_point middle,ads_point aim);
```

(4) dimvar.h 文件

```
#define PI      3.14159265
#define D_TO_R(x)   ((x)/180.0 * 3.14159265)
#define R_TO_D(x)   ((x) * 180.0/PI)


#define COPY_PT(dpt,spt)    dpt[X]=spt[X];dpt[Y]=spt[Y];dpt[Z]=spt[Z]


// 画点
#define POINT(pt) ads_command(RTSTR,"POINT",RT3DPOINT,pt,RTNONE)
// 画线
#define LINE(pt_from,pt_to) \
        ads_command(RTSTR,"LINE", RT3DPOINT,pt_from, RT3DPOINT,pt_to,\
                    RTSTR,"",RTNONE)
// 画圆
#define CIRCLE(center,radius) \
        ads_command(RTSTR,"CIRCLE",RT3DPOINT,center,RTREAL,radius,RTNONE)


// 画弧
#define ARC(center,beginpt,ang) \
        ads_command(RTSTR, "ARC", RTSTR,"C",RT3DPOINT,center,RT3DPOINT, beginpt, RTSTR, "A",\
                    RTREAL, ang, RTNONE)
// 画弧
#define ARC_CSE(center,beginpt,endpt) \
        ads_command(RTSTR, "ARC", RTSTR,"C",RT3DPOINT,center,RT3DPOINT, beginpt, \
                    RT3DPOINT, endpt, RTNONE)



#define DIMENSION(dimtype,ptb,pte,dimpos,txt) \
    ads_command(RTSTR,"DIM",RTSTR,dimtype,RT3DPOINT,ptb,RT3DPOINT,pte,\
                RT3DPOINT,dimpos,RTSTR,txt,RTSTR,"EXIT",0)
#define CIRDIM(dimtype,dimpos,txt)\
    ads_command(RTSTR,"DIM",RTSTR,dimtype,\
                RT3DPOINT,dimpos,RTSTR,txt,RTSTR,"",RTSTR,"EXIT",0)


#define RADIUS(dimtype,pt,dimpos,txt)\
```

```
        ads_command(RTSTR,"DIM",RTSTR,dimtype,RT3DPOINT,pt,\
                    RT3DPOINT,dimpos,RTSTR,txt,RTSTR,"",RTSTR,"EXIT",0)
// 角度标注
#define ANGDIM(dimtype,edge_1,edge_2,dimpos,txt,txtloca) \
        ads_command(RTSTR,"DIM",RTSTR,dimtype,RTENAME,edge_1,RTENAME,edge_2,\
                    RT3DPOINT,dimpos,RTSTR,txt,RT3DPOINT,RTSTR,"EXIT",0)


// 引导尺寸标注
#define LEADIM(pt1,pt2,pt3,txt)\
        ads_command(RTSTR,"LEADER",RT3DPOINT,pt1,RT3DPOINT,pt2,\
                        RT3DPOINT,pt2,RTSTR,"",RTSTR,txt,\
                        RTSTR,"",0)


#define TEXT(pt,txtsize,ang,text) \
        ads_command(RTSTR,"TEXT",RT3DPOINT, pt,RTREAL, txtsize,\
                    RTREAL,ang,RTSTR,text,RTNONE)


#define SHAPE(shapename,pt,size,ang) \
        ads_command(RTSTR,"SHAPE",RTSTR,shapename,RT3DPOINT, pt,RTREAL, size,\
                    RTREAL, ang,RTNONE)
#define HATCH(mode,scale,ang,pt)\
        ads_command(RTSTR,"HATCH",RTSTR,mode,RTREAL,scale,RTSTR,ang,\
                    RT3DPOINT,pt,RTSTR,"",RTNONE)
#define FILLET(ent1,ent2)\
        ads_command(RTSTR,"FILLET",RTENAME,ent1,RTENAME,ent2,RTNONE)
#define CHAMFER(ent1,ent2)\
        ads_command(RTSTR,"CHAMFER",RTENAME,ent1,RTENAME,ent2,RTNONE)
```

10.4.2 关系数据库式变量驱动

(1) 工程文件

modlvc4x.dsw。

(2) CPP 文件：

arxmfctmpl.cpp：程序模板文件。

dimdialog.cpp：对话框初始化文件。

gai_1cpp：某一种零件的设计程序，支持尺寸驱动。

modal.cpp：系列零件设计管理界面文件。

pardbase.cpp：读取数据库文件。

proquery.cpp：多零件管理界面文件。

tool.cpp：函数库文件。

(3) 类

CDia：系列产品参数化窗口类。

CMDDEF：一种结构体数据类型。

CMFCTemplateApp：MFC 模板类。
CParfile：零件文档类。
DIMDIALOG：界面对话框类。
Pardbase：CRecordset 派生类。
Proquery：对话框类。
Userpar：对话框类。
（4）对话框
IDD_DIALOG：规则定义窗口。
IDD_QUERY：查询窗口。
IDD_TEST：参数化绘图窗口。

10.4.3　图形结构单元参数化

（1）工程文件
unit.dsw。
（2）CPP 文件
Ads_edm.cpp：对结果缓冲区表进行管理的库函数。
arxmfctmpl.cpp：程序模板文件。
mcadlib1.cpp：对实体进行各种操作的库函数。
modal.cpp：图形单元管理界面文件。
shaft.cpp：轴类图形绘制文件。
simple.cpp：简单几何单元图形绘制文件。
struct.cpp：结构图形单元绘制文件。
（3）类
CDiaTest：系列单元参数化窗口类。
CMDDEF：一种结构体数据类型。
CMFCTemplateApp：MFC 模板类。
Modelon：单元结构体数据类型。
（4）对话框
IDD_TEST：图形单元参数化绘图窗口。

第 11 章 3D 参数化绘图与设计

11.1 三维建模

在图形中用二维手法来表示三维对象，读图时必须辅以空间想象，因此有时希望直接创建真正的三维对象。使用 AutoCAD 的绘图工具，可以创建精细、真实的三维对象，并用各种方法对它们进行操作。

虽然创建三维模型比创建二维对象的三维视图更困难、更费时间，但三维模型有诸多优势。用它可以：①从任何位置查看模型；②自动生成可靠的标准或辅助二维视图；③创建二维剖面图；④消除隐藏线并进行真实感着色；⑤检查干涉检验；⑥提取模型以创建动画；⑦进行工程分析；⑧提取工艺数据。

AutoCAD 支持三种类型的三维模型：线框模型、曲面模型和实体模型。每种模型都有自己的创建方法和编辑技术。

线框模型描绘三维对象的骨架。线框模型中没有面，只有描绘对象边界的点、直线和曲线。用 AutoCAD 可在三维空间的任何位置放置二维（平面）对象来创建线框模型。AutoCAD 也提供了一些三维线框对象，如三维多段线（仅包含 CONTINUOUS 线型）和样条曲线。由于构成线框模型的每个对象都必须单独绘制和定位，因此，这种建模方式最为耗时。

曲面模型比线框模型更为复杂，它不仅定义三维对象的边而且定义面。AutoCAD 的曲面模型使用多边形网格定义镶嵌面。由于网格面是平面，所以网格只能近似于曲面。使用 Mechanical Desktop 可以创建真正的曲面。为区分这两种曲面，镶嵌面在本书中称为网格。

实体模型是最容易使用的三维模型。利用 AutoCAD 的实体模型，可通过创建长方体、圆锥体、圆柱体、球体、楔体和圆环体实体模型来创建三维对象。然后对这些形状进行合并，找出它们差集或交集（重叠）部分，结合起来生成更为复杂的实体。也可以将二维对象沿路径延伸或绕轴旋转来创建实体。借助 Mechanical Desktop，还可以定义参数化实体，保留三维实体与从中生成的二维视图之间的关联性。

11.2 三维实体图元类

11.2.1 三维实体类 AcDb3dSolid

三维实体表示类，用以创建简单的三维实体或由简单的实体通过布尔运算创建新的实体。在 ObjectARX 中，AcDb3dSolid 类用于代表 AutoCAD 中的三维实体，提供了创建和合并实体的一些方法，与使用 AutoCAD 命令来创建实体类似。但是，ACIS 实体才是实体真正的几何表示，AcDb3dSolid 类只是 ACIS 实体的容器和接口，该类中并没有提供直接操作 ACIS 实体边、顶点和面的方法。要遍历 ACIS 实体中隐含（无法直接访问子实体）的边、面和顶点，必须使用 ObjectARX 开发包中的 BREP 应用程序开发接口（API）。

1. 构造函数与析构函数

AcDb3dSolid 构造函数：AcDb3dSolid();

析构函数：virtual ～AcDb3dSolid();

2. AcDb3dSolid 编辑函数

virtual Acad::ErrorStatus booleanOper(AcDb::BoolOperType operation,

AcDb3dSolid* pSolid);

// 两个实体之间完成布尔运算（并、交和差），其中，operation 指定了进行布尔运算的方式，包括 AcDb::kBoolUnite（并集）、AcDb::kBoolIntersect（交集）和 AcDb::kBoolSubtract（差集）三种类型；solid 是一个指向布尔运算的另一个实体的指针。

Acad::ErrorStatus cleanBody(); // 清除不需要的边和面

Acad::ErrorStatus copyEdge(const AcDbSubentId& subentId,

AcDbEntity* & newEntity); // 拷贝指定的边作为一个新的实体

Acad::ErrorStatus copyFace(const AcDbSubentId &subentId,

AcDbEntity* & newEntity); //拷贝指定的面作为一个新的实体

virtual Acad::ErrorStatus createBox(

double xLen, double yLen, double zLen);

// 生成长方体实体，其中，xLen、yLen 和 zLen 分别指定长方体的长、宽和高，该函数将会创建一个中心位于世界坐标原点的长方体，并且其长、宽、高分别平行于世界坐标系的 X、Y 和 Z 轴。

virtual Acad::ErrorStatus createFrustum(

double height, double xRadius, double yRadius, double topXRadius);

// 生成圆柱体或圆椎体，其中，height 表示平截头体的高度，xRadius 表示底面在 X 轴方向的半径，yRadius 表示底面在 Y 轴方向的半径，topXRadius 表示顶面在 X 轴方向的半径。如果要创建一个圆锥体，就可以将 topXRadius 参数设置为 0，并且保证 xRadius 和 yRadius 的值相等。

virtual Acad::ErrorStatus createSphere(double radius); // 生成球体

virtual Acad::ErrorStatus createTorus(double majorRadius, double minorRadius); // 生成圆环体

virtual Acad::ErrorStatus createWedge(double xLen, double yLen, double zLen); // 生成契体

virtual Acad::ErrorStatus extrude(const AcDbRegion* pRegion, double height, double taper);

// 由指定的高度和椎度拉伸一区域

virtual Acad::ErrorStatus extrudeAlongPath(const AcDbRegion* region, const AcDbCurve* path);

// 按指定的路径拉伸区域创建实体，其中，region 是一个指向作为拉伸截面的面域的指针，path 是一个指向作为拉伸路径的曲线的指针。在执行 extrudeAlongPath 函数时，region 和 path 都必须是模型空间中的实体，否则会引发一个异常。

Acad::ErrorStatus extrudeFaces (const AcArray＜AcDbSubentId*＞& faceSubentIds, double height,

double taper); //将实体中指定的面以一定的高度和椎度拉伸

Acad::ErrorStatus extrudeFacesAlongPath(

const AcArray＜AcDbSubentId*＞& faceSubentIds, const AcDbCurve* path);

// 以指定的曲线路径拉伸实体中指定的面

Acad::ErrorStatus imprintEntity(const AcDbEntity* pEntity);// 给指定实体保留烙印
Acad::ErrorStatus offsetBody(double offsetDistance); // 偏移实体中所有的面
Acad::ErrorStatus offsetFaces(const AcArray<AcDbSubentId*>& faceSubentIds, double offsetDistance);
　　// 偏移在实体中指定的面
Acad::ErrorStatus removeFaces(const AcArray<AcDbSubentId*>& faceSubentIds);
　　　　// 删除实体中指定的面
virtual Acad::ErrorStatus revolve(const AcDbRegion* region,constAcGePoint3d& axisPoint,
const AcGeVector3d& axisDir,double angleOfRevolution);
　　// 旋转指定的面域而生成实体，其中，region 是一个指向作为旋转截面的面域的指针，axisPoint 指定旋转轴线上的一点，axisDir 指定了旋转轴的方向，和 axisPoint 共同确定旋转轴的具体位置，angleOfRevolution 指定旋转面域的角度(弧度值来表示)。
Acad::ErrorStatus separateBody(AcArray<AcDb3dSolid*>& newSolids); // 分离实体
virtual Acad::ErrorStatus setBody(const void* modelerBody); // 使用 ACIS 对象设置 AcDb3dSolid 对象
Acad::ErrorStatus setSubentColor(const AcDbSubentId& subentId, const AcCmColor& color);
　　// 设置实体中边或面的颜色
Acad::ErrorStatus shellBody(const AcArray<AcDbSubentId*>& faceSubentIds, double offsetDistance);
　　// 对实体进行抽壳
Acad::ErrorStatus taperFaces(const AcArray<AcDbSubentId*>& faceSubentIds, const AcGePoint3d& basePoint,
　　　const AcGeVector3d& draftVector, double draftAngle); // 倾斜面
Acad::ErrorStatus transformFaces(const AcArray<AcDbSubentId*>& faceSubentIds,
　const AcGeMatrix3d& matrix); // 移动面

3. AcDb3dSolid 查询函数

virtual void* body() const; // 返回指向实体对象的指针

virtual Acad::ErrorStatus checkInterference(
　　const AcDb3dSolid* otherSolid, Adesk::Boolean createNewSolid,
　　Adesk::Boolean& solidsInterfere, AcDb3dSolid*& pCommonVolumeSolid) const;
　　// 检查与另外一个实体是否存在干涉
virtual Acad::ErrorStatus getArea(double& area) const; // 返回实体的表面积
virtual Acad::ErrorStatus
getMassProp(　// 特性查询
　　double& volume,　　// 实体的体积
　　AcGePoint3d& centroid, // 实体的质心
　　double momInertia[3],　// 实体绕 X、Y 和 Z 轴的惯性矩
　　double prodInertia[3],　// 实体绕 X、Y 和 Z 轴的惯性积
　　double prinMoments[3], // 实体的主力矩
　　AcGeVector3d prinAxes[3], // 实体的主轴
　　double radiiGyration[3], // 旋转半径
　　AcDbExtents& extents) const; // 实体边界框的范围

```
virtual Acad::ErrorStatus getSection(const AcGePlane& plane, AcDbRegion * & sectionRegion)
const;  // 用指定的平面对实体进行剖切,生成截面
virtual Acad::ErrorStatus getSlice(   // 获取剖切的实体
    const AcGePlane& plane,   //输入的剖切面
    Adesk::Boolean getNegHalfToo,  // 是否返回负方向剖切实体
    AcDb3dSolid * & negHalfSolid);  // 指向负方向的一部分实体
virtual AcDbSubentId internalSubentId( void * pEnt) const;  // 基于 pEnt 返回子实体对象的 ID
virtual void * internalSubentPtr( const AcDbSubentId& id) const;  // 由 id 返回一个指向 ACIS 实
体对象的指针
virtual Adesk::Boolean isNull() const;  // 检查实体内部是否含有 ACIS 对象
virtual Adesk::UInt32 numChanges() const;  // 返回实体生成以来被修改的次数
```

4. AcDb3dSolid 文件生成函数

```
virtual Acad::ErrorStatus  stlOut( const char * fileName, Adesk::Boolean asciiFormat) const;
```
// 输出 ACIS 实体文件

11.2.2 面域表示类 AcDbRegion

面域是以封闭边界创建的二维封闭区域。边界可以是一条曲线或一系列相连的曲线,组成边界的对象可以是直线、多段线、圆、圆弧、椭圆、椭圆弧、样条曲线、三维面、宽线或实体。这些对象或者是自行封闭的,或者与其他对象有公共端点从而形成封闭的区域,但它们必须共面,即在同一平面上。

可以由多个自封闭对象或者端点相连构成封闭的对象创建多个面域。如果边界对象内部相交,就不能生成面域(例如,相交的圆弧或自交的曲线)。可以分解诸如三维多段线和面网格之类的对象,并将其转换为面域。不能通过非闭合对象内部相交构成的闭合区域构造面域(例如,相交的圆弧或自交的曲线)。

可以给面域填充图案和着色,同时还可分析面域的几何特性(如面积)和物理特性(如质心、惯性矩等)。

1. 构造函数与析构函数

缺省的构造函数:`AcDbRegion();`

析构函数:`virtual ~AcDbRegion();`

```
static Acad::ErrorStatus createFromCurves( const AcDbVoidPtrArray& curveSegments,
AcDbVoidPtrArray& regions);
```
// 该静态成员函数生成由曲线段数组构成的封闭环生面域对象集

2. 编辑函数

AcDbRegion 编辑函数:

```
virtual Acad::ErrorStatus  booleanOper( AcDb::BoolOperType operation,
AcDbRegion * pOtherRegion);  // 对面域进行布尔运算
virtual Acad::ErrorStatus setBody( const void * modelerBody);
```
// 通过 ACIS 对象设置 AcDbRegion 对象

3. AcDbRegion 查询函数

`virtual void * body() const;` 返回指向面域对象的指针

```
virtual Acad::ErrorStatus getArea( double& regionArea) const; // 获取面域的面积
virtual Acad::ErrorStatus
getAreaProp( // 获取面域的特性
    const AcGePoint3d& origin,  // 起点
    const AcGeVector3d& xAxis,  // X轴
    const AcGeVector3d& yAxis,  // Y轴
    double& perimeter,  // 周长
    double& area,       // 面积
    AcGePoint2d& centroid, // 质心
    double momInertia[2], // 惯性矩
    double& prodInertia,  // 惯性积
    double prinMoments[2], // 主力矩
    AcGeVector2d prinAxes[2], // 主轴
    double radiiGyration[2], // 回转半径
    AcGePoint2d& extentsLow,  // 面域的最小点
    AcGePoint2d& extentsHigh) const; // 面域的最大点
virtual Acad::ErrorStatus getNormal( AcGeVector3d& normal) const; // 面域的法向量
virtual Acad::ErrorStatus  getPerimeter( double& perimeter) const; // 面域的边界周长
virtual Acad::ErrorStatus getPlane( AcGePlane& regionPlane) const; // 返回包含该面域的平面
virtual AcDbSubentId internalSubentId( void * pACISobj) const; // 返回 ACIS 对象的 ID
virtual void * internalSubentPtr( const AcDbSubentId& id) const; // 返回指向 ACIS 对象的指针
virtual Adesk::Boolean isNull() const; // 检查该面域中是否含有 ACIS 对象
virtual Adesk::UInt32 numChanges() const; // 返回该面域被修改的次数
```

11.3 三维实体图元生成实例

11.3.1 公共派生类

本实例中用到的派生类 AsdkBody：

```
AsdkBody: public AcDbEntity
{
public:
ACRX_DECLARE_MEMBERS(AsdkBody);
AsdkBody();
virtual ~AsdkBody();
Body& body();
const Body& body() const;
void createBox(const AcGePoint3d& p, const AcGeVector3d& vec);
void createSphere(const AcGePoint3d& p, double radius, int approx);
void createCylinder(const AcGePoint3d& axisStart, const AcGePoint3d& axisEnd,
const AcGeVector3d& baseNormal, double radius, int approx);
void createCone(const AcGePoint3d& axisStart, const AcGePoint3d& axisEnd,
```

```cpp
    const AcGeVector3d& baseNormal, double radius1, double radius2, int approx);
void createPipe(const AcGePoint3d& axisStart, const AcGePoint3d& axisEnd,
    const AcGeVector3d& baseNormal, double dblOuterRadius, double dblInnerRadius, int approx);
void createPipeConic(const AcGePoint3d& axisStart, const AcGePoint3d& axisEnd,
    const AcGeVector3d& baseNormal, double outterRadius1, double innerRadius1,
    double outterRadius2, double innerRadius2, int approx);
void createTetrahedron(const AcGePoint3d& p1, const AcGePoint3d& p2,
    const AcGePoint3d& p3, const AcGePoint3d& p4);
void createTorus(const AcGePoint3d& axisStart, const AcGePoint3d& axisEnd,
    double majorRadius, double minorRadius, int majorApprox, int minorApprox);
void createReducingElbow(const AcGePoint3d& elbowCenter, const AcGePoint3d& endCenter1, const AcGePoint3d& endCenter2, double endRadius1, double endRadius2, int majorApprox, int minorApprox);
void createRectToCircleReducer(const AcGePoint3d& baseCorner, const AcGeVector2d& baseSizes, const AcGePoint3d& circleCenter, const AcGeVector3d& circleNormal, double circleRadius, int approx);
void createConvexHull(const AcGePoint3d vertices[], int numVertices);
void createFace(const AcGePoint3d vertices[], PolygonVertexData * vertexData[],
    int numVertices, const AcGeVector3d &normal);
void createFace(const AcGePoint3d vertices[], int numVertices);
void createPyramid(const AcGePoint3d vertices[],PolygonVertexData * vertexData[],
    int numVertices, const AcGeVector3d &plgNormal, const AcGePoint3d &apex);
void createExtrusion(const AcGePoint3d vertices[], PolygonVertexData * vertexData[],int numVertices,
    const AcGeVector3d &plgNormal, const AcGeVector3d &extusionVector, const AcGePoint3d &fixedPt, double scaleFactor, double twistAngle);
void createAxisRevolution(const AcGePoint3d vertices[],PolygonVertexData * vertexData[],
int numVertices,
    const AcGeVector3d &normal, const AcGePoint3d &axisStart, const AcGePoint3d &axisEnd,
    double revolutionAngle, int approx, const AcGePoint3d &fixedPt, double scaleFactor, double twistAngle);
void createEndpointRevolution(const AcGePoint3d vertices[],PolygonVertexData * vertexData[], int numVertices, const AcGeVector3d &normal, double revolutionAngle, int approx);
void createSkin(AsdkBody * profiles[],int numProfiles, bool isClosed, MorphingMap * morphingMaps[]);
void createExtrusionAlongPath(const Body &startProfile, const Body &endProfile, const AcGePoint3d vertices[],
    PolygonVertexData * vertexData[],int numVerticesm, bool pathIsClosed, bool bCheckValidity,
    const AcGePoint3d &scaleTwistFixedPt, double scaleFactor, double twistAngle,
    const MorphingMap &morphingMap);
virtual Adesk::Boolean worldDraw(AcGiWorldDraw * mode);
virtual Adesk::Boolean saveImagesByDefault() const;
```

```
virtual Adesk::Boolean debugMode() const;
virtual Acad::ErrorStatus dwgInFields(AcDbDwgFiler * filer);
virtual Acad::ErrorStatus dwgOutFields(AcDbDwgFiler * filer) const;
virtual Acad::ErrorStatus transformBy(const AcGeMatrix3d& xform);
virtual Acad::ErrorStatus applyPartialUndo(AcDbDwgFiler * undoFiler, AcRxClass * classObj);
private:
void * operator new[](unsigned nSize) { return 0;}
void operator delete[](void * p) {};
void * operator new[](unsigned nSize, const char * file, int line) { return 0;}
Body m_3dGeom; };
```

11.3.2 部分功能的实现

1. 创建一个简单实体

下面的代码是输入两个角点生成一个长方体实体。

```
void createBox()
{   AsdkBody * pBody = NULL;
    try
    {   AcGePoint3d corner1 = getPoint("\nCorner of box: "); // 输入第一角点
        AcGePoint3d corner2 = getPoint("\nOther corner: ");  // 输入第二角点
        pBody = new AsdkBody;
        AcGeVector3d vec = corner2 - corner1;
        if (vec[X]==0.0)    vec[X] = getDistance(corner2, "\nWidth: ");
        if (vec[Y]==0.0)    vec[Y] = getDistance(corner2, "\nDepth: ");
        if (vec[Z]==0.0) vec[Z] = getDistance(corner2, "\nHeight: ");   pBody->createBox(corner1, vec);
    }
    if (append( pBody )) /* 追加实体到数据库 */     pBody->close();
    else { delete pBody;  ads_printf("\n 追加到数据库失败\n");   }  }
```

2. 拉伸一个面域形成实体

通过拉伸一个面域形成实体是一种常见的造型方法。输入的参数包括被拉伸的轮廓、拉伸方向矢量、拉伸比例因子与扭角参数等。

```
void createExtrusion()
{   AsdkBody * pBody = NULL;    AcGePoint3d * vertices = NULL;
    PolygonVertexData * * vertexData = NULL;
    int iVertices; AcGeVector3d normal;
    AcGeVector3d extrusion; double scaleFactor, twistAngle;
    Point3d fixedPt = Point3d::kNull;
    try
    {   ads_printf("\n 拉伸一个轮廓: ");
        while (vertices==NULL)   getPolylineVertices(vertices, vertexData, iVertices, normal);
        ads_printf("\n 拉伸矢量: ");      extrusion = getVector();
```

```
        scaleFactor = getReal("\nScale factor <1.0>:", 1.0); // 输入比例
        twistAngle = getReal("\nTwist angle <0.0>:", 0.0); // 输入扭角
    if (scaleFactor != 1.0 || twistAngle != 0.0)
    { try { fixedPt = getPoint("Select fixed point for scale/twist <0,0,0>:");}
        catch (int caught_adsrc)
        { if (caught_adsrc) fixedPt = Point3d::kNull; else throw caught_adsrc;
        }   }
    else  fixedPt = vertices[0];
    pBody = new AsdkBody;
    pBody->createExtrusion(vertices, vertexData, iVertices, normal, extrusion, fixedPt,
scaleFactor, twistAngle);
    }
        if (append( pBody ))  pBody->close();
    else {delete pBody;     ads_printf( "\n 追加到数据库失败\n" );     }
cleanup:   delete [] vertices; delete [] vertexData; }
```

3. 面域绕轴旋转形成一个实体

将面域绕某轴旋转一定的角度形成一个实体，这是一种最常见的实体生成方法而被广范应用。需要输入的参数有待旋转的轮廓、旋转轴、旋转的角度、比例因子与倾斜角度参数，当然如果输入参数不合理，也不能创建新实体。

```
void createAxisRevolution()
{   AsdkBody * pBody = NULL;  AcGePoint3d * vertices = NULL;
    PolygonVertexData * vertexData = NULL;
    int iVertices; AcGeVector3d normal;
    AcGePoint3d axisStart(0,0,0);  AcGePoint3d axisEnd(1,1,0);
    ads_real revolutionAngle;   int approx;
    Point3d fixedPt = Point3d::kNull; double scaleFactor; double twistAngle;
    try
    { ads_printf("\n 输入旋转的轮廓:");
    while (vertices ==NULL) getPolylineVertices(vertices, vertexData, iVertices, normal);
    ads_printf("\n 输入旋转轴:");
    getTwoPoints(axisStart, axisEnd);
    revolutionAngle = getReal("\n 输入旋转角度 <360>:", 360.0);
    approx = getInt("\nEnter # of lines to approximate a circle <32>:", 32);
    scaleFactor = getReal("\n 比例因素 <1.0>:", 1.0);
    twistAngle = getReal("\n 倾斜角度 <0.0>:", 0.0);
    if (scaleFactor != 1.0 || twistAngle != 0.0)
    { try {   fixedPt = getPoint("Select fixed point for scale/twist <0,0,0>:"); }
        catch (int caught_adsrc)
        {   if (caught_adsrc) fixedPt = Point3d::kNull;
                else throw caught_adsrc;     }   }
    pBody = new AsdkBody;
    Body->createAxisRevolution(vertices, vertexData, iVertices, normal, axisStart, axisEnd,
```

```
    (double)revolutionAngle, approx, fixedPt, (double)scaleFactor, (double)twistAngle);}
        if (append( pBody ))     pBody->close();
    else { delete pBody;   ads_printf( "\n   追加实体到 AutoCAD 数据库失败\n" );
    } cleanup: delete [] vertices;   delete [] vertexData;
}
```

4. 沿着路径拉伸面域形成一个新的实体

沿着路径拉伸面域形成一个新的实体实际上就是一个放样,需要提供的参数有放样的开始轮廓、结束轮廓、放样路径(或拉伸路径)、放样比例、倾斜角度等参数。当然如果输入的参数无效,就不能放样成新实体。

```
void createExtrusionAlongPath()
{   AsdkBody * pBody = NULL;
    AsdkBody * pStartFace, * pEndFace = NULL; MorphingMap * pMorphMap = NULL;
    AcGePoint3d * vertices = NULL;    PolygonVertexData * * vertexData = NULL;
    int iVertices;  bool bClosePath;  bool bCheckValidity;
    double scaleFactor, twistAngle;  Point3d fixedPt = Point3d::kNull;
    try
    {   ads_printf( "\n 开始轮廓:" );   pStartFace = getFace();
        ads_printf( "\n 结束轮廓:" );   pEndFace = getFace();
        if( pEndFace==NULL ) {  pEndFace = new AsdkBody;   // empty body
            ads_printf("\n 需要轮廓面.");    }
        if (! pEndFace->body().isNull())  pMorphMap = queryMorphingMap(pStartFace, pEndFace);
        if (pMorphMap==NULL)   pMorphMap = new MorphingMap(MorphingMap::kNull);
        ads_printf("\n 输入拉伸路径:" );      getPath(vertices, vertexData, iVertices);
        if (vertices==NULL)    { ads_printf("\n   路径不正确\n");   goto cleanup;   }
        ads_printf("\n 路径封闭否?" );      bClosePath = getYesNo(FALSE);
        scaleFactor = getReal("\n 输入比例 <1.0>:", 1.0);
   twistAngle = getReal("\n 输入倾斜角度 <0.0>:", 0.0);
        if (scaleFactor != 1.0 || twistAngle != 0.0)
        {  try { fixedPt = getPoint( "Select fixed point for scale/twist < 0, 0, 0 >: ");    }
            catch (int caught_adsrc)
            {   if (caught_adsrc)  fixedPt = Point3d::kNull;  else  throw caught_ad-src;   }
        }
        ads_printf("\n   检查结果的有效性?" );
        bCheckValidity = getYesNo();    pBody = new AsdkBody;
        pBody->createExtrusionAlongPath( pStartFace->body(),pEndFace->body(), vertices,
            vertexData, iVertices, bClosePath,  bCheckValidity,  fixedPt, (double)scaleFactor,
            (double)twistAngle,  * pMorphMap);}
        if (append(pBody)) {    pBody->close();     }
    else { delete pBody; ads_printf("\n追加实体到 AutoCAD 数据库失败\n");   }
cleanup:    cleanupEntity(pStartFace);    cleanupEntity(pEndFace);
```

delete [] vertices;　　delete [] vertexData;}

5. 通过布尔运算形成一个新的实体

复杂零件的三维造型一般都是通过多次布尔运算后建立的。布尔运算包括并、交、差三种。下面的代码就是演示了一个并运算，首先构造一个选择集，然后对选择集中的每个实体，通过实体名获取实体的 ID 号，并以写模式打开实体，最后进行并运算。

```
void  aUnion()
{    ads_name s;
    if (RTNORM != ads_ssget( NULL, NULL, NULL, NULL, s ))   return;
    long len = 0;    ads_sslength( s, &len );
    if (len < 2) {    ads_printf( "Nothing to do.\n" ); ads_ssfree( s ); return;    }
    AsdkBody *pFirst = NULL;   ads_name first_ent;
    for (long i = 0; i < len; i++)
    {   ads_name ent;   AcDbObjectId id;
        if (RTNORM != ads_ssname( s, i, ent ))   continue;
        if (Acad::eOk != acdbGetObjectId( id, ent ))   continue;
        AsdkBody *p;
        if (Acad::eOk != acdbOpenObject( p, id, AcDb::kForWrite )) continue;
        if (NULL==pFirst)    {   pFirst = p;  ads_name_set(ent, first_ent);    }
        else
        {   try {    pFirst->body() += p->body();    p->erase();    }
            catch (...)
            {    ads_printf( "*Invalid*\n" );    }
            p->close();
        }    ads_ssfree( s );
    if (NULL != pFirst)
{    pFirst->close();    ads_entupd(first_ent);    }
}
```

11.4　遍历三维实体图元的拓扑结构

11.4.1　边界表示类

AcBr 边界表示类的主要功能：
（1）转录实体获子实体数据用以显示、分析和操纵。
（2）查询相关几何实体的特征。
（3）传输数据到另一个建模系统。
（4）将实体数据网格化。
（5）支持特性分析。
主要拓扑对象类有：
① AcBrBrep　　为 AutoCAD 实体中的 BREP 部分提供接口类。
② AcBrBrepFaceTraverser　　BREP 面遍历接口类。

③ AcBrEdge   BREP 边接口类。
④ AcBrEdgeLoopTraverser   边环接口类。
⑤ AcBrEntity   所有拓扑对象类的接口类。
⑥ AcBrFace   面的接口类。
⑦ AcBrFaceLoopTraverser   面—环接口类。
⑧ AcBrHit   查询相关元素的接口类。
⑨ AcBrLoop   环的接口类。
⑩ AcBrLoopEdgeTraverser   环一边遍历接口类。
⑪ AcBrLoopVertexTraverser   环一点遍历接口类。
⑫ AcBrTraverser   所有拓扑对象的遍历接口类。
⑬ AcBrVertex   点的接口类。

11.4.2 应用实例

通过边界表示类：
(1) 如何自上和向下遍历并提取实体模型的几何数据。
(2) 如何根据选择的平面，显示修整过的平面数据，该平面可以是一个真实平面的结合，或者是由非均匀有理 B 样条曲线作为边界定义的曲面。
(3) 获取实体在模型空间中的极值位置。
(4) 获取选择点相对实体的位置(点在实体内/外)。
(5) 获取选择直线相对实体的位置。
(6) 获取网格控制点数据，如网格的数量、结点数和各控制点的坐标。
  以下是两个应用实例：
1. 遍历实体模型壳、面、边和点的个数(在这里只给出壳、面的遍历程序，其他类似)

```
void counts bents() // 遍历主程序
{    AcBr::ErrorStatus returnValue = AcBr::eOk;
    Acad::ErrorStatus acadReturnValue = eOk;
    // 获取边界的子实体的路径
    AcDbFullSubentPath subPath(kNullSubent);
    acadReturnValue = selectEntity(AcDb::kNullSubentType, subPath);
    if (acadReturnValue ! = eOk){acutPrintf("\n 获取路径出错：%d", acadReturnValue); return; }
    // 新建一个边界实体去存取实体模型
    AcBrBrep brepEntity;
    returnValue = ((AcBrEntity * )&brepEntity)->set(subPath);
    if (returnValue ! = AcBr::eOk){acutPrintf("\n 新建边界实体出错：");    errorReport(returnValue);return;}
        returnValue = countComplexes(brepEntity); // 计算边界中联合体的个数
    if (returnValue ! = AcBr::eOk) {
        acutPrintf("\n 计算联合体个数出错：");errorReport(returnValue); return;    }
    returnValue = countShells(brepEntity); // 计算边界中壳数
    if (returnValue ! = AcBr::eOk) {acutPrintf("\n 计算壳数出错：");errorReport(returnVal-
```

```
ue);return;     }
        returnValue = countFaces(brepEntity);    // 计算面数
        if (returnValue ! = AcBr::eOk) {acutPrintf("\n 计算面出错:");errorReport(returnVal-
ue);return;     }
        returnValue = countEdges(brepEntity);    // 计算边数
        if (returnValue ! = AcBr::eOk) {acutPrintf("\n 计算边出错:");errorReport(returnVal-
ue);return;     }
        returnValue = countVertices(brepEntity);    // 计算点的个数
        if (returnValue ! = AcBr::eOk) {acutPrintf("\n 点计算出错:");errorReport(returnVal-
ue);return;     }
        return;
    }

    // 遍历联合体的个数
    static AcBr::ErrorStatus countComplexes(const AcBrBrep& brepEntity)
    {    AcBr::ErrorStatus returnValue = AcBr::eOk;
        AcBrBrepComplexTraverser brepComplexTrav;
        returnValue = brepComplexTrav.setBrep(brepEntity);
        if (returnValue ! = AcBr::eOk) {acutPrintf("\n Error in AcBrBrepComplexTraverser::set-
Brep:");
            errorReport(returnValue);    return returnValue;    }
        int complexCount = 0;
        while (! brepComplexTrav.done() && (returnValue==AcBr::eOk)) {
            complexCount++; returnValue = brepComplexTrav.next();
        if (returnValue ! = AcBr::eOk) { acutPrintf("\n Error in AcBrBrepComplexTraverser::
next:");
                errorReport(returnValue);    return returnValue;    }
        } acutPrintf("\n * * * Brep has %d complexes\n", complexCount);       return returnValue;
    }

    // 遍历壳的数量
    static AcBr::ErrorStatus countShells(const AcBrBrep& brepEntity)
    {    AcBr::ErrorStatus returnValue = AcBr::eOk;
        AcBrBrepShellTraverser brepShellTrav;
        returnValue = brepShellTrav.setBrep(brepEntity);
        if (returnValue ! = AcBr::eOk) { acutPrintf("\n Error in AcBrBrepShellTraverser::set-
Brep:");
            errorReport(returnValue); return returnValue;    }
        int shellCount = 0;
        while (! brepShellTrav.done() && (returnValue==AcBr::eOk)) {
            shellCount++;    returnValue = brepShellTrav.next();
        if (returnValue ! = AcBr::eOk) { acutPrintf ( "\n Error in AcBrBrepShellTraverser::
next:");
```

```
        errorReport(returnValue); return returnValue;      }      }
      acutPrintf("\n * * * Brep has %d shells\n", shellCount);        return returnValue;
}
```

2. 如何遍历面的数据

```
AcBr::ErrorStatus faceDump(const AcBrFace& faceEntity)

{ AcBr::ErrorStatus returnValue = AcBr::eOk;
// 验证面的有效性
if (faceEntity.isA()==NULL) {
      acutPrintf("\n faceDump: AcBrEntity::isA() failed\n"); return returnValue; }
if (! faceEntity.isKindOf(AcBrFace::desc())) {
      acutPrintf("\n faceDump: AcBrEntity::isKindOf() failed\n"); return returnValue; }
AcBrEntity* entClass = (AcBrEntity*)&faceEntity;
AcBrEdge* pEdge = AcBrEdge::cast(entClass);
if (pEdge != NULL) { acutPrintf("\n faceDump: AcBrEntity::cast() failed\n");
          return (AcBrErrorStatus)Acad::eNotThatKindOfClass;    }
AcGe::EntityId entId;
returnValue = faceEntity.getSurfaceType(entId);
if (returnValue != AcBr::eOk) { acutPrintf("\n Error in AcBrFace::getSurfaceType:");
      errorReport(returnValue);      return returnValue;      }
AcGeSurface* surfaceGeometry = NULL;    AcGeSurface* nativeGeometry = NULL;
returnValue = getNativeSurface(faceEntity, surfaceGeometry, nativeGeometry);
if ((returnValue != AcBr::eOk) && (returnValue != (AcBrErrorStatus)Acad::eInvalidInput)) {
acutPrintf("\n Error in getNativeSurface:"); errorReport(returnValue);
  delete surfaceGeometry; delete nativeGeometry;   return returnValue;     }
switch (entId) {
case(kPlane): // 平面
{ acutPrintf("\nSurface Type: Plane\n");
    AcGePlane* planeGeometry = (AcGePlane*)nativeGeometry;
    AcGePoint3d pt = planeGeometry->pointOnPlane(); AcGeVector3d normal = planeGeometry->normal();
    acutPrintf("\nSurface Definition Data Begin:\n");
    acutPrintf(" Point on Plane is ("); // 平面上的点
    acutPrintf ("%lf , ", pt.x);acutPrintf ("%lf , ", pt.y);acutPrintf ("%lf ", pt.z);    acutPrintf(")\n");
    acutPrintf(" Plane normal direction is ("); // 面的法向量
    acutPrintf ("%lf,", normal.x);acutPrintf ("%lf, ", normal.y);acutPrintf ("%lf ", normal.z);acutPrintf(")\n");
    acutPrintf("Surface Definition Data End\n");        break;
  }
case(kSphere):   // 球体
 {acutPrintf("\nSurface Type: Sphere\n");
  AcGeSphere* sphereGeometry = (AcGeSphere*)nativeGeometry;
```

```cpp
    AcGePoint3d centre = sphereGeometry->center();
double ang1, ang2, ang3, ang4;
    sphereGeometry->getAnglesInU(ang1, ang2);
    sphereGeometry->getAnglesInV(ang3, ang4);
    AcGePoint3d north = sphereGeometry->northPole(); AcGePoint3d south = sphereGeometry->southPole();
    acutPrintf("\nSurface Definition Data Begin:\n");
    acutPrintf(" Sphere centre is (");// 球的中心
    acutPrintf ("%lf , ", centre.x);    acutPrintf ("%lf , ", centre.y); acutPrintf ("%lf ", centre.z);
    acutPrintf(" Sphere radius is %lf\n", sphereGeometry->radius()); // 球的半径
    acutPrintf(" Sphere start angle in U is %lf\n", ang1);//开始角
    acutPrintf(" Sphere end angle in U is %lf\n", ang2); // 结束角
    acutPrintf(" Sphere start angle in V is %lf\n", ang3); acutPrintf(" Sphere end angle in V is %lf\n", ang4);
    acutPrintf(" Sphere north pole is ("); //球北极方向
    acutPrintf ("%lf , ", north.x);    acutPrintf ("%lf , ", north.y); acutPrintf ("%lf ", north.z);
    acutPrintf(" Sphere south pole is ("); //球南极方向
    acutPrintf ("%lf , ", south.x);    acutPrintf ("%lf , ", south.y); acutPrintf ("%lf ", south.z);
    acutPrintf("Surface Definition Data End\n");    break;
        }
    case(kTorus): // 环
    { acutPrintf("\nSurface Type: Torus\n");
      AcGeTorus * torusGeometry = (AcGeTorus *)nativeGeometry;
      AcGePoint3d centre = torusGeometry->center();
double ang1, ang2, ang3, ang4;
      torusGeometry->getAnglesInU(ang1, ang2);   torusGeometry->getAnglesInV(ang3, ang4);
    acutPrintf("\nSurface Definition Data Begin:\n");
    acutPrintf(" Torus centre is ("); // 环的中心
    acutPrintf ("%lf , ", centre.x);    acutPrintf ("%lf , ", centre.y);acutPrintf ("%lf ", centre.z);
    acutPrintf(" Torus major radius is %lf\n", torusGeometry->majorRadius());
    acutPrintf(" Torus minor radius is %lf\n", torusGeometry->minorRadius());
    acutPrintf(" Torus start angle in U is %lf\n", ang1); acutPrintf(" Torus end angle in U is %lf\n", ang2);
    acutPrintf(" Torus start angle in V is %lf\n", ang3);acutPrintf(" Torus end angle in V is %lf\n", ang4);
    acutPrintf("Surface Definition Data End\n");    break;
    }
    case(kCylinder): // 圆柱
    {   acutPrintf("\nSurface Type: Circular Cylinder\n");
```

```cpp
        AcGeCylinder * cylinderGeometry = (AcGeCylinder * )nativeGeometry;
        AcGePoint3d origin = cylinderGeometry->origin();
    double ang1, ang2;
        cylinderGeometry->getAngles(ang1, ang2);
        AcGeInterval ht;
        cylinderGeometry->getHeight(ht);
        double height = ht.upperBound() - ht.lowerBound();
         AcGeVector3d refAxis = cylinderGeometry->refAxis();
        AcGeVector3d symAxis = cylinderGeometry->axisOfSymmetry();
    acutPrintf("\nSurface Definition Data Begin:\n");
    acutPrintf(" Circular Cylinder origin is (");
    acutPrintf ("%lf,", origin.x);    acutPrintf ("%lf,", origin.y); acutPrintf ("%lf", origin.z);
        acutPrintf(" Circular Cylinder radius is %lf\n", cylinderGeometry->radius());
        acutPrintf(" Circular Cylinder start angle is %lf\n", ang1);
        acutPrintf(" Circular Cylinder end angle is %lf\n", ang2);
        if (cylinderGeometry->isClosedInU())    acutPrintf(" Circular Cylinder height is %lf\n", height);
         else acutPrintf(" Circular Cylinder is not closed in U\n");
        acutPrintf(" Circular Cylinder reference axis is (");
        acutPrintf ("%lf,", refAxis.x); acutPrintf ("%lf,", refAxis.y); acutPrintf ("%lf", refAxis.z);
        acutPrintf(" Circular Cylinder axis of symmetry is (");        acutPrintf("%lf,", symAxis.x); acutPrintf("%lf,", symAxis.y); acutPrintf("%lf", symAxis.z);
        acutPrintf("Surface Definition Data End\n");        break;
    }
    case(kCone): // 圆锥
    {   acutPrintf("\nSurface Type: Circular Cone\n");
        AcGeCone * coneGeometry = (AcGeCone * )nativeGeometry;
        AcGePoint3d centre = coneGeometry->baseCenter();
        double ang1, ang2;
        coneGeometry->getAngles(ang1, ang2);
        AcGeVector3d axis1 = coneGeometry->axisOfSymmetry(); AcGeVector3d axis2 = coneGeometry->refAxis();
        AcGePoint3d apex = coneGeometry->apex();
    double cosAng, sinAng;
        coneGeometry->getHalfAngle(cosAng, sinAng);
        AcGeInterval ht;
        coneGeometry->getHeight(ht);
        double height = ht.upperBound() - ht.lowerBound();
        acutPrintf("\nSurface Definition Data Begin:\n");
        acutPrintf(" Circular Cone base centre is ("); // 中心
        acutPrintf ("%lf,", centre.x);    acutPrintf ("%lf,", centre.y);    acutPrintf ("%
```

```
lf ", centre.z);
        acutPrintf(" Circular Cone base radius is %lf\n", coneGeometry->baseRadius());
        acutPrintf(" Circular Cone start angle is %lf\n", ang1);
        acutPrintf(" Circular Cone end angle is %lf\n", ang2);
        acutPrintf(" Circular Cone axis of symmetry is ("); // 对称轴
        acutPrintf("%lf , ", axis1.x);    acutPrintf("%lf , ", axis1.y);acutPrintf("%lf ", axis1.z);
        acutPrintf(" Circular Cone reference axis is (");// 参考轴
        acutPrintf("%lf , ", axis2.x);    acutPrintf("%lf , ", axis2.y);acutPrintf("%lf ", axis2.z);
        acutPrintf(" Circular Cone apex is (");// 顶点
        acutPrintf("%lf , ", apex.x);acutPrintf("%lf , ", apex.y);acutPrintf("%lf ", apex.z);
        acutPrintf(" Circular Cone cosine of major half-angle is %lf\n", cosAng);
        acutPrintf(" Circular Cone sine of major half-angle is %lf\n", sinAng);
        if (coneGeometry->isClosedInU())    acutPrintf(" Circular Cone height is %lf\n", height);
        else acutPrintf(" Circular Cone is not closed in U\n");
        acutPrintf("Surface Definition Data End\n");        break;
    }
    case(kNurbSurface): // 非均匀样条曲面
    {    acutPrintf("\nSurface Type: NURB Surface\n");
        AcGeNurbSurface * nurbGeometry = (AcGeNurbSurface *)nativeGeometry;
    int nCtrlPtsU = nurbGeometry->numControlPointsInU(); // U方向上控制点数
    int nCtrlPtsV = nurbGeometry->numControlPointsInV(); // V方向上控制点数
        int nKnotsU = nurbGeometry->numKnotsInU(); // U方向上节点数
        int nKnotsV = nurbGeometry->numKnotsInV(); // V方向上节点数
        acutPrintf("\nSurface Definition Data Begin:\n");
        acutPrintf(" NURB Surface degree in U is %d\n", nurbGeometry->degreeInU()); //U方向上表面度
        acutPrintf(" NURB Surface degree in V is %d\n", nurbGeometry->degreeInV());//V方向上表面度
        acutPrintf(" NURB Surface number of control points in U is %d\n", nCtrlPtsU);
        acutPrintf(" NURB Surface number of control points in V is %d\n", nCtrlPtsV);
        acutPrintf(" NURB Surface number of knots in U is %d\n", nKnotsU);
        acutPrintf(" NURB Surface number of knots in V is %d\n", nKnotsV);
        acutPrintf("Surface Definition Data End\n");            break;
        }
    case(kEllipCylinder): // 椭圆柱,这种平面不被 AcGe 支持
    {
        acutPrintf("\nSurface Type: Elliptic Cylinder\n");
        AcGePoint3d p0 = surfaceGeometry->evalPoint(AcGePoint2d(0.0, 0.0));
        AcGePoint3d p1 = surfaceGeometry->evalPoint(AcGePoint2d(0.0, kPi));
        AcGePoint3d p2 = surfaceGeometry->evalPoint(AcGePoint2d(0.0, kHalfPi));
```

```cpp
            AcGePoint3d origin(((p0.x + p1.x) / 2.0), ((p0.y + p1.y) / 2.0), ((p0.z + p1.z) / 2.0));
            AcGeVector3d majAxis = p0 - origin;    AcGeVector3d minAxis = p2 - origin;
            AcGeVector3d symAxis = (majAxis.crossProduct(minAxis)).normalize();
            acutPrintf("\nSurface Definition Data Begin:\n");
    acutPrintf(" Elliptic Cylinder origin is (");
            acutPrintf("%lf , ", origin.x);acutPrintf("%lf , ", origin.y);    acutPrintf("%lf ", origin.z);
            acutPrintf(" Elliptic Cylinder major radius is %lf\n", majAxis.length());
            acutPrintf(" Elliptic Cylinder minor radius is %lf\n", minAxis.length());
            acutPrintf(" Elliptic Cylinder major axis is (");
            acutPrintf("%lf , ", majAxis.x);acutPrintf("%lf , ", majAxis.y);    acutPrintf("%lf", majAxis.z);
            acutPrintf(" Elliptic Cylinder minor axis is (");
    acutPrintf("%lf , ", minAxis.x);acutPrintf("%lf , ", minAxis.y);    acutPrintf("%lf", minAxis.z);
            acutPrintf(" Elliptic Cylinder axis of symmetry is (");
    acutPrintf("%lf , ", symAxis.x);acutPrintf("%lf , ", symAxis.y);    acutPrintf("%lf ", symAxis.z);
            acutPrintf("Surface Definition Data End\n");    break;
    }
    case(kEllipCone): // 椭圆柱,这种平面不被 AcGe 支持
    {    acutPrintf("\nSurface Type: Elliptic Cone\n");
        AcGePoint3d p0 = surfaceGeometry->evalPoint(AcGePoint2d(0.0, 0.0));
        AcGePoint3d p1 = surfaceGeometry->evalPoint(AcGePoint2d(0.0, kPi));
        AcGePoint3d p2 = surfaceGeometry->evalPoint(AcGePoint2d(0.0, kHalfPi));
        AcGePoint3d p3 = surfaceGeometry->evalPoint(AcGePoint2d(1.0, 0.0));
        AcGePoint3d centre(((p0.x + p1.x) / 2.0), ((p0.y + p1.y) / 2.0), ((p0.z + p1.z) / 2.0));
        AcGeVector3d majAxis = p0 - centre;
        AcGeVector3d minAxis = p2 - centre;
        AcGeVector3d symAxis = (majAxis.crossProduct(minAxis)).normalize();
        double halfAng = kHalfPi - majAxis.angleTo(p3 - p0);
        acutPrintf("\nSurface Definition Data Begin:\n");
        acutPrintf(" Elliptic Cone base centre is (");
            acutPrintf("%lf , ", centre.x);    acutPrintf("%lf , ", centre.y); acutPrintf("%lf ", centre.z);
            acutPrintf(" Elliptic Cone base major radius is %lf\n", majAxis.length());
            acutPrintf(" Elliptic Cone base minor radius is %lf\n", minAxis.length());
            acutPrintf(" Elliptic Cone major axis is (");
    acutPrintf("%lf , ", majAxis.x); acutPrintf("%lf , ", majAxis.y); acutPrintf("%lf ", majAxis.z);
            acutPrintf(" Elliptic Cone minor axis is (");
    acutPrintf("%lf , ", minAxis.x); acutPrintf("%lf , ", minAxis.y); acutPrintf("%lf ", minAxis.z);
```

```
    acutPrintf(" Elliptic Cone axis of symmetry is (");
        acutPrintf ("%lf,", symAxis.x);        acutPrintf ("%lf,", symAxis.y); acutPrintf ("%lf", symAxis.z);
        acutPrintf(" Elliptic Cone cosine of major half-angle is %lf\n", cos(halfAng));
        acutPrintf(" Elliptic Cone sine of major half-angle is %lf\n", sin(halfAng));
        acutPrintf("Surface Definition Data End\n");        break;
    }
    default: acutPrintf("\nSurface Type: Unexpected Non Surface\n");
        return (AcBrErrorStatus)Acad::eInvalidInput;
    } // end switch(entId)
        delete nativeGeometry;
    AcGeInterval uParam;    AcGeInterval vParam;
    ((AcGeExternalBoundedSurface*)surfaceGeometry)->getEnvelope(uParam, vParam);
    if ((uParam.isBounded()) && (vParam.isBounded())) { AcGePoint2d midRange;
        midRange.x = uParam.lowerBound() + (uParam.length() / 2.0);
        midRange.y = vParam.lowerBound() + (vParam.length() / 2.0);
        AcGePoint3d pointOnSurface =
            ((AcGeExternalBoundedSurface*)surfaceGeometry)->evalPoint(midRange);
    acutPrintf("\nSurface Evaluation Begin:\n");   acutPrintf(" Parameter space bounds are ((");
        acutPrintf("%lf,", uParam.lowerBound());    acutPrintf("%lf", uParam.upperBound());
        acutPrintf("%lf,", vParam.lowerBound());    acutPrintf("%lf", vParam.upperBound());
        acutPrintf(" Parameter space mid-range is (");
        acutPrintf("%lf,", midRange.x);        acutPrintf("%lf", midRange.y);
        acutPrintf(" Point on surface is (");
        acutPrintf ("%lf,", pointOnSurface.x); acutPrintf ("%lf,", pointOnSurface.y); acutPrintf ("%lf", pointOnSurface.z);
        acutPrintf("Surface Evaluation End\n");    }
    delete surfaceGeometry;
    Adesk::Boolean oriented;
    returnValue = faceEntity.getOrientToSurface(oriented);
    if (returnValue != AcBr::eOk) {acutPrintf("\n Error in AcBrFace::getOrientToSurface:");
        errorReport(returnValue);       return returnValue;    }
    oriented ? acutPrintf("\nSurface Orientation is Positive\n")
    : acutPrintf("\nSurface Orientation is Negative\n");
        return returnValue;
}
```

11.5 复杂零件三维实体造型

11.5.1 程序演示功能

本例程实现的功能有:
(1) 生成一个 3D 轴段。

(2) 生成一个圆锥轴段。
(3) 生成一齿轮廓。
(4) 生成一齿轮。
(5) 生成一轴承。
(6) 生成一复杂的齿轮轴。

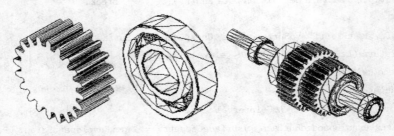

图 11-1　3D 零件设计

11.5.2　零件模型的生成过程

3D 零件造型与制图过程可分为以下几个阶段：

(1) 将一个整体划分成不同的部分(零件或部件)。

(2) 对每个零件进行细分,根据所使用的造型方法划分成许多细小的基本元素。若使用实体造型方法,则这些细小的元素即为体素、盒体素等。

(3) 对基本元素(体素)进行组织,构造参数化三维模型。

(4) 根据三维模型,制作轴侧图、向视图、局部视图、剖面视图等二维图形。

(5) 标注尺寸。

齿轮生成函数:

```
Acad::ErrorStatus createGear(AcGePoint3d center,
          const int& module,      //模数
          const int& number,      //齿数
          double flankangle,      //压力角
          const double& addendum, //齿顶高系数
          const double& dedendum, //齿顶高系数
          const double& Breadth,  //宽度
          const double& helicalangle, //螺旋角
          const double& AxisRadius,   //中心轴半径
          const Adesk::Int16 color);  //颜色
```

(1) 根据输入参数(模数、齿数、压力角、齿顶高系数、宽度、螺旋角、中心轴半径)计算三维模型参数,同时对一些参数进行有效性检查。

(2) 计算渐开线参数,如渐开线起始角、渐开线终止角、渐开线上的点。

(3) 计算齿根圆(圆角、圆心、半径)。

(4) 生成齿根圆角、齿顶圆圆弧、齿根圆圆弧。

(5) 对(4)生成的实体进行镜向复制。

(6) 追加实体到图形数据库中。

（7）将二维对象挤出生成三维实体。

因完整程序代码太长，这里仅给出程序代码的前面定义部分，全部程序可从网络中下载。

```c
#include <string.h>
#include <aced.h>
#include <dbents.h>
#include <dbsymtb.h>
#include <dbregion.h>
#include <dbgroup.h>
#include <gearc3d.h>
#include <gemat3d.h>
#include <dbsol3d.h>
#include <adslib.h>
#include <math.h>
#include <actrans.h>

#include "solid_lib.h"

#include <prodef.h>
#include <ads_edm.h>
#include <mcadlib1.h>
#include <re_basic.h>
#include <re_modem.h>

// 固定绘制齿轮轴实例
int GearShaft_Com();

// 根据图元自动生成轴类零件实体模型
int AutoCreateShaft();

// 齿轮渐开线生成命令
int GearLine_com();
// 齿轮渐开线生成函数
Acad::ErrorStatus
createGearLine(AcGePoint3d center,
        const int& module,              //模数
        const int& number,              //齿数
        double flankangle,              //压力角
        const double& addendum,         //齿顶高系数
        const double& dedendum,         //齿顶高系数
        const double& Breadth,          //宽度
        const double& helicalangle,     //螺旋角
```

```
            const double& AxisRadius,          //中心轴半径
            const Adesk::Int16 color);         //颜色

// 齿轮生成命令
int Gear_com();
// 齿轮生成函数
Acad::ErrorStatus
createGear(AcGePoint3d center,
           const int& module,                  //模数
           const int& number,                  //齿数
           double flankangle,                  //压力角
           const double& addendum,             //齿顶高系数
           const double& dedendum,             //齿顶高系数
           const double& Breadth,              //宽度
           const double& helicalangle,         //螺旋角
           const double& AxisRadius,           //中心轴半径
           const Adesk::Int16 color);          //颜色

// 轴承生成命令
int Bearing_com();
// 轴承生成函数
Acad::ErrorStatus
createBearing(AcGePoint3d m_center,            //中心
              const double& m_insideDiameter,  //内径
              const double& m_outsideDiameter, //外径
              const double& m_breadth,         //宽度
              const double& filletRadius,      //圆角半径
              const Adesk::Int16 color);       //颜色

// 圆柱轴段生成命令
int Shaft_com();
// 圆柱轴段生成函数
int createShaft(ads_point center, double Dia, double Len, const Adesk::Int16 color);

// 锥形轴段生成命令
int ConShaft_com();
// 锥形轴段生成函数
int createConShaft(ads_point center, double Dia, double Len, double Alph, const Adesk::Int16 color);
// ************************************************************************
// ObjectArx 公用函数
// ************************************************************************
void initApp()
```

```cpp
{
    acedRegCmds->addCommand("ASDK_SOLID", "3D_GearSh",        "3DGearSh",
                ACRX_CMD_MODAL, (AcRxFunctionPtr)GearShaft_Com);
    acedRegCmds->addCommand("ASDK_SOLID", "3D_AutoCreateSh",  "3DAutoCreateSh",
                ACRX_CMD_MODAL, (AcRxFunctionPtr)AutoCreateShaft);

    acedRegCmds->addCommand("ASDK_SOLID", "3D_GEARLINE",      "3DGEARLINE",
                ACRX_CMD_MODAL, (AcRxFunctionPtr)GearLine_com);
    acedRegCmds->addCommand("ASDK_SOLID", "3D_GEAR",          "3DGEAR",
                ACRX_CMD_MODAL, (AcRxFunctionPtr)Gear_com);
    acedRegCmds->addCommand("ASDK_SOLID", "3D_BEARING",       "3DBEARING",
                ACRX_CMD_MODAL, (AcRxFunctionPtr)Bearing_com);
    acedRegCmds->addCommand("ASDK_SOLID", "3D_SHAFT",         "3DSHAFT",
                ACRX_CMD_MODAL, (AcRxFunctionPtr)Shaft_com);
    acedRegCmds->addCommand("ASDK_SOLID", "3D_CONSHAFT",      "3DCONSHAFT",
                ACRX_CMD_MODAL, (AcRxFunctionPtr)ConShaft_com);
}

void unloadApp()
{       acedRegCmds->removeGroup("ASDK_SOLID");}

extern "C" AcRx::AppRetCode
acrxEntryPoint(AcRx::AppMsgCode msg, void* pkt)
{
    switch (msg) {
    case AcRx::kInitAppMsg:
    acrxDynamicLinker->unlockApplication(pkt);
        initApp();
        break;
    case AcRx::kUnloadAppMsg:
        unloadApp();
    }
    return AcRx::kRetOK;
}
// 以下实现部分全部省略了
```

第 12 章 标准件库参数化

在利用 AutoCAD 绘制机械设计图时,经常要绘制大量的螺母、螺栓、螺钉、齿轮、弹簧、轴承等一些常用件和标准件的零件图和装配图。在视图中,这些零件具有相同的形状,差别尽在于它们各部分的尺寸大小。如果在 AutoCAD 中按线逐条绘制,则需要查表确定这些结构相应各部分的尺寸,绘制比较繁杂,效率也低。因而,建立科学实用的标准件库或提供开发标准件的工具是 CAD 系统必不可少的组成部分,也是是评价 CAD 系统的一个重要指标。

12.1 标准件库开发方案

12.1.1 设计目标

系统是采用人机交互设计开发的软件。对一些需要人为干预的地方,系统对用户进行提示,允许用户进行人为干预设计。用户能脱离设计资料、设计手册等,在计算机上完成全部的设计工作。根据 CAD 系统开发的特点,确定其设计目标如下:

(1) 提供的用户接口以方便用户使用为原则,用户无需做过多的专门训练工作就可以自如地使用该软件。
(2) 系统具有良好的交互方式。
(3) 系统运行时,能给出简单易懂的图示信息,使用户的工作能顺利地进行。
(4) 系统可直接输出计算结果、生成比例图及输出产品图。
(5) 能够按照给定的基本外形参数或型号进行标准轴承的查询设计。
(6) 能够对非标准轴承进行校核设计计算。
(7) 具有数据库管理功能,对所有的标准轴承和设计过的非标准轴承参数进行维护。

12.1.2 设计思想

只有当系统产品系列的构成是建立在以模块(通用部件)组合为主的基础上,CAD 系统才可能充分发挥优势,达到提高新产品设计质量,缩短设计、研制周期的目的。所以建立企业的模块化产品系统,是充分发挥 CAD 效能的基础,是二次开发的主要内容之一。因此,采用模块化思想来设计系统。其系统分成 3 个模块:数据库模块、主要参数设计计算模块、参数化绘图模块。详见系统模块结构图 12-1 所示。

(1) 数据库模块:该模块是以 SQL Server2000 为开发环境而设计的数据库表,该数据表存储机械设计手册中有关标准件的类型、型号、几何尺寸、性能指标等信息,并建立相应的数据库维护,从而方便对数据库进行各种操作。

(2) 设计计算模块:该模块是以 ADO 技术为数据库主要参数接口,对从轴承数据库检

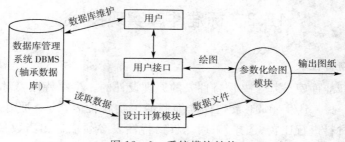

图 12-1 系统模块结构

索的主要参数进行优化设计计算,并根据优化得出的各参数来选取对应的尺寸公差和形位公差等辅助参数。

(3) 参数化绘图模块:读取轴承主要参数优化计算模块所计算出的参数,利用 AutoCAD ObjectARX 开发工具的绘图类绘制零件图和装配图。

12.1.3 设计过程

根据滚动轴承设计的一般规范和过程,系统及设计由选型和校核两模块组成,图12-2 为系统结构流程图。

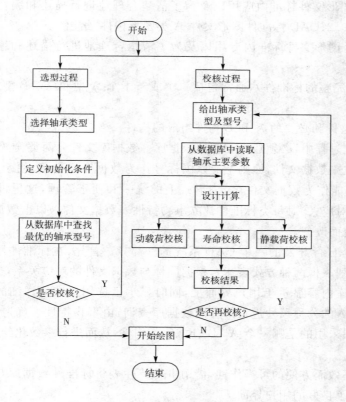

图 12-2 滚动轴承 CAD 系统结构流程图

12.2 标准件库实现技术

12.2.1 事物特性表

本书开发的标准件库是基于事物特性表的原理设计的。事物特性表对涉及的领域提供共同的描述深度。按 GB/T10091 系列标准编制的事物特性表，其主要用途是对标准和非标准的零件及原材料进行比较、选择、采用。事物特性表必须覆盖相当数量的近似对象，其选择和描述深度应能满足预先规定的要求。

事物特性种类分七种：尺寸和产品标准中的特性、主导特性、补充特性、功能特性、算法特性、分类特性和属性特性。不同的特性有与之对应的特性代码（段），例如事物特性的代码为 A~J、A1~J9、A01~J99、A11~J99，几何特性的代码为 AAA~AZZ 等。

特性表中第一列是标准代号，表内每一特性文字代码表示：①产品或尺寸标准内的尺寸字母或起同样作用的量值符号；②"－"表示标准内没有和无必要的特性；③"＝"表示标准内某特性值是常数（螺栓类标准件的事物特性表不含该项）；④"＋"用明文说明作为标准中实用而不标出尺寸字母的特性位置符号。将"整件及组件"代号列入"整件"列内。GB10091 还规定了四类构件（描述标准件的基本图形单元）及其组合件。

A：是在各种图形文件标准内应用以及为了清楚合理地进行描述和编程的通用图形构件，由 GB/T 15049.2《CAD 标准件图形文件 A 类图形构件》给出。

B：是只在一个图形文件标准内专用以及为了清楚合理地进行描述和编程的特定图形构件。

K：是整件（如完整的标准件），通常包括一个或若干个 A 型和（或）B 型构件，也可只包括一件。

G：是用较多整件和必要的 A 和 B 构件组成的构件。

标准件库建立过程中，必须建立相应的数据库。数据库文件分两类：①针对每一国标号所对应的数据建立一数据文件，原则上应以国标号作为数据库文件名，便于识记，但有些国标号如 GB31.1 不能作为数据文件名，为形式上的统一和便于管理，这里设计了文件名系列，与国标号一一对应；②对每类标准件建立事物特性表数据文件。以上数据库文件不随绘图操作平台的改变而改变。

该标准件库是自行开发的一个 CAD 系统的一部分。首先，在标准件用户界面上选国标号（零件图形和列表框两种方式表达），根据国标与数据文件的对应关系，进行第一次数据库查询，并将数据库内容显示于用户界面上，同时显示已选用标准件详细的结构图形。然后，根据认定和输入的公称尺寸进行第二次数据库查询，由事物特性表确定特性值，特性值决定了参数化绘图采用的是哪一个 A、B、K、G 类构件，从而进行参数化绘图，最终生成标准件。

为提供用户高效而方便的可操作性，借助事物特性表将标准件数据库与参数化绘图联系在一起，并设计了良好的用户界面。

12.2.2 用户界面技术

GB/T 15049.2 公布了 A 类构件通用图形结构及几何参数，从系统设计角度出发，建立

A类构件函数库时为每一函数增加三个参数,即插入基点、旋转角度、视图号。K类构件是整件,本身就是一个完整的标准件,要调用那个K类构件无法预先确定,必须通过查询事物特性表才能确定,代表不同标准件的K函数参数个数不同,无法统一。因此将K类函数分两类处理,一类为带参数函数,类同A类构件函数,形如k1_def(ads_point basepoint、int viewno、ads_real angle、ads_real A03、ads_real B、ads_real C、ads_real D)。另一类为不带参数函数,形如k1_use(void),两者一一对应,且后者又对已生成的实体加入了特殊信息(扩展实体数据)。变量A01、A03、……负责传递信息。实际上,处理每一标准件都经历了这样的过程,从该标准件的数据库中将几何尺寸映射给中间变量,再根据事物特性表将中间变量映射给特性代码变量。该变量值是最终的参数化绘图参数,从而实现了参数化绘图时表达方式上的统一。

标准件库的建立除了供设计者选用外,它还为绘制装配图服务,标准件无需绘制零件图。在装配图中绘制标准件时,若需修改某标准件所在的位置,大小或涉及裁剪等问题时,必须将标准件作为整体处理。即图形屏幕上选中该标准件的任一个图素,则选中整个构件,实现对零件图形的整体识别,该功能通过扩展实体代码实现,详见代码。

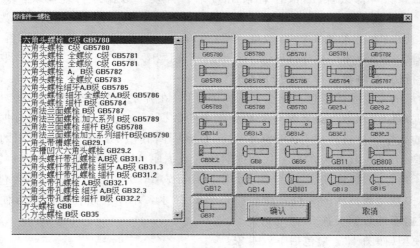

图12-3 螺栓的界面之一

用下拉菜单与对话框相结合,下拉菜单负责选择标准件类,如螺栓类、螺钉类等,并负责装载、执行、卸载应用程序。执行应用程序时,系统调用选择国标功能对话框,如图12-3所示。左侧的列表框和右侧的图象按钮是一一对应的,选择列表框中的某项,相应的图象按钮被选中;反之,选中某一图象按钮,则相应的列表框中的该项被选中。点选确定键,则弹出参数选择对话框。该界面具有浏览数据库功能,通过对数据库查询,使用水平及上下滚动条浏览数据,点选某行前的圆钮,则整行数据被选中,系统自动将数据分送给中间变量。公称长度L的范围值显示在界面上,具体的数值需交互输入,输入的公称长度值超出标准系列范围时,系统拒绝接受,等待重新输入或取消。界面上示出了一个与选定的标准件对应的图形,其上标注了公称尺寸的意义。由此可见,绘制标准件只需输入公称尺寸,其余的参数由系统查询数据库完成,从而大大缩短了输入参数的时间,不但提高设计效率,而且克服了交互输入参数容易带来的枯燥性及高出错率。

12.2.3 数据库管理

CAD 系统在设计过程中,有多种方案,并要进行反复地修改,其间需要对大量信息进行处理,而数据是表达信息的主要形式,因此,数据的管理(数据的存储、查询、检索、安全保护等)是 CAD 中重要的内容。目前市场上提供的桌面数据库有很多,如 FoxPro、Access、Oracle 和 SQL Server 等。本系统是应某单位的要求而开发的,选用了 Windows 平台上通用的关系型数据库系统 SQL Server,它具有多用户的支持、网络应用、分布式事务处理、数据仓库等功能,并且能够很好地完成诸如查询、排序、增加记录等对数据的操作功能,完全满足开发本系统的要求。

虽然 AutoCAD 提供了与数据库的接口,但它要求在 DOS 中设置变量,该变量对应一个存放数据库文件的路径名。由于标准件库涉及的数据库文件数量巨大,为便于管理,应该分类设置在不同路径下。而 DOS 的环境空间不允许设置过多的环境变量,AutoCAD 提供的读取数据库的功能受到一定的限制。考虑到标准件的数据是国家统一规定,不允许单位和个人随意更改,所以标准件库对数据库的操作要求较低,一般只涉及数据的读取,不涉及数据的添加、删除等修改操作,故作者采用 C 语言开发了数据库管理模块。它具有读取 ① 数据库字段个数;② 数据库记录个数;③ 数据库的一个字段名及其格式;④ 数据库的全部字段名及其格式(格式包含类型、长度、小数位);⑤ 一个记录的指定字段值;⑥ 一个记录的全部内容;⑦ 数据库的一个窗口(以字符串的形式读出)等功能。该数据库读取模块直接对数据库进行访问,将数据传送给应用程序。

滚动轴承的主要参数信息存储在数据库中,所以在开发中就必然涉及一些对数据的操作,如从数据库中读取数据或者是更新数据库中的数据等。这就必须要使用数据库连接的接口,常用的数据库接口技术有 ODBC、ADO、DAO 等,其中 ADO 是一种常用的数据库接口技术,它是 Microsoft 开发的新一代面向对象的数据库 API,性能优越。ADO 的主要技术特点是:占用内存少、速度快、易于使用、可用于 Micro Active 页并且能访问各种包括关系型数据库和非关系型数据库的文件系统,通过 ADO 技术,ARX 应用程序能够方便快捷地实现与外部数据库的数据交换。

ADO 模型(如图 12-4)包括下列对象:

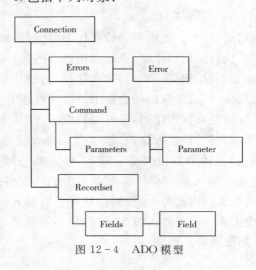

图 12-4 ADO 模型

(1) Connection 对象。Connection 对象表示与数源的连接,这个数据源可以是 OLE DB 数据源,也可以是相当于 ODBC 的数据源。

(2) Command 对象。Command 对象用于处理传送给数据源的命令。

(3) Recordset 对象。Recordset 对象提供了大部分与数据进行交换的功能。它包含了从数据源返回的所有记录。

(4) Fields 集合和 Fields 对象。Recordset 对象包含一个用于处理行集的各个 Fields 对象集合。行集中返回的每一列在 Fields 集合中都有一个相关的 Fields 对象,它允许用户访问列名、列数据类型以及当前列中的实际值。

(5) Parameters 集合和 Parameters 对象。Command 对象包含一个 Parameters 集合,它包含与命令有关的所有参数,而每个参数由 Parameters 表示。

(6) Errors 集合和 Errors 对象。ADO 的 Connection 对象包含了一个 Errors 集合,Errors 集合所包含的 Errors 对象给出关于任何错误的具体信息。

下面阐述如何应用 ObjectARX 程序访问 ADO 数据库的问题,并实现 AutoCAD 系统与数据库的连接。

在 ObjectARX 中应用 ADO 技术一般包括如下步骤:

(1) 建立数据源;

(2) 引入 ADO 类型库;

(3) 初始化 COM 环境,用 Connection 对象连接数据库;

(4) 通过 Connection、Command 对象执行 SQL 命令,或利用 Recordset 对象取得结果记录集进行查询、处理;

(5) 使用完毕后关闭连接释放对象。

下面以作者开发的滚动轴承参数化绘图系统为例简要的说明 ADO 技术在 ARX 应用程序中的实现。本程序通过友好的界面来选择轴承作图的基本参数,然后从轴承数据库中读取各个轴承参数,最后在 AutoCAD 中实现图形的绘制。本程序主要依靠 4 个类,分别是:AutoCAD 接口类、对话框类、基础实体类和数据库类。其功能和说明见表 12-1。

表 12-1 程序实现依靠的 4 个类

AutoCAD 接口类	实现与 CAD 的接口,注册一个新的 CAD 命令
对话框类	设计程序界面,实现图形绘制功能
基础实体类	定义画线、画圆、建立图层等基础实体函数
数据库类	实现对数据库的连接、打开、指针移动等操作

1. 建立数据库

我们用 SQL SERVER2000 建立一个轴承数据库表 zhoucheng.dbf。该表的主要字段包括:轴承代号、内径、外径、宽度、安装尺寸、额定动载荷、额定静载荷等,如图 12-5 所示。数表中的数据来源至最新国家标准。

2. 数据库操作有关的代码及其说明

在 VisualC++ 集成环境利用 ObjectARX2000AppWizard 创建一个使用 MFC 的 ARX 程序后,要对"StdAfx.h"作一些补充。在文件的末尾添加:

ID_10000K	dd	D	B	Cr	Cor	fat	oil
1200K	10	30	9	5.48	1.20	24000	28000
1200KTN1	10	30	9	5.40	1.20	24000	28000
2300K	10	35	17	11.0	2.45	18000	22000
1201K	12	32	10	5.55	1.25	22000	26000
2201K	12	32	14	8.80	1.80	22000	26000
2301K	12	37	17	12.5	2.72	17000	22000
1202K	15	35	11	7.48	1.75	18000	22000
1202KTN1	15	35	11	7.40	1.70	18000	22000
2302K	15	42	17	12.0	2.88	14000	18000
1203K	17	40	12	7.90	2.02	16000	20000
1303K	17	47	14	12.5	3.18	14000	17000
1204K	20	47	14	9.95	2.65	14000	17000
1204KTN1	20	47	14	12.8	3.40	14000	17000

图 12-5 轴承数据库

```
#include <comdef.h>
#import "c:\program files\common files\system\ado\msado15.dll"\
```
rename_namespace("ADOARX") rename("EOF", AdoEOF) \ rename("EOS"," AdoEOS"),

#import 语句的作用就是引入 ADO 类型库，编译时，VC 将生成 msado15.tlh, ado15.tli 两个 C++头文件来定义 ADO 类型库。该语句后面使用 rename_namespace() 给 ADO 类型库函数指定新的命名空间。我们知道，ARX 程序中的 AutoCAD 图形也是数据库，其访问方式虽然与 ADO 有很大的不同，但它们使用了大量相同的关键字定义，我们有必要为 ADO 类型库指定新的命名空间，以避开 ADO 与 ARX 库的命名冲突。同时为了实现数据源连接的可视化和数据访问的透明性，采用微软提供的数据连接文件(.UDL)来建立和测试 ADO 连接属性，方便采用统一的编程方法。

下面列出了系统中访问数据库程序的部分语句，用于建立数据库的连接和实现数据的读取和存储：

```
::CoInitialize(NULL);                                   //初始化 OLE/COM 库环境
_ConnectionPtr  m_pConnection;                          //声明连接对象
m_pConnection.CreateInstance(__uuidof(Connection));     //创建 ADO 与数据库的连接 m_pConnection
->ConnectionString="File Name=c:\\cn.udl";//用连接文件.UDL 连接数据源
m_pConnection->Open("","","",NULL);                     //创建与数据源的连接
_RecordsetPtr  m_pRecordset=NULL;                       //声明数据集对象
m_pRecordset.CreateInstance(__uuidof(Recordset));       //创建数据集对象
m_pRecordset= m_pConnection->Execute("select * from Table",NULL,adCmdText); //执行查询
while(! m_pRecordset->adoEOF)                           //判断是否到了记录集最后一行
{
.........                                               //获得当前行数据的代码
m_pRecordset->MoveNext();                               //移动到记录集中下一条记录处
}
m_pRecordset->Close();                                  //关闭记录集
m_pConnection->Close();                                 //关闭数据库连接状态
::CoUninitialize();                                     //清除 COM 对象实例
```

12.2.4 滚动轴承的选型与校核

对于滚动轴承的校核计算分为两种形式：轴承的选型和寿命验证。

1. 轴承的选型

轴承的选型一般根据机械的类型、工作条件、可靠性要求及轴承的工作转速 n，预先确定一个适当的使用寿命，再进行额定动载荷和额定静载荷的计算。轴承选型流程框图如图 12-6 所示。

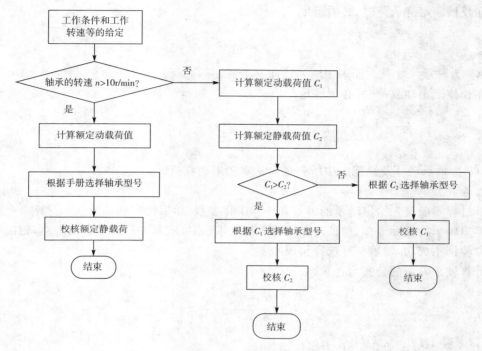

图 12-6 轴承选型程序框图

具体的计算公式如下。

计算额定动载荷的公式为：

$$C = \frac{f_h \times f_m \times f_d}{f_n \times f_T} \times P \tag{1}$$

其中，C——基本额定动载荷计算值；P——当量动载荷；f_h——寿命因素；f_n——速度因素；f_m——力矩载荷因素；f_d——冲击载荷因素；f_T——温度因素。

当量动载荷 P 的计算公式为：

$$P = X \times F_r + Y \times F_a \tag{2}$$

其中，P——当量动载荷；F_r——径向载荷；F_a——轴向载荷；X——径向动载荷系数；Y——轴向动载荷系数。

基本额定静载荷的计算公式为：

$$C_0 = S_0 \times P_0 \tag{3}$$

其中，C_0——基本额定静载荷计算值；P_0——当量静载荷；S_0——安全因素。

当量静载荷的计算公式为：
$$P_0 = X_0 \times F_r + Y_0 \times F_a \tag{4}$$

其中，X_0 及 Y_0 分别为当量静载荷的径向载荷系数和轴向载荷系数。

在校核额定静载荷时，必须满足：
$$C_0 = S_0 \times P_0 < C_{0r} \tag{5}$$

其中，C_{0r} 为轴承尺寸及性能表中所列径向基本额定静载荷。

在校核额定动载荷时，必须满足：
$$C = \frac{f_h \times f_m \times f_d}{f_n \times f_T} \times P < C_r \tag{6}$$

其中，C_r 为轴承尺寸及性能表中所列径向基本额定动载荷。

2. 寿命验证

其过程一般是先给定轴承的型号和一些工作参数，然后给定轴承的预期计算寿命，通过计算得出轴承的实际寿命，验证寿命是否满足要求（如果实际寿命大于预期寿命，则满足；否则寿命验证不成功，轴承型号选择错误）。

计算轴承寿命的公式为：
$$L_h = \frac{10^6}{60 \times n} \times \left(\frac{C}{P}\right)^\varepsilon \tag{7}$$

其中，C 为基本额定动载荷，P 为当量动载荷。

在设计计算的过程中，有很多的参数要进行处理，还需要查询很多的图和表，在本系统的开发过程中主要的是采用了以下三种方式来解决一些图表的查询问题。

（1）直接存入数据库：对于一些比较简单的图表，例如轴承的绘图参数表等，是采用在 SQL 2000 创建数据库来存储的。

（2）插值法：对于一些比较复杂而又有规律可循的图表，例如温度因素表等，就采用插值法，这样结果比较精确，而且也减少了用户的查表时间。

（3）交互查表法：对于特别复杂而又没有规律的图表，例如径向动载荷系数表等，就直接在应用程序的框架界面上把相关的图表显示出来让用户自己进行选择，这样提高了程序和用户的交互性。

12.2.5 参数化技术

参数化（Parametric）技术一般是指设计对象的结构形状比较定型，可以用一组参数来约定尺寸的关系，参数与设计对象的控制尺寸有显示的对应。设计结果的修改受到尺寸驱动，所以也称参数化尺寸驱动。参数化设计技术以强有力的草图设计、尺寸驱动修改图形的功能，成为初始设计、产品建模及修改、系列化设计、多方案比较和动态设计的有效手段。利用参数化设计技术可以极大地提高只有几何尺寸发生变化的一簇零件的设计效率，避免设计人员繁琐的重复性工作，是提高设计效率和自动化程度的重要手段。

在二维 CAD 系统中，系统参数化技术分为参数化设计（Parameric Design）和参数化绘图(Parameric Drawing)两种。这两种技术所代表的设计思路不同,即参数化设计以设定驱动参数和尺寸驱动为主要技术原理,而参数化绘图则以计算机高级语言编程使具体图形实现参数化为主要技术原理。

1. 参数化设计

参数化设计的主体思想是用几何约束、工程方程与关系来说明产品模型的形状特征,从而达到设计一簇在形状或功能上具有相似性的设计方案。目前,能处理的几何约束类型基本上是组成产品形体的几何实体公称尺寸关系和尺寸之间的工程关系,因此,参数化造型技术又称初次驱动几何技术。参数化实体造型中的关键是几何约束关系的提取和表达、几何约束的求解以及参数化几何模型的构造。

2. 参数化绘图

带有参数化设计功能的 CAD 系统固然在设计绘图上有某些显著特点,如不需要编程就可实现图形的参数化,修改图形极其方便,工作量小,且可由草图生成正式图。然而,当零件结构非常复杂及形状极不规则时,参数化设计就显得力不从心。为了区别于参数化设计,把应用高级语言编程使具体图形实现参数化称为参数化绘图(Parameric Drawing),在参数化绘图中,是将图形的尺寸与一定的设计条件(或约束条件)相关联,即将图形的尺寸看成是"设计条件"的函数。当设计条件发生变化时,图形尺寸便会随之得到相应更新。

参数化绘图是通过编程实现具体图形参数化的,要求设计者具备编程能力,因此存在工作量大,修改图形不方便等问题。但它应用灵活,适应面广。对某些应用参数化设计系统解决不了的问题,通常可采用参数化绘图的方法加以解决,例如本章开发的滚动承 CAD 系统,要求设计、计算、查表、绘图一体化时,显然适合采用参数化绘图的方法加以解决。

通过编程实现参数化绘图,其程序设计的总体思路是:将设计计算的关系式融入程序中,在程序的控制下,执行计算及交互输入主要参数,程序应能对参数输入进行有效性检验,根据用户的交互输入完成视图的绘制。其工作原理如图 12-7 所示。

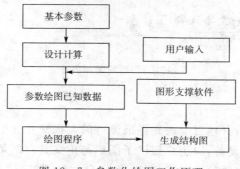

图 12-7 参数化绘图工作原理

12.3 标准件库的建立

12.3.1 菜单的定制

菜单类型有屏幕菜单、下拉菜单、图标菜单、快捷菜单、数字化仪菜单以及辅助菜单等。定制菜单一般方法是修改 AutoCAD 的标准菜单文件,其方法如下:

(1) 在 AutoCAD 安装目录下的\SUPPORT 子目录中找到 acad.mnu 文件,并用"写字板"编辑软件打开。

(2) 在文件中加入以下内容:

```
***POP12
**STANDARD
ID_MnStandard    [标准件(&S)]              //主菜单
ID_Bear          [轴承(&B)]^C^C_bear       //下拉菜单
```

然后,单击常用工具栏"保存"按钮。

(3) 运行 AutoCAD 软件,在命令行中键入"menu"命令,将出现"选择菜单文件"对话框。在"文件类型"下拉列表框中选择"菜单样板"文件类型,选中 acad.mnu 文件,单击"打开"按钮,就开始加载菜单文件了。此时,出现如图 12-8 所示的对话框,单击"是"按钮就可以了。

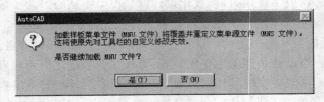

图 12-8 加载菜单文件的提示框

系统通过上述的方法得到的 AutoCAD 主界面菜单如图 12-9 所示,以后重新启动 AutoCAD,系统会自动加载下图的菜单。

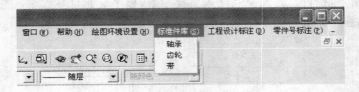

图 12-9 系统菜单界面

12.3.2 对话框设计

从用户观点来看,对话框是目前最先进最流行的人机交互界面,它能控制光栅扫描显示器和以鼠标为代表的输入设备,向用户提供了图形与正文共存的可视化环境,使操作更为自然、简便和快捷。本系统主要包括标准的 AutoCAD 主对话框,用户需求输入及系统设置功能对话框等,显示方式和内容与 AutoCAD 主界面风格一致。

主对话框是选择不同的滚动轴承类型和计算方式(轴承选型和轴承校核),如图 12-10 所示。经过上一步确定之后,进入第二个对话框,如图 12-11 所示。该窗口提供轴承代号、基本尺寸等参数的选择和计算以及相应的滚动轴承预览简图,该窗口分上下两部分,如在主对话框中选择轴承选型,则弹出上部分;选择轴承校核,点击"查看校核"按钮,则弹出如图 12-10 所示轴承校核界面。完整程序可在网络中下载。

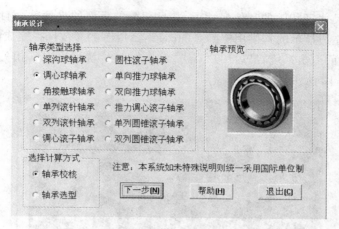

图 12-10 主对话框

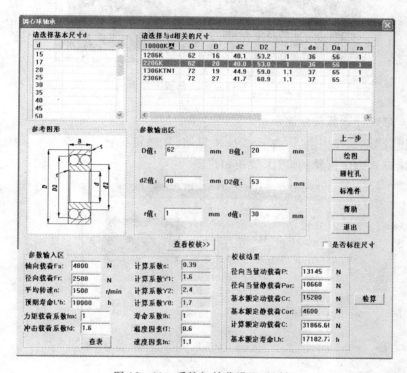

图 12-11 系统初始化设置对话框

12.3.3 轴承程序演示

(1) 将数据库备份文件 chuangdongbiao 还原，在数据库新建用户名 hl，密码为 hl。

(2) 进入 AUTOCAD 界面，点击自定义的标准件菜单，在下拉菜单中选择轴承即可见如图 12-9 所示的界面。

(3) 如上图所示，选择需要画的轴承，点击"下一步"按钮，那么就会进入到轴承的参数选择和绘图界面了，如选择深沟球轴承，如图 12-10 所示。

(4) 用户在操作时，首先选择所需要轴承的基本尺寸 d，然后系统就会自动地从数据库中提取出与基本尺寸 d 相关的其他尺寸了,并且相关的下面的界面就会自动地显示出其他的一些尺寸。其左边显示的是供用户参考的图形,当所有的参数选择完成的时候,输入绘图比例,再选择绘图前退出系统,最后用户点击"绘图"按钮,就可以看到相关尺寸的轴承的二维图了,如图 12-12 所示。

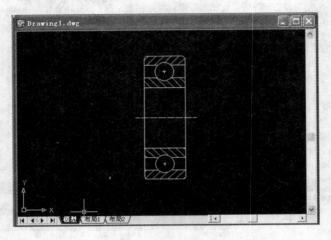

图 12-12 轴承绘制演示界面

12.3.4 带设计计算程序演示

点击带设计菜单,首先进入 12-13 选型界面,选择设计计算所需要的齿轮类型,点击"下一步"按钮进入选定齿轮的设计、校核和绘图。

图 12-13 齿轮选型界面

"渐开线圆柱直齿齿轮设计计算"程序基于一般设计手册推荐的计算方法,用于渐开线圆柱外啮合、直齿、标准齿轮设计计算。计算过程分为以下几个步骤:

(1) 初始条件

进入齿轮设计主界面,详细界面如图 12-14 所示。在工作参数区用户首先要输入初始条件,选择原动机、载荷状态以及输入功率,初定小齿轮齿数、小齿轮转速、传动比、工作寿命、工作条件、精度。在材料选择区内,用户要选择主动轮和从动轮的材料,所选用材料的部分参数显示在对话框的下部。点击"进入校核"按钮,进入齿轮详细设计校核。

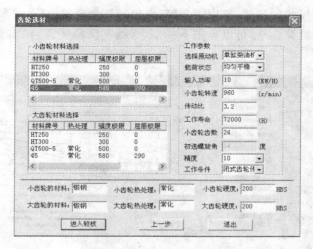

图 12-14 齿轮选材界面

(2) 接触疲劳强度校核

进入齿面接触疲劳强度校核,设计界面如下图 12-15。用户需在参数选择区,首先选取齿宽系数和载荷系数,并初定安全系数。在校核中间结果区,用户可以首先计算小齿轮传递扭矩以及应力循环次数。接着根据参数查表获得接触疲劳寿命系数值和接触疲劳强度极限值,并输入查表所得的值。再根据输入参数计算圆周速度,并以此查表获得动载系数。然后用户点击"计算"按钮,计算出 b/h、载荷分布系数和使用系数,并显示在对话框中。同时程序也计算得出计算分度圆值和计算模数值,并显示在校核输出区,完成接触疲劳强度校核,按"齿根弯曲校核"进入齿根弯曲疲劳强度校核界面。

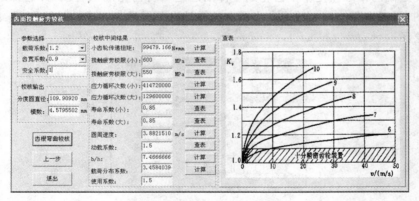

图 12-15 直齿圆柱齿轮齿面接触疲劳校核

(3) 弯曲疲劳强度校核

如图 12-16 示,在参数选择区,输入安全系数和变位系数(本次开发未涉及变位齿轮,所以为灰色)。在校核中间结果区按提示查表获得所需要的参数,如弯曲疲劳极限、寿命系数等,并将数值输入地话框中。然后点击"计算"按钮,系统按照所选参数校核后得出计算模数,用户可以根据计算模数选择最近似的标准模数系列。点击"显示主动轮参数"和"显示从动轮参数",系统根据齿面接触疲劳强度校核所获得的分度圆直径,算出大小齿轮的齿数,进行取整,再进行几何尺寸的计算,算出中心距,齿轮的各个参数,显示在参数数出区。最后一定要进行验算,如果验算合格,可以点击下一步,否则不满足条件,则需要全部清零,重新进行选择参数。

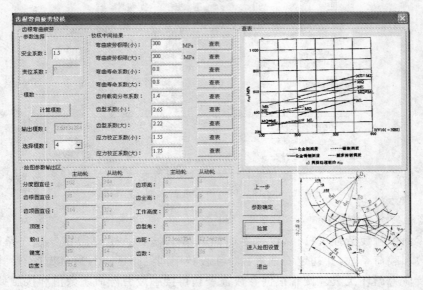

图 12-16　直齿圆柱齿轮齿根弯曲疲劳校核

(4) 齿轮绘图设置选项

如果满足条件则进入绘图设置对话框,选项界面如图 12-17 所示。在这个对话框中需要选择所要绘制的二维图是单个齿轮的零件图还是一对齿轮的啮合图,并选择绘制主视图或是剖视图,是否需要绘制参数表。当所有的设计以及设置都完成的时候,点击绘图按钮进行参数化绘图。

图 12-17　绘图设置选项

12.4　实用程序文件清单

12.4.1　轴承

(1) 工程文件

bear.dsp

(2) CPP 文件

ADODatabase.cpp：连接与处理数据库文件。
ADORecordset.cpp：对数据集进行处理文件。
bear.cpp：入口文件。
bearCommands.cpp：主对话框弹出文件。
Docdata.cpp：数据封装文件。
jiaohe1.cpp：轴承校核计算文件。
N.CPP：N 型轴承绘制文件。
NF.CPP：NF 型轴承绘制文件。
NH.CPP：NH 型轴承绘制文件。
NJ.CPP：NJ 型轴承绘制文件。
NU.CPP：NU 型轴承绘制文件。
NUP.CPP：NUP 型轴承绘制文件。
rxdebug.cpp：程序调试文件。
zhoucheng1.CPP：轴承绘制总界面文件。
zhoucheng2.CPP：深沟球轴承绘制界面文件。
zhoucheng3.CPP：调心球轴承绘制界面文件。
zhoucheng4.CPP：角接触球轴承绘制界面文件。
zhoucheng5.CPP：单向推力球轴承绘制界面文件。
zhoucheng6.CPP：双向推力球轴承绘制界面文件。
zhoucheng7.CPP：单列滚针轴承绘制界面文件。
zhoucheng8.CPP：双列滚针轴承绘制界面文件。
zhoucheng9.CPP：单列圆锥滚子轴承绘制界面文件。
zhoucheng10.CPP：双列圆锥滚子轴承绘制界面文件。
zhoucheng11.CPP：调心滚子轴承绘制界面文件。
zhoucheng12.CPP：调心滚子轴承(圆锥孔)绘制界面文件。
zhoucheng13.CPP：推力调心滚子轴承绘制界面文件。
zhoucheng14.CPP：圆柱滚子轴承绘制界面文件。
zhoucheng15.CPP：NU 轴承绘制界面文件。
zhoucheng16.CPP：NJ 轴承绘制界面文件。
zhoucheng17.CPP：NUP 轴承绘制界面文件。
zhoucheng18.CPP：N 轴承绘制界面文件。
zhoucheng19.CPP：NF 轴承绘制界面文件。
zhoucheng20.CPP：NH 轴承绘制界面文件。
zhoucheng21.CPP：轴承校核界面 1 文件。
zhoucheng22.CPP：轴承校核界面 2 文件。
zhoucheng23.CPP：轴承校核界面 3 文件。

(3) 类

AsdkDataManager：数据管理类。

CDocData：数据封装类。
CADODatabase：数据库类。
CADORecordset：数据集类
jiaohe1：校核类。
N：N 型轴承绘制类。
NF：NF 型轴承绘制类。
NH：NH 型轴承绘制类。
NJ：NJ 型轴承绘制类。
NU：NU 型轴承绘制类。
NUP：NUP 型轴承绘制类。
zhoucheng1：轴承绘制类。
zhoucheng2：深沟球轴承绘制类。
zhoucheng3：调心球轴承绘制类。
zhoucheng4：角接触球轴承绘制类。
zhoucheng5：单向推力球轴承绘制类。
zhoucheng6：双向推力球轴承绘制类。
zhoucheng7：单列滚针轴承绘制类。
zhoucheng8：双列滚针轴承绘制类。
zhoucheng9：单列圆锥滚子轴承绘制类。
zhoucheng10：双列圆锥滚子轴承绘制类。
zhoucheng11：调心滚子轴承绘制类。
zhoucheng12：调心滚子轴承（圆锥孔）绘制类。
zhoucheng13：推力调心滚子轴承绘制类。
zhoucheng14：圆柱滚子轴承绘制类。
（4）对话框
IDD_DIALOG1－ IDD_DIALOG23：各类显示界面对话框。

12.4.2 挡圈

（1）工程文件
Danq.dsp
（2）CPP 文件
ADODatabase.cpp：连接与处理数据库文件。
ADORecordset.cpp：对数据集进行处理文件。
danq.cpp：入口文件。
danqCommands.cpp：主对话框弹出文件。
Docdata.cpp：数据封装文件。
Dq.cpp：主界面处理文件。
DQMOD.cpp：第二个界面处理文件。
（3）类
AsdkDataManager：数据管理类。

CDocData：数据封装类。
CADODatabase：数据库类。
CADORecordset：数据集类。
CDq：主界面类。
CDQMOD：第二个界面处理类。
（4）对话框
IDD_DQ_DIALOG：主界面对话框。
IDD_DQMOD_DIALOG：第二显示界面对话框。

12.4.3 键

（1）工程文件
Jian.dsp
（2）CPP 文件
ADODatabase.cpp：连接与处理数据库文件。
ADORecordset.cpp：对数据集进行处理文件。
Jian.cpp：入口文件。
JianCommands.cpp：主对话框弹出文件。
Docdata.cpp：数据封装文件。
Ja.cpp：主界面处理文件。
JaMOD.cpp：第二个界面处理文件。
（3）类
AsdkDataManager：数据管理类。
CDocData：数据封装类。
CADODatabase：数据库类。
CADORecordset：数据集类。
CJa：主界面类。
CJaMOD：第二个界面处理类。
（4）对话框
IDD_JA_DIALOG：主界面对话框。
IDD_JAMOD_DIALOG：第二显示界面对话框。

12.4.3 螺钉

（1）工程文件
luoD.dsp
（2）CPP 文件
ADODatabase.cpp：连接与处理数据库文件。
ADORecordset.cpp：对数据集进行处理文件。
luoD.cpp：入口文件。
luoD Commands.cpp：主对话框弹出文件。
Docdata.cpp：数据封装文件。

lD.cpp：主界面处理文件。
lD MOD.cpp：第二个界面处理文件。
(3) 类
AsdkDataManager：数据管理类。
CDocData：数据封装类。
CADODatabase：数据库类。
CADORecordset：数据集类。
lD：主界面类。
LDMOD：第二个界面处理类。
(4) 对话框
IDD_ lD _DIALOG：主界面对话框。
IDD_ lDMOD_DIALOG：第二显示界面对话框。

12.4.4 螺母

(1) 工程文件
luoM.dsp
(2) CPP 文件
ADODatabase.cpp：连接与处理数据库文件。
ADORecordset.cpp：对数据集进行处理文件。
luoM.cpp：入口文件。
luoM Commands.cpp：主对话框弹出文件。
Docdata.cpp：数据封装文件。
lM.cpp：主界面处理文件。
Lm2.cpp：界面处理文件2。
lMMOD.cpp：界面处理文件3。
lMMOD2.cpp：螺母绘制函数库文件。
(3) 类
AsdkDataManager：数据管理类。
CDocData：数据封装类。
CADODatabase：数据库类。
CADORecordset：数据集类。
ClM：主界面类。
CLM2：第二界面类。
CLMMOD：第三界面类。
CLMMOD2：函数库处理类。
(4) 对话框
IDD_ lM _DIALOG：主界面对话框。
IDD_ Lm2_DIALOG：第二显示界面对话框。
IDD_ LMMOD_DIALOG：参数选择显示界面对话框。

12.4.5 螺栓

(1) 工程文件

luos.dsp

(2) CPP 文件

ADODatabase.cpp：连接与处理数据库文件。

ADORecordset.cpp：对数据集进行处理文件。

luos.cpp：入口文件。

luos Commands.cpp：主对话框弹出文件。

Docdata.cpp：数据封装文件。

Luos1.cpp：主界面处理文件。

luosMOD.cpp：界面处理文件 2。

(3) 类

AsdkDataManager：数据管理类。

CDocData：数据封装类。

CADODatabase：数据库类。

CADORecordset：数据集类。

luos：主界面类。

lsmod：界面类。

(4) 对话框

IDD_LUOS_DIALOG：主界面对话框。

IDD_LUOSMOD_DIALOG：参数选择显示界面对话框。

12.4.6 螺柱

(1) 工程文件

luoZ.dsp

(2) CPP 文件

ADODatabase.cpp：连接与处理数据库文件。

ADORecordset.cpp：对数据集进行处理文件。

luoZ.cpp：入口文件。

luoZ Commands.cpp：主对话框弹出文件。

Docdata.cpp：数据封装文件。

LZ.cpp：主界面处理文件。

lZMOD.cpp：界面处理文件 2。

(3) 类

AsdkDataManager：数据管理类。

CDocData：数据封装类。

CADODatabase：数据库类。

CADORecordset：数据集类。

CLZ：主界面类。

CLZMOD：界面类。
(4) 对话框
IDD_LZ_DIALOG：主界面对话框。
IDD_LZMOD_DIALOG：参数选择显示界面对话框。

12.4.7 铆钉

(1) 工程文件
Maod.dsp
(2) CPP 文件
ADODatabase.cpp：连接与处理数据库文件。
ADORecordset.cpp：对数据集进行处理文件。
Maod.cpp：入口文件。
Maod Commands.cpp：主对话框弹出文件。
Docdata.cpp：数据封装文件。
md.cpp：主界面处理文件。
mdMOD.cpp：界面处理文件2。
(3) 类
AsdkDataManager：数据管理类。
CDocData：数据封装类。
CADODatabase：数据库类。
CADORecordset：数据集类。
C Md：主界面类。
CmdMOD：界面类。
(4) 对话框
IDD_MD_DIALOG：主界面对话框。
IDD_MDMOD_DIALOG：参数选择显示界面对话框。

12.4.8 密封圈

(1) 工程文件
MIFN.dsp
(2) CPP 文件
ADODatabase.cpp：连接与处理数据库文件。
ADORecordset.cpp：对数据集进行处理文件。
MIFN.cpp：入口文件。
MIFNCommands.cpp：主对话框弹出文件。
Docdata.cpp：数据封装文件。
mF.cpp：主界面处理文件。
mFMOD.cpp：界面处理文件2。
(3) 类
AsdkDataManager：数据管理类。

CDocData：数据封装类。
CADODatabase：数据库类。
CADORecordset：数据集类。
MF：主界面类。
MFMOD：界面类。
（4）对话框
IDD_DIALOG：主界面对话框。
IDD_ MFMOD_DIALOG：参数选择显示界面对话框。
IDD_ ABOUTMIASP_DIALOG：关于程序。

12.4.9 垫圈

（1）工程文件
Quan.dsp
（2）CPP 文件
ADODatabase.cpp：连接与处理数据库文件。
ADORecordset.cpp：对数据集进行处理文件。
Quan.cpp：入口文件。
Quan Commands.cpp：主对话框弹出文件。
Docdata.cpp：数据封装文件。
qa.cpp：主界面处理文件。
qaMOD.cpp：界面处理文件2。
（3）类
AsdkDataManager：数据管理类。
CDocData：数据封装类。
CADODatabase：数据库类。
CADORecordset：数据集类。
qa：主界面类。
qaMOD：界面类。
（4）对话框
IDD_DIALOG1：主界面对话框。
IDD_ QAFMOD_DIALOG：参数选择显示界面对话框。

12.4.10 销

（1）工程文件
XIAO.dsp
（2）CPP 文件
ADODatabase.cpp：连接与处理数据库文件。
ADORecordset.cpp：对数据集进行处理文件。
Xiao.cpp：入口文件。
Xiao Commands.cpp：主对话框弹出文件。

Docdata.cpp：数据封装文件。
xa.cpp：主界面处理文件。
xaMOD.cpp：界面处理文件2。
（3）类
AsdkDataManager：数据管理类。
CDocData：数据封装类。
CADODatabase：数据库类。
CADORecordset：数据集类。
CXa：主界面类。
CXAMOD：界面类。
（4）对话框
IDD_XA_DIALOG1：主界面对话框。
IDD_XAFMOD_DIALOG：参数选择显示界面对话框。

12.4.11 齿轮与带

（1）工程文件
标准件.dsp
（2）CPP文件
① 主文件
标准件.cpp：初始化文件。
标准件commands.cpp：命令定义文件。
② 与齿轮设计相关的文件
ADODatabase.cpp：连接与处理数据库文件。
ADORecordset.cpp：对数据集进行处理文件。
③ 与齿轮设计相关的文件
chilunsheji1.cpp：主界面处理文件。
chilunsheji2.cpp：齿轮选材处理文件。
chilunsheji5.cpp：绘图选项设置文件。
jiechupilao.cpp：接触疲劳校核文件。
wanqupilao.cpp：弯曲疲劳校核文件。
xiechilunjiechupilao.cpp：斜齿轮接触疲劳校核文件。
xiechilunsheji5.cpp：斜齿轮设计文件。
xiechilunwanqupilao.cpp：斜齿轮弯曲疲劳校核文件。
zhuichilunsheji1.cpp：锥齿轮设计计算文件。
zhuichilunsheji3.cpp：锥齿轮设计计算文件。
④ 与带设计相关文件
baojiaoxishu.cpp：选择包角修正系数文件。
chuandibuzhixishu.cpp：传动系数选择文件。
daicd1.cpp：带型选择文件。
daicd2.cpp：带设计文件2。

daicd3.cpp：带设计文件 3。
daicd4.cpp：带设计文件 4。
daigkxs.cpp：工况系数表选择文件。
daixing.cpp：转矩选择文件。
daixuanx.cpp：选型处理文件。
danweimianjicdgl.cpp：单位面积传递功率选择文件。
PINGDAI1.cpp：平带设计文件。
tongbudai1.cpp：同步带设计文件。
tongbudai2.cpp：同步带设计文件 2。
tongbudai3.cpp：同步带设计文件 3。
tongbudai4.cpp：同步带设计文件 4。
ZHAIDAIXUANX.cpp：参数选择文件。
zuishaochishu.cpp：小带轮最小齿数选择文件。
（3）类
AsdkDataManager：数据管理类。
CDocData：数据封装类。
CADODatabase：数据库类。
CADORecordset：数据集类。
chilunsheji1：齿轮设计主界面类。
chilunsheji2：齿轮选材类。
chilunsheji5：绘图选项设置类。
jiechupilao：接触疲劳校核类。
wanqupilao.cpp：弯曲疲劳校核类。
xiechilunjiechupilao：斜齿轮接触疲劳校核类。
xiechilunsheji5：斜齿轮设计类。
xiechilunwanqupilao：斜齿轮弯曲疲劳校核类。
zhuichilunsheji1：锥齿轮设计计算类。
zhuichilunsheji3：锥齿轮设计计算类。
baojiaoxishu：选择包角修正系数类。
chuandibuzhixishu：传动系数选择类。
daicd1：带型选择类。
daicd2：带设计类 2。
daicd3：带设计类 3。
daicd4：带设计类 4。
daigkxs：工况系数表选择类。
daixing：转矩选择类。
daixuanx：选型处理类。
danweimianjicdglp：单位面积传递功率选择类。
PINGDAI1：平带设计类。

tongbudai1：同步带设计类。
tongbudai2：同步带设计类2。
tongbudai3：同步带设计类3。
tongbudai4：同步带设计类4。
ZHAIDAIXUANX：参数选择类。
zuishaochishu：小带轮最小齿数选择类。
(4) 对话框
IDD_XA_DIALOG1：主界面对话框。
IDD_XAFMOD_DIALOG：参数选择显示界面对话框。
IDD_BMP13_DIALOG：弯曲疲劳寿命系数。
IDD_BMP14_DIALOG：齿向载荷分布。
IDD_BMP15_DIALOG：接触疲劳寿命系数。
IDD_BMP21_DIALOG：齿形系数及应力校正系数。
IDD_BMP27_DIALOG：端面重合度。
IDD_CHILUNSHEJI1_DIALOG：齿轮选型。
IDD_CHILUNSHEJI2_DIALOG：齿轮选材。
IDD_CHILUNSHEJI5_DIALOG：绘图设置选项。
IDD_CHUANDIBUZHIXISHU_DIALOG：传动布置系数。
IDD_DAICD1_DIALOG：带型选择。
IDD_DAICD2_DIALOG：带设计2。
IDD_DAICD3_DIALOG：带设计3。
IDD_DAICD4_DIALOG：带设计4。
IDD_DAIGKXS_DIALOG：工况系数表。
IDD_DAIXING_DIALOG：转矩表。
IDD_DAIXUANX_DIALOG：选型图。
IDD_DANWEIMIANJICDGL_DIALOG：单位面积传递功率。
IDD_JIECHUPILAO_DIALOG：齿面接触疲劳校核。
IDD_PINGDAI1_DIALOG：平带设计。
IDD_TONGBUDAI1_DIALOG：同步带设计。
IDD_TONGBUDAI2_DIALOG：同步带设计2。
IDD_TONGBUDAI3_DIALOG：同步带设计3。
IDD_TONGBUDAI4_DIALOG：同步带设计4。
IDD_XIECHILUNJIECHUPILAO_DIALOG：斜齿圆柱齿轮齿面接触疲劳校核。
IDD_WANQUPILAO_DIALOG：齿根弯曲疲劳校核。
IDD_XIECHILUNSHEJI5_DIALOG：绘图设置选项。
IDD_XIECHILUNWANQUPILAO_DIALOG：斜齿圆柱齿轮齿根弯曲疲劳校核。
IDD_ZHUICHILUNSHEJI1_DIALOG：锥齿轮设计计算。
IDD_ZHUICHILUNSHEJI3_DIALOG：绘图设置选项。
IDD_ZUISHAOCHISHU_DIALOG：小带轮最小齿数查询。

第 13 章 离线式图纸表格信息提取应用

13.1 开发工具

13.1.1 Open Design Alliance 的产生

尽管 CAD 领域存在许多通用的文件格式，如 IGES、STEP，但是大量的 CAD 图形文件是以特定的格式存储的，最著名的就是 Autodesk 公司的 DWG 文件格式。从最初开始，AutoCAD 就把一种二进制格式称为 DWG，但是 Autodesk 从公司建立到现在一直控制着 DWG 文件格式，并且不断更新。经过多年的发展，DWG 文件格式已经成为世界上最流行的存储和交换 2D、3D 的 CAD 图形的文件格式了。包含有价值的 CAD 数据的 DWG 文件的数量在不断增多，1997 年 Autodesk 公司就宣布已经存在两亿个 DWG 文件，到目前为止保守的估计是已经超过五亿多了，如果一个 CAD 软件不具有读写 DWG 文件的能力，那么它几乎没有市场竞争能力。然而存在于 DWG 文件中的有用数据是以特有的格式存储的，使得最终用户和二次开发软件都不能轻易地读取、显示或者是增加其他有用的功能。

DWG 是一种非文本的专有格式，DWG 文件中记录的矢量图形（如尺寸标注、块的嵌套、形文件、填充等）极为复杂，非专业用户无法读懂其内容，直接读写 DWG 文件非常困难。另外，DWG 文件的格式一直在随着 AutoCAD 的升级而不断变化，虽然 DWG 文件格式从第二版就已经基本定型，但是随着 AutoCAD 的版本升级，DWG 文件格式经常有一些变化。由此看来，独立开发一个读写 DWG 文件的程序，一方面要破译 DWG 的二进制数据，另一方面要因 DWG 文件格式变化而经常推出升级版本的程序。显然，不论是从时间，还是从人力、物力的投入来说，都是不允许。

尽管一直以来 Autodesk 的客户以及第三方软件开发者都要求生产 AutoCAD 的附加产品，但是 Autodesk 从来没有公布 DWG 文件的格式，直到 1994 年才提供了一系列访问 DWG 文件的程序库。然而，读取 DWG 文件的需求从来就没有消失过，开发者和最终用户想脱离 AutoCAD，通过他们自己的程序来读、写、查询和显示自己的图形文件。

鉴于读写 DWG 文件具有很大的市场需求，一些公司和开发人员开始致力于 DWG 文件的逆向工程，尝试开发 AutoCAD 软件开发包、文件浏览器和其他附加系统。参与的公司有 Visio、Cimmetry Systems、Cyco、Kamel Sofaware、MarComp、Sirlin 和 Softsource 等。

Visio 公司认为 DWG 格式应该成为一种开放的标准，使得其他开发者在读写 DWG 文件的时候不用担心数据的丢失。1998 年初，Visio 公司就要求 MarComp 提出一个全面的计划，致力于使 DWG 文件格式成为一个开放的标准。同年 2 月，Visio 公司联合其他一些制造业企业成立了 OpenDWG 联盟，这是一个独立的、非盈利的组织，它的目的是使得人们普遍接受的DWG图形文件成为不同CAD图形文件之间相互交换数据的开放的工业化标准，从而减少软件开发工作者在底层开发的工作量，把主要精力放在产品级的软件开发工作上。OpenDWG联盟无偿地提供了MarComp研究出的源程序和程序库，促进DWG文件格式成为一个开放的标准。商业软件开发人员支付一定数目的会员年费就可以加入这一联盟，最终用户（包括个人和公司）根本就不要支付会员费。这一联盟利用会员收入来开发软件包，提供给所有会员使用，使得他们只要致力于开发解决方案，而不用关心如何读写复杂的DWG文件。

2003年10月OpenDWG联盟更名为Open Design Alliance(开放设计联盟)，是为了更好地扩充它的使命。因为在1998年OpenDWG联盟成立的时候，它的使命仅仅是为了解决DWG文件的交互问题。而到了2003年，它已经扩展到研究更广范围的设计文件了，因此更名为开发设计联盟。开发设计联盟主要由Visio Corporation、Andor、Informative Graphics、Bentley Systems Inc、Intergraph、ESRI和PTC等近30家公司组成，并且正在不断壮大。

13.1.2 DWGdirectX技术提供的编程接口

现在市场上对AutoCAD进行二次开发工具很多，如：Visual AutoLISP、ObjectARX及VBA等等。这些开发工具都有各自的优点，但是它们有一个同样的缺点，那就是要依赖Auto CAD环境才能运行。而DWGdirectX正好克服了这个缺点，加上它自身强大的开发功能，使之在AutoCAD二次开发工具中一枝独秀。DWGdirectX编程接口是由Open Design Alliance(开放设计联盟)开发研制的。开放设计联盟是由软件开发商和用户组成的协会，联盟致力于为CAD数据交换提供促进开放的工业标准的格式。为了使Auto CAD使用的DWG图形格式成为通用并且公开的CAD标准，该联盟提供了相应的操作DWG图形文件的软件包用来推广该格式的应用。这样软件开发人员就可以很容易的处理DWG文件，而没必要花时间来破译DWG文件的二进制数数据，对外屏蔽DWG的版本差异，使得软件开发者可以方便地对各种版本的DWG文件进行处理，程序运行也不依赖Auto CAD平台。

DWGdirectX通过强有力和易使用的API函数提供对DWG或DXF文件的内容的读写通道。DWGdirectX提供的接口中含有许多类型的对象，这些对象是以一种层次化的方式来组织的。图13-1所示为DWGdirectX描述的DWG对象模型结构图。其核心机制在于将DWG文件中的数据转化为自身定义的数据结构进行表达的信息模型，DWGdirectX组织数据的方式与ObjectARX非常相似，包括图块(Block)、图层(Layer)、线型(LineType)、形文件(ShapeFile)、视图(View)、视口(ViewPort)、标注样式(DimStyle)、用户坐标系(UCS)、注册应用程序(RegApp)9个容器表，块表包括ModelSpace(模型空间)和PaperSpace(图纸空间)两种基本类型。图形文件坐标空间的缺省设置是Model Space,因此，一般情况下，通过Model Space就可以访问当前图形中的所有实体。访问这些集合对象的方法与使用ObjectARX非常相似，而且里面的函数大都相同，如：访问文本一般通过AcDbText和AcDbMText等。若想得到AcDbText的字符串则可以通过get_TextString()函数。

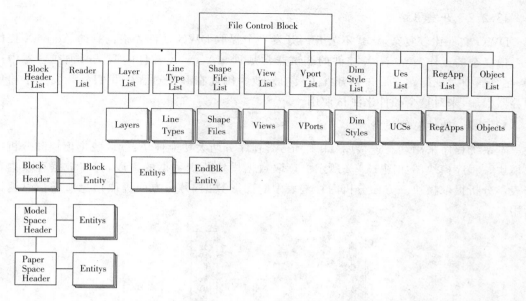

图 13-1 DWGdirectX 描述的 DWG 对象模型结构

13.2 提取表格信息 ActiveX 控件开发技术

13.2.1 总体开发方案

DWG 文件提取表格信息的开发工作可以划分为两个部分：一部分工作为底层工作，即从 DWG 文件中读取所需要的数据；另一部分工作为上层工作，在这部分工作主要是针对用户。依据软件要达到的功能对底层读出的数据进行处理，开发出用户满意的软件。由于 DWG 文件的存储格式不公开，目前读取 DWG 文件中的数据主要有两种办法，第一种办法就是，分析 DWG 文件的二进制数据，通过分析二进制数据来破译 DWG 文件，从而获得我们所需要的数据。由于 DWG 文件涉及的矢量图形元素种类繁多，图形结构非常复杂。显然，个人或小的组织想通过二进制破译 DWG 文件的格式是比较困难，也是不可能的，不论从时间还是人力物力的投入来说，都是不允许的，采用这种办法显然行不通。另一种办法就是利用 DWGdirectX 来完成这一工作，采用 DWGdirectX 的优点一方面是可以大大减少处理 DWG 文件的难度，另一方面也可以不必为 AutoCAD 的升级操心，因为 DWGdirectX 会随着 AutoCAD 的升级而升级。权衡一下，只能采用后者。对于面向用户的上层开发，考虑到提取 DWG 图纸信息是 CAD 应用软件中一个十分普遍的功能，提取系统应该很容易被其他应用软件重用，因此应该做成 ActiveX 控件的形式，而不是一般的普通应用程序。

采用 DWGdirectX 处理 DWG 文件有两种实施方案：一种是打开并将整个 DWG 文件和与 DWG 文件相关的文件全部读入内存，建成相应的链表，然后从内存中的链表中读取数据；另一种是不将整个 DWG 文件读入内存，当打开 DWG 文件后，只把当前程序运行所涉及的内容读入内存，即读取一个图形，提取一次信息。后者对内存占用量小，但是由于需要频繁地从硬盘中取数据，所以速度慢，而且应用程序的稳定性很差。前者对内存占用量大，但是运行速度快、稳定性好。考虑到现在计算机的内存都比较大，所以采用前一种方案。

13.2.2 开发思路

DWG 文件比较复杂,格式不公开。开发一个提取 DWG 文件表格信息的 ActiveX 控件是一项复杂的工作。ActiveX 控件的调试非常烦琐。ActiveX 控件的调试必须在容器中进行,在容器中发现问题之后再到开发工具中修改。因此在开发过程中我们先开发一个简单的容器程序,来对这个控件来测试使用。

13.2.3 软件总体设计

本系统程序采用动态连接库(DLL)形式,程序分两大功能模块:读取数据模块和分析提取模块。程序模块图如图 13-2 所示。读取数据模块负责数据的读取,并将数据存入内存链表。分析提取模块一方面分析内存链表中的图形数据,另一方面提取信息所需信息返回给用户。

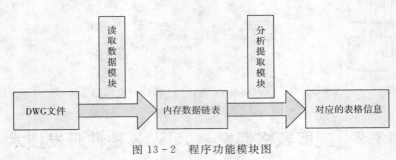

图 13-2 程序功能模块图

13.3 对 DWGdirectX 进行面向对象化封装

OpenDWG 提供的开发包 DWGdirectX 在使用过程中步骤比较繁琐,在同一个程序中往往要多次重复地编写相同的代码,不但开发效率低,而且容易产生错误,在与目前主流的面向对象的开发工具的整合上也存在着一些问题。

为了使程序简洁易读,减少错误的发生,增加程序的优美性,需要对 DWGdirectX 进行二次封装,使之更加适合 C++语言的二次开发。

13.3.1 引入 DWGdirectX 接口

在进行系统设计编程中首先要引入 DWGdirectX 的编程接口,即要复制 DWGdirectX 软件包中的 DWGdirectX.tlb、OdaToolkit.h 和 OdaX.h 等文件到所编程序的目录中,再在程序中加入以下两句,这样就完成了引入工作。

\#include "OdaToolkit.h"
\#import "DWGdirectX.tlb" named_guids rename("GetObject","dwgGetObject")

同时我们还要定义一些操作 DWG 文件实例的变量:

IOdaHostApp   * m_iHost;
IAcadApplication * m_iApplication;
IAcadDocument   * m_pCurrentDoc;

这些变量都是要遵循 COM 规范的,因此在引用到这些变量时要增加引用记数用完之后需要释放变量，使用 Release() 方法即可。

引入工作完成后就可以读取 DWG 文件的所有实体信息了。因为许多人在进行标题栏设计时会将标题栏与明细表做成块的形式，因此在读取信息中，如果 DWG 文件中存在块引用则需先将块炸开才能读取，否则读取的信息将不完整。只要炸完块之后不保存则不会损坏读取的文件。另外在函数开头需加入一些接口变量，在这里我们使用了 COM 中的智能指针：

```
CComPtr<IUnknown>                                pUnk;
CComQIPtr<IEnumVARIANT,&IID_IEnumVARIANT>        pNewEnum;
CComQIPtr<IAcadEntity,&IID_IAcadEntity>          pEnt;
CComQIPtr<IAcadText,&IID_IAcadText>              pText;
CComQIPtr<IAcadLine,&IID_IAcadLine>              pLine;
```

13.3.2 封装 DWGdirectX 接口

在调用 DWGdirectX 之前，应该先将 DWGdirectX 进行面向对象化的封装。具体操作如下：定义一个 CReadDWG 类，将 DWGdirectX 中的全局变量和全局函数变成该类的成员变量和成员函数，使该类完全独立于程序的其他部分，仅作为访问 DWG 文件的接口。这样的封装大大降低了程序的耦合性，同时增强了代码的可移植性。实现了一次编译，多次链接。

类的定义如下：

```
class CDwgRead
{
public:
    class oxPoint3d;
    class CCell;
    class CText;
    class CLine;
    class CIntersectionPoint;
    class CRow;
    class CTable;
public:
    CDwgRead(void);
    ~CDwgRead(void);
    bool ReadDwgFile(CString strFilePath);
    std::vector<CTable *>  m_tableList;
    CTable m_BomTable;
    std::vector<CString> m_BomTitle;
    void CalTable(void);
    void GetEntityPro(IAcadEntity * pIAcadEntity);
    voidExplodeBolck(CComQIPtr< IAcadBlockReference,&IID_IAcadBlockReference> pReferenceEnt);
    void Reset(void);
```

```cpp
    void InsertBomTitle(CString strTitle);
    void RemoveBomTitle(void);
    bool CalBomTable(void);
    bool IsExistBomTitle(CString strTitle);
    int GetBomTitleCount(void);
    CString GetBomTitle(int iIndex);
    CString GetBomValue(int iRow,int iCol);
    void CalDrawInfo(void);
    CString GetPro(CString strPro,int iType);
    CString GetDrawPro(int lType);
protected:
    bool GetBlockEntities(IAcadBlock * pBlock);
    void SortHorz(std::vector<CLine*> * pList);
    void SortVert(std::vector<CLine*> * pList);
    IOdaHostApp        * m_iHost;
    IAcadApplication   * m_iApplication;
    IAcadDocument      * m_pCurrentDoc;
    std::vector<CText*> m_TextList;
    std::vector<CLine*> m_HorzLineList;
    std::vector<CLine*> m_VertLineList;
    std::vector<CIntersectionPoint*>  m_IntersectionPointList;
    std::vector<CCell*> m_CellList;
    std::vector<CRow*>   m_rowList;
CString  m_strDrawPro1;//图纸代号   //材料
CString  m_strDrawPro2;//名称       //单位
CString  m_strDrawPro3;//材料       //名称
CString  m_strDrawPro4;//自定义     //代号
CString  m_strDrawPro5;//共张数和第张数在一个单元格
    bool IsExist(CIntersectionPoint * pPoint);
    void CalIntersectionPoint(void);
    bool IsConnect(CIntersectionPoint * p1,CIntersectionPoint * p2);
    void CalRow(void);
    void CalCell(void);
    CString GetCellText(CCell * pCell);
};
```

public 块中定义的是该类的外部接口,可供程序其他部分调用,是该类以外的代码和该类交互的唯一方式。Protected 块中定义的该类的内部接口,该类以外的代码不能直接访问本块代码,必须通过 public 快中的函数间接调用。此外,如果今后 CReadDWG 类派生出子类,则子类里的函数也可调用该块代码。使用 CReadDWG 类对 DWGdirectX 进行再封装,可以把与 DWGdirectX 相关的代码从程序中完全剥离出来,使得 DWGdirectX 与应用程序的耦合程度降到最低。一旦在调试程序的时候发生错误可立刻准确地定位到错误源。因为我们在编写 CReadDWG 类的时候严格地遵循了面向对象程序设计方法中要求的可重复性原则，也就是说只要 CReadDWG 类在一次使用中没有发生错误，那么接下来的使用中也不会发生错误，也就是说当 CReadDWG 类完善到一定程度以后，程序中任何错误都将与其无关，而它只是功能实现部分的代码。这样充分体现了面向对象程序设计方法中的封装的优势，并且提高了程序的健壮性。

13.4 DWG 文件表格信息单元分析

13.4.1 基本概念定义

表格以其简单明了、便于填写和处理等特点，被广泛地应用在企事业单位的各个方面。在机械设计图纸中，许多关键信息更是存在于表格中。例如在图纸文件中，标题栏数据具有明确的工程信息，它反映图纸的设计、审核、校对、日期等一系列的信息，为日后的产品设计带来方便。

PDM 中的图档管理集数据库的能力、网络通讯的能力和过程的控制能力于一体，实现在分布式环境中群体活动的信息交换与共享，并对设计过程进行动态调整和监控。在 PDM 系统中，常常需要将图纸文件中标题栏与明细表信息提取出来，利用数据库系统对标题栏与明细表信息统一管理，保证所有数据直观、有序、可控。企业在实施产品数据管理之前存在大量的 CAD 图纸文件，要想把这些图纸文件中有用信息存入数据库，就需要在线将信息一个个地手工输入，这样难免会经常出现漏项、错项现象，而且当图纸的标题栏与明细表内容发生变化时，库中的某些信息没有作相应的变更，这就给图纸设计人员带来许多不便。

因此，有理由避开重新输入这一繁琐的过程，通过离线方式来分析、识别进而提取表格信息。通过接口技术使 PDM 系统不依靠 CAD 软件，自动提取信息变得尤为重要。这也是国内外科研团体、实验室研究的热点问题。

当前常用的提取图纸数据方法有两种：一种方法是在图纸表格信息绘制填入的过程中附加特殊的扩展属性，在提取数据信息时直接访问附加的扩展属性就可以得到所需信息，这种方法的优点是快速、方便、准确性高，但局限性很大，需要图纸附加扩展属性并且已知扩展属性，若未知是否存在扩展属性则此方法不可取；另一种方法是通过分析图纸表格的相关特征来提取信息，这也正是本文研究的出发点，这种方法适用范围广，有一定的通用性，但是表格信息的提取、分析、识别较复杂。本文采用的是第二种方法。

表格在 DWG 文件图纸上通常以二维表的形式存在，基本构成元素是线段和字符串，两者均以图形方式存在，具有位置、尺寸等几何属性。字符串所包含的文本数据是标题栏信息的主要内容，而由线段构成的表格则在形式上辅助标题栏信息的表示。

构成表格的线段将表区域划分成多个简单矩形，每个矩形和其中的字符串（包括空字符串）共同构成一个单元，线段构成了单元的边界，字符串构成了单元的内容。字符串在单元中的位置是浮动的，但不会超出边界范围，这种相对位置关系称为包容关系。这样，就可以把单元作为构成表格的基本单位，即一个表格是由一组单元构成的有序集合。单元是复合类型实体，兼具几何和文本两种属性，主要通过边界线段和包容的字符串分别表示。其中文本属性是单元的主体部分，也是提取和识别的对象。

为了能更好地理解本文提出方法，结合前人的研究成果，在分析表格之前，首先给出如下基本定义。

定义1：由两条水平线与两条竖直线包围起来的，里面不再含有线条（与是否含文本无关）的最小单位的矩形框称之为单元格，如图13-3a所示。表格就是由许多单元格组成的。

定义2：单元格的左下角点与右上角点对单元格的位置、大小有直接的反应，称之为特征点，如图13-3a所示。

定义3：文本信息的写入起始点指的是程序中写入、读取文本的插入点，并非单元格的左下角点，如图13-3c所示。

定义4：用来说明单元格信息类型和名称的称为说明单元，如图13-3b中所示，"设计"单元格即为说明单元。

定义5：表达说明单元所说具体内容的称为值单元，如图13-3b中所示，"设计者"单元格即为值单元。

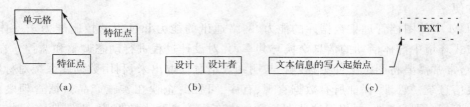

图13-3　单元格说明

13.4.2　表格信息单元之间存在的语义关系与位置关系

1. 语义关系

标题栏信息单元间的语义关系是指相关单元的型值关系。单元根据其文本属性可以分为两类：一类用来说明标题栏信息的类型和名称，称为说明单元；另一类用来说明标题栏信息的具体内容，称为值单元。属性名单元主要用来表示格式，而属性值单元主要用来表达内容。单元通过属性名和属性值语义关系联系在一起，形成单元组，可以表达标题栏信息特定方面的内容。

2. 位置关系

通过对多种标题栏信息表归纳分析可知，同一单元组的属性名单元和属性值单元在位置上存在着上下相邻或左右相邻的关系。

因此单元的语义关系和位置关系之间存在着一定关联，即在特定格式的信息表中，语义关系可以通过位置关系来表达，从而可以在信息提取过程中通过单元位置分析得到语义关系。在同一类标题栏信息表中，同组单元的位置关系是稳定的，可以用来表达标题栏信息表的格式。

13.4.3　标题栏分析

从工程图纸的标题栏中提取工程数据信息的问题可以归结为从自由二维表格中提取填充信息的问题。图13-4所示为工厂实际使用的标题栏。通过分析标题栏可知，各个单元格在位置关系和语义关系上彼此之间存在一定的相关性。从其结构出发分析，可归纳如下：

（1）在标题栏的左上部分是以"标记"、"处数"、"分区"、"更改"、"签名"、"年月日"行作为表头的规则的二维表格形式子表,如图 13-4 a 所示。这些表头都是说明单元,其上方的单元格都是值单元,也就是一个说明单元对应一组值单元的情况。因为这部分子表的行数与列数是固定的,所以在此以表头中的说明单元格的内容为定位和标识的参照物,依据它们的相对位置关系来定位值单元的位置,进而得到值单元中字符串。除此之外还可以依照下述提取明细表信息类似的方法来进行提取工作。

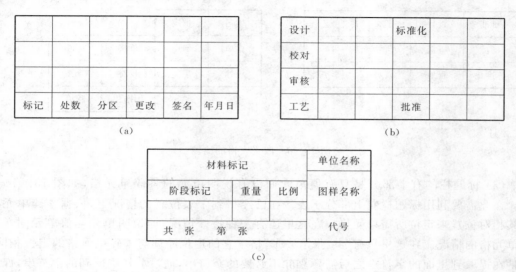

图 13-4 工程图纸实际使用标题栏样例

（2）标题栏的左下部分为说明单元与值单元一一对应的子表,如图 13-4 b 所示。提取原理是通过搜索找到说明单元的特征点,依据说明单元与值单元的相对位置关系来定位值单元,比较特征点以确定值单元。说明单元与值单元的相对位置有以下四种情况,如图 13-5 所示,单元格的特征点可以直接从程序中获取。对于第一种情况（见图 13-5a）,假设说明单元的左下特征点坐标为 (X_1,Y_1),右上特征点坐标为 (X_2,Y_2),值单元的左下特征点坐标为 (X_a,Y_a),右上特征点坐标为 (X_b,Y_b)。如果满足 $X_a = X_1 \&\& Y_a = Y_2 \&\& X_b = X_2$ 就可以确定值单元在说明单元正上方,从而可获取里面的字符串。其他情况的提取原理类似。

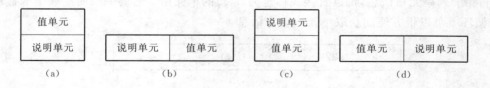

图 13-5 说明单元与值单元的相对位置

如图 13-6 所示为以图 13-5b、c 两种方式组成的表格。对于这四张表格,虽然表格内部的说明单元排列顺序不同,而且对同一个说明单元和值单元其特征点坐标不同,但是每一对说明单元与值单元的相对位置是固定的。例如:"工艺"格与"张梅"格的相对位置关系始终没变,所以提取过程中的方法与程序相同,并且四张表格提取的结果是一致的。

设计	丁文	工艺	批准
校对	李杰	张梅	汤广
审核	何胜	标准化	程旭

(a)

标准化	程旭	校对	李杰
批准	工艺	设计	丁文
汤广	张梅	审核	何胜

(b)

批准	设计	丁文	工艺
汤广	审核	何胜	张梅
标准化	程旭	校对	李杰

(c)

工艺	批准		
张梅	汤广	审核	何胜
设计	丁文	校对	李杰
		标准化	程旭

(d)

图 13-6　四张表格的比较

(3) 标题栏的右半部分是只有值单元而没有说明单元的零碎单元格，如图 13-4c 所示。在此需要利用标题栏左上部分子表。在已经得到子表位置的情况下，依据零碎单元格与其相对位置来定位所需单元格。在这里还有一种特殊情况，即说明单元与值单元同在一个单元格的情况。在这里只有“共 张第　张”格。它的定位原理与零碎单元格的定位相同，但是在提取到里面的字符串之后需要剔除不必要的字符串，通过剪切提取到的字符串，保留里面有用的信息到变量中即可。

13.4.4　明细栏分析

明细表紧接在标题栏正上方，总宽度与标题栏相同，是带有表头的规则的二维表格，如图 13-7 所示为工厂实际使用的明细表。明细表结构形式非常规则，第一行表头的内容相对固定。虽然表格行数各图纸不一，但是对某一张特定图纸来说是行数一定的。提取明细表信息与提取标题栏信息相比要简单，这是由明细表的规则结构决定的。明细表可以看成是一个 $n \times m$(n 为行数，m 为列数)的矩阵，起始单元格标定为(0,0)，依次给单元格标定，最后一个单元格为(n,m)。将表头作为定位和标识的参照物，搜索单元格，依据其特征点信息，并和表头内容的特征点信息进行对比，确定其具体在明细表上的位置标定。这样若要提取第 i 行第 j 列单元格信息，可以直接找标定为(i,j)的单元格。若要提取明细表全部提取，则依次循环就可以很方便的获取单元格文本信息。

(n,0)	(n,1)	(n,2)	(n,3)	(n,4)	(n,5)

………

(1,0)	(1,1)	(1,2)	(1,3)	(1,4)	(1,5)
(0,0)	(0,1)	(0,2)	(0,3)	(0,4)	(0,5)
序号	代号	名称	数量	材料	备注

图 13-7　工程图纸实际使用明细表样例

13.5 表格信息的识别提取过程

13.5.1 提取所有实体过程

引入工作完成后再定义一些操作 DWG 文件实例的变量就可以读取 DWG 文件的所有实体信息。许多人在进行标题栏设计时会将标题栏与明细表做成块的形式，因此在读取信息中时，如果 DWG 文件中存在块引用则需先将块炸开才能读取，否则读取的信息将不完整。只要炸完块之后不保存则不会损坏读取的文件。完成前期工作后就可以对 AutoCAD 的数据库进行遍历，如图 13-8 所示为系统遍历数据库提取实体过程的流程图。

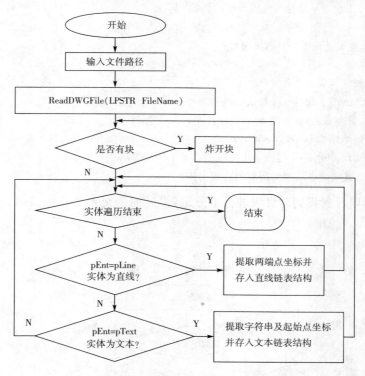

图 13-8　系统提取实体的流程图

13.5.2 表格线分组分析

标题栏与明细表是以表格的形式存在于 DWG 图纸文件中的，而标题栏与明细表里面的内容就是表格文本。表格一般是由直线和字符串组成，因此在提取实体的过程中只是提取文本实体和直线实体。表格线基本上是由水平线与竖直线组成，这也就是表格的突出特点。在此将直线分成两类：一类为水平线，另一类为竖直线。具体求解算法描述如下：

算法 1　表格线分组

for(直线链表结构中所有的直线实体)

{

新建一个空的竖直线链表 VertLineChain 和一个空的水平线链表 HorzLineChain

取出一个直线实体line-1
 if（line-1起点x坐标与终点x坐标相等）
{
if（line-1起点y坐标大于终点y坐标）
  {
起点与终点调换
}//END OF if（line-1起点y坐标大于终点y坐标）
按照从左到右、从上到下（先X再Y）的顺序排序；
存入竖直线的链表结构VertLineChain；
}//END OF if（line-1起点x坐标与终点x坐标相等）
else if（line-1起点y坐标与终点y坐标相等）
{
if（line-1起点x坐标大于终点x坐标）
  {
起点与终点调换
}//END OF if（line-1起点x坐标大于终点x坐标）
按照从上到下、从左到右（先Y再X）的顺序排序；
存入水平线的链表结构HorzLineChain；
}//END OF Else if（line-1起点x坐标与终点x坐标相等）
}//END OF for（直线链表结构中所有的直线实体）

从算法中可以看到我们对直线进行了分组，为后面的交点计算提供了数据。算法流程如图13-9所示。

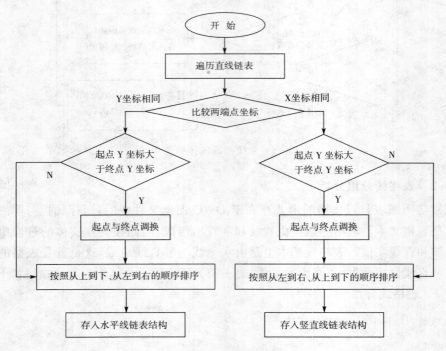

图13-9 直线分组流程

13.5.3 交点计算

计算竖直线与水平线的交点是为了组成单元格。交点的形式有以下 9 种情况,如图 13-10 所示。在此通过直线端点坐标来判断交点情况。具体求解算法描述如下:

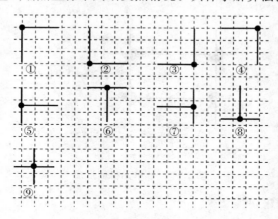

图 13-10　9 种直线交叉点情况

算法 2　交点链的建立

for(水平线链表结构中所有的水平线)
{
取出链表结构中的一条水平线 HorzLine
for(竖直线链表结构中所有的竖直线)
{
取出链表结构中的一条竖直线 VertLine
if(竖直线 VertLine 起点 x 坐标小于水平线 HorzLine 起点 x 坐标)
continue;
　定义一点 point,其 x 坐标为 VertLine 起点 x 坐标,y 坐标为 HorzLine 起点 y 坐标
　if((点 point 的 x 坐标既小于等于 HorzLine 的终点 x 坐标又大于等于 HorzLine 的起点 x 坐标)&&
(点 point 的 y 坐标既小于等于 VertLine 的终点 y 坐标又大于等于 VertLine 的起点 y 坐标))
{
该点 point 即为交点,给其标记上所属的水平线与竖直线
　if(交点链表中不存在改点)
插入该点
　else
删除该点
}
　if(竖直线 VertLine 起点 x 坐标大于水平线 HorzLine 终点 x 坐标)
break;
} END OF for(竖直线链表结构中所有的竖直线)
}END OF for(水平线链表结构中所有的水平线)

从算法中可以看到取出了所有的竖直线和水平线,在定义某一点及其坐标后,再判断是否满足此点既在取出的竖直线起点与终点之间又在取出的水平线起点与终点之间的条件,

若条件满足即可判定为交点。这样就得到了所有的交点,并为后续单元格的形成提供数据。

13.5.4 交点计算单元格的形成与表格组成

单元格的形成依靠的是对交点链表的搜索,如图 13-11 所示。具体求解算法描述如下:

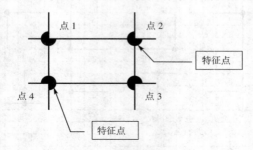

图 13-11 单元格的形成

算法 3 单元格的建立

```
for(交点链表结构中所有的交点)//正在搜索结点
{
取出一点 point1 为单元格的左上点 LeftTopPoint
  for(交点链表结构中 point1 之后所有的交点) //被比较结点
  {
取出一点 point2 令其为单元格的右上点 RightTopPoint
  if((点 LeftTopPoint 与点 RightTopPoint 的 y 坐标不等)||(两点之间是否有直线连接为 false))
  continue;
  for(交点链表结构中 point2 之后所有的交点) //被比较结点
  {
取出一点 point3 令其为单元格的右下点 RightBottom Point
if((点 RightBottom Point 与点 RightTopPoint 的 x 坐标相等)&&(两点之间有直线连接))
{
for(交点链表结构中 point3 之前所有的交点)
{
取出一点 point4 令其为单元格的左下点 LeftBottom Point
  if((点 RightBottom Point 与点 LeftBottom Point 的 y 坐标相等)&&(点 RightBottom Point 与点 LeftBottom Point 有直线相连)&&(点 LeftTopPoint 与点 LeftBottom Point 有直线相连))
    {
新建一单元格,标定其特征点
    插入单元格链表结构
    换取对应单元格内的字符串
    }
} END OF for(交点链表结构中 point3 之前所有的交点)
} END OF if((点 RightBottom Point 与点 RightTopPoint 的 x 坐标 x 相等)&&(两点之间有直线连接))
} END OF for(交点链表结构中 point2 之后所有的交点)
} END OF for(交点链表结构中 point1 之后所有的交点)
```

} END OF for(交点链表结构中所有的交点)

根据上述算法就可以找到所有的单元格。在这里把单元格的左下点和右上点作为单元格的特征点,通过比较文本信息的写入起始点是否在特征点的范围之内来判断文本是否属于单元格。这样就把单元格和文本信息一一对应起来。把在同一行的单元格组织起来,然后再把垂直方向上的几行单元格组成表格,这样就得到标题栏和明细表的表格和文本。在得到表格文本后,依照对表格的分析所提出来的提取信息原理,就可以进入提取信息的工作。这样通过对直线排序然后对交点排序再排列单元格就很容易的能提取到标题栏和明细表的信息。

13.5.5 接口的使用

因为是采用 COM 技术编写的 DLL 程序,所以使用起来非常方便。首先要注册 DLL 组件,然后在应用程序中引入本系统组件接口,引入语句如下:

```
#import "..\ReadDWG.dll" named_guids
```

引入组件之后,此 DLL 的编程接口就暴露出来。在使用之前还需初始化 COM 组件,同样在不使用组件的时候也得释放。在创建一个 DLL 实例后就可以使用这个 DLL,然后就可以调用 DLL 给出的函数方法。图 13-12 为提取信息接口在产品数据管理中的应用。

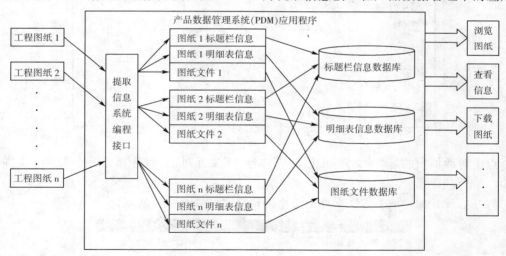

图 13-12 PDM 中应用提取信息系统

对于标题栏信息,封装的函数为 GetTitleValue(BSTR bstrPro, LONG iPositionType, BSTR * pbstrValue)。在这个函数中,bstrPro 为说明单元,iPositionType 为说明单元与值单元的相对位置关系,pbstrValue 即为提取的信息。因为标题栏中有些单元格只有值单元而没有对应的说明单元,所以在程序中会为那些没有说明单元的值单元虚拟一个说明单元。因此只需提供说明单元的内容及它们的相对位置关系就可以提取对应的值单元的内容。而明细表信息的提取更为方便,先利用程序函数来得到整个明细表的总行数和总列数。进而利用 GetBomValue(LONG iRow, LONG iCol, BSTR * pbStrValue)函数来提取。在这个函数里面,iRow 为单元格所在的行数,iCol 为单元格所在的列数,pbStrValue 即为所提取的单元格信息。提取明细表信息只需利用内外两个循环就可以把所有的明细信息提取出来。

13.6　DWG文件表格信息提取实现过程

13.6.1　测试演示过程

这是利用 Visual C++2005 自制的测试程序,主要是对 DLL 接口在接口设计过程中能做到随时随地的测试,方便调试和发现问题。经过测试没有问题才能放到集成到其他系统中去,但是也不并是说在其他系统就不需要测试。测试是必须的,只是放到自制的测试工具中能更好的发现问题所在。以下主要介绍测试过程。

首先打开测试工具,如图 13-13 所示。

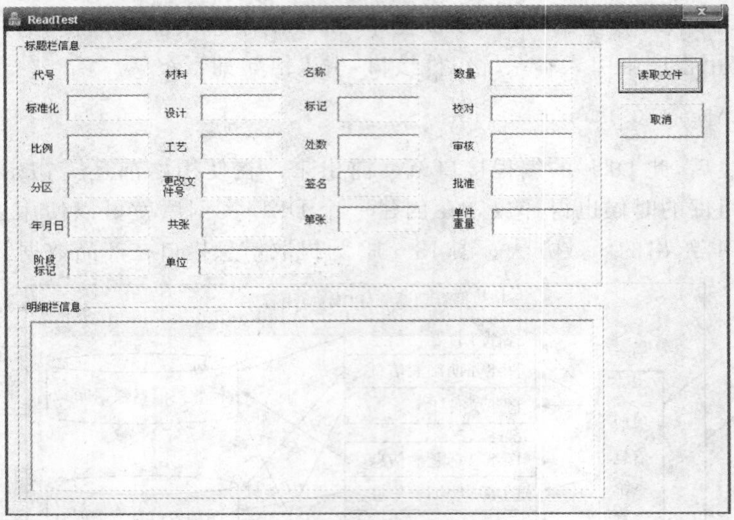

图 13-13　测试工具界面

点击对话框中的"读取文件"按钮,弹出"打开"文件对话框,选择某一个 DWG 文件,如图 13-14 所示。

打开后就立即提取 DWG 文件中表格的信息,如图 13-15 所示。

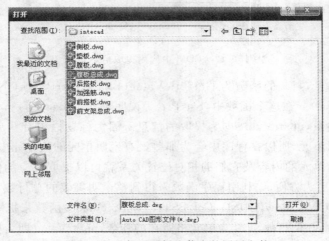

图 13-14　打开要提取信息的图纸文件

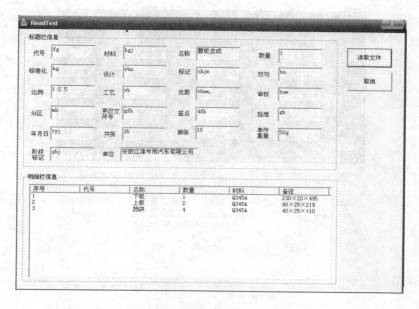

图 13-15　提取腹板总成.dwg 文件中表格

上面的提取结果可以与 DWG 图纸文件中信息进行对比验证。下面给出所提图纸的图片，如图 13-16、图 13-17 所示。通过图 13-16、图 13-17 中表格信息与图 13-15 中所提取出来的信息相比较，不难发现，提取的结果完全正确。

13.6.2　PDM(产品数据管理系统)中使用情况

合肥工业大学数字化设计与制造重点实验室与安徽江淮专用汽车有限公司合作的《多品种小批量专用车产品数据管理系统的设计与开发》项目中已经使用了本文所述的提取表格信息 DLL 组件，效果如图 13-18 所示。

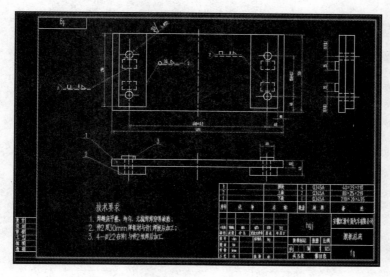

图 13-16　腹板总成.dwg 图纸文件的图片

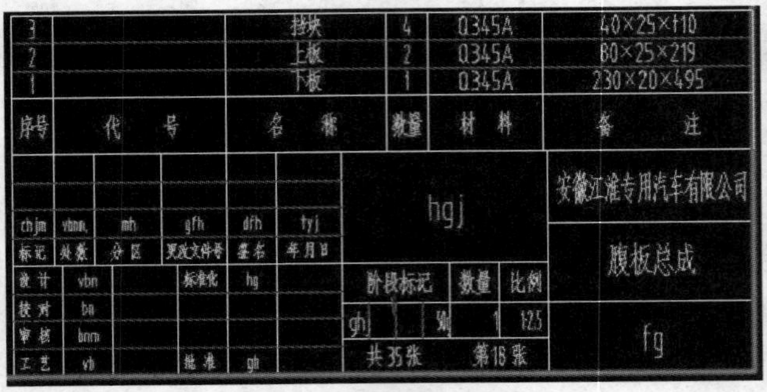

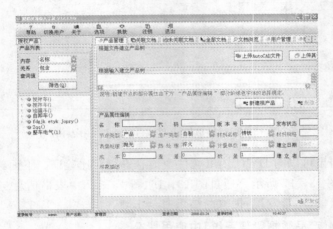

图 13-17　腹板总成.dwg 图纸文件中表格放大部分

图 13-18　PDM 登录后的界面

登录到 PDM 之后，从左侧选择某一上传目录，也可以新建一个文件夹来存放上传的图纸。点击"上传 AutoCAD 文件"就可以上传。点击后的界面如图 13-19 所示。

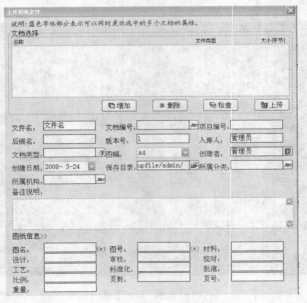

图 13-19　点击"上传 AutoCAD 文件"按钮后弹出的界面

点击某一待上传的文件，如点击"腹板总成.dwg"图纸文件，界面下方就会通过调用 DLL 来提取对应信息，如图 13-20 所示。

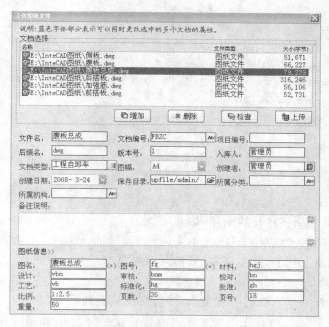

图 13-20　点击"腹板总成.dwg"图纸文件后界面的变化

在"检查"过文件没有问题之后就可以点击"上传"按钮，点击按钮之后就会将图 13-20 所示的 6 张图纸上传到对应的目录下面，如图 13-21 所示。

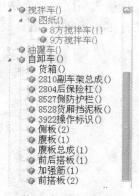

图 13-21　上传图纸后目录中添加了对应图纸

13.7　主要类文件

包括 DwgRead.h、ReadDWGCtrl.h、Resource.h、stdafx.h。文件内容如下：

1 DwgRead.h：

pragma once
include "OdaToolkit.h"

```cpp
//#import  "DWGdirectX.tlb" named_guids
#import  "DWGdirectX.tlb" named_guids  rename("GetObject","dwgGetObject")
#include<string>
#include<vector>
#include<atlstr.h>     //为了 CString
#pragma   warning(disable:4018)
#pragma   warning(disable:4581)
#pragma   warning(disable:4267)
using namespace std;
#define  RESIZE_UNIT   1
/*
```

明细表、标题栏读取程序：

(1) 打开 DWG 文件。

(2) 读取实体，如果实体是块引用，炸开块。

(3) 读取所有的水平线、垂直线、文本实体。

(4) 对水平线从上到下，从左到右(Y 相同则按左端点 X 排序)排序，垂直线按上端点从左到右，从上到下排序。

(5) 计算水平线和垂直线的所有交点，并将交点从上到下、从左到右排序。

(6) 对任意一个交点 a，首先沿水平方向向右寻找一交点 b，如果存在 b，则从 b 点沿垂直方向向下寻找一交点 c；如果 c 存在，从 c 点沿水平方向向左寻找一交点 d，如果 d 存在且 a 和 d 在同一垂直线。则 a、b、c、d 构成一单元格。所有的单元格已按从上到下、从左到右排好序。

(7) 将处于同一行、首尾相接、且格式相同的单元格组合成一行。

(8) 将格式相同、垂直方向上、首尾相接地行，组合成一个表格。

```cpp
*/
class CDwgRead
{
public:
    class oxPoint3d
    {
        public:
        double x,y,z;
        oxPoint3d() :x(0.0),y(0.0),z(0.0) {}
        oxPoint3d(const oxPoint3d& src) :x(src.x),y(src.y),z(src.z) {}
        oxPoint3d(double xx,double yy,double zz) :x(xx),y(yy),z(zz) {}
        bool operator==(oxPoint3d&oxPoint)
        {
            return x==oxPoint.x&&
                   y==oxPoint.y&&
                   z==oxPoint.z;
        }
```

```cpp
        void operator=(oxPoint3d&oxPoint)
        {
            x=oxPoint.x;
            y=oxPoint.y;
            z=oxPoint.z;
        }

};
class CCell
{
public:
    ~CCell();
    CCell();
public:
    oxPoint3d Start;
    oxPoint3d End;
    CString   strText;

};
class CText
{
public:
    void SetText(CString strText);
    CString GetText()  {  return strText;  }
public:
    oxPoint3d Min;
    oxPoint3d Max;
protected:
    CString strText;
};
class CLine
{
public:
    oxPoint3d Start;
    oxPoint3d End;
};
class CIntersectionPoint
{

public:
    CIntersectionPoint() {     m_pHorzLine=NULL;   m_pVertLine=NULL;  }
public:
    CLine  * m_pHorzLine;
```

```cpp
            CLine    * m_pVertLine;
        oxPoint3d  m_IntersectionPoint;
    };
    class CRow
    {
    public:
            ~CRow();
            CRow();
    public:
        int GetCols() ;
    public:
        std::vector<CCell * > m_arrCells;
    };
    class CTable
    {
    public:
            ~CTable();
        bool AddRow(CRow * pRow);
    public:
        int nRow;
        int nCol;
        std::vector<CRow * > m_arrRows;
        int GetRowCount(void);
        int GetColCount(void);
        bool DeleteAll(void);
        bool GetStartPoint(oxPoint3d * pPoint);
        bool GetEndPoint(oxPoint3d * pPoint);
    };

public:
    CDwgRead(void);
    ~CDwgRead(void);

public:
    bool ReadDwgFile(CString strFilePath);
protected:

    bool GetBlockEntities(IAcadBlock * pBlock);

protected:
    void  SortHorz(std::vector<CLine * > * pList);
    void  SortVert(std::vector<CLine * > * pList);
protected:
```

```cpp
    IOdaHostApp          * m_iHost;
    IAcadApplication     * m_iApplication;
    IAcadDocument        * m_pCurrentDoc;
protected:
    std::vector<CText*> m_TextList;
    std::vector<CLine*> m_HorzLineList;
    std::vector<CLine*> m_VertLineList;
    std::vector<CIntersectionPoint*>  m_IntersectionPointList;
    std::vector<CCell*> m_CellList;
    std::vector<CRow*>  m_rowList;

    CString              m_strDrawPro1;//图纸代号  //材料
    CString              m_strDrawPro2;//名称      //单位
    CString              m_strDrawPro3;//材料      //名称
    CString              m_strDrawPro4;//自定义    //代号
    CString              m_strDrawPro5;//共张数和第张数在一个单元格

public:
    std::vector<CTable*>  m_tableList;
    CTable               m_BomTable;
    std::vector<CString> m_BomTitle;
public:
    void CalTable(void);
    void GetEntityPro(IAcadEntity* pIAcadEntity);
    void ExplodeBolck(CComQIPtr<IAcadBlockReference,&IID_IAcadBlockReference> pReferenceEnt);

protected:
    bool IsExist(CIntersectionPoint* pPoint);
    void CalIntersectionPoint(void);
    bool IsConnect(CIntersectionPoint* p1,CIntersectionPoint* p2);
    void CalRow(void);
    void CalCell(void);
    CString GetCellText(CCell* pCell);
public:

    void Reset(void);
    void InsertBomTitle(CString strTitle);
    void RemoveBomTitle(void);
    bool CalBomTable(void);
    bool IsExistBomTitle(CString strTitle);
    int GetBomTitleCount(void);
    CString GetBomTitle(int iIndex);
```

```
    CString GetBomValue(int iRow,int iCol);
    void CalDrawInfo(void);
    CString GetPro(CString strPro,int iType);
    CString GetDrawPro(int lType);
};
```

2 ReadDWGCtrl.h : CReadDWGCtrl 的声明

```
#pragma once
#include "resource.h"        // 主符号

#include "ReadDWG.h"

#include ".\dwgread.h"
#if          defined(_WIN32_WCE)        &&         ! defined(_CE_DCOM) && ! defined(_CE_ALLOW_SINGLE_THREADED_OBJECTS_IN_MTA)
#error "Windows CE 平台(如不提供完全 DCOM 支持的 Windows Mobile 平台)上无法正确支持单线程 COM 对象。定义_CE_ALLOW_SINGLE_THREADED_OBJECTS_IN_MTA 可强制 ATL 支持创建单线程 COM 对象实现并允许使用其单线程 COM 对象实现。rgs 文件中的线程模型已被设置为"Free",原因是该模型是非 DCOM Windows CE 平台支持的唯一线程模型。"
#endif


// CReadDWGCtrl

class ATL_NO_VTABLE CReadDWGCtrl :
    public CComObjectRootEx<CComSingleThreadModel>,
    public CComCoClass<CReadDWGCtrl,&CLSID_ReadDWGCtrl>,
    public IDispatchImpl<IReadDWGCtrl,&IID_IReadDWGCtrl,&LIBID_ReadDWGLib,/* wMajor = */ 1,/* wMinor = */ 0>
{
public:
    CReadDWGCtrl()
    {
    }


DECLARE_REGISTRY_RESOURCEID(IDR_READDWGCTRL)
BEGIN_COM_MAP(CReadDWGCtrl)
    COM_INTERFACE_ENTRY(IReadDWGCtrl)
    COM_INTERFACE_ENTRY(IDispatch)
END_COM_MAP()
    DECLARE_PROTECT_FINAL_CONSTRUCT()

    HRESULT FinalConstruct()
```

```cpp
        {
            return S_OK;
        }

        void FinalRelease()
        {
        }

    protected:
        CDwgRead    m_Read;
    public:
        STDMETHOD(OpenFile)(BSTR bstrFilePath);
        STDMETHOD(GetBomCount)(LONG * lCount);
        STDMETHOD(RemoveAllBomTitle)(void);
        STDMETHOD(AddBomTitle)(BSTR bstrTitle);
        STDMETHOD(GetBomTitleCount)(LONG * plCount);
        STDMETHOD(GetBomTitle)(LONG iIndex,BSTR * pbStr);
        STDMETHOD(GetBomValue)(LONG iRow,LONG iCol,BSTR * pbStrValue);
        STDMETHOD(CalBomTable)(void);
        STDMETHOD(GetProValue)(BSTR bstrPro,LONG iPosType,BSTR * pbstrValue);
        STDMETHOD(GetDrawPro)(LONG iIndex,BSTR * pbstrPro);
};

OBJECT_ENTRY_AUTO(__uuidof(ReadDWGCtrl),CReadDWGCtrl)
```

1 ReadDWG.cpp：DLL 导出的实现。

```cpp
#include "stdafx.h"
#include "resource.h"
#include "ReadDWG.h"


class CReadDWGModule :public CAtlDllModuleT< CReadDWGModule >
{
public :
    DECLARE_LIBID(LIBID_ReadDWGLib)
    DECLARE_REGISTRY_APPID_RESOURCEID(IDR_READDWG,"{BE8BA27D-AAD0-4226-8F24-17E97B0E7BB6}")
};

CReadDWGModule _AtlModule;
```

```
# ifdef _MANAGED
# pragma managed(push,off)
# endif

// DLL 入口点
extern "C" BOOL WINAPI DllMain(HINSTANCE hInstance,DWORD dwReason,LPVOID lpReserved)
{
    hInstance;
    return _AtlModule.DllMain(dwReason,lpReserved);
}

# ifdef _MANAGED
# pragma managed(pop)
# endif
```

第 14 章　在液压机设计计算中的应用

前面的章节已经详细地介绍了 AutoCAD 二次开发技术所涉及的各方面知识点，本章将结合中小型液压机（Y41 系列型）设计这个实际的应用案例，来讲述 ObjectARX 程序在实际的工业生产中的应用情况。充分展现如何使用 ObjectARX 二次开发技术对液压机设计计算进行参数化与程序化，进而提高企业的生产效率。

先从液压机设计基础知识开始，选择所需要的开发环境配置，并以 Y41－160 型单柱校正压装液压机的初始化数值为例，讲解液压机设计的程序化应用。通过实例程序，让大家能更形象直观地认识和更熟练地掌握 ObjectARX 二次开发技术。

14.1　开发环境配置

对 AutoCAD 进行二次开发，需要一套组合式的软件开发环境，只有正确选择开发工具，才能成功地设计出需要的 ARX 程序库文件，以下将介绍本实例中采用的组合开发环境。

该实例是对 AutoCAD 2006 版本二维软件设计平台进行二次开发，之所以采用这个版本是根据企业的实际需来确定的，当然也可以根据需要选择其他版本的 AutoCAD 软件。

14.1.1　集成开发环境

针对 AutoCAD 2006 进行二次开发，有几种不同的集成开发环境可供选择，但是综合来看，Microsoft 公司推出的 Microsoft Visual Studio．NET 2002 集成开发环境是最佳的选择。

Microsoft Visual Studio．NET 2002 是微软公司推出的一套完整的开发工具，用于生成 ASP Web 应用程序、XML Web services、桌面应用程序和移动应用程序。Visual Basic．NET、Visual C++．NET 和 Visual C♯．NET 全都使用相同的集成开发环境（IDE），该环境允许它们共享工具并有助于创建混合语言解决方案。另外，这些语言利用了．NET 框架的功能,此框架提供对简化 ASP Web 应用程序和 XML Web services 开发的关键技术的访问。它是 Visual C++ 6.0 的后继版本，只要熟悉 C++ 的集成开发环境就很容易上手操作。

在本实例中，采用 Visual C++．NET 进行主要的程序设计，利用 ObjectARX 2006 软件开发包，使用 C++ 语言进行快速编程，这种面向对象的编程语言以及编程方法，在前面已经详细的讲解过了，这里不再赘述了。

14.1.2　ObjectARX 软件开发包

在安装了 AutoCAD 2006 和 Visual C++．NET 2002 两个软件后，还需要安装 Object-

ARX 2006 软件开发包,可以在很多网站上下载到这个 SDK,然后按照指定路径安装上就可以在集成开发环境中看到如下工具栏图标了。

至此,就可以新建一个 ObjectARX 项目(本实例将项目名称命名为 YCount),进行所需求的设计工作了。

14.1.3 数据处理与数据文件

与普通的数据库信息管理程序设计一样,本程序也同样涉及数据处理模块,需要将液压机设计计算得到的各组数据进行"入库"保存,因此,必须选择合理的数据处理方式。

考虑到二次开发中使用数据库处理数据较为繁琐,应删繁就简,使用简单的数据文件代理数据库。可以通过文本方式/二进制方式将相关组数据存储到指定的数据文件中去,再在程序的数据界面上使用 List-Control 控件读取指定格式的文件数据。例如下面的语句:

```
FILE *fp;
fp=fopen(filename,"a+");
fclose(fp);
```

可以很方面的利用文件流方式进行数据操作,既方便配置也避免了使用程序时的很多繁琐的操作。

至此,已经完整地构建了 AutoCAD 2006 下有关液压机设计计算程序化设计的组合开发环境了,接下来就要详细分析液压机设计计算程序的设计需求与具体的编程操作。

14.2 液压机设计基本知识

对液压机设计计算进行程序化,就必须首先了解液压机设计的相关过程,并对液压机计算所需要的初始参数和结果需求参数要有明确的了解。下面简介液压机设计相关知识。

14.2.1 液压机简介

液压机是利用液压传动技术进行压力加工的设备,压力和速度可以在较大的范围内进行无级调整,并可在任意位置输出全部功率和保持所需压力,结构可灵活布局,各执行机构动作可很方便地达到所希望的配合关系等许多优点。因此,液压机在各行业得到了日益广泛的应用。

液压机设计和其他任何机械设计一样,是由加工对象——工件的工艺要求决定的。因此,在整个设计过程中首先就应详细分析压制工件对各执行机构的动作(包括压力、速度、相对位置关系和运动精度)、工作空间和装卸料要求等。并根据加工的实际条件,参考液压机设计的一些典型结构和对搜集的同类产品结构性能等参考资料进行分析比较,确定总体设计方案。然后对主要零部件和液压系统、电气系统等零部件设计提出具体的要求,进行详细核算,并在此基础上绘制全部工作图和编制制造验收技术条件等全部技术文件。

至此,可知在液压机设计过程中,需要研究解决的问题有如下几点:分析压制工艺过程对设计机器的要求,确定主要技术规格和动作线图;总体设计方案的确定;主要零部件强度和刚度计算;液压系统设计;电气系统设计。

14.2.2 Y41系列单柱校正压装液压机

目前,液压机设计制造的品种、规格日益增多,在生产过程中由于工艺的改进,要求对有关零部件做相应改进,由于液压元件、电气元件等的发展和更替,需要对产品图纸进行整顿再版。

一般来说,液压机最主要规格指标是它的主导工艺动作中的主要执行机构可能输出的最大压力,对6.3吨～20000吨的各种液压机,其公称压力应按JB611—64标准规定执行。

单柱校正压装液压机系列有上滑块公称压力为2.5、10、25、63、160五种规格。图14-1就是Y41系列单柱校正压装液压机外观图,它们属于中小型液压机,机身为整体结构,液压系统布置于机身内,适应校正压装工艺要求。上滑块上限位和下限位均为可预选调正行程限位的位置。系统具有恒功率特性;手动操作手柄释放后滑块自动回程至调定的上限位置。

图14-1 Y41系统单柱校正压装液压机

Y41系列产品主要适用于轴类零件的校正和压装等工艺,也可适用于要求不高的粉末、塑料等压制工艺。Y41—160就是其中的一种,其公称压力为160吨。

本实例只讲解该单柱式液压机,对其主机部分和总体设计的主要程序以及设计计算进行参数程序化,其他类型的液压机设计也与此类同。

14.3 程序设计总体实现

14.3.1 整体框架

该液压机设计计算程序实际包含了单柱液压机的设计计算、四柱液压机的设计计算、校直力计算和数据处理模块,其总体设计结构如图14-2所示。

在上面主菜单的设计中已经知道,在AutoCAD主菜单下链接了各个计算模块界面。同时为使程序更加清晰和方便,整个系统分为三个主界面:单柱机设计界面、四柱机设计界面和校直力计算界面。在这三个界面中有分别包含了各自的子界面,使用户可以根据需要快速地选择计算界面。图14-3和图14-4分别是单柱机设计和校直力计算的主界面实现图,考虑到篇幅问题,本章只介绍Y41—160型单柱校正压装液压机的设计计算程序的实现,但足以说明ObjectARX技术在液压机设计计算中的应用情况。

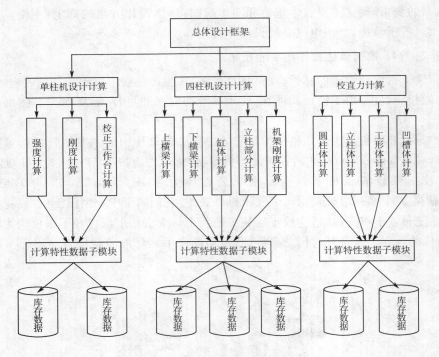

图 14-2 系统的总体框架图

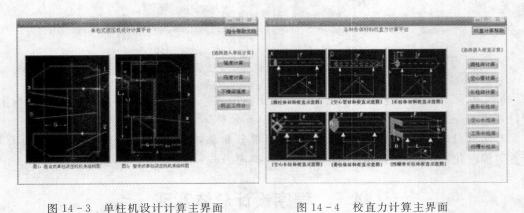

图 14-3 单柱机设计计算主界面　　　图 14-4 校直力计算主界面

此外,本实例是在 AutoCAD 运行平台的主菜单上加载一个新的自定义子菜单按钮,下拉菜单中内容链接打开各个设计界面,所以在新建项目 YCount 后,首先要对项目的模块定义 DEF 文件和主菜单进行设计。

14.3.2 项目模块定义文件

每个 ObjectARX 项目都有一个 DEF 文件,用来告知编译器不要以 microsoft 编译器的方式处理函数名,而以指定的某种方式编译导出函数(比如有函数 func,让编译器处理后函数名仍为 func)。这样,就可以避免由于 microsoft VC++.NET 编译器的独特处理方式而引起的链接错误。

在新建一个 YCount.def 文件后,根据项目命名在文件中输入以下信息即可:

```
; YCount.def ;Declares the module parameters for the DLL.
LIBRARY      "YCount"
EXPORTS
      acrxEntryPoint         PRIVATE
      acrxGetApiVersion      PRIVATE
```

14.3.3　AutoCAD 主菜单设计

在新建的项目中,可以看到程序的 YCount.cpp 文件,打开该文件进行编程。调用 ObjectARX 2006 SDK 中的头文件,利用 IPopUpMenu.AddMenuItem(index,Label,Macro) 函数设计添加自定义的子菜单。

在设计菜单程序的时候,主要用到的头文件有以下这些:

```cpp
#include <afxdllx.h>
#include <rxregsvc.h>
#include <aced.h>
#include <rxmfcapi.h>
#include "CAcadApplication.h"
#include "CAcadDocument.h"
#include "CAcadModelSpace.h"
#include "CAcadMenuBar.h"
#include "CAcadMenuGroup.h"
#include "CAcadMenuGroups.h"
#include "CAcadPopupMenu.h"
#include "CAcadPopupMenus.h"
```

添加菜单的主要函数 Addmenu() 部分代码如下:

```cpp
void addMenu()
{
    TRY
    {
        CAcadApplication IAcad(acedGetAcadWinApp()->GetIDispatch(TRUE));
        CAcadMenuBar IMenuBar(IAcad.get_MenuBar());
        long numberOfMenus;
        numberOfMenus = IMenuBar.get_Count();
        CAcadMenuGroups IMenuGroups(IAcad.get_MenuGroups());

        VARIANT index;
        VariantInit(&index);
        V_VT(&index) = VT_I4;
        V_I4(&index) = 0;

        CAcadMenuGroup IMenuGroup(IMenuGroups.Item(index));
        CAcadPopupMenus IPopUpMenus(IMenuGroup.get_Menus());
```

```
CString cstrMenuName = "液压机设计";

VariantInit(&index);
V_VT(&index) = VT_BSTR;
V_BSTR(&index) = cstrMenuName.AllocSysString();
IDispatch * pDisp=NULL;                        //see if the menu is already there
TRY{pDisp = IPopUpMenus.Item(index);pDisp->AddRef();} CATCH(ColeDispatchException,e){}END_CATCH;

if (pDisp==NULL) {
    CAcadPopupMenu IPopUpMenu(IPopUpMenus.Add(cstrMenuName));

    VariantInit(&index);
    V_VT(&index) = VT_I4;
    V_I4(&index) = 0;
    IPopUpMenu.AddMenuItem(index,"1.单柱式液压机计算平台","_single");

    VariantInit(&index);
    V_VT(&index) = VT_I4;
    V_I4(&index) = 1;
    IPopUpMenu.AddSeparator(index);
    ......
    //自定义部分代码
    VariantInit(&index);
    V_VT(&index) = VT_I4;
    V_I4(&index) = 29;
    IPopUpMenu.AddMenuItem(index,"附加:指令帮助文档","_chelp");

    pDisp = IPopUpMenu.m_lpDispatch;
    pDisp->AddRef();
}
CAcadPopupMenu IPopUpMenu(pDisp);
if (! IPopUpMenu.get_OnMenuBar())
{
    VariantInit(&index);
    V_VT(&index) = VT_I4;
    V_I4(&index) = numberOfMenus - 1;
    IPopUpMenu.InsertInMenuBar(index);
}
else
{
    VariantInit(&index);
    V_VT(&index) = VT_BSTR;
```

```
            V_BSTR(&index) = cstrMenuName.AllocSysString();
            IPopUpMenus.RemoveMenuFromMenuBar(index);
            VariantClear(&index);
        }
            pDisp->Release();
        }
 ……
    }
    static void initApp();            //起始函数
    static void unloadApp();          //卸载函数
    extern "C" AcRx::AppRetCode acrxEntryPoint (AcRx::AppMsgCode msg,void * appId);    //入口函数
```

在调试通过后,就可以在 AutoCAD 2006 中看到如图 14-5 的菜单设计效果,当菜单设计好后,就可以进入实际计算的界面编程设计了。

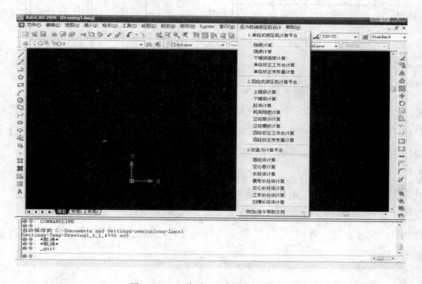

图 14-5 自定义主菜单效果图

14.4 单柱式液压机设计计算程序化实现

在自定义主菜单设计完成后,以单柱式液压机设计的计算为例,详细讲解如何将液压机设计计算进行程序化,在软件界面上进行设计时的计算操作。

14.4.1 单柱式结构设计

1. 单柱式结构

单柱式结构有称"C"形结构或开式结构,其结构示意图如图 14-6 所示,这种液压机最突出的优点是操作方便,可三面接近工件,装卸模具和工件均很方便;特别是轴类零件校直和板材弯曲成形等工艺应用这一结构形式十分方便,一般分为整体式和组合式

结构。

但是，单柱式结构最大的缺点是机身悬臂受力，且受力后变形不对称，使主缸中心线与工作台的垂直度产生角位移。这样将使模具间隙偏于一侧，一定程度上影响工件压制质量。此外，在一般简单的单柱式液压机设计中，滑块大多没有导轨，完全靠活塞与缸的导向面配合导向，因此，机身变形后将使活塞承受相当大的弯曲应力。为了使最大变形控制在允许范围内，设计时许用应力均取得较低。

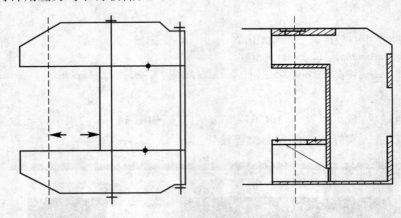

图 14-6 组合式与整体式单柱液压机机身结构图

单柱式液压机通常由机身、主缸、滑块和限程装置、校正工作台、液压系统和电气系统所组成。其中机身和校正工作台为单柱式液压机结构设计中的关键零件。下面将重点讨论整体式结构的机身和校正工作台等设计计算方法及其程序化。

2. 截面惯性矩计算

在这里把液压机截面惯性矩的计算单独拿出来介绍，是因为这是整个设计计算过程中的核心，是进一步计算其他特性的必须参数，也是大的难点。

应用材料力学的方法，可以求出各截面的面积 F、惯性矩 J 和形心位置。若截面可以简化为矩形断面，则有：

$$F = b \cdot h \quad (\text{cm}^2)$$

$$J = \frac{1}{12} bh^3 \quad (\text{cm}^4)$$

$$h_1 = \frac{1}{2} h \quad (\text{cm})$$

若计算截面为 Ⅱ 字形、箱形或任意形状，则首先将截面形状简化成计算截面，并求出计算截面中一个小块矩形截面的高度 h_i、宽度 b_i 和各矩形截面形心的高度 y_i，将一个复杂的截面简化成若干个矩形截面，这样就可以根据下表 14-1 来进行计算了。

表 14 - 1 截面惯性矩计算表

序号	宽 b_i (cm)	高 h_i (cm)	面积 $F_i = b_i \cdot h_i$ (cm²)	形心矩 y_i (cm³)	静力矩 $S_i = F_i \cdot y_i$ (cm³)	各矩形截面对 X 轴惯性矩 $J_{xi} = S_i \cdot y_i$ (cm⁴)	各矩形截面对自己形心的惯性矩 $J_{oi} = \frac{1}{12} b_i \cdot h_i^3$ (cm⁴)
1							
2							
合计		H	$\sum F_i$		$\sum S_{xi}$	$\sum J_{xi}$	$\sum J_{oi}$

截面形心轴的位置 H_1 为：

$$H_1 = \frac{\sum S_i}{\sum F_i} \quad (\text{cm})$$

其中：H_1——截面形心轴对 X 轴的距离(cm)；$\sum S_i$——各矩形截面对 X 轴的静力矩(cm³)；$\sum F_i$——截面的总面积(cm²)。

截面对 X 轴的惯性矩 J_x 为：

$$J_x = \sum J_{xi} + \sum J_{oi}$$

其中：$\sum J_{xi}$——各矩形截面对 X 轴惯性矩之和(cm⁴)；$\sum J_{oi}$——各矩截面对自己形心轴的惯性矩之和(cm⁴)。

截面对形心轴之惯性矩 J_o 为：

$$J_o = J_x - H_1^2 \cdot \sum F_i$$

其中：J_x——截面对 X 轴之惯性矩(cm⁴)；H_1——截面形心轴对 X 轴之距离(计算时均取机身内侧平面,cm)；$\sum F_i$——截面的总面积(cm²)。

14.4.2 强度和刚度计算

本实例以 Y41—160 液压机的特性数据作为初始数据。图 14-7 所示是 Y41—160B 单柱液压机的机身结构图,并且标上了各种尺寸大小。现根据该图给出的数据设置程序界面上控件的初始缺省数据,来讲述如何将单柱机设计进行程序化(图 14-8 为单柱机受力分析图)。

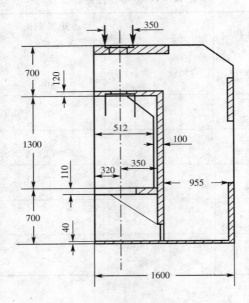

图 14-7 Y41-160B 液压机机身结构图

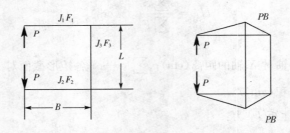

图 14-8 单柱机受力分析图

1. 整体单柱式机身强度计算

具体的计算步骤如下：

(1) 将初步设计的机身上下梁和支柱简化为计算截面,然后利用表 14-1 的方法计算出各截面的特性数据和型心位置。

(2) 根据形心位置作机身受力简图,一般均假定上下梁承受集中载荷,力作用线与主缸中心线重合。

(3) 计算并求出机身各部弯矩图。

(4) 强度计算。

从图 14-7 和图 14-8 中可以发现,上下梁承受弯曲和剪切,支柱则承受拉伸和弯曲,因此强度计算涉及的公式如下。

(1) 最大弯矩为转角处,其值为:

$$M = P \cdot B \quad \text{(kgf/cm)}$$

其中：P——公称压力(kgf)；B——主缸中心线至支柱形心的距离(cm)。

(2) 上下梁最大弯曲应力在转角处，其应力和强度条件为：

$$\sigma = \frac{M \cdot H_1}{J} \leqslant [\sigma] \quad (\text{kfg/cm}^2)$$

其中：J——上(下)梁惯性矩(cm^4)；H_1——上(下)梁截面最外点距截面形心的距离(cm)；$[\sigma]$——许用应力(kgf/cm^2)。

(3) 剪切应力最大点在截面形心轴上，其值可由下式近似计算：

$$T = 1.5 \frac{P}{tH} \leqslant [\tau] \quad (\text{kgf/cm}^2)$$

其中：t——上(下)梁立板厚度之和(cm)；H——上(下)梁总高度(cm)；$[\tau]$——许用剪切应力(kgf/cm^2)。

(4) 支柱部分承受拉伸和弯曲的合成应力，由弯曲产生的最大拉应力在支柱内侧，故内侧最大拉伸应力为：

$$\sigma = \frac{P}{F_3} + \frac{M \cdot H_1}{J_3} \leqslant [\sigma] \quad (\text{kgf/cm}^2)$$

外侧压应力为：

$$\sigma = \frac{P}{F_3} - \frac{M \cdot (H - H_1)}{J_3} \leqslant [\sigma] \quad (\text{kgf/cm}^2)$$

其中：F_3——支柱截面积(cm^2)；H——支柱截面高度(cm)；H_1——支柱截面形心至内侧最远点的距离(cm)；J_3——支柱截面的惯性矩(cm^4)。

以上是单柱机强度条件计算所涉及的公式，在了解需求以后，现在需要做的就是使用控件编程，将所有的公式程序化。

用 IDC_EDIT 编辑控件来显示可设置和修改的公式的起始数据，用 IDC_STATIC 控件来显示和记录计算函数所得到的结果数据。由计算公式可以看到，需要计算的部分包括上横梁强度、支柱强度和下横梁强度。强度条件计算模块实现的设计界面如图 14-9 所示。

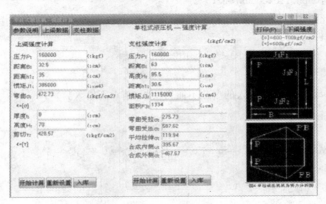

图 14-9　单柱机强度计算界面

具体的编程步骤如下：

(1) 将该对话框建立一个 Dialog 类命名为 CStrength。

(2) 在头文件 Strength.h 中定义和各参数对应的公共变量为 double 类型，例如定义 double p 代表公称压力 P 的相关变量，在 Strength.cpp 程序文件的 DoDataExchange (CDataExchange* pDX)函数中将设计的"压力 P"控件与该变量关联起来 DDX_Text (pDX,IDC_EDIT1,p)，其他变量也类似处理，这样就可以进行公式代码的编写了。

(3) 利用 UpdateData(bool value)函数，通过处理 double 类型数值的计算，更新结果变量的值，将这些代码写在"开始计算"Button 的 OnBnClickedButton()事件中，当点击这个控件的时候，就触发了计算公式。

(4) 由于计算精度的需要，还要将得到的 double 型的变量值进行四舍五入，保留小数点后两位有效数字。

(5) 此外，所有的界面都采用了"入库"操作和"打印"操作，这将在后面部分集中讲解。

类的建立以及上横梁强度计算的事件如下：

```
class CStrength :public CDialog
{
    DECLARE_DYNAMIC(CStrength)
public:
    CStrength(CWnd* pParent = NULL);   // 标准构造函数
    virtual ~CStrength();
    // 对话框数据
    enum { IDD = IDD_DIALOG9 };
protected:
    virtual void DoDataExchange(CDataExchange* pDX);    // DDX/DDV 支持
    DECLARE_MESSAGE_MAP()
public:
    afx_msg void OnBnClickedButton2();
};
//上横梁强度计算事件
void CStrength::OnBnClickedButton2()
{   // TODO:在此添加控件通知处理程序代码
    UpdateData(true);
    if(h2<0 || t<0 || p<0 || b<0 || h1<0 || j<0)
    {
        AfxMessageBox(_T("输入的参数不能为负数,请重新输入!"));
        a=0; tt=0;
    }
    if(h2>=0 && t>=0 && p>=0 && b>=0 && h1>=0 && j>=0)
    {
        a=p*b*h1/j;
        tt=1.5*p/t/h2;
    }
```

```
    int Integer;
    Integer=int(a);
    double Decimal;
    Decimal=a-Integer;
    Decimal=double(int(Decimal*100+0.5))/100;
    a=Integer+Decimal;
    ......
    // 四舍五入保留小数点后两位有效数字操作
    UpdateData(false);
}
```

在设计的时候把下横梁的强度计算单独放在了一个界面,主要是因为下横梁和上横梁受力条件相同,而下横梁截面刚度更大。若上横梁强度条件满足要求,则下横梁一定满足,如果上横梁不满足,可以再计算下横梁的强度条件。

2. 机身刚度计算

单柱式机身设计中,强度计算还是次要的,主要应按刚度条件设计,以下我们再来讲解如何将刚度计算进行程序化的。

单柱式机身受力后若产生变形,表示变形的特性指标有两种方法,其一是上下梁内侧在主缸中心线上的两点,在公称载荷作用下的相对位移。其二是在公称载荷作用下,主缸中心线的转角。

从单柱液压机的结构特点(变形不对称)和压制过程对整机的要求(上下梁水平相对位移)来分析,采用限制主缸中心线的转角是比较合理和比较全面的。单柱式结构的液压机设计的刚度指标是指在公称载荷作用下主缸中心线角位移不大于 $3'$,对于一般的校正压装液压机取角位移不大于 $6'$。

(1) 刚度条件

即主缸中心线对工作台中心点的转角位移可利用莫尔积分方法求出(这里不再详细赘述),可得:

$$\theta = \frac{1}{2}\frac{PB^2}{EJ_1} + \frac{1}{2}\frac{PB^2}{EJ_2} + \frac{1}{2}\frac{PBL}{EJ_3}$$

进一步简化,设 $K_{31}=J_3/J_1, K_{32}=J_3/J_2, \alpha=L/B$ 并将弧度值转换为以分为单位的角度值,得:

$$\theta = 1720 \cdot PB^2 \frac{(2\alpha+K_{31}+K_{32})}{EJ_3} \leqslant [\theta]$$

其中:P——公称压力;B——主缸中心线至支柱形心距离;E——机身材料弹性模量;J_3——支柱截面惯性矩;α——系数;K_{31}——支柱与上梁的惯性矩的比值;K_{32}——支柱与下梁的惯性矩的比值;$[\theta]$——许用角位移(标准刚度:$[\theta]=3'$,较低刚度:$[\theta]=6'$)。

(2) 程序实现过程

同强度计算类似,刚度计算实现的设计界面如图 14-10 所示。

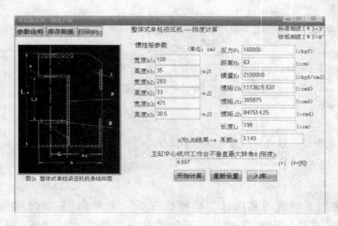

图 14-10 单柱机刚度计算界面

具体的编程步骤如下：

(1) 建立刚度计算对话框的 Dialog 类 CStiff。

(2) 在头文件 Stiff.h 中定义和各参数对应的共公变量为 double 类型，在 Stiff.cpp 程序文件的 DoDataExchange(CDataExchange * pDX)函数中将设计的参数控件与对应的变量关联起来。

(3) 利用 UpdateData(bool value)函数，通过处理 double 类型数值的计算，更新结果变量的值，代码写在"开始计算"Button 的 OnBnClickedButton()事件中，当点击这个控件的时候，就触发了计算公式，更新变量数值。

(4) 对得到的 double 型的变量值进行四舍五入保留小数点后三位有效数字。

类的建立与刚度计算的事件如下：

```
class CStiff :public CDialog
{
    DECLARE_DYNAMIC(CStiff)
public:
    CStiff(CWnd* pParent = NULL);   // 标准构造函数
    virtual ~CStiff();
    // 对话框数据
    enum { IDD = IDD_DIALOG10 };
protected:
    virtual void DoDataExchange(CDataExchange* pDX);    // DDX/DDV 支持
    DECLARE_MESSAGE_MAP()
public:
    afx_msg void OnBnClickedButton3();
};
//刚度计算事件
void CStiff::OnBnClickedButton3()
{   // TODO:在此添加控件通知处理程序代码
    UpdateData(true);
```

```
if(b<0 || p<0 || e<0 || a<0 || b1<0 || b2<0 || b3<0 || h1<0 || h2<0 || h3<0)
{
    AfxMessageBox(_T("输入的参数值不能为负数,请重新输入!"));
    u=0;
    a=0;
    j1=0;
    j2=0;
    j3=0;
}
if(b>=0 && p>=0 && e>=0 && a>=0 && b1>=0 && b2>=0 && b3>=0 && h1>=0 && h2>=0 && h3>=0)
{
    j1=b1*h1*h1*h1/12;
    j2=b2*h2*h2*h2/12;
    j3=b3*h3*h3*h3/12;
    u=1720*(2*L/b+j3/j1+j3/j2)*p*b*b/e/j3;
    a=L/b;
}
int Integer;
Integer=int(j2);
double Decimal;
Decimal=j2-Integer;
Decimal=double(int(Decimal*1000+0.5))/1000;
j2=Integer+Decimal;
......
// 四舍五入保留小数点后三位有效数字操作
UpdateData(false);
}
```

3. 校正工作台设计计算

在单柱液压机上,对轴类零件进行校直工作时,常设计有校正工作台,尤其是校正压装类液压机,例如图 14-11 是 Y41-160B 校正工作台的结构,而图 14-12 为其受力分析图。

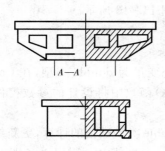

图 14-11 校正工作台结构

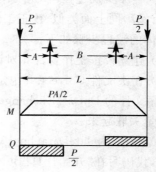

图 14-12 受力分析图

在校正工作台的设计中,涉及的主要有以下计算公式。

(1) 最大弯矩在两个支点内侧,弯矩值 M 为:

$$M = \frac{1}{2} P \cdot A \qquad (\text{kgf}-\text{cm})$$

(2) 最大剪切力 Q 在两个支点外侧,剪切力 Q 为:

$$Q = \frac{1}{2} \cdot P \qquad (\text{kgf})$$

(3) 强度计算条件为:

$$\sigma = \frac{M \cdot H_1}{J} \leqslant [\sigma] \qquad (\text{kgf/cm}^2)$$

$$\tau = 1.5 \frac{Q}{b \cdot h} \leqslant [\tau] \qquad (\text{kgf/cm}^2)$$

其中:M——最大弯矩($\text{kgf}-\text{cm}^2$);P——公称压力(kgf);A——校正工作台悬臂端距离(cm);Q——最大剪切力(kgf);H_1——两支点内计算截面最外点距形心的距离(cm);J——计算截面惯性矩(cm^4);b,h——受剪计算截面立板总宽度和高度(cm)。

校正工作台主要承受弯曲和剪切,故一般设计的时候均采用铸钢和钢板焊接制成。所以,除进行强度计算外,一般还应控制工作台变形范围,通常允许的弯曲变形值$[f] <= 0.2 \cdot L/1000 \text{mm}$,$L$ 为工作台计算长度。

工作台全长上弯曲变形量可用下式求出:

$$f = \frac{PA(8A^2 + 12AB + 3B^2)}{48EJ} \qquad (\text{cm})$$

其中:E——弹性模量(kgf/cm^2);A——校正时可移支座距支点的外伸距离(cm),一般可由 $L = (0.6 \sim 0.7)L_0$ 求出,L_0 为校正工作台全长;B——工作台宽度(指机身工作台左右方向长度)(cm)。

(4) 程序实现过程:校正工作台的计算包含两个界面,除了强度计算外还有对工作台变形量的计算,同上面类似,校正工作台计算的设计界面如图 14-13 所示。

具体的编程步骤如下:

(1) 建立校正工作台计算对话框的 Dialog 类 CCorrect。

(2) 在头文件 Correct.h 中定义和各参数对应的共公变量为 double 类型,在 Correct.cpp 程序文件的 DoDataExchange(CDataExchange* pDX)函数中将设计的参数控件与对应的变量关联起来。

(3) 利用 UpdateData(bool value)函数,通过处理 double 类型数值的计算,更新结果变量的值,代码写在"开始计算"Button 的 OnBnClickedButton()事件中,当点击这个控件的时候,就触发了计算公式,更新变量数值。

(4) 对得到的 double 型的变量值进行四舍五入保留小数点后两位有效数字。

第 14 章 | 在液压机设计计算中的应用

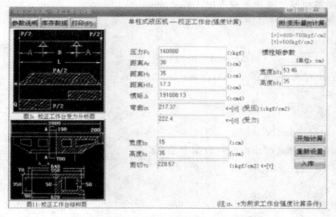

图 14-13 校正工作台强度计算界面

（5）使用模式对话框的打开方式,链接变形量[f]计算的对话框。
Dialog 类的建立过程如下:（公式计算事件与上面类似）

```
class CCorrect :public CDialog
{
    DECLARE_DYNAMIC(CCorrect)
public：
    CCorrect(CWnd* pParent = NULL);    // 标准构造函数
    virtual ~CCorrect();
    // 对话框数据
    enum { IDD = IDD_DIALOG8 };
protected：
    virtual void DoDataExchange(CDataExchange* pDX);    // DDX/DDV 支持
    DECLARE_MESSAGE_MAP()
public：
    afx_msg void OnBnClickedButton1();
    afx_msg HBRUSH OnCtlColor(CDC* pDC,CWnd* pWnd,UINT nCtlColor);
};
```

4. 计算数据处理

本实例除了上面的设计计算外,还设计添加了对计算数据的处理功能,采用数据文件的处理方式,对计算中得到的相关数据进行"入库"、"删除"等操作。自定义的数据文件扩展名设计成.jxc,表示机械厂的意思。以单柱机刚度计算的数据处理实现为例来讲述,数据文件为 stiff.jxc。

首先,设计数据"入库"的 Button,当点击这个 Button 时就触发其 OnBnClickedButton() 事件,其中的代码通过打开文本文件的方式,将界面上 Edit 控件得到的数据以及当前保存的日期信息,按照换行格式保存到指定的数据文件中,以方便 List-Control 控件的读取。

实现的代码大致如下:

```
void CStrength::OnBnClickedButton3()
```

```
    {
        // TODO:在此添加控件通知处理程序代码
        //获取当前系统日期
        CString strDate;
        CTime ttime = CTime::GetCurrentTime();
        strDate.Format("%d-%d-%d",ttime.GetYear(),ttime.GetMonth(),ttime.GetDay());
        //数据输入
        FILE *fp;
        fp=fopen("stiff.jxc","a+");
        fprintf(fp,"单柱机强度计算库存数据记录:\n");
        fprintf(fp,"%.2lf\n",p);
        ……
        //自定义代码部分
        fprintf(fp,"%s\n",strDate);
        fclose(fp);
    }
```

在完成数据入库后,还需要在对应的数据界面上将文件中的数据读取出来。在该对话框类 CStiffData 中重写其界面初始化函数 OnInitDialog(),使 List-Control 控件在界面打开的时候便读取数据文件并显示出来,注意 List-Control 控件的 View 属性要设置成 Report 型。

其主要的代码实现如下:

```
BOOL CStiffData::OnInitDialog()
{
    CDialog::OnInitDialog();
    // TODO: 在此添加额外的初始化
        CStdioFile file;
        if(! file.Open(_T("stiff.jxc"),CFile::modeRead|CFile::shareDenyWrite|CFile::type-Text))
            MessageBox(_T("没有找到指定的数据文件!"));
        else
        m_list.DeleteAllItems();
        while(m_list.DeleteColumn(0));
    m_list.SetExtendedStyle(m_list.GetExtendedStyle()|LVS_EX_FULLROWSELECT|LVS_EX_GRIDLINES);
        m_list.SetBkColor(RGB(211,211,211));       //设置背景颜色
        m_list.SetTextColor(RGB(0,0,255));         //设置文本颜色
        m_list.SetTextBkColor(RGB(211,211,211));   //设置颜色等值
        m_list.InsertColumn(0,"压力 P",LVCFMT_LEFT,68);
        ……
        m_list.InsertColumn(12,"日期",LVCFMT_LEFT,74);   //设置表头信息
        int row=m_list.InsertItem(0,"(:kgf)");           //用 insertitem,返回行数
        m_list.SetItemData(0,65535);
        m_list.SetItemText(row,1,"(:cm)");
        ……
```

```
        m_list.SetItemText(row,12,"(入库时间)");    //设置第二列的值

    CString strType;
      ……
    CString intime;
    CString onLine;      //定义读取行的变量
    BOOL bRead=file.ReadString(onLine);
    DWORD fileLength = file.GetLength();
    DWORD nPos = file.GetPosition();
    for(int i=1; nPos < fileLength; i++)
    {
        file.ReadString(strType);
        file.ReadString(ppp);
           ……
        file.ReadString(intime);
        nPos = file.GetPosition();
        m_list.InsertItem(i,strType);
        m_list.SetItemData(i,65535);
           ……
        m_list.SetItemText(i,12,intime);     //插入读取的每行数据
    }
    file.Close();
    return TRUE;
    // return TRUE unless you set the focus to a control
    // 异常:OCX 属性页应返回 FALSE
}
```

此外,在数据界面上还提供了"删除"不需要的组数据的功能,同样是利用 Button 的单击触发事件函数,实现删除光标选中行的操作。不同与数据库数据的删除,这种删除操作特殊之处是先删除 List－Control 控件中的某行数据,然后再用数据文件处理方式将 List－Control 控件中现有新的组数据重新写入数据文件中,从而间接地实现删除操作。

代码如下:

```
void CStiffData::OnBnClickedButton2()
{
    //TODO:在此添加控件通知处理程序代码
    //删除 List－Control 控件中光标选中行的数据
    int m_nIndex;
    POSITION pos = m_list.GetFirstSelectedItemPosition();
    if(m_nIndex=m_list.GetNextSelectedItem(pos))
    {
        m_list.DeleteItem(m_nIndex);
    }
    //删除后,将新的数据写入到数据文件中
```

```
CString strTmp;
FILE *fp;
fp=fopen("stiff.jxc","w");
int num = m_list.GetItemCount();
for(int i=1;i < num;i++)
{
    fprintf(fp,"单柱机刚度计算库存数据记录:\n");
    strTmp = m_list.GetItemText(i,0);
    fprintf(fp,"%s\n",strTmp);
    ......
      //根据删除的数据行数来写
    strTmp = m_list.GetItemText(i,12);
     fprintf(fp,"%s\n",strTmp);
}
    fclose(fp);
}
```

本程序处理实现的单柱机刚度计算库存数据界面如图14－14所示：

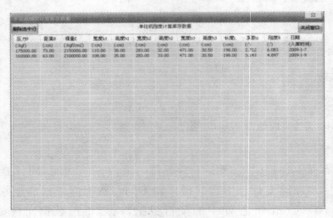

图14－14 刚度计算库存数据实现界面

5.其他模块计算说明

除了单柱式液压机的设计计算外,本程序还有关于四柱式液压机和校直力的计算等等,而这只有计算公式和所需参数不同,其他的设计过程和编程实现过程并没有什么差异,因此就不再重复讲述。

14.5 其他主要实用程序

14.5.1 对话框和控件初始化重写

设置dialog的外观和其中控件的样式,采用重写函数OnCtlColor(CDC* pDC,CWnd * pWnd,UINT nCtlColor),可以实现自定义风格的对话框样式,代码如下：

HBRUSH CStiff::OnCtlColor(CDC* pDC,CWnd* pWnd,UINT nCtlColor)

```cpp
    {
        HBRUSH hbr = CDialog::OnCtlColor(pDC,pWnd,nCtlColor);
        // TODO:  在此更改 DC 的任何属性
        switch(nCtlColor)
        {
            case CTLCOLOR_DLG:                              //对话框样式的设置
            {
                pDC->SetBkMode(TRANSPARENT);                //设置背景为透明
                pDC->SetTextColor(RGB(25,25,112));          //设置字体颜色
                HBRUSH B = CreateSolidBrush(RGB(245,245,255));  //创建画刷
                return (HBRUSH) B;                          //返回画刷句柄
            }
            case CTLCOLOR_STATIC:                           //静态文本控件样式的设置
            {
                pDC->SetBkMode(TRANSPARENT);
                pDC->SetTextColor(RGB(25,25,112));
                HBRUSH B = CreateSolidBrush(RGB(245,245,255));
                return (HBRUSH) B;
            }
            case CTLCOLOR_BTN:                              //Button 按钮控件样式的设置
            {
                pDC->SetBkMode(TRANSPARENT);
                pDC->SetTextColor(RGB(25,25,112));
                HBRUSH B = CreateSolidBrush(RGB(202,225,255));
                return (HBRUSH) B;
            }
            default:
                return CDialog::OnCtlColor(pDC,pWnd,nCtlColor);
        }
        // TODO:  如果默认的不是所需画笔,则返回另一个画笔
        return hbr;
    }
```

在以上实现的界面上可以发现,程序中实现的界面、控件的背景颜色字体颜色都是自定义风格的。

14.5.2 打印当前 Dialog 对话框

本程序中的打印并不同于一般的 CPrintDialog 方式,而是先将对话框界面截图,然后保存为新建的位图,再将该位图选到内存设备描述表中,从而保存在内存设备中。然后再利用 CPrintDialog 类,获取内存中保存的位图数据,输入打印。

截图语句大致如下:

```cpp
        HDC hScreenDC,hMemDC,hPrintDC;      // 屏幕、内存和打印机设备描述表
        HBITMAP hBitmap,hOldBitmap;         // 位图句柄
```

```
DOCINFO docInfo;
BITMAPINFO bi;
int nX,nY,nX2,nY2;              // 选定区域坐标
int nWidth,nHeight;              // 位图宽度和高度
int xScrn,yScrn;                 // 屏幕分辨率
int err;
BYTE * lpData;
//为屏幕创建设备描述表
hScreenDC = CreateDC("DISPLAY",NULL,NULL,NULL);
ASSERT(hScreen);
//为屏幕设备描述表创建兼容的内存设备描述表
hMemDC = CreateCompatibleDC(hScreenDC);
ASSERT(hMemDC);
CStiff::GetWindowRect(lpRect);
// 获得选定区域坐标
nX = lpRect->left;
nY = lpRect->top;
nX2 = lpRect->right;
nY2 = lpRect->bottom;
// 获得屏幕分辨率
xScrn = GetDeviceCaps(hScreenDC,HORZRES);
yScrn = GetDeviceCaps(hScreenDC,VERTRES);
//确保选定区域是可见的
if (nX<0) nX = 0;
if (nY<0) nY = 0;
if (nX2 > xScrn) nX2 = xScrn;
if (nY2 > yScrn) nY2 = yScrn;
nWidth = nX2;
nHeight = nY2;
//创建一个与屏幕设备描述表兼容的位图
hBitmap = CreateCompatibleBitmap(hScreenDC,nWidth,nHeight);
ASSERT(hBitmap);
//把新位图选到内存设备描述表中
hOldBitmap = (HBITMAP)::SelectObject(hMemDC,hBitmap);
//把屏幕的内容以位图的形式拷贝到内存中
::BitBlt(hMemDC,0,0,nWidth,nHeight,hScreenDC,0,nY,SRCCOPY);
::SelectObject(hMemDC,hOldBitmap);
```

连接打印机和获取位图文件数据语句如下:

```
//显示打印机对话框
CPrintDialog printDlg(FALSE,PD_NOPAGENUMS|PD_NOSELECTION,this);
if(printDlg.DoModal()==IDCANCEL)
    return;
```

```
//获取打印机句柄
hPrintDC=printDlg.GetPrinterDC();
ASSERT(hPrintDC);
memset(&bi,0,sizeof(BITMAPINFO));
bi.bmiHeader.biSize=sizeof(BITMAPINFOHEADER);
//获取内存中位图数据
::GetDIBits(hMemDC,hBitmap,0,nHeight,NULL,&bi,DIB_RGB_COLORS);
lpData=new BYTE[bi.bmiHeader.biSizeImage];
ASSERT(lpData);
::GetDIBits(hMemDC,hBitmap,0,nHeight,lpData,&bi,DIB_RGB_COLORS);
```

再将现有的位图数据输出到打印机进行指定模式的打印,便可以实现将"打印"这个 Button 按钮所在的 Dialog 界面当前状态打印出图,达到预期的效果。最后一节详细列出了本 ARX 应用程序中所有文件。

14.6 实用程序文件清单

14.6.1 主程序与菜单设计

(1) 工程文件

YCount.vcproj

(2) CPP 文件

YCount.cpp:液压机计算主程序与菜单加载程序文件。

Help.cpp:ARX 程序帮助文档。

(3) 类

CAcadDocument:AutoCAD 程序文档处理类。

CAcadMenuBar:AutoCAD 主菜单条设计类。

CAcadApplication:AutoCAD 程序加载类。

CAcadPopupMenu:AutoCAD 菜单设计类。

CAcadModelSpace:AutoCAD 模板空间类。

CAcadMenuGroup:AutoCAD 菜单设计组类。

(4) ARX 程序模块文件

YCount.def:ARX 程序模块定义文件。

IDD_DIALOG1:ARX 程序指令帮助对话框。

14.6.2 四柱机计算

(1) 工程文件

YCount.vcproj

(2) CPP 文件

Upheng.cpp:四柱式液压机上横梁设计计算。

urnbody.cpp:四柱式液压机缸体计算。

Machine.cpp:四柱式液压机机架刚度计算。

pillar.cpp：四柱式液压机立柱部分计算。
CheckFour.cpp：四柱式液压机校正工作台设计计算。
FourDown.cpp：四柱式液压机下横梁（工作台）设计计算。
urnbodyData.cpp：四柱式液压机缸体计算库存数据处理。
MachineData.cpp：四柱式液压机机架刚度计算库存数据处理。
pillarData.cpp：四柱式液压机立柱部分计算库存数据处理。
FourDownData.cpp：四柱式液压机下横梁（工作台）计算库存数据处理。
UphengData.cpp：四柱式液压机上横梁计算库存数据处理。
CheckFourData.cpp：四柱式液压机校正工作台设计计算库存数据处理。

(3) 类

Upheng：四柱式液压机上横梁设计计算 dialog 类。
urnbody：四柱式液压机缸体计算 dialog 类。
Machine：四柱式液压机机架刚度计算 dialog 类。
pillar：四柱式液压机立柱部分计算 dialog 类。
CheckFour：四柱式液压机校正工作台设计计算 dialog 类。
FourDown：四柱式液压机下横梁（工作台）设计计算 dialog 类。
urnbodyData：四柱式液压机缸体计算库存数据处理 dialog 类。
MachineData：四柱式液压机机架刚度计算库存数据处理 dialog 类。
pillarData：四柱式液压机立柱部分计算库存数据处理 dialog 类。
FourDownData：四柱式液压机下横梁（工作台）计算库存数据处理 dialog 类。
UphengData：四柱式液压机上横梁计算库存数据处理 dialog 类。
CheckFourData：四柱式液压机校正工作台设计计算库存数据处理 dialog 类。

(4) 对话框

IDD_DIALOG4：四柱式液压机设计计算主界面对话框。
IDD_DIALOG11：四柱式液压机上横梁设计计算对话框。
IDD_DIALOG19：四柱式液压机机架刚度计算对话框。
IDD_DIALOG20：四柱式液压机立柱部分计算对话框。
IDD_DIALOG17：四柱式液压机缸体计算对话框。
IDD_DIALOG21：四柱式液压机校正工作台设计计算对话框。
IDD_DIALOG25：四柱式液压机下横梁（工作台）设计计算对话框。
IDD_DIALOG31：四柱式液压机缸体计算库存数据处理对话框。
IDD_DIALOG32：四柱式液压机机架刚度计算库存数据处理对话框。
IDD_DIALOG37：四柱式液压机立柱部分计算库存数据处理对话框。
IDD_DIALOG40：四柱式液压机下横梁（工作台）计算库存数据处理对话框。
IDD_DIALOG43：四柱式液压机上横梁计算库存数据处理对话框。
IDD_DIALOG75：四柱式液压机校正工作台设计计算库存数据处理对话框。

14.6.3 单柱机计算

(1) 工程文件

YCount.vcproj

(2) CPP 文件

Stiff.cpp：单柱式液压机刚度计算。
Strength.cpp：单柱式液压机强度计算。
Correct.cpp：单柱式液压机校正工作台计算。
StiffData.cpp：单柱式液压机刚度计算库存数据处理。
StrengthData.cpp：单柱式液压机强度计算库存数据处理。
CorrectData.cpp：单柱式液压机校正工作台计算库存数据处理。

(3) 类

Stiff：单柱式液压机刚度计算 dialog 类。
Strength：单柱式液压机强度计算 dialog 类。
Correct：单柱式液压机校正工作台计算 dialog 类。
StiffData：单柱式液压机刚度计算库存数据处理 dialog 类。
StrengthData：单柱式液压机强度计算库存数据处理 dialog 类。
CorrectData：单柱式液压机校正工作台计算库存数据处理 dialog 类。

(4) 对话框

IDD_DIALOG3：单柱式液压机设计计算主界面对话框。
IDD_DIALOG8：单柱式液压机校正工作台设计计算主界面对话框。
IDD_DIALOG9：单柱式液压机刚度计算对话框。
IDD_DIALOG10：单柱式液压机强度计算对话框。
IDD_DIALOG24：单柱式液压机刚度计算库存数据处理对话框。
IDD_DIALOG26：单柱式液压机强度计算库存数据处理对话框。
IDD_DIALOG29：单柱式液压机校正工作台设计计算库存数据处理对话框。

14.6.4 校直力计算

(1) 工程文件

YCount.vcproj

(2) CPP 文件

ForceCircle.cpp：圆柱体材料校直力计算。
ForceKongC.cpp：空心管材料校直力计算。
ForceZhu.cpp：长柱体材料校直力计算。
ForceLing.cpp：菱形长柱体材料校直力。
ForceKongZhu.cpp：空心长柱体材料校直力计算。
ForceGong.cpp：工形长柱体材料校直力计算。
ForceAo.cpp：凹槽形长柱体材料校直力计算。
ForceCircleData.cpp：圆柱体材料校直力计算库存数据处理。
ForceKongCData.cpp：空心管材料校直力计算库存数据处理。
ForceZhuData.cpp：长柱体材料校直力计算库存数据处理。
ForceLingData.cpp：菱形长柱体材料校直力库存数据处理。
ForceKongZhuData.cpp：空心长柱体材料校直力计算库存数据处理。
ForceGongData.cpp：工形长柱体材料校直力计算库存数据处理。

ForceAoData.cpp：凹槽形长柱体材料校直力计算库存数据处理。

(3) 类

ForceCircle：圆柱体材料校直力计算 dialog 类。
ForceKongC：空心管材料校直力计算 dialog 类。
ForceZhu：长柱体材料校直力计算 dialog 类。
ForceLing：菱形长柱体材料校直力计算 dialog 类。
ForceKongZhu：空心长柱体材料校直力计算 dialog 类。
ForceGong：工形长柱体材料校直力计算 dialog 类。
ForceAo：凹槽形长柱体材料校直力计算 dialog 类。
ForceCircleData：圆柱体材料校直力计算库存数据处理 dialog 类。
ForceKongCData：空心管材料校直力库存数据处理 dialog 类。
ForceZhuData：长柱体材料校直力计算库存数据处理 dialog 类。
ForceLingData：菱形长柱体材料校直力计算库存数据处理 dialog 类。
ForceKongZhuData：空心长柱体材料校直力计算库存数据处理 dialog 类。
ForceGongData：工形长柱体材料校直力计算库存数据处理 dialog 类。
ForceAoData：凹槽形长柱体材料校直力计算库存数据处理 dialog 类。

(4) 对话框

IDD_DIALOG7：校直力计算主界面对话框。
IDD_DIALOG12：圆柱体材料校直力计算对话框。
IDD_DIALOG44：空心管材料校直力计算对话框。
IDD_DIALOG45：长柱体材料校直力计算对话框。
IDD_DIALOG46：菱形长柱体材料校直力计算对话框。
IDD_DIALOG47：空心长柱体材料校直力计算对话框。
IDD_DIALOG48：工形长柱体材料校直力计算对话框。
IDD_DIALOG49：凹槽形长柱体材料校直力计算对话框。
IDD_DIALOG50：圆柱体材料校直力计算库存数据处理对话框。
IDD_DIALOG51：空心管材料校直力计算库存数据处理对话框。
IDD_DIALOG52：长柱体材料校直力计算库存数据处理对话框。
IDD_DIALOG53：菱形长柱体材料校直力计算库存数据处理对话框。
IDD_DIALOG54：空心长柱体材料校直力计算库存数据处理对话框。
IDD_DIALOG55：工形长柱体材料校直力计算库存数据处理对话框。
IDD_DIALOG56：凹槽形长柱体材料校直力计算库存数据处理对话框。

附录一　ADS 和 ARX 函数对照表

1. 外部函数处理

ads_defun　　　acedDefun　　定义一个外部函数
ads_getfuncode　　acedGetFunCode　　返回 ADSRX 应用程序的函数码
ads_invoke　　　acedInvoke　　调用其他 ADSRX 应用程序中定义的外部函数
ads_regfunc　　　acedRegFunc　　登记一个外部函数
ads_undef　　　acedUndef　　解除外部函数定义
ads_ssGetKwordCallbackPtr　　acedSSGetKwordCallbackPtr　　获得一个指向当前使用的"关键字"回调函数指针
ads_ssGetOtherCallbackPtr　　acedSSGetOtherCallbackPtr　　获得一个指向当前使用的"其他"回调函数指针
ads_ssSetKwordCallbackPtr　　acedSSSetKwordCallbackPtr　　为选择集操作注册一个"关键字"回调函数
ads_ssSetOtherCallbackPtr　　acedSSSetOtherCallbackPtr　　为选择集操作注册一个"其他"回调函数

2. 外部应用程序的处理

ads_arxload　　　acedArxLoad　　加载一个外部 ARX 应用程序
ads_arxloaded　　acedArxLoaded　　返回一个指向链表的指针,该链表保存了当前加载的外部 ARX 程序
ads_arxunload　　acedArxUnload　　卸载已加载的 ARX 程序
ads_getappname　　acedGetAppName　　检索当前 ARX 程序名
ads_getargs　　　acedGetArgs　　返回一个指向包含所请求的外部应用程序参数的缓冲区链表
ads_getcfg　　　acedGetCfg　　从 acad.cfg 中检索应用程序的有关数据
ads_agetcfg　　　acedGetCfg　　从 acad.cfg 中寻找 AppData 部分数据
ads_asetcfg　　　acedSetCfg　　向 acad.cfg 文件中写数据
ads_setcfg　　　acedSetCfg　　在 acad.cfg 中的 AppData 节中写入应用程序数据
ads_regapp　　　acdbRegApp　　在当前图形中注册一个指定的应用程序名
ads_regappx　　　acdbRegApp　　在当前图形中注册一个指定的应用程序名

3. 错误的处理

ads_alert　　　acedAlert　　在警告框中显示错误或警告信息
ads_fail　　　acdbFail　　在文本窗口中打印出错信息

4. 内存管理

ads_buildlist　　acutBuildList　　创建一结果缓存链表5 AutoCAD变量及命令
ads_newrb　　　acutNewRb　　　创建一个新的结果缓存
ads_relrb　　　　acutRelRb　　　释放结果缓存链表所占用的内存

5. AutoCAD变量及命令

ads_cmd　　　　acedCmd　　　　通过结果缓存链表执行AutoCAD命令
ads_command　　acedCommand　　执行一个或多个AutoCAD命令
ads_getcname　　acedGetCName　　检索AutoCAD的本地或英文菜单命令集
ads_getsym　　　acedGetSym　　　检索一个AutoLisp符号的值
ads_getvar　　　acedGetVar　　　检索AutoCAD系统变量的当前值
ads_osnap　　　acedOsnap　　　通过目标捕捉得到一个点
ads_putsym　　　acedPutSym　　　设置AutoLisp符号的值
ads_setenv　　　acedSetEnv　　　对指定的环境变量赋值
ads_setvar　　　acedSetVar　　　修改AutoCAD系统变量的值
ads_vports　　　acedVports　　　返回当前视区配置的视区描述表
ads_getenv　　　acedGetEnv　　　获取AutoCAD环境变量的当前值

6. 几何实用函数

ads_angle　　　　acutAngle　　　获得一条线与当前X轴的夹角
ads_distance　　　acutDistance　　获得两点间的距离
ads_polar　　　　acutPolar　　　获得一个点极坐标
ads_inters　　　　acdbInters　　　检查两条直线是否相交
ads_point_set　　　acdbPointSet　　对指定的坐标点赋值

7. 用户输入函数

ads_getangle　　　acedGetAngle　　提示用户输入一个角度
ads_getcorner　　　acedGetCorner　　提示用户输入一个矩形的对角点
ads_getdist　　　　acedGetDist　　　提示用户输入一个距离
ads_getinput　　　acedGetInput　　检索一个传递给用户输入函数的关键字
ads_getint　　　　acedGetInt　　　提示用户输入一个整数
ads_getkword　　　acedGetKword　　提示用户输入一个关键字
ads_getorient　　　acedGetOrient　　提示用户输入一个角度,角度基点指向右方
ads_getpoint　　　acedGetPoint　　提示用户输入一个点
ads_getreal　　　　acedGetReal　　提示用户输入一个实数
ads_getstring　　　acedGetString　　提示用户输入一个字符串
ads_getstringb　　　acedGetStringB　提示用户输入一个字符串
ads_initget　　　　acedInitGet　　　对紧接着调用的输入函数进行初始化
ads_usrbrk　　　　acedUsrBrk　　　检查用户是否输入了Ctrl+C

8. 外部函数的返回值

ads_retint　　　　acedRetInt　　　返回一个整数
ads_retlist　　　　acedRetList　　　返回一个表

ads_retname	acedRetName	返回一个实体名或选择集名
ads_retnil	acedRetNil	返回 nil
ads_retpoint	acedRetPoint	返回一个点
ads_retreal	acedRetReal	返回一个实数
ads_retstr	acedRetStr	返回一字符串
ads_rett	acedRetT	返回一个真值
ads_retval	acedRetVal	返回一个包含在结果缓冲区中的值
ads_retvoid	acedRetVoid	返回空,不显示

9. 转换函数

ads_angtof	acdbAngToF	表示角度的字符转化为浮点数
ads_angtos	acdbAngToS	将角度转化为字符串
ads_cvunit	acutCvUnit	在实数通用单位间的转换
ads_distof	acdbDisToF	表示把实数值的字符串转换为实数
ads_rtos	acdbRToS	将一个实数转化为相应的串

10. 字符类型处理

ads_isalnum	acutIsAlNum	检验字符是否是按字母顺序排列
ads_isalpha	acutIsAlpha	检验字符是否是字母
ads_iscntrl	acutIsCntrl	检验字符是否是控制字符
ads_isdigit	acutIsDigit	检验字符是否是数字
ads_isgraph	acutIsGraph	检验字符是否是图形字符
ads_islower	acutIsLower	检验字符是否是小写
ads_isprint	acutIsPrint	检验字符是否是可打印的
ads_ispunct	acutIsPunct	检验字符是否是标点符号
ads_isspace	acutIsSpace	检验字符是否是空值
ads_isupper	acutIsUpper	检验字符是否是大写
ads_isxdigit	acutIsXDigit	检验字符是否是十六进制数字
ads_tolower	acutToLower	把字符转换为小写
ads_toupper	acutToUpper	把字符转换为大写
ads_wcmatch	acutWcMatch	使一个串与通配符匹配

11. 坐标系统转换

ads_trans	acedTrans	将一个点或位移由一个坐标系变换至另一个坐标系

12. 数字化仪校正

ads_tablet	acedTablet	控制数字化仪校正

13. 显示控制

ads_printf	acutPrintf	在文本屏幕上打印信息
ads_graphscr	acedGraphScr	显示当前图形屏幕
ads_prompt	acedPrompt	在提示行显示信息
ads_textbox	acedTextBox	查找包含文本实体框的大小
ads_textpage	acedTextPage	和 ads_textscr 一样,但要先清屏

ads_textscr	acedTextScr	显示当前文本屏幕
ads_setview	acedSetView	在指定的视口中建立一个三维视点

14. 低级图形操作

ads_grdraw	acedGrDraw	在当前视区中画一条直线
ads_grread	acedGrRead	从输入设备读取数据
ads_grtext	acedGrText	在图形屏幕的菜单、模式或状态行等区域显示文本
ads_grvecs	acedGrVecs	在当前图形区域画多个矢量
ads_redraw	acedRedraw	重画当前图形屏幕

15. 选择集操作

ads_draggen	acedDragGen	通过图形拖动来修改一选择集
ads_ssadd	acedSSAdd	把一个实体加入到选择集中
ads_ssdel	acedSSDel	从选择集中删除一个实体
ads_ssfree	acedSSFree	释放一个选择集
ads_ssget	acedSSGet	获得一个选择集
ads_ssgetfirst	acedSSGetFirst	判定被选择的对象
ads_sslength	acedSSLength	返回选择集中实体的个数
ads_ssmemb	acedSSMemb	检查一个实体是否是一个选择集成员
ads_ssname	acedSSName	返回选择集中一个实体的名称
ads_ssnamex	acedSSNameX	检索由参数指定的选择集中实体如何被选择的有关信息
ads_sssetfirst	acedSSSetFirst	设置被选定和具有把手控制的对象
ads_xformss	acedXformSS	将指定的转换矩阵应用于指定的选择集

16. 实体操作

ads_entsel	acedEntSel	提示用户用指定的方式来选择一个实体
ads_nentsel	acedNEntSel	和 ads_nentselp 一样，但使用 4×3 矩阵不允许程序拾取点
ads_nentselp	acedNEntSelP	和 ads_entsel 一样，但它返回嵌套实体的附加数据，且能使程序指定检索点
ads_entdel	acdbEntDel	删除（或取消删除）当前图形中的实体
ads_entget	acdbEntGet	获得一个实体定义的数据
ads_entgetx	acdbEntGetX	获得一个实体定义的数据（可以包含扩展数据）
ads_entlast	acdbEntLast	寻找图形文件中最近生成的图形实体（未被删除）
ads_entmake	acdbEntMake	建立一个新实体，并将其加入到图形数据库中
ads_entmakex	acdbEntMakeX	建立一个新的对象或实体
ads_entmod	acdbEntMod	修改一实体
ads_entnext	acdbEntNext	寻找图形文件中下一个实体
ads_entupd	acdbEntUpd	在屏幕上更新实体的图象
ads_handent	acdbHandEnt	通过句柄寻找一个实体
ads_name_clear	acdbNameClear	置指定的对象/实体名为空

ads_name_equal	acdbNameEqual	比较两个对象或实体名是否相同
ads_name_nil	acdbNameNil	判定一个指定的对象/实体名是否为空
ads_name_set	acdbNameSet	对指定的对象/实体名赋值

17. 扩充实体数据

| ads_xdroom | acdbXdRoom | 测定实体中扩展数据占用的内存空间 |
| ads_xdsize | acdbXdSize | 测定结果缓冲区链表 xd 在内存中将要占用的扩展实体数据的字节数 |

18. 符号表操作

ads_dictadd	acdbDictAdd	将一个非图形对象添加到指定的词典中
ads_dictnext	acdbDictNext	检索词典并返回下一个符号表入口
ads_dictremove	acdbDictRemove	删除词典中指定的符号表入口
ads_snvalid	acdbSNValid	检查指定符号表命名的合法性
ads_tblnext	acdbTblNext	寻找符号表的下一项
ads_tblobjname	acdbTblObjName	在指定的符号表中寻找实体
ads_tblsearch	acdbTblSearch	在符号表中寻找下一项

19. 对象词典

ads_dictrename	acdbDictRename	重命名词典中入口关键字名称
ads_dictsearch	acdbDictSearch	在指定的词典中搜索一个符号
ads_namedobjdict	acdbNamedObjDict	返回已命名的对象词典名

20. 文件

| ads_findfile | acedFindFile | 搜索指定的文件 |
| ads_getfiled | acedGetFileD | 显示一个标准的 AutoCAD 文件对话框,提示用户输入文件名 |

21. 帮助

| ads_help | acedHelp | 以指定的形式和主题打开一个帮助文件 |
| ads_setfunhelp | acedSetFunHelp | 为应用程序注册一个帮助主题 |

22. 菜单

| ads_menucmd | acedMenuCmd | 激活当前菜单项中的子菜单项 |

附录二 网络中的工程案例文件

所在章节	文件夹名称	功能
第9章	biaozhu	尺寸公差标注
		倒角标注
		字型与标注变量设置
		图层设置
		设置字体高度
		设置颜色
		设置线型
		设置比例
	ccd	粗糙度标注
	ljbh	零件标号
		插入零件标号
		插入零件标号(无后效)
		删除零件号
	Biaotilan123	绘制图幅
		标题栏填写
		图号查询
		标题栏信息提取与修改
		明细栏填写
第10章	mpar	从数据文件中读尺寸数据
		拾取修改的尺寸
		图纸绘制
		重写尺寸数据文件
	parbase	零件查询
		数据库读取
		图形绘制
	unit	轴类单元绘制
		结构单元绘制
		简单单元绘制
		图形单元修改
第11章	solid	生成一个3D轴段
		生成一个圆锥轴段
		生成一齿轮廓
		生成一齿轮
		生成一轴承
		生成一复杂的齿轮轴

（续表）

所在章节	文件夹名称	功　能
第 12 章	bear	各类轴承参数化
	Danq	挡圈参数化
	Jian	键参数化
	luoD	螺钉参数化
	luoM	螺母参数化
	luos	螺栓参数化
	luoZ	螺柱参数化
	Maod	铆钉参数化
	MIFN	密封圈参数化
	Quan	垫圈参数化
	XIAO	销参数化
	other	带参数化
		齿轮参数化
第 13 章	ReadDWG	打开 DWG 文件
		读取实体
		炸开块
		读取所有的水平线、垂直线、文本实体
		组行
		组列
		组表格
第 14 章	YCount.vcproj	四柱机计算
		单柱机计算
		校直立计算

附录三 ObjectARX 2010 自带学习案例文件

分 类	工程名	学习主题	目 标
COM	AsdkMfcComSamp_dg	COM and MFC	利用 MFC 存取 COM 的使用
	AsdkPlainComSamp_dg	COM	利用 Win32 API 存取 COM 的使用
	AsdkSquareWrapper_dg	COM wrappers for custom entities	ATL COM 应用到 ARX 客户化实体
	designcenter_dg		扩展 AutoCAD 设计中心 COM 接口的实现
database	arxdbg	ObjectARX application debugging tool	调试与理解 ARX 应用程序
	clonenod_dg	Deep cloning	用户自定义对象词典的深层克隆
	clonreac_dg	Customizing deep clone behavior	对客户化深层克隆行为实现永久编辑反应器
	complex_dg	Complex entities	建立块和复杂实体，然后追加到数据库
	curve_dg	Entities	利用 AcDbCurve 协议创建一指定类型的椭圆
	deepclone_dg		深层克隆
	elipsjig_dg	Using AcEdJig	使用 AcEdJig 为 AcDbEllipse 的创建提供用户接口
	ents_dg	Entities	创建实体、图层和组
	entswerr_dg	Entities	创建实体的错误检查
	groups_dg	Groups	AcDbGroup 协议的使用
	longtrans_dg	Long transactions	长事务的使用，包括实体的检入与检出
	ownrshp_dg	Ownership	AcDbObject 派生与确定关系树
	pliniter_dg		AcDb2dPolyline 子实体点的迭代
	tablerec_dg	Symbol tables	创建一个符号表记录
	tbliter_dg	Symbol tables	线型表的应用
	xdata_dg	Extended entity data	追加与获取扩展实体数据
	xrecord_dg	Xrecords	扩展记录的使用
	xtsndict_dg	Extension dictionaries	扩展字典

（续表）

分类	工程名	学习主题	目标
.NET	EllipseJig	Dynamic Block access with .NET	使用.NET提供用户接口，拖动时动态显示尺寸
	Ents	AutoCAD database fundamentals	使用.NET API创建实体、层与组
	EventsWatcher	.NET Managed Reactors	C#.NET例子如何使用纯.NET反应器
	FilerSample	Demonstrates a custom DWG filer using .NET	通过串行化DWG文件的客户化类写入你的客户化档案
	HelloWorld	.NET Managed API Basics	Visual Basic.NET应用
	Prompts	Demonstrate basic user input using the .NET Managed API	基本输入应用
	Reflection	Using reflection with the .NET Managed API for AutoCAD	利用"反射"获取AutoCAD运行对象信息
	SelectionSet	Managed .NET API sample which demonstrates selection handling.	通过多种方式构造选择集
	SheetSet	COM	使用COM API创建sheet集组件
	SimpleToolPalette	AutoCAD UI, Managed .NET API	创建Tool Palette客户应用
	Tab Extension	Sample demonstrating simple Tab Extensions in .NET	追加自己的custom tabs
editor	custobj_dg	Custom objects	实现一客户化对象
	mfcsamps\acuisample_dg	MFC	AcUi MFC对话框类的使用
	mfcsamps\dynamic_dg	MFC	MFC DLL的应用
	FileNav	File Navigation Dialog using MFC	文件导航对话框的应用
	mfcsamps \modeless	MDI environment	非模式对话框的应用
	SimpleToolPalette_dg	AutoCAD UI, COM	创建简单的tool palette

(续表)

分　类	工程名	学习主题	目　标
entity	hilight_dg		高亮或不高亮子实体
	polysamp		综合应用实例
	referenc_dg	Hard pointer references	交互对象引用
	tempapp_dg	Protocol extension	协议扩展应用
graphics	coordsys_dg	Coordinate systems	坐标系变换应用
	icon_dg	Viewport-dependent graphics	视口的应用
	mesh_dg	mesh()	网格的应用
	stylcvrt_dg	AcDb and AcGi text styles	文本应用
	shell_dg	shell()	shell()函数应用
	teselate_dg	worldDraw () and viewportDraw()	视口应用
	viewgeom_dg		viewportDraw () 等函数使用
misc	fact_dg		各种实用函数应用
	specials_dg		获取 ID 和建立拥有关系
reactors	dbreact_dg		实现一数据库反应器
	inputpoint	Input Point Manager	如何使用输入点监视器
	othrwblk_dg		校正方法
	persreac_dg	Persistent reactors	永久性反应器的使用
	profilesamp_dg	Profile Manager notifications	Profile Manager 的使用
	ProtocolReactors_dg	Profile Manager notifications	客户化块插入点和客户化动态块控制

参考文献

[1] 石峰.程序设计基础[M].北京:清华大学出版社,2003

[2] 面向对象分析实际与编程[OL].http://etsc.hnu.cn/jxzy/jlkj/data/mxdxsjybc/index.htm

[3] 王正军.Visual C++6.0从入门到精通[M].北京:人民邮电出版社,2006

[4] Barbara Johnston著,曾葆青,丁晓非等译.现代C++程序设计[M].北京:清华大学出版社,2005

[5] 夏云庆.Visual C++6.0数据库高级编程[M].北京:希望电子出版社。

[6] AutoCAD 2000全面兼容ADS应用程序,http://www.softonline.com.cn

[7] ObjectARX Developer's Guide,Autodesk,Inc. 2008

[8] ObjectARX References,Autodesk,Inc. 2008

[9] 邵俊昌、李旭东.AutoCAD ObjectARX 2000开发技术指南.北京:电子工业出版社,2000

[10] 李世国.AutoCAD高级开发技术.北京:机械工业出版社,1999

[11] 王福军.AutoCAD R12/R13应用C程序设计.北京:电子工业出版社,1995

[12] 方铁.AutoCAD C语言高级编程.北京:清华大学出版社,1995

[13] PCADDS用户操作手册.浙江大学工程及计算机图形学研究所,2000

[14] 刘良华,朱东海.AutoCAD 2000 ARX开发技术.北京:清华大学出版社,2000

[15] 董玉德,谭建荣,赵韩,王武荣,曹斌等.面向图形结构单元的变量关联参数化原理与方法的研究.中国机械工程,2001,12(6):671—676

[16] 许锦泓,谭建荣,董玉德,曹斌.剪板机系列化CAD系统的设计.机械设计与制造,2000,3:10—11

[17] 许锦泓,董玉德,谭建荣.尺寸驱动的构造过程参数化绘图方法的研究与实现.机械设计,1999,17(11):45—48

[18] 张燕,谭建荣等.基于事物特性表的标准件库设计.中国机械工程,1999,10(3):326—329

[19] 魏修亭,谭建荣等.面向单元化产品建模的图形处理方法的研究.软件学报,1999,6(增刊)

[20] 谭建荣,徐建明,范文慧.面向合理化工程的图形单元技术.工程图学学报,1997,4,81—89

[21] 范文慧,谭建荣,陈宏亮,董玉德.基于图形单元技术的轴类零件的设计.机械设计,1998,15(5):14—16

[22] 张帆.ObjectARX开发实例教程.http://www.cadhelp.com.cn

[23] 董玉德,谭建荣,赵韩等.AutoCAD系统开发技术-程序实现与实例.合肥:中国科学技术大学出版社,2001

[24] 老大中,赵占强.AutoCAD 2000 ARX二次开发实例精粹.北京:国防工业出版

社,2001

[25] 汪泽森.图形参数化自适应衍生技术的研究.中国科学技术大学研究生学位论文,2005

[26] 何亮.基于AutoCAD的计算机辅助设计系统的研究与开发.合肥工业大学研究生学位论文,2008

[27] 刘孙.面向PDM的工程图纸离线式识别提取表格信息的研究.合肥工业大学研究生学位论文,2008

[28] 董玉德,刘孙,朱长江等.面向工程图纸离线式表格信息提取与识别方法研究.工程图学学报,2009,30(1):17—25

[29] 董玉德,何亮,刘孙等.基于扩展实体数据的零件号标注方法研究与实现.工程图学学报,2009,30(1),15—25

[30] 董玉德,王平,董兰芳.面向扫描图纸的尺寸框架重建方法研究.工程图学学报,2006,27(3),167—172

[31] 董玉德,Zhao Han,LiY an—feng. Variable relation parametric model on graphics modelon for collaboration design. Journal of Donghua University,2005,22(1),45—49

[32] 董玉德,赵韩,谭建荣.基于图形单元结构变异参数化设计方法的研究.农业机械学报,2002,33(3),98—101,105

[33] 董玉德,Zhao Han,Tang Jianrong. Implementation methods of computer aided design、drawing and drawing management for plate cutting—machine. Journal of Donghua University,2002,19(1),115—118

[34] 谭建荣,董玉德.基于图理解的尺寸环提取算法及其实现.计算机研究与发展,1999,36(2),192—196

[35] 董玉德,谭建荣.有向图几何约束搜索技术的研究.模式识别与人工智能,1998,11(3),359—364

[36] 董玉德,赵韩,谭建荣.尺寸关联约束的识别及求解方法的研究.小型微型计算机系统,2003,23(7),1338—1342

[37] 董玉德,谭建荣,赵韩,王武荣.基于约束参数化设计技术的研究现状分析.中国图象图形学报(A版),2002,7(6),532—538

[38] 天津锻压机床厂.中小型液压机设计计算(主机的设计和计算).天津:天津人民出版社出版,1975

[39] 董玉德,谭建荣,赵韩,李道伦.一种欠约束草图求解方法的研究.中国图象图形学报(A版),2004,9(7),878—885

[40] 董玉德,汪玉玺,刘达新,王万龙.三角平面HALTON点采样策略及其性能分析.计算机辅助设计与图形学学报,2007,19(8):1063—1068

[41] 李道伦,董玉德.基于同心圆平行直线剖分的多元多项式样条曲线插值.计算机辅助设计与图形学学报,2003,15(5),523—526

[42] 董玉德,Zhao Han,Tang Jianrong. Research on search and recognition for constraint based on comprehension of graph,Chinese Journal of Mechanical Engineering(机械工程学报(英文版).2003,16(1),42—45